高等院校材料科学与工程专业规划教材

固态成形原理与控制

康永林　韩静涛　等编著

机 械 工 业 出 版 社

本书以高等院校材料科学与工程专业的规划教材大纲为基础，重点针对“材料成形与控制工程”本科专业教学及相关研究的需要编写。全书共5章，主要内容包括：轧制原理与控制、锻造原理与控制、板材成形原理与控制、挤压成形原理与控制、拉拔成形原理与控制。

本书可供材料成形与控制工程、金属材料工程和材料科学与工程专业的本科生使用，也可供有关专业的研究生和生产、科研与设计相关部门的科技人员参考。

图书在版编目（CIP）数据

固态成形原理与控制/康永林等编著. —北京：机械工业出版社，2017.9

ISBN 978-7-111-58086-7

Ⅰ.①固… Ⅱ.①康… Ⅲ.①工程材料-成型-控制-高等学校-教材 Ⅳ.①TB3

中国版本图书馆 CIP 数据核字（2017）第 234762 号

机械工业出版社（北京市百万庄大街 22 号　邮政编码 100037）
策划编辑：何月秋　责任编辑：何月秋　贺　怡
责任校对：张晓蓉　封面设计：马精明
责任印制：张　博
河北鑫兆源印刷有限公司印刷
2018 年 1 月第 1 版第 1 次印刷
184mm×260mm · 16 印张 · 425 千字
标准书号：ISBN 978-7-111-58086-7
定价：69.00 元

凡购本书，如有缺页、倒页、脱页，由本社发行部调换

电话服务　　　　　　　　　　网络服务
服务咨询热线：010-88379833　机 工 官 网：www.cmpbook.com
读者购书热线：010-88379649　机 工 官 博：weibo.com/cmp1952
　　　　　　　　　　　　　　教育服务网：www.cmpedu.com
封面无防伪标均为盗版　　　　金　书　网：www.golden-book.com

前　言

本书是根据高等院校材料科学与工程专业规划教材大纲，以2008年版《固态成形工艺原理与控制》为基础，重点针对“材料成形与控制工程”本科专业教学及相关研究的需要编写的。全书共5章，主要内容包括：轧制原理与控制、锻造原理与控制、板材成形原理与控制、挤压成形原理与控制、拉拔成形原理与控制。

本书由康永林、韩静涛等编著，绪论由韩静涛编写，第1章1.1~1.7、1.9节由康永林编写，1.8节由孙建林编写，第2章由刘靖编写，第3章由王开坤编写，第4章及第5章由韩静涛编写。

本书可供材料成形与控制工程、金属材料工程和材料科学与工程专业的本科生使用，也可供有关专业的研究生和生产、科研与设计相关部门的科技人员参考。

本书在编写结构、内容取舍和编排等方面尚存在许多不如意的地方，加之编者水平有限、时间仓促，可能存在许多不当之处，恳请读者给予批评指正。

编　者

目　录

绪论

1. 固态成形原理与控制的性质和任务

材料是人类赖以生存的物质基础，材料加工则是使材料成为对人类具有使用价值产品的必经之路，自然界及人工合成的绝大多数材料需经固态加工而成形。因此，学习、研究、掌握和应用材料固态成形的基本原理及其质量控制的理论基础是十分重要的。

材料成形科学是一门历史源远流长，从未停止创新发展，并能推动人类社会不断进步的常青学科。材料成形工业也成为人类社会赖以生存的基础工业，并不断产生出新兴的产业分支。固态成形是材料成形的基本方式，涉及的基本原理类问题有：

1）材料成形有哪些基本的原理与基本的技术方法？

2）如何选择材料成形技术的基本组合方式，才能最经济快捷地生产出所需要品质的产品？

3）如何控制宏观、介观和微观生产工艺，使产品在外形、尺寸、精度上满足下游用户要求？

4）如何控制材料内部微观组织、缺陷程度、表面状态，使产品的质量和性能满足用户要求？

5）如何正确计算和确定成形过程的工艺参数，正确合理地选择生产设备和控制手段？

为使材料成形与控制工程专业的本科生了解和掌握解决上述问题的理论基础，特开设《固态成形原理与控制》这门专业基础课。本门课程为材料成形与控制工程专业学生的必修课，其理论基础是材料力学、金属学、机械原理与设计、计算机基础等，所研究的核心问题是材料结构、性能与固态成形工艺之间的关系。由于学时所限，本课程重点讲述材料固态成形的主要工艺方法——轧制、锻造、板料成形、挤压和拉拔的原理，以及外在尺寸形状和内部质量控制的基础。

2. 材料固态成形的主要工艺方法

材料固态成形加工的工艺方法种类繁多，各种具体工艺技术自身也在不断地发展进步。特别是随着新材料技术的发展，新兴的成形加工技术不断涌现，本课程难以全部包容，但其成形工艺原理和控制基础则大致相通。因此，本课程重点讨论“材料”成形的主要工艺方法——轧制、挤压和拉拔，以及“零件”成形的主要工艺方法——锻造和板料成形。

（1）轧制成形　在轧机上一组旋转着的轧辊之间改变金属断面形状和尺寸，同时控制其组织状态和性能指标的固态成形加工方法称为轧制。轧制是一种使材料发生连续塑性变形的工艺过程。轧制工艺的生产效率高，因此是初级金属材料应用最广泛的固态成形加工方法。90%以上金属“材料”的一次成形需经轧制工序完成。钢铁、有色金属、某些稀有金属及其合金均可以采用轧制进行加工。轧制除能改变材料形状及尺寸外，还可以改善铸锭/坯的初始铸态组织，细化晶粒，改善相和析出物的组成和分布状态，因而能大幅度提高产品品质。但一部分难变形材料、形状特别复杂的材料，以及特长、特细类产品不宜采用轧制方法生产，而需采用其他固态成形加工方法，如锻造、拉拔、挤压等方式生产。

按照轧机上轧辊配置方式和旋转方向、轧件的运动方式以及产品形状划分，轧制主要有纵轧、横轧和斜轧。根据轧制过程中材料加工硬化、回复和再结晶的程度不同，轧制分为热轧、冷轧和温轧。按轧制品种不同，轧制可分为坯料轧制、板带箔材轧制、型材和线材轧制、管材轧制，以及特殊形状材的轧制，如周期断面轧制、车轮轮箍轧制等。

轧制是生产钢铁、合金、有色金属材料的主要成形加工方法。钢材产品主要有厚板、带材、薄板、箔材，常用型材，如方钢、圆钢、扁钢、角钢、工字钢、槽钢等，专用型材如钢轨、钢板桩、球扁钢、窗框钢等，还有异形断面型材、周期断面或特殊断面型材，管材包括圆管、部分异形管及变断面管。有色金属材主要有板、带、箔材及各种管、棒、型、线材等。

轧制工艺发展于15世纪后期的欧洲，基本加工方法是平板轧制，其产品则是扁平材，亦称板带材。板带钢材按规格一般可分为厚板（包括中板、厚板和特厚板）、薄板和极薄带材或箔材。我国一般称厚度在3mm以上者为中厚板（其中3~20mm者为中板，20~60mm者为厚板，60mm以上者为特厚板），3~0.2mm者为薄板，而0.2mm以下者为极薄带材或箔材，目前箔材最薄可达0.001mm，而特厚板最厚已达500mm以上，最宽可达5350mm，单件最重已达250t。中厚板常用于制作结构件，如船体、锅炉、桥梁、大梁、机器机身、核反应堆堆芯等，其中300mm的厚板可作为大锅炉的基座，150mm可作为反应堆的堆芯，100~125mm可用于战列舰或坦克。薄板、极薄带材或箔材常用于汽车车身、设备装置、食品或饮料罐、厨房或办公设备，商业飞机机身通常使用的最小厚度是1mm的铝合金薄板。为便于将薄板更进一步加工成产品，薄板常以平板或带卷方式提供。

（2）锻造成形　用锤击或压制的方法对坯料施加压力，使之产生塑性变形的固态成形加工方法称为锻造。轧制工艺的产品是板带、结构型钢等半成品，锻造则可生产出机器设备的零部件。锻造加工的优点是：适应性强，能生产各种材质、形状和尺寸的锻件；在保证设计强度的情况下可以减轻零件的重量，节约金属材料和机械加工；可进行大批量生产，生产效率高。由于锻造生产可以控制金属流动及晶粒组织，锻造产品有较高的强韧性。锻造成形的缺点是：设备庞大复杂，能耗高，效率低，成本高。锻造加工的生产方法在机械、交通运输、冶金和采矿等工业部门中起着重要的作用。在机械制造业中，各种机床、发电机和电动机的主轴、齿轮和涡轮叶片等都需经过锻造制成；在交通运输业方面，各种汽车、火车、拖拉机和船舶的曲轴、连杆等重要零件都需要通过锻造制坯；在冶金、采矿工业中，锻造生产用于特殊钢、合金钢、钛合金、其他合金材料的开坯，以提高合金的组织和性能，轧钢机的轧辊，矿山设备的主轴、凿岩用的钎头等也需锻造成形；国防工业的兵器、飞机、运载火箭、航天器外壳等都离不开锻造加工；在轻工机械和日用品中的锻造产品也随处可见，如刀、剪、锤头、钳子、锹和镐等。

锻造根据温度的不同可分为冷锻和高温锻造，高温锻造又可分为热锻和温锻。由于冷锻时金属的变形抗力比较大，需要较高的锻造力，因此工件在室温下必须有较高的塑性。冷锻件表面粗糙度值小，尺寸精确度较高。热锻所需的锻造力相对较低，但表面粗糙度值大，尺寸精确度不如冷锻好。锻造产品通常需要后续的精加工工序，如利用热处理来改善锻件的性能，利用机械加工以提高成品的尺寸精确度。

某些传统的锻造产品也可以采用其他更经济的方法生产，如铸造、机械加工、粉末冶金等。然而，不同的加工方法都仅在特定的范围内有其独到的优越性或局限性，主要表现在强度、韧性、尺寸精确度、表面粗糙度、表面和内部缺陷、环境影响以及经济性等方面。

（3）板料成形　在压力机上用凹模和凸模将金属板料成形为具有立体造型并且符合质量要求制件的固态成形加工方法称为板料成形。

板料成形工艺过程包括材料选择、坯料设计、成形工序制定、模具设计、模具制造、设备选择、成形操作、后续处理（热处理、校形、整修、表面保护、质量检验）等。按成形时工件受力和变形特点，成形方法可分为伸长类变形和压缩类变形两类。伸长类变形时，作用于坯料变形区的应力的绝对值以拉应力为最大，成形主要靠材料纤维的伸长和厚度减薄来实现，这类变形时材料的成形性主要取决于材料的塑性，并且可用材料的塑性指标直接或间接地加以表示。压缩类变形时，作用于坯料变形区的应力的绝对值以压应力为最大，薄板的成

形主要靠材料纤维的缩短与厚度的增加来实现。这类变形时材料的成形性主要取决于坯料传力区的承载能力，有时也受变形区或传力区的压缩失稳起皱所限制。板料成形时，变形区材料大都处于平面应力状态。垂直于薄板平面方向的应力或是没有，或是因其数值很小可以忽略。除弯曲外，一般认为板面内的应力沿板厚方向不变。因此，板料的塑性变形主要是受板面内两个方向的应力作用而产生的。将板料成形分为伸长类变形和压缩类变形是基于板料变形的受力特点，这样有利于分析、研究板料成形可能出现的障碍及其机理和规律。

也可按板料基本成形方式划分为弯曲、拉延、胀形和翻边四类。复杂制件的板料成形，一般来说是上述四种基本成形方式的不同组合。可以用基本成形方式的分析方法，分析复杂制件的成形特点，制定合理的工艺规程，确定改善复杂制件成形条件和加工技术的方向或途径。板料成形性是其原料的基本特性，既为评定薄板成形性能提供了方便，又为科学选材提供了依据。用户可根据成形制件的变形特点和不同成形类别所占的比例，合理选用成形性好的薄板，以提高材料利用率。板料生产厂也可依据用户的要求，调整材料组分和生产工艺，满足下游用户的需求。

（4）挤压成形　用挤压杆将放在挤压筒中的坯料压出挤压模孔而成形的材料固态成形加工方法称为挤压成形。用挤压方法可以生产管、棒、型、线材以及各种机械零件。用挤压方法生产的典型产品有：门框、窗框、围栏立柱、各种不同截面形状的管制品，以及结构型钢和建筑型钢。挤压产品可切成所需的定尺长度，如门把手支架和齿轮。通常挤压用的材料有铝、铜、钢、镁和铅。其他金属和合金可用不同难度水平的挤压方法生产。

挤压按金属流动及变形特征分类，有正向挤压、反向挤压和特殊挤压。特殊挤压包括静液挤压、连续挤压、侧向挤压、联合挤压、复合挤压、包套挤压、脱皮挤压、水封挤压、舌模挤压、粉末挤压、半熔融态挤压和液态挤压等。按挤压温度分类，有热挤压、温挤压和冷挤压。热挤压和冷挤压是挤压的两大分支，在冶金工业中主要应用热挤压，即通称的挤压，机械工业主要应用冷挤压，冷挤压有许多重要用途，包括用于生产汽车、自行车、摩托车、重型机械和传输设备上的紧固件和零部件。温挤压发展比较晚，应用范围也窄。

作为生产管、棒、型材和线坯的常规挤压法，与其他塑性加工方法（如轧制等）相比，其特点是：①具有比轧制更为强烈的三向压应力状态，金属可以一次承受很大的塑性变形，为加工难变形的低塑性材料提供了途径；②可以生产断面极其复杂的以及变断面的管材和型材，这些产品用其他加工方法很难加工，甚至不可能：③具有极大的生产灵活性，用一台设备可以生产出很多品种和规格的产品，并且产品更换容易；④产品尺寸精确，表面质量高；⑤比较容易实现生产过程自动化；⑥生产效率低，废料损失大，工具消耗较大，制品性能不均匀。挤压法适用于批量小、品种规格多的有色金属管、棒、型材和线坯的生产，对于断面复杂的或薄壁的管材和型材，直径与壁厚之比趋近于 2 的超厚壁管材，以及用于脆性的有色金属和特殊钢铁材料的成形则更显示出无比的优越性。

（5）拉拔成形　坯料靠拉力通过锥形模孔使断面缩小以获得尺寸精确、表面光洁制品的固态成形加工方法称为拉拔成形。拉拔棒材可用于制造手柄、杆、活塞以及用作诸如铆钉、螺栓、螺钉等紧固件的原材料。除圆棒外，多种外形的棒料也能通过拉拔生产。与挤压过程不同，材料在拉拔过程中受到拉应力作用，而在挤压过程中受到压应力的作用。拉拔通常在室温下进行，属于冷加工。在高于室温、低于再结晶温度下的拉拔叫作温拔，属于温加工。拉拔是金属塑性加工方法中除轧制以外的主要加工方法，用于轧制产品如线材、管材和型材的深加工。

一般而言，直径小于 5mm 的金属丝只能靠拉拔加工。小直径管材常用热轧管经拉拔减径减壁生产冷拔成品。型材冷拔能够提高产品的尺寸精度、降低表面粗糙度值、增加强度和节约金属。在工业上，线材一般指至少经过一次模拉拔的棒材。线拉拔可生产比棒拉拔更小直径的产品。线拉拔生产的磁线可达0.01mm，低电流熔体尺寸可以更小。线材和金属线制品有广泛的用途，例如用于制造电线、电缆、屏幕、纱窗、承载拉力的结构件、焊条、弹簧、纸夹、自行车的辐条和乐器的弦等。

3. 材料固态成形技术的发展

人类社会的发展史，始终伴随着材料固态成形加工技术的发展。从远古时代起，人类就开始利用固态成形方法对一些天然材料进行加工，如岩石、骨骼、兽皮、木材和贝壳等。由此逐渐形成了这样一种理念，即对大自然赋予的材料可以进行成形加工，为人类的生存服务。通过长期的生产实践活动，以实践和经验为基础，逐渐积累了关于材料性能、加工工艺和使用特性的丰富知识。但是，由于人类的知识水平和研究手段的限制，材料固态成形加工技术长期处于“技艺”的水平。产业革命以后，尤其是近50年来，材料固态成形理论研究与应用技术开发迅速走上了科学发展的道路。到目前为止，仍在发展中的材料固态成形加工体系和研究范畴，实际上涵盖了从材料微观结构研究到工业生产工程基础理论和基本方法的十分广泛的范围。其研究成果不仅促进了材料生产技术的发展，也为基础理论研究提供了很好的平台，并对促进学科交叉研究和学科沟通起到了十分重要的作用。

在今后的岁月中，人类不可避免地会受到越来越大的、与材料技术有关的压力。人类在地球上居住的空间将继续相对缩小，由于不断增长的在住房、食物、材料、能源和知识方面的激烈竞争，人们将会对材料固态成形技术从可持续发展角度不断提出越来越高的要求，材料固态成形加工技术也必将日新月异，得到飞速的发展。

第1章　轧制原理与控制

1.1　轧制过程的基本概念

1.1.1　轧制变形区的几何参数

1. 轧制变形区和描述参数

（1）轧制变形区　轧制过程是由轧件与轧辊之间的摩擦力将轧件拉进相对旋转方向的轧辊之间使之产生塑性变形的过程。轧制变形区是指轧制时，轧件在轧辊作用下发生变形的体积。实际的轧制变形区分为弹性变形区、塑性变形区和弹性恢复区三个区域，如图 1-1 所示。热轧时，在轧辊表面粗糙的情况下，轧件与轧辊有一部分黏着在一起，轧件轧制时发生的变形情况要复杂得多。

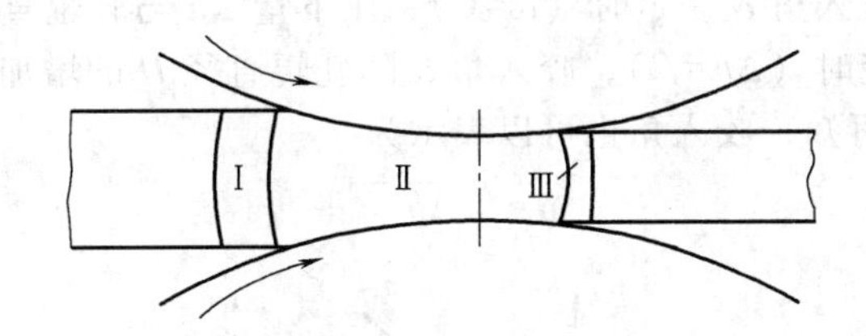

图 1-1　板材轧制变形区

Ⅰ—弹性变形区　Ⅱ—塑性变形区　Ⅲ—弹性恢复区

在实际分析中，一般将轧制变形区简化为轧辊与轧件接触面之间的几何区。最简单的轧制变形区是宽而较薄的板材的轧制变形区，如图 1-2 所示。当轧件横向变形为零时，变形区水平投影为一矩形。当有宽展存在时则变形区水平投影近似为梯形。

（2）描述变形区的参数　从图 1-2 可见，描述变形区的主要参数有：

1）α：咬入角，轧件被咬入轧辊时轧件和轧辊最先接触点（实际上为一条线）和轧辊中心的连线与两轧辊中心连线所构成的角度。

2）l：接触弧长的水平投影，也叫变形区长度。

3）F：接触面水平投影面积，简称接触面积。

4）l/h_m：变形区形状参数，$h_m=(H+h)/2$（变形区平均高度）。

2. 简单轧制时变形区参数间的关系

（1）简单轧制　实际生产中有各种各样的轧辊组合形式，在轧制方式中，主要是纵轧，轧辊组合形式有 2 辊、3 辊、4 辊、6 辊、8 辊、12 辊、20 辊等不同形式。但除 Y 型轧机、行星轧机等形式轧机外，轧件承受压缩产生塑性变形是在一对工作辊之间完成的，这是轧制过程的最基本形式。

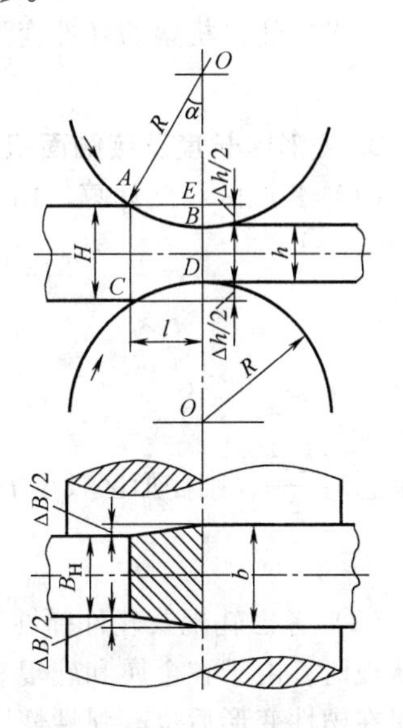

图 1-2　轧制板材的变形区

但是一对工作辊也有各种不同的情况，如辊径相同和不同、轧辊刻槽和不刻槽（平辊）、轧辊转速相同和不同，轧辊均为主动（传动）或一个主动辊一个被动辊的，轧制时有无张力或推力，轧件温度、摩擦条件是否均匀等。

为了便于进行研究分析，对一些轧制条件做出假设和简化，建立一个理想的轧制模型，这就是简单理想的轧制过程，即上下轧辊直径相同、均为传动辊、转速相等、轧辊为圆柱形刚体，轧件金属为均匀连续体，轧制时变形均匀，轧件为平板（参见图 1-2）。

（2）咬入角 α(°)、轧辊直径 D(mm)、压下量 Δh(mm) 间的关系　利用图 1-2 中的几何关系，可以得出

$$\mathrm{EB}=\mathrm{OB}-\mathrm{OE}$$

式中，$\mathrm{EB}=\dfrac{\Delta h}{2}$；$\mathrm{OB}=R=\dfrac{D}{2}$；$\mathrm{OE}=R\cos\alpha=\dfrac{D}{2}\cos\alpha$，代入上式得出

$$\Delta h=D(1-\cos\alpha) \tag{1-1}$$

根据三角函数关系，当 α 较小时（$\alpha<10°\sim15°$），取近似值 $\sin\dfrac{\alpha}{2}\approx\dfrac{\alpha}{2}$，因此可得

$$\Delta h\approx R\alpha^2$$

根据上式，当轧辊直径相同时（D=C，C 为常数），压下量 Δh 随咬入角 α 呈抛物线型增长，如图 1-3a 所示。当咬入角 α 一定时（α=C），压下量 Δh 与轧辊直径呈线性关系，如图 1-3b 所示；而当压下量一定时（Δh=C），咬入角 α 随轧辊直径 D 的增加呈双曲线型下降，如图 1-3c 所示。由式（1-2）可知，咬入角也可以表示为

$$\alpha\approx\sqrt{\Delta h/R} \tag{1-2}$$

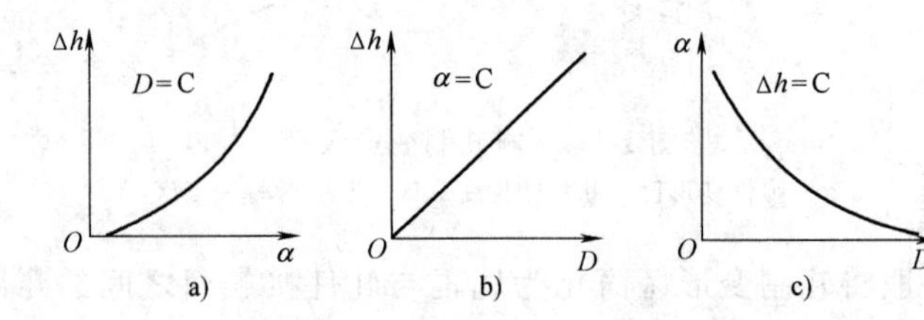

图 1-3　压下量、咬入角、轧辊直径三者间的关系

如考虑轧机机架的弹性变形 δ 时，咬入角 α 近似为

$$\alpha\approx\sqrt{(\Delta h-\delta)/R} \tag{1-3}$$

3. 变形区长度及接触面积计算

（1）变形区长度计算　由图 1-2 得

$$l=R\sin\alpha \text{ 或 } l^2=R^2-\left(R-\frac{\Delta h}{2}\right)^2=R\Delta h-\frac{\Delta h^2}{4}$$

则有

$$l=\sqrt{R\Delta h-\frac{\Delta h^2}{4}} \tag{1-4}$$

如果忽略$\dfrac{\Delta h^2}{4}$，则变形区长度 l(mm) 可近似用下式表示

$$l\approx\sqrt{R\Delta h} \tag{1-5}$$

（2）考虑轧辊及轧件弹性变形时的变形区长度 l'　在冷轧薄板以及热轧厚度小于 4~6mm 的薄板时，由于在金属和轧辊表面上产生较高的接触应力，使轧辊产生弹性压扁，而被加工金属在塑性变形后也有弹性恢复，因而造成接触弧长度增加。由于弹性压扁的接触弧长增加量可达 30%~100%，有的甚至更大。在这种情况下，简单轧制时变形区长度公式就不适用了。

如图 1-4 所示，设轧辊的弹性变形量为 Δ_1，轧件的弹性恢复值为 Δ_2，为得到 Δh 的绝对压下量，应多压下 $\Delta_1+\Delta_2$。由△OA_2D 得

$$x_1=\sqrt{2R\left(\frac{\Delta h}{2}+\Delta_1+\Delta_2\right)} \tag{1-6}$$

从△OB_1C 可近似得到

$$x_2\approx\sqrt{2R(\Delta_1+\Delta_2)} \tag{1-7}$$

考虑轧辊和轧件弹性变形时的变形区长度 l'（mm）为

$$l'=x_1+x_2\approx\sqrt{2R\left(\frac{\Delta h}{2}+\Delta_1+\Delta_2\right)}+\sqrt{2R(\Delta_1+\Delta_2)} \tag{1-8}$$

或者

$$l'\approx\sqrt{R\Delta h+x_2^2}+x_2 \tag{1-9}$$

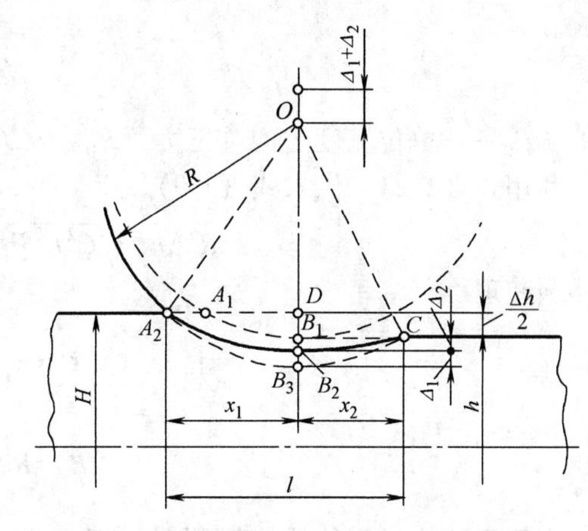

图 1-4　考虑轧辊和轧件弹性变形时的变形区长度

Δ_1和 Δ_2的值可由弹性理论中关于两个圆柱体压缩的结论来确定。如果忽略轧制时两圆柱体压缩在轧辊连心线两边的非对称性，变形量 Δ_1（mm）和 Δ_2（mm）可表示为

$$\Delta_1=2p\,\frac{1-\nu_1^2}{\pi E_1},\ \Delta_2=2p\,\frac{1-\nu_2^2}{\pi E_2} \tag{1-10}$$

式中　p——压缩圆柱体单位长度上的压力；
ν_1、ν_2——轧辊与轧件的泊松系数；
E_1、E_2——轧辊与轧件的弹性模量。

如果平均单位压力用 $\bar{p}$ 表示，则 p 值为

$$p=2x_2\bar{p} \tag{1-11}$$

将式（1-10）、式（1-11）代入式（1-7），得

$$x_2=8\bar{p}R\left(\frac{1-\nu_1^2}{\pi E_1}+\frac{1-\nu_2^2}{\pi E_2}\right) \tag{1-12}$$

如果忽略轧件弹性变形（考虑轧件厚度与轧辊直径相比非常小，即 $h\ll R$，忽略 Δ_2），则有

$$x_2=8\bar{p}R\,\frac{1-\nu_1^2}{\pi E_1}=CR\bar{p} \tag{1-13}$$

式中，$C=8\,\dfrac{1-\nu_1^2}{\pi E_1}$。

若钢轧辊，$E=2.2\times10^5\text{N/mm}^2$，$\nu=0.3$，此时

$$x_2\approx\frac{\bar{p}R}{9500}$$

对钢轧辊

$$l'=\sqrt{R\Delta h+\left(\frac{\bar{p}R}{9500}\right)^2}+\frac{\bar{p}R}{9500} \tag{1-14}$$

有时为了方便，也用 R'来表示 l'，即

$$l'=\sqrt{R'\Delta h} \tag{1-15}$$

下面确定 R'。平均单位压力 $\bar{p}$ 可写成

$$\bar{p}=\frac{P_0}{l'}$$

式中　P_0——单位宽度上的总压力（$P_0=P/\bar{B}$）。

利用式（1-13）代入式（1-9），得

$$R'\Delta h=\sqrt{C^2R^2P_0^2+RR'(\Delta h)^2}+CRP_0$$

经移项整理得

$$R'=R\left(1+\frac{2CP_0}{\Delta h}\right)$$

或

$$R'=R\left(1+\frac{2CP}{\Delta h\bar{B}}\right) \tag{1-16}$$

当采用其他材质的轧辊轧制时，把相应的 E 和 v 值代入式（1-13），确定 x_2 数值。用式（1-15）不能直接求解，因为平均单位压力 $\bar{p}$ 未知，因此需用迭代法求解式（1-16），再由式（1-15）求得 l'。

（3）接触面积计算　前面述及，接触面积是指轧制时轧辊与轧件实际接触面积的水平投影，这是计算轧制压力时非常重要的参数。

这里只考虑平辊轧制时的接触面积（若轧件入、出口宽度分别为 B、b），其形状为梯形

$$A=\bar{B}l=\frac{B+b}{2}\sqrt{R\Delta h} \tag{1-17}$$

当考虑轧辊及轧件弹性变形时的接触面积 A（mm^2）为

$$A=\bar{B}l'=\frac{B+b}{2}l' \tag{1-18}$$

当上、下工作辊径 R_1、R_2 不同时（$R_1\neq R_2$）

$$A=\bar{B}l=\frac{B+b}{2}\sqrt{\frac{2R_1R_2\Delta h}{R_1+R_2}} \tag{1-19}$$

1.1.2　咬入条件和轧制过程的建立

1. 平辊轧制的咬入条件

在轧钢生产中，轧制过程有时能顺利进行，有时会出现轧件不能顺利进入轧辊或轧件不能被轧辊咬入，使轧制不能进行。所以轧制过程能否建立的先决条件是轧件能否被轧辊咬入。轧件在轧辊上的咬入过程是一个不稳定过程，因为当轧件咬入的时候，变形区的几何参数、运动学参数以及力参数都是变化的。

为建成轧制过程，必须使轧辊咬入轧件，只有当轧件上作用有外力，使其紧贴在轧辊上时才可能咬入。这种使轧件紧贴轧辊的力，可能是轧件运动的惯性力，也可能是由施力装置给的，还可能是辊道运送轧件时的撞击力。在这种力的作用下，轧辊与轧件前端接触，前端边缘被挤压时产生摩擦力，由摩擦力把轧件曳入辊缝中。

分析轧件曳入时的平衡条件（见图 1-5），应当是有利于咬入的水平投影力的总和大于阻碍咬入的水平投影力的总和。

$$(Q-F)+2T_x=2P_x \tag{1-20}$$

式中　P_x——正压力 P 的水平投影；

　　　T_x——摩擦力 T 的水平投影；

Q——外推力；

F——惯性力。

采用库仑摩擦定律，则有

$$T_x = \mu P\cos\left(\alpha - \frac{\theta}{2}\right),$$

$$P_x = P\sin\left(\alpha - \frac{\theta}{2}\right)$$

式中　α——咬入角；

θ——边缘挤压角。

把 T_x 和 P_x 代入式（1-20），得出 μ，则轧件被轧辊咬入的条件是

$$\mu \geqslant \tan\left(\alpha - \frac{\theta}{2}\right) - \frac{Q-F}{2P\cos\left(\alpha - \frac{\theta}{2}\right)}$$

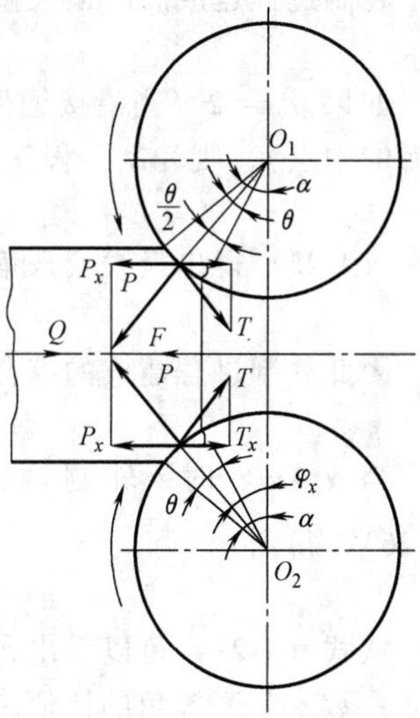

如果没有水平外力作用，Q 可以忽略，且不考虑惯性力 F，那么轧入条件可以写成

$$\mu \geqslant \tan\alpha \tag{1-21}$$

图 1-5　轧件进入轧辊时的作用力

如果用咬入时摩擦角 β 的正切来表示 μ，咬入条件又可写成

$$\beta \geqslant \alpha \tag{1-22}$$

这个条件意味着只有当咬入时的摩擦角 β 等于或大于咬入角 α 时才能实现轧件进入辊缝的过程（$\beta=\alpha$ 为咬入的临界条件）。

2. 轧制过程建成条件分析　当轧件前端到达轧辊中心线后，轧制过程建成。在轧制过程建成时，假设接触表面的摩擦条件和其他参数均保持不变，合力作用点将由入口平面移向接触区内。

在 x 轴上列出轧件-轧辊的力学平衡条件，其临界条件如图 1-6 所示。

$$2T_x - 2P_x = 0$$

采用库仑摩擦条件 $T=\mu P$ 并考虑到

$$P_x = P\sin\varphi_x, T_x = T\cos\varphi_x = \mu_y P\cos\varphi_x$$

式中　φ_x——合力作用角（°）；

μ_y——轧制过程建成后的摩擦系数。

因此有

$$\mu_y P\cos\varphi_x = P\sin\varphi_x,\ \mu_y = \tan\varphi_x$$

由于建成过程的摩擦系数为 $\mu_y = \tan\beta_y$ 则有

$$\beta_y = \varphi_x \tag{1-23}$$

设 n 为合力移动系数，$n \geqslant 1$，则 φ_x 可表示为

$$\varphi_x = \frac{\alpha_y}{n}$$

式中　α_y——轧制过程建成后，轧辊与轧件的接触角，单位为（°）。

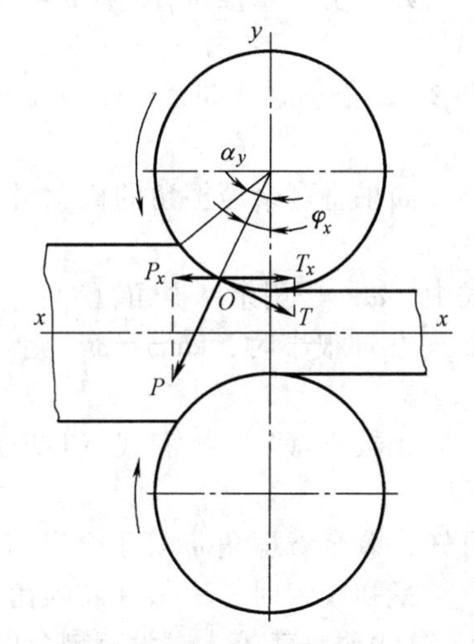

图 1-6　轧制过程建成的作用力

将上式代入式（1-23）中

$$\beta_y = \frac{\alpha_y}{n}$$

轧制过程建成后的最大接触角为

$$\alpha_{y\max}=n\beta_y \tag{1-24}$$

如果设 $n=2$（当沿接触弧应力均匀分布时有这种可能，在这种情况下，合力作用点在接触弧的中点），则轧制过程建成后的最大接触角为

$$\alpha_{y\max}=2\beta_y \tag{1-25}$$

由式（1-22）得出最大咬入角为

$$\alpha_{\max}=\beta \tag{1-26}$$

因此轧制过程建成的综合条件乃是

$$\alpha_y\leqslant n\beta_y$$

当 $\alpha_y>n\beta_y$ 时，轧制过程不能进行，并且轧件在轧辊上打滑。用式（1-24）除以式（1-26），得到

$$\alpha_{y\max}/\alpha_{\max}=n\beta_y/\beta \tag{1-27}$$

从式（1-27）可以看出，轧制过程建成时的最大接触角与最大咬入角的比值可以由合力移动系数 n 与摩擦角的比值决定。

当 $n=2$ 和 $\beta=\beta_y$ 时

$$\alpha_{y\max}=2\alpha_{\max} \tag{1-28}$$

可见，轧制过程建成的最大接触角是咬入时最大咬入角的两倍。研究指出，轧制条件决定了 $\alpha_{y\max}/\alpha_{\max}$ 的比值变化在 1~2 之间。

3. 利用和改善咬入条件的方法

（1）剩余摩擦力的概念　轧件从开始咬入到轧制建成的过程中，有利于轧件咬入的水平分力 T_x（见图 1-6）不断增加，而阻碍轧件咬入的水平分力 P_x 不断减小，T_x-P_x 的差值愈来愈大，也就是咬入过程所要求的靠摩擦作用的曳入力愈来愈富余。我们将咬入力 T_x 和水平阻力 P_x 的差值称为剩余摩擦力，并用 T_s 表示。

$$T_s=T_x-P_x=\mu P\cos\varphi-P\sin\varphi$$

如果引入摩擦角 β，且 $\mu=\tan\beta$，则有

$$T_s=P(\tan\beta\cos\varphi-\sin\varphi)$$

当 β、φ 很小时，$\tan\beta\approx\beta$，$\cos\varphi\approx1$，$\sin\varphi\approx\varphi$，上式简化为

$$T_s=P\tan(\beta-\varphi) \tag{1-29}$$

如果将剩余摩擦角的概念引入剩余摩擦力中，剩余摩擦力表示为

$$T_s=P\tan\omega$$

式中　ω——剩余摩擦角（°）。

当 ω 很小时，$\tan\omega\approx\omega$，则

$$T_s=P\omega \tag{1-30}$$

比较式（1-29）和式（1-30），显然剩余摩擦角 ω 为

$$\omega=\beta-\varphi \tag{1-31}$$

可知，剩余摩擦角 ω 等于金属与轧辊间的接触摩擦角 β 与合力作用角 φ 的差值。

最初咬入时，$\varphi=\alpha$（咬入角），此时自然咬入的临界条件如 $\alpha=\beta$，即 $\varphi=\beta$，则 $\omega=\beta-\varphi=0$。这表明自然咬入时没有剩余摩擦力。

当 $\varphi<\alpha$ 时，$\omega=\beta-\varphi>0$，产生剩余摩擦力。

当 $\varphi=\dfrac{\alpha}{2}$时，$\omega=\beta-\varphi=\dfrac{\alpha}{2}$，轧制过程建成，剩余摩擦角 ω 达到最大值，如图 1-7 所示。

引入剩余摩擦力（角）的概念有助于分析轧件咬入中的一些现象以及合理利用咬入特性。

例如，当以$\beta=\alpha$的条件咬入轧件并过渡到轧制过程建成后，可以大大增加压下量，只要保证$\omega=\beta-\varphi\geqslant 0$即可，即利用剩余摩擦力来提高压下量。带钢压下就是利用这个原理。

（2）改善咬入条件的方法　从咬入条件的分析中可以看出，改善咬入特性是提高轧机生产率的潜在因素之一。改善咬入特性的实质是提高咬入角，其方法可以从以下几方面考虑：

1）提高摩擦系数μ，通常的方法是提高轧辊的表面粗糙度值。

2）增加后推力。人工或机械对轧件加后推力或用轧件冲击轧辊的方法增加咬入能力。由于轧件和轧辊之间存在水平速度差，在该系统内短时间内作用有冲击力。在咬入的第一阶段，在系统速度得到补偿之前，使轧件产生制动。制动咬入时，冲击力的数值取决于系统开始和终了的速度差及系统的质量。系统的速度差越大，质量越大，则冲击力也越大。

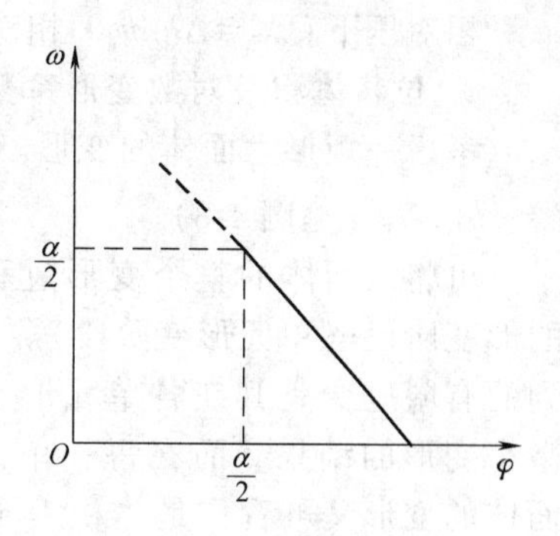

图 1-7　剩余磨擦角ω与合力作用角φ的关系

3）改变变形参数和工具尺寸（如轧辊直径）或压下量（因为$\alpha=\sqrt{\Delta h/R}$）。

4）增加轧件与轧辊的接触面积或采用合适的孔型侧壁倾角（在孔型轧制情况下）。

1.2　轧制过程中金属的变形

1.2.1　轧制时金属变形的基本概念及变形系数

1. 基本概念

当轧件在变形区内沿高度（厚度）方向上受到压缩时，金属向纵向及横向流动，轧制后轧件在长度和宽度方向上尺寸增大。由于变形区几何形状及力学和摩擦作用的关系，轧制时金属主要是纵向流动，宽向变形和纵向变形相比通常很小。

通常，将轧制时轧件在高、宽、纵三个方向的变形分别称为压下、宽展和延伸。

在轧件入口处上部边缘上指定一M点。轧制过程中在压下的影响下，M点要向下移动$\frac{h_0-h}{2}$距离，在轧制方向上将延伸移动。因为轧件在宽度方向上也要发生变形，所以在此方向M点移动距离为$\frac{b_0-b}{2}$。因此，就可画出M点的空间轨迹，它稍向下、向两侧，并且在很大程度上是向前的。因此在变形区域中金属的变形用三个坐标轴来表示。

根据给定的坯料尺寸和压下量，来确定轧制后轧件的尺寸和形状，或者已知轧制后轧件的尺寸和压下量，要求确定所需坯料的尺寸，这是在制定轧制工艺时首先遇到的问题。要解决这类问题，首先要知道被压下金属是如何沿轧制方向和宽度方向流动的，即如何分配延伸和宽展。

2. 工程变形系数

（1）绝对变形量

压下量：$\Delta h=h_0-h$；宽展量：$\Delta b=b-b_0$；延伸量：$\Delta l=l-l_0$　(1-32

式中，h_0、b_0、l_0分别为轧制前轧件的高、宽、长度尺寸（mm）；h、b、l分别为轧制后轧的高、宽、长度尺寸（mm）。

（2）相对变形量　利用以下比值可衡量沿三个轴线方向的相对塑性变形值

相对压下：$\varepsilon_h = \Delta h/h_0$；相对宽展：$\varepsilon_b = \Delta b/b_0$；相对延伸：$\varepsilon_l = \Delta l/l_0$ (1-33)

3. 位移体积及对数变形系数

考虑一矩形六面体的变形。假定变形前六面体的线性尺寸为 h_0、b_0、l_0，变形后的尺寸为 h_1、b_1、l_1（见图 1-8）。

可将六面体的整个变形过程划分为许多微小的形变阶段（单元形变阶段）。认为六面体最终得到的有限应变是其在各单元形态阶段内产生多次微小变形的结果。而在每一单元形变阶段内，六面体的变形又可看作是体积等于 $f\mathrm{d}h$ 的微量金属，从 z 轴方向上移动到 y 及 x 轴方向上去的结果。从 z 轴方向上所移去的金属体积称为 z 轴方向上的单元位移体积，用 $\mathrm{d}V_z$ 表示

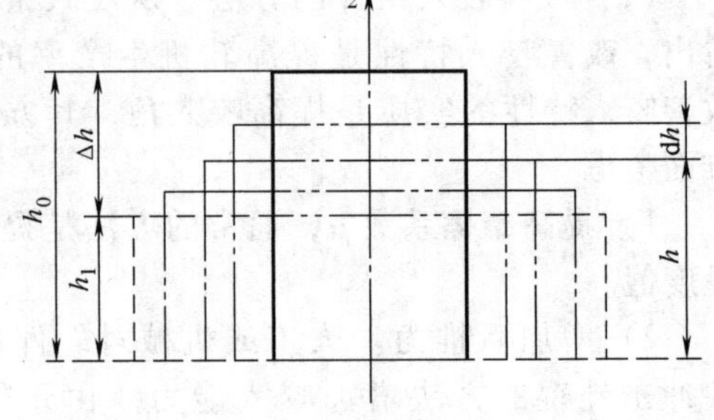

图 1-8 六面体的变形过程图示

$$\mathrm{d}V_z = f\mathrm{d}h$$

式中，f 为所研究的单元形变阶段内六面体垂直 z 轴的断面面积。

对单元位移体积进行积分，便得到在六面体的整个变形过程中，从 z 轴方向上所移去的金属体积，即 z 轴方向的位移体积

$$V_z = \int_{h_0}^{h_1} f\mathrm{d}h = \int_{h_0}^{h_1} \frac{fh}{h}\mathrm{d}h = \int_{h_0}^{h_1} \frac{V}{h}\mathrm{d}h = V\int_{h_0}^{h_1} \frac{\mathrm{d}h}{h} = V\ln\frac{h_1}{h_0}$$

位移体积等于物体的体积与相应的对数变形系数的乘积。

位移体积与物体的体积之比，称为相对位移体积。根据上式求得 z 轴方向的相对位移体积

$$V_z^{\circ} = \frac{V_z}{V} = \ln\frac{h_1}{h_0}$$

相对位移体积等于变形后的尺寸与原始尺寸之比值的对数，即等于相应的对数变形系数。

从 z 轴方向上移去的金属体积将添加到 y 及 x 轴方向上，同样地可求得 y 及 x 轴方向的位移体积

$$V_y = V\ln\frac{b_1}{b_0},\quad V_x = V\ln\frac{l_1}{l_0}$$

y 及 x 轴方向的相对位移体积则为

$$V_y^{\circ} = \ln\frac{b_1}{b_0},\quad V_x^{\circ} = \ln\frac{l_1}{l_0}$$

根据体积不变假设，变形前、后六面体的体积相等

$$l_0 b_0 h_0 = l_1 b_1 h_1$$

或写成

$$\frac{l_1 b_1 h_1}{l_0 b_0 h_0} = 1$$

对上式取对数，得

$$\ln\frac{l_1}{l_0} + \ln\frac{b_1}{b_0} + \ln\frac{h_1}{h_0} = 0 \tag{1-34}$$

相对位移体积的代数和为零。该式为产生有限应变的变形物体的体积不变条件。

在实际中，常把高度方向的对数应变取为正值，此时式（1-34）可表示为

$$\ln\lambda + \ln\beta - \ln\frac{1}{\eta} = 0 \tag{1-35}$$

式中　λ——延伸系数，$\lambda=\frac{l_1}{l_0}$；

β——宽展系数，$\beta=\frac{b_1}{b_0}$；

η——压下系数，$\eta=\frac{h_1}{h_0}$；

$\ln\lambda$——对数延伸系数；

$\ln\beta$——对数宽展系数；

$\ln\frac{1}{\eta}$——对数压下系数。

1.2.2　轧制时金属的宽展

1. 宽展与其实际意义

在轧制过程中轧件的高度承受轧辊压缩作用，压缩下来的体积，将按照最小阻力法则移向纵向及横向。由移向横向的体积所引起的轧件宽度的变化称为宽展。

在习惯上，通常将轧件在宽度方向线尺寸的变化，即绝对宽展直接称为宽展。虽然用绝对宽展不能正确反映变形的大小，但是由于它简单、明确，在生产实践中得到极为广泛的应用。

轧制中的宽展可能是希望的，也可能是不希望的，视轧制产品的断面特点而定。当从窄的坯料轧成宽成品时希望有宽展，如用宽度较小的坯料轧成宽度较大的成品，则必须设法增大宽展。若是从大断面坯轧成小断面成品时，则不希望有宽展。因为消耗于横变形的功是多余的，在这种情况下，应该力求以最小的宽展轧制。

纵轧的目的是为得到延伸，除特殊情况外，应该尽量减小宽展，降低轧制功能消耗，提高轧机生产率。不论在哪种情况下，希望或不希望有宽展，均必须掌握宽展变化规律并能正确计算它，在孔型中轧制则更为重要。

正确估计轧制中的宽展是保证断面质量的重要一环，若计算宽展大于实际宽展，孔型充填不满，则会造成很大的椭圆度，如图1-9a所示。若计算宽展小于实际宽展，孔型充填过满，则会产生耳子，如图1-9b所示，以上两种情况均造成轧制废品。

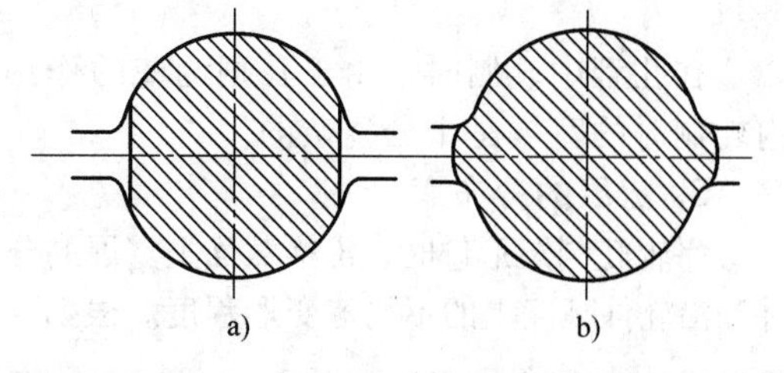

图1-9　由于宽展估计不足产生的缺陷
a）未充满　b）过充满

因此，正确的估计和计算宽展对提高产品质量、改善生产技术经济指标有着重要的作用。

2. 宽展分类

在不同的轧制条件下，坯料在轧制过程中的宽展形式是不同的。根据金属沿横向流动的自由程度，宽展可分为：自由宽展，限制宽展和强制宽展。

（1）自由宽展　坯料在轧制过程中，被压下的金属体积其金属质点横向移动时具有向垂直于轧制方向的两侧自由移动的可能性，此时金属流动除受轧辊接触摩擦的影响外，不受其他任何的阻碍和限制，如孔型侧壁、立辊等，结果明确地表现出轧件宽度尺寸的增加，这种情况称为自由宽展，如图1-10所示。自由宽展发生于变形比较均匀的条件下，如平辊上轧制矩形断面轧件，以及宽度有很大富裕的扁平孔型内轧制。自由宽展轧制是最简单的轧制情况。

（2）限制宽展　坯料在轧制过程中，金属质点横向移动时，除受接触摩擦的影响外，还承受孔型侧壁的限制作用，因而破坏了自由流动条件，此时产生的宽展称为限制宽展。如在孔型侧壁起作用的凹型孔型中轧制时即属于此类宽展，如图 1-11 所示。由于孔型侧壁的限制

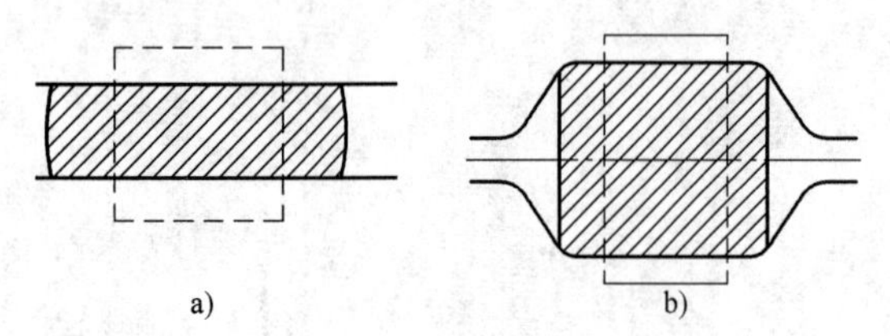

图 1-10　自由宽展轧制

注：虚线表示轧件轧前尺寸，剖面线表示轧件轧后尺寸。

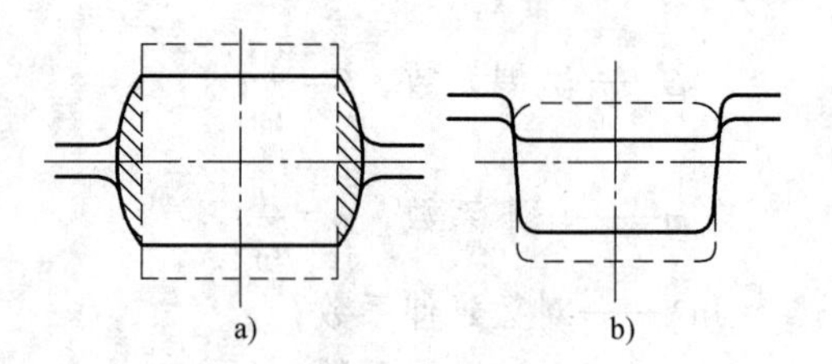

图 1-11　限制宽展

a）箱形孔内的宽展　b）闭口孔内的宽展

作用，使横向移动体积减小，故所形成的宽展小于自由宽展。

（3）强制宽展　坯料在轧制过程中，金属质点横向移动时，不仅不受任何阻碍且受有强烈的推动作用，使轧件宽度产生附加的增长，此时产生的宽展称为强制宽展。由于出现有利于金属质点横向流动的条件，所以强制宽展大于自由宽展。

在凸型孔型中轧制及有强烈地局部压缩的孔型条件是强制宽展的典型例子，如图 1-12 所示。

如图 1-12a 所示，由于孔型凸形部分强烈的局部压缩作用，强迫金属流向横向。轧制宽扁钢时采用的切深孔型就是强制宽展的实例。而如图 1-12b 所示是由两侧部分的强烈压缩形成强制宽展。

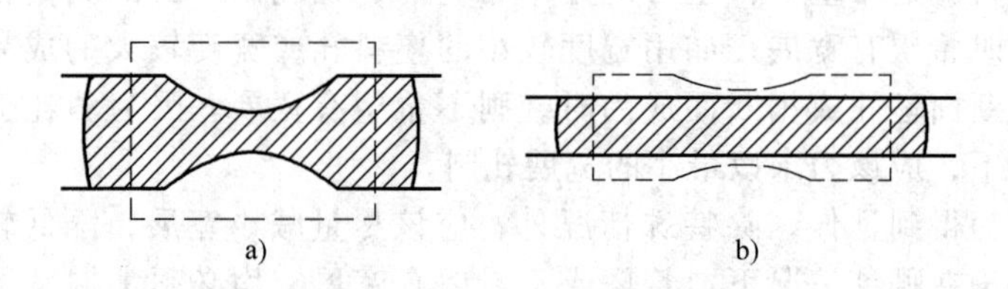

图 1-12　强制宽展轧制

在孔型中轧制时，由于孔型侧壁的作用和轧件宽度上压缩的不均匀性，确定金属在孔型内轧制时的宽展是十分复杂的。

3. 宽展的分布

平辊轧制矩形件时，沿横截面上宽展的分布是相当复杂的，它主要取决于接触表面上的摩擦条件和沿轧件高度上的不均匀变形程度。根据这些因素的影响，轧制后轧件侧边的形状可呈双鼓形、单鼓形和平直形，如图 1-13 所示。决定宽展沿轧件高度上分布不均匀的主要因素是 $b/\overline{h}$ 的值（b 为轧件宽度；$\overline{h}$ 为轧件平均高度）。

当 $b/\overline{h}$ 较小时，宽展仅产生在接触表面附近，轧件侧边呈双鼓形，如图 1-13a 所示，宽展仅仅分布在轧件高度上一定范围之内，在接触表面上发生变形，而中心产生不大的变形或不产生变形。

当 $b/\overline{h}$ 较大时，轧件中心层产生较大宽展，变形结果是横截面的侧表面形状呈单鼓形，如图 1-13b 所示。在这种情况下，沿轧件高度的中心层上的宽度比接触面的大。

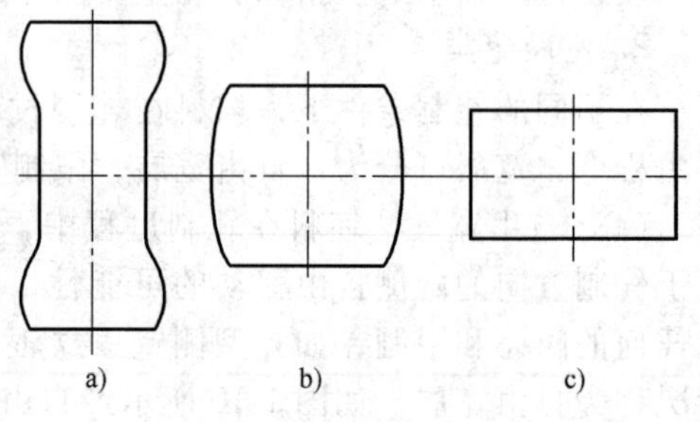

图 1-13　轧后轧件侧边形状

a）双鼓形　b）单鼓形　c）平直形

当 $b/\bar{h}$ 值在一定范围内时，在接触表面上宽展的分布与中心层一样，那么横截面的形状是平直的，如图 1-13c 所示。这样的宽展分布特征，说明接触表面与中心层是均匀变形。

双鼓形多发生在轧制高件上，如大型开坯机立辊轧制或侧压等。有顶头（芯棒）轧管时，可按轧制薄件对待。

总之，宽展是一个复杂的轧制现象，它受多种因素影响。

4. 影响宽展的因素

影响金属在变形区内沿纵向及横向流动的数量关系的因素很多。但这些因素都是建立在最小阻力定律及体积不变定律的基础上。经过综合分析，影响宽展的诸因素实质上可归纳为两方面：一是高向移动体积；二是变形区内轧件变形的纵横阻力比，即变形区内轧件应力状态中 σ_3/σ_2 的关系（σ_3 为纵向压缩主应力；σ_2 为横向压缩主应力）。根据分析，变形区内轧件的应力状态取决于多种因素。这些因素是通过变形区形状和轧辊形状反映变形区内轧件变形的纵横阻力比，从而影响宽展。下面具体分析各因素对轧件宽展的影响。

（1）相对压下量对宽展的影响　压下量是形成宽展的源泉，也是形成宽展的主要因素之一，没有压下量，宽展就无从谈起。因此，相对压下量愈大，宽展愈大。

很多实验表明，随着压下量的增加，宽展量也增加，如图 1-14 所示，这是因为压下量增加时，变形区长度增加，变形区水平投影形状 L/b 增大，因而使纵向塑性流动阻力增加，纵向压缩主应力值加大。根据最小阻力定律，金属沿横向运动的趋势增大，因而使宽展加大。另一方面，$\Delta h/H$ 增加，高向压下来的金属体积也增加，所以使 Δb 也增加。

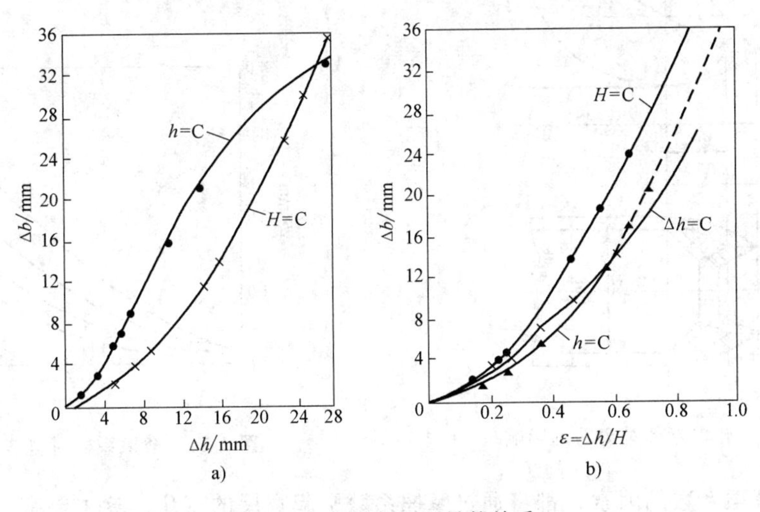

图 1-14　宽展与压下量的关系

（2）轧制道次对宽展的影响　实验证明，在总压下量一定的前提下，轧制道次愈多，宽展愈小，见表 1-1。这是因为在其他条件及总压下量相同时，一道轧制时变形区形状 $l/\bar{b}$ 的值较大，所以宽展较大，而当多道次轧制时变形区形状 $l/\bar{b}$ 的值较小，所以宽展也较小。

因此，不能只是从原料和成品的厚度来决定宽展，而是应该按各个道次来分别计算。

表 1-1　轧制道次与宽展量的关系

序号	轧制温度 t/℃	道次数	$\Delta h/H$(%)	Δb/mm
1	1000	1	74.5	22.4
2	1085	6	73.6	15.6
3	925	6	75.4	17.5
4	920	1	75.1	33.2

（3）轧辊直径对宽展的影响　由实验得知，当其他条件不变时，宽展 Δb 随轧辊直径 D 的增加而增加。这是因为当 D 增加时变形区长度加大，使纵向阻力增加，根据最小阻力定律，金属更容易向宽展方向流动，如图 1-15 所示。

研究辊径对宽展的影响时，应当注意到轧辊为圆柱体这一特点，沿轧制方向由于是圆弧形的，必然产生有利于延伸变形的水平分力，它使纵向摩擦阻力减少，有利于纵向变形，即增大延伸。所以，即使在变形区长度与轧件宽度相等时，延伸与宽展的量也并不相等，而由于工具形状的影响，延伸总是大于宽展。

（4）摩擦系数对宽展的影响　实验证明，当其他条件相同时，随着摩擦系数的增加，宽展增加，如图 1-16 所示，因为随着摩擦系数的增加，轧辊的工具形状系数增加，使 σ_3/σ_2 的值增加，相应地使延伸减小，宽展增大。摩擦系数是轧制条件的复杂函数，可写成下面的函数关系

$$\mu=\eta(t,v,K_1,K_3)$$

式中　t——轧制温度；

v——轧制速度；

K_1——轧辊材质与表面状态；

K_3——轧件的化学成分。

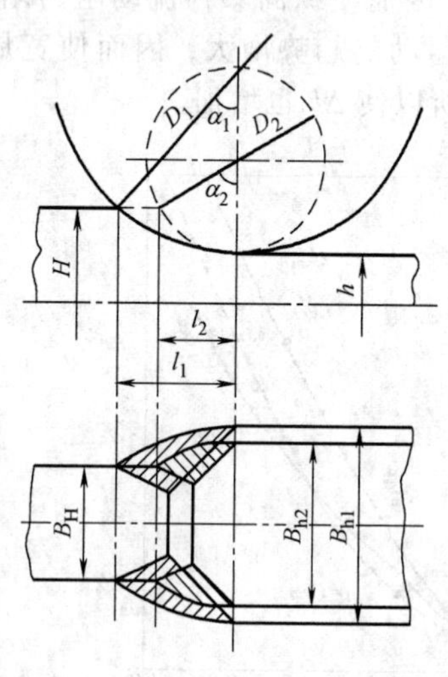

图 1-15　轧辊直径对宽展的影响

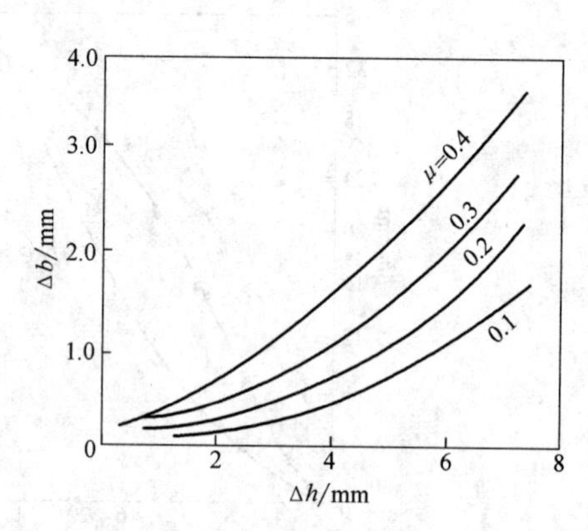

图 1-16　摩擦系数对宽展的影响

凡是影响摩擦系数的因素，都将通过摩擦系数引起宽展的变化，这主要有：

1）轧制温度对宽展的影响。轧制温度对宽展影响的实验曲线如图 1-17 所示。分析此图上的曲线特征可知，轧制温度对宽展的影响与其对摩擦系数的影响规律基本上相同。在此热轧条件下，轧制温度主要是通过氧化皮的性质影响摩擦系数，从而间接地影响宽展。从图 1-17 可看出，在较低温度阶段由于温度升高，氧化皮的生成使摩擦系数升高，从而使宽展增加。而到高温阶段由于氧化皮开始熔化起到润滑作用，使摩擦系数降低，从而使宽展降低。

2）轧制速度的影响。轧制速度对宽展的影响规律基本上与其对摩擦系数的影响规律相同，因为轧制速度是影响摩擦系数的，从而影响宽展的变化，随着轧制速度的升高，摩擦系数是降低的，从而宽展减小，如图 1-18 所示。

3）轧辊表面状态的影响。轧辊表面愈粗糙，摩擦系数愈大，从而使宽展愈大。实践也完全证实了这一点，譬如在磨损后的轧辊上轧制时产生的宽展比在新辊上轧制的宽展大。轧辊表面润滑使接触面上的摩擦系数降低，相应地使宽展减小。

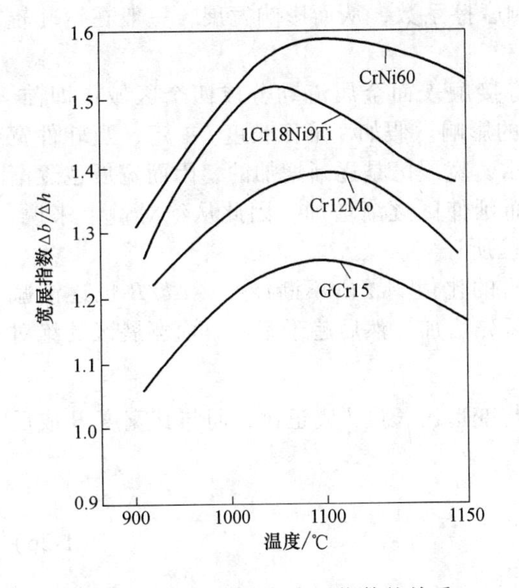

图 1-17　轧制温度与宽展指数的关系

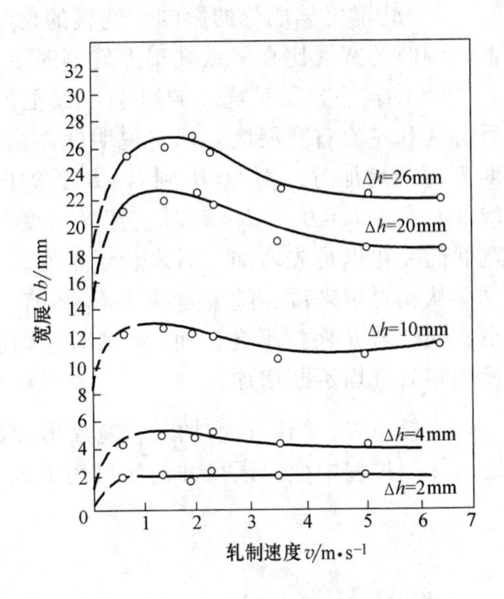

图 1-18　宽展与轧制速度的关系

4）轧件化学成分的影响。轧件的化学成分主要通过外摩擦系数的变化来影响宽展。热轧金属及合金的摩擦系数之所以不同，主要是因为其氧化皮的结构及物理机械性质不同，从而影响摩擦系数的变化和宽展的变化。但是，目前对各种金属及合金的摩擦系数研究较少，尚不能满足实际需要。有些学者进行了一些研究，下面介绍 Ю. M. 齐日柯夫在一定的实验条件下做的具有各种化学成分和各种组织的大量钢种的宽展实验。所得结果列入表 1-2 中。从这个表可以看出，合金钢的宽展比碳素钢大些。

表 1-2　钢的成分对宽展的影响系数

组别	钢　种	钢　号	影响系数 m	范围
Ⅰ	碳素钢	10 钢	1.00	—
Ⅱ	珠光体-马氏体钢	T7A(碳钢)	1.24	1.25~1.32
		G10Cr15(轴承钢)	1.29	
		Q345(结构钢)	1.29	
		40Cr13(不锈钢)	1.33	
		38CrMoAl(合金钢)	1.35	
		40Cr10Si2Mo(耐热不锈钢)	1.35	
Ⅲ	奥氏体钢	45Cr14Ni14W2Mo(耐热不锈钢)	1.36	1.35~1.46
		2Cr13Ni4Mn9(耐热不锈钢)	1.42	
Ⅳ	带残余相的奥氏体钢(铁素体,莱氏体)	1Cr18Ni9Ti(耐热不锈钢)	1.44	1.40~1.50
		3Cr18Ni25Si2(耐热不锈钢)	1.44	
		1Cr23Ni13(耐热不锈钢)	1.53	
Ⅴ	铁素体钢	1Cr17A15(耐热不锈钢)	1.55	—
Ⅵ	带有碳化物的奥氏体钢	Cr15Ni60(耐热不锈合金钢)	1.62	—

按一般公式计算出来的宽展，很少考虑合金元素的影响。为了确定合金钢的宽展，必须将按一般公式计算所求得的宽展值乘以表 1-2 中的系数 m，也就是

$$\Delta b_{合} = m\Delta b_{计}$$

式中　$\Delta b_{合}$——所求得的合金钢的宽展；

$\Delta b_{计}$——按一般公式计算的宽展；

m——考虑化学成分影响的系数。

5）轧辊化学成分的影响。轧辊的化学成分影响摩擦系数，从而影响宽展，一般在钢轧辊上轧制时的宽展比在铸铁轧辊上轧制时更大。

（5）轧件宽度对宽展的影响　如上所述，可将接触表面金属流动分成四个区域：即前、后滑区和左、右宽展区。用它说明轧件宽度对宽展的影响。假如变形区长度 l 一定，当轧件宽度 B 逐渐增加时，由 $l_1>B_1$ 到 $l_2=B_2$，如图 1-19 所示，宽展区是逐渐增加的，因而宽展也逐渐增加，当由 $l_2=B_2$ 到 $l_3<B_3$ 时，宽展区变化不大，而延伸区逐渐增加。因此从绝对量上来说，宽展的变化也是先增加，后来趋于不变，这已被实验所证实。

从相对量来说，随着宽展区 F_B 和前、后滑区 F_1 的比值 F_B/F_1 不断减小，$\Delta b/B$ 也逐渐减小。同样若 B 保持不变，而 l 增加时，则前、后滑区先增加，然后趋于不变；而宽展区的绝对量和相对量均不断增加。

一般说来，当 $l/\overline{B}$ 增加时，宽展增加，即宽展与变形区长度 l 成正比，而与其宽度 $\overline{B}$ 成反比。轧制过程中变形区尺寸的比可用下式表示

$$l/\overline{B}=\frac{\sqrt{R\Delta h}}{\frac{B+b}{2}} \tag{1-36}$$

此比值越大，宽展越大。$l/\overline{B}$ 的变化，实际上反映了纵向阻力及横向阻力的变化，轧件宽度 B 增加，Δb 减小，当 B 值很大时，Δb 趋近于零，即当 $b/B=1$ 时出现平面变形状态。此时表示横向阻力的横向压缩主应力 $\sigma_2=(\sigma_1+\sigma_3)/2$。在轧制时，通常认为，当变形区的纵向长度为横向长度的 2 倍时（$l/\overline{B}=2$），会出现纵横变形相等的条件。为什么不在二者相等（$l/\overline{B}=1$）时出现呢？这是因为受前面所说的工具形状的影响。此外，在变形区前后轧件都具有外端，外端将起着阻碍金属质点横向移动的作用，因此也会使宽展减小。

（6）前、后张力对宽展的影响　轧制时，由于外区的作用，在变形接触区板材边部及边部的外区产生纵向拉应力，在与它相邻的区域将产生横向压应力，在所研究的每一个面上，此压应力与拉应力相平衡。以 σ_A 和 σ_B 表示作用在 A 点和 B 点的纵向应力（外区作用及张力作用，如图 1-20 所示），由于此应力的作用，在变形区中由外摩擦影响而产生的压应力 σ_x 将大大减小，因此表示纵向应力 σ_x 和横向应力 σ_z 相等的应力线将不通过 A、D 和 B 点，而是远离外区，处在新的位置（EG 和 GF）上。这样一来，张力的影响表现为有宽展趋势的金属区段的缩小，因而明显地减小了宽展量。因此，板带轧制采用前、后张力时，随着张力的增大，宽展减小。

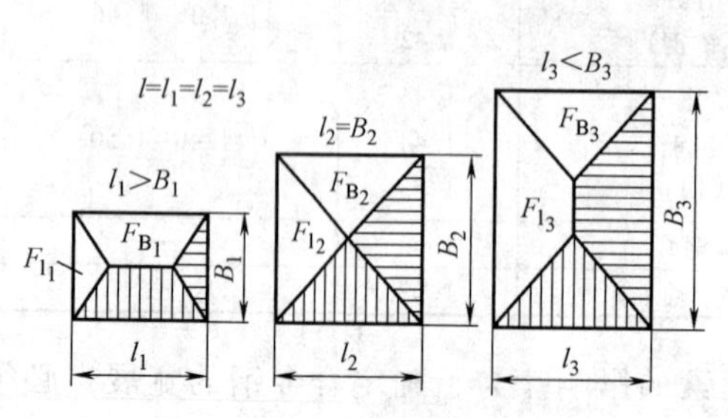

图 1-19　轧件宽度对变形区划分的影响

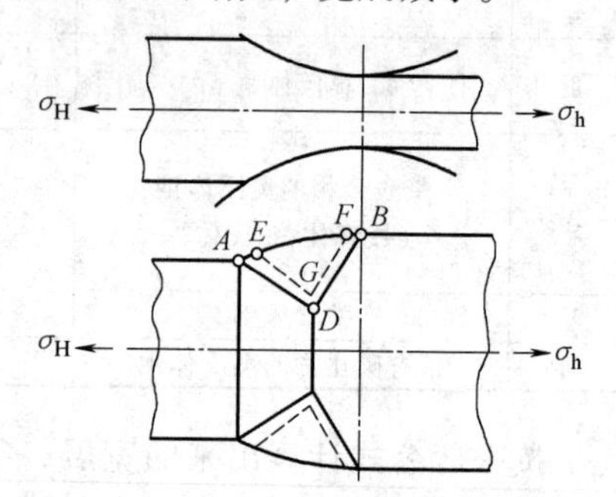

图 1-20　在外区及张力作用下，假想的宽展区的位移（以虚线表示）

5. 平辊轧制时宽展的计算

计算宽展的公式很多，但影响宽展的因素也很多，只有在深入分析轧制过程的基础上，

正确考虑主要因素对宽展的影响，选用合适的公式才能获得较好的宽展计算结果。

下面介绍几个宽展公式，这些公式考虑的影响因素并不很多，而只是考虑了其中最主要的影响因素，并且其计算结果和实际出入并不太大。现在很多公式是按经验数据整理的，使用起来有很大局限性。目前在实际生产中很多情况是按经验估计宽展，但随着计算机的发展和普及，应用计算机程序、结合专家知识会使宽展的计算更加科学化、合理化。

在平辊上计算宽展的公式反映了部分轧制情况，适用于一定的金属变形条件。

（1）Л. 热兹公式　此公式是最简单的公式，其表达式为

$$\Delta b=C\Delta h \tag{1-37}$$

式中，C 包括了除压下量 Δh 以外的所有轧制参数对宽展的影响，其变化范围在 0~1 之间。对于各种轧制情况的 C 值，是由实验确定的。现在常把它表示成一个宽展指数 $C=\Delta b/\Delta h$，它广泛应用于表征轧制时金属的横向流动的运动学特征。

（2）С. Н. 别特罗夫-Э. 齐别尔公式

$$\Delta b=C(\Delta h/H)\sqrt{R\Delta h} \tag{1-38}$$

式中，$C=0.35\sim0.45$，对于强度较高的钢种，建议取上限值。此公式没有考虑板材的接触摩擦条件、宽度和张力。

（3）С. И. 古布金公式

$$\Delta b=\left(1+\frac{\Delta h}{H}\right)\left(\mu\sqrt{R\Delta h}-\frac{\Delta h}{2}\right)\frac{\Delta h}{H} \tag{1-39}$$

此公式是由实验数据回归得到的，它除了考虑主要几何尺寸外，还考虑了接触摩擦条件。而且当 $\mu=0.40\sim0.45$ 时，计算结果与实际相吻合，因而在一定范围内是适用的。

（4）Б. П. 巴赫契诺夫公式　此公式的导出是根据移动体积与其消耗功成正比的关系。即

$$\frac{V_{\Delta b}}{V_{\Delta h}}=\frac{A_{\Delta b}}{A_{\Delta h}}$$

式中　$V_{\Delta b}$、$A_{\Delta b}$——宽度方向移动的体积与其所消耗的功；

$V_{\Delta h}$、$A_{\Delta h}$——高度方向移动的体积与其所消耗的功。

从理论上导出宽展公式、忽略宽展的一些影响因素后得出实用的简化公式如下

$$\Delta b=1.15\frac{\Delta h}{2H}\left(\sqrt{R\Delta h}-\frac{\Delta h}{2\mu}\right) \tag{1-40}$$

巴赫契诺夫公式考虑了摩擦系数、相对压下量、变形区长度及轧辊形状对宽展的影响，在公式推导过程中也考虑了轧件宽度及前滑的影响。实践证明，用巴赫契诺夫公式计算平辊轧制和箱型孔型中的自由宽展可以得到与实际相接近的结果，因此可以用于实际变形计算中。

（5）S. 艾克伦德公式　艾克伦德公式导出的理论依据是：认为宽展决定于压下量及轧件与轧辊接触面上纵横阻力的大小。并假定在接触面范围内，横向及纵向单位面积上的单位功是相同的，在延伸方向上，假定滑动区为接触弧长的 2/3 及黏着区为接触弧长的 1/3。按体积不变条件进行一系列的数学处理得

$$b^2=8m\sqrt{R\Delta h}\,\Delta h+B^2-2\times2m(H+h)\sqrt{R\Delta h}\ln\frac{b}{B} \tag{1-41}$$

式中
$$m=\frac{1.6\mu\sqrt{R\Delta h}-1.2\Delta h}{H+h}$$

摩擦系数可按下式计算

$$\mu=k_1k_2k_3(1.05-0.0005t)$$

式中　k_1——轧辊材质与表面状态的影响系数，见表 1-3；

k_2——轧制速度影响系数，其值见图 1-21；
k_3——轧件化学成分影响系数，见表 1-2；
t——轧制温度（℃）。

表 1-3　轧辊材质与表面状态影响系数 k_1

轧辊材质与表面状态	k_1
粗面钢轧辊	1.0
粗面铸铁轧辊	0.8

1.2.3　轧制过程中的不均匀变形

许多实验研究结果已经证明，轧制过程中金属在变形区内的变形通常是不均匀的。这种不均匀变形不仅是轧件外部几何形状的不均匀性，更主要的是轧件内部变形分布的不均匀性（见图 1-22、图 1-23）。

引起不均匀变形的因素有：接触表面摩擦力作用、不均匀压下及同一断面上轧件与轧辊接触的非同时性（孔型轧制）、板坯厚度不均、坯料温度不均、组织不均等，其中主要是前两种。

轧制时的不均匀变形对轧制产品的尺寸、形状、内部质量、表面状态、成材率以及轧辊磨损等有着重要的影响。当板材厚度不均匀时，会引起接触压力分布的变化、板面内应力分布不均匀以及产生边部和中部波浪或裂纹的情况。

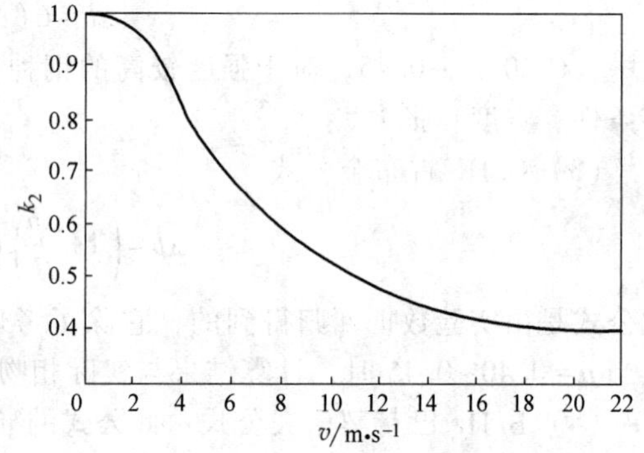

图 1-21　轧制速度影响系数

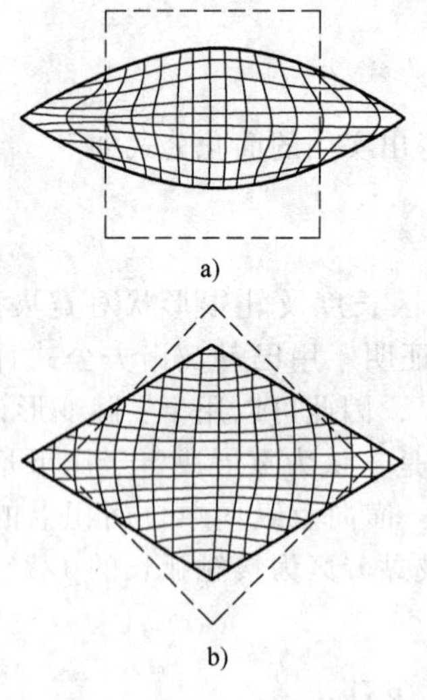

图 1-22　孔型轧制时断面内部变形
a）方→椭　b）方→菱

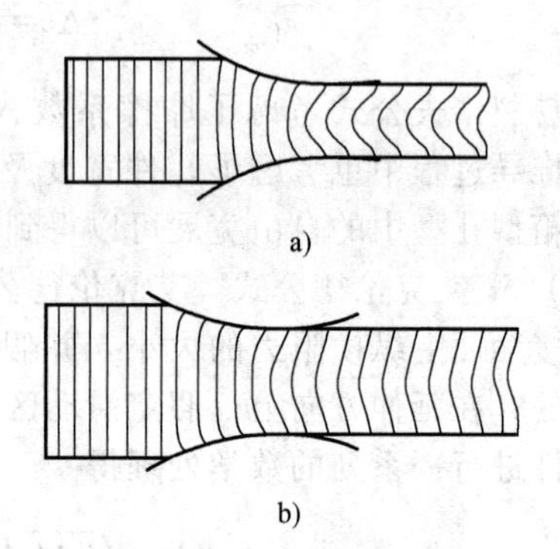

图 1-23　轧件对称面上的变形
a）方→椭　b）方→菱

在轧制时除接触表面的摩擦外，位于塑性变形区前、后的轧出部分和待轧部分的金属外端，对于应变分布有很大的影响。在轧制过程中，变形区内垂直横断面上的各不同部分，都通过外端的作用而抑制和牵连其他部分的变形。因此，一般来讲，外端有均分应变分布的作用。

实验表明，板材轧制时应变分布的不均匀性随比值 $l/\bar{h}\left(\bar{h}=\dfrac{h_0+h_1}{2}\right)$ 的改变将呈现不同的状态。按比值 $l/\bar{h}$ 的不同，可将轧件的变形粗略地分为下述三种情况分别讨论。

1. 薄轧件的变形（$l/\bar{h}>2\sim3$）

轧制板带材通常属于这种情况。

根据采利柯夫的实验结果，板带材轧制时，在变形区内沿轧件宽度上金属质点的运动速度分布是不均匀的（见图 1-24）。

在比值 $l/\bar{h}$ 较大时，由于轧件中部到接触表面的距离较小，整个塑性变形区受接触摩擦力的影响都很大，无论在接触表面附近还是在轧件的中部都呈现较强的三向压缩应力状态。再考虑到外端的作用（限制出、入口断面向外凸肚），在水平对称面附近的中部区域内水平压应力值将有所增大，在靠上、下接触表面的表层区域内水平压应力值将有所减小，于是应力沿横断面高度的分布明显地趋于均匀化。结果使应变沿断面高度的分布也趋于均匀化。此时，接触表面主要由滑动区所构成。

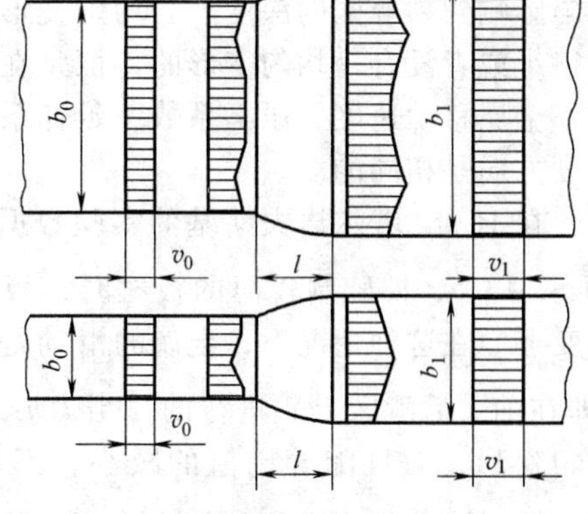

图 1-24　沿带材宽度金属质点运动的速度分布图

这时，可以采用“平面假设”，即认为变形前的垂直横断面在变形过程中保持为一平面，在变形区内沿断面高度金属质点的流动速度相同。

2. 中等厚度轧件的变形（$2\sim3>l/\bar{h}>0.5\sim1.0$）

型材的轧制多数属于此种情况。

由于比值 $l/\bar{h}$ 的减小，摩擦力对中部区域的影响减弱，应力-应变沿垂直横断面分布的不均匀性明显地增大。这时的不均匀变形状态与产生单鼓形的不均匀镦粗相当。轧制后轧件的侧表面出凸肚，有侧表面转移为接触表面的现象存在，有黏着区存在。

3. 高轧件的变形（$l/\bar{h}<0.5\sim1$）

在初轧机、大型开坯机和侧压机上轧制钢坯时，前面的若干道次多属此种情况。

利用滑移线方法，对于平面应变的条件，求解高轧件内的应力分布，根据理论分析的结果，可得如下结论：

1）在轧制高轧件的情况下，外端对于塑性区内的应力分布及接触表面上的平均单位压力值有很大影响，随比值 $l/\bar{h}$ 的减小，外端的作用不断增强，直至轧件完全产生表面变形为止。

2）沿变形区的高度，在轧件的表面层有水平压应力产生，在轧件的中部有水平拉应力产生。比值 $l/\bar{h}$ 愈小，这些应力的数值（绝对值）愈大。

3）在接触表面下面有刚性移动区（难变形区）存在。

实验证明这些结论对于实际的高轧件的轧制过程都是正确的。应该指出的是，对于轧制宽度不是很大的高轧件的轧制过程，表层金属的横向流动趋势比镦粗时要大。

大量的实验研究结果表明，在比值 $l/\bar{h}<0.5\sim1$ 时轧件主要是产生表面变形。当比值 $l/\bar{h}<0.11\sim0.21$ 时，轧件只能产生表面变形。轧制板坯时的立辊轧制以及侧压多属此种情况。

下面讨论在不均匀变形情况下，平辊轧制时的黏着区及中性面的形状和位置。

轧制时，所有关于前滑的理论计算，都是在平截面的假设下，在变形区中有两个滑动区

（前滑区与后滑区）的情况下得到的。

在各个区中，金属质点相对于轧辊表面的移动，均具有不同速度，在中性面（前滑区与后滑区的界面）上取得相同的速度。应当认为：在中性面的周围金属的移动是平稳的，也就是说有一个过渡区。在这个区上，金属相对于轧辊表面滑动不大或者完全没有滑动。关于变形区中存在一个黏着区的假说最先是由 H. A. 索波列夫提出的，后来在别人的工作中继续得到发展。

库仑定律不能满足黏着区。沿轧件厚度上的变形不均匀影响到黏着区的深度。当均匀变形时，黏着区的深度很小或者没有。均匀变形的特征是在给定的垂直截面上，金属移动速度、压下系数、延伸系数和宽展系数沿高度方向是相同的。

在 И. Я. 塔尔诺夫斯基的实验数据基础上，建议当 $l/\bar{h}>3\sim3.5$，即轧制较薄的板材时，板材的变形接近均匀变形。在这种情况下，金属的滑动是沿所有接触面上（即在前、后滑区上）进行的。当 $l/\bar{h}<3\sim3.5$ 时，是不均匀变形，而且随着比值的减小，不均匀变形程度增加，后滑区的长度也增加。当 $l/\bar{h}$ 值较小时，在接触表面上可能有较长的黏着区（占接触长度的60%～70%）。曲线1（见图1-25）的水平段是黏着区，在金属的表面层没有变形。

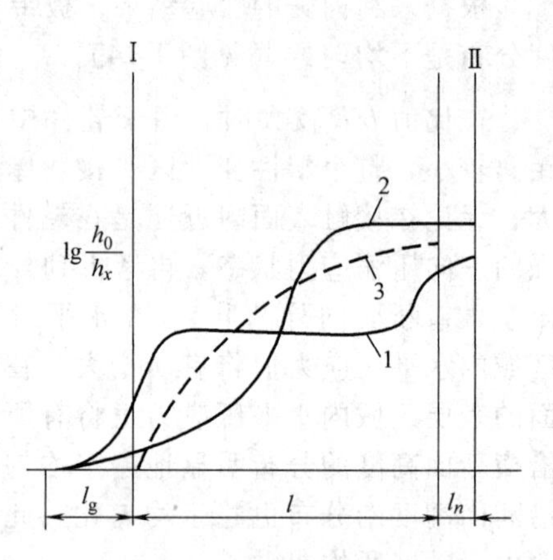

图 1-25　沿触弧水平层相对变形的变化曲线（$l/\bar{h}$=1.16）

1—接触层　2—中心层　3—沿截面均匀变形

Ⅰ—入口平面　Ⅱ—出口平面

1.3　轧制过程中的前滑和后滑

前已述及，轧制过程中存在轧辊转动、轧件运动以及轧件金属本身的流动，由此产生轧制时的前滑和后滑现象。这种现象使轧件的出辊速度与轧辊圆周速度不一致，而且这个速度在轧制过程中并非始终不变，它受许多因素的影响而变化。在连轧机上轧制和周期断面金属材料的轧制等都要求精确知道轧件进出轧辊的实际速度。轧件的速度与轧辊圆周速度之间存在什么关系呢？这就是本节要讨论的问题。

1.3.1　平辊轧制前滑、后滑的计算

1. 轧制时的前滑与后滑的定义

轧件在轧制时，高度方向受压下的金属一部分流向纵向，使轧件伸长；另一部分流向横向，使轧件展宽。前已述及，轧件的延伸是被压下金属向轧辊入口和出口两方面流动的结果；轧件进入轧辊的速度 v_H 小于轧辊在该点处线速度 v 的水平分量 $v\cos\alpha$；而轧件的出口速度 v_h 大于轧辊在该处的线速度 v。这种 $v_h>v$ 的现象叫作前滑，而 $v_H<v\cos\alpha$ 的现象叫作后滑。前滑值用轧辊出口断面上轧件与轧辊速度的相对差值来表示，即

$$S_h=\frac{v_h-v}{v}\times100\% \tag{1-42}$$

式中　S_h——前滑值（%）；

v_h——轧辊出口截面轧件的速度（m/s）；

v——轧辊圆周速度（m/s）。

同样后滑是用轧辊入口断面轧件的速度与轧辊在该点的水平分速差的相对值来表示的，即

$$S_H=\frac{v\cos\alpha-v_H}{v\cos\alpha}\times100\% \tag{1-43}$$

式中 S_H——后滑值（%）。

如果我们将式（1-42）中的分子和分母各乘以轧制时间 t，则得

$$S_h=\frac{v_h t-vt}{vt}=\frac{L_h-L_H}{L_H} \tag{1-44}$$

如果事先在轧辊表面上刻出距离为 L_H 的两个小坑，则轧制后测量 L_h，即可用实验方法计算出轧制时的前滑值。由于实测前滑时量出轧件上的 L'_h 是冷尺寸，换算成热尺寸时，可用下面公式来完成

$$L_h=L'_h[1+a(t_1-t_2)] \tag{1-45}$$

式中 L'_h——轧件冷却后测得的长度（mm）；

a——膨胀系数，见表1-4；

t_1——轧件轧制时的温度（℃）；

t_2——测量时的温度（℃）。

表1-4 碳钢的温度线膨胀系数

温度/℃	线膨胀系数 a
0~1200	$(15\sim20)\times10^{-6}$
0~1000	$(13.3\sim17.5)\times10^{-6}$
0~800	$(13.5\sim17.0)\times10^{-6}$

式（1-44）说明，前滑可以用长度来表示，所以在轧制理论中有人将前滑、后滑作为纵向变形来讨论。

式（1-42）可改写成式（1-46）

$$\nu_h=\nu(1+S_h) \tag{1-46}$$

按照流量体积相等的条件，则

$$F_H\nu_H=F_h\nu_h \text{或} \nu_H=\nu_h\times\frac{F_h}{F_H}=\frac{\nu_h}{\lambda}$$

式中 F_H——轧件入口断面面积（mm^2）；

F_h——轧件出口断面面积（mm^2）；

λ——$\lambda=F_H/F_h$。

将式（1-46）代入上式，得

$$\nu_H=\frac{v}{\lambda}(1+S_h) \tag{1-47}$$

由式（1-43）可知

$$S_H=1-\frac{v_H}{v\cos\alpha}=1-\frac{\frac{v}{\lambda}(1+S_h)}{v\cos\alpha}$$

或

$$\lambda=\frac{1+S_h}{(1-S_H)\cos\alpha} \tag{1-48}$$

由式（1-46）、式（1-47）、式（1-48）可知，当延伸系数 λ 和轧辊周速 ν 已知时，轧件进出辊的实际速度 ν_H 和 ν_h 决定于前滑值 S_h，或知道前滑值便可求出后滑值 S_H。此外还可以看出，当λ和接触角 α 一定时，前滑值增加，后滑值就必然减少。

因为轧件进出辊实际速度之间或前滑值与后滑值之间存在上述的明确关系，所以下面可以只讨论前滑问题。

2. 前滑值的计算方法

式（1-42）是前滑值的定义表达式，此式并没有反映出轧制参数对前滑的影响。下面就来推导前滑与轧制参数的关系式，此关系式的推导是以变形区各横断面秒流量体积不变的条件为出发点。应指出，不论符合平断面假设的薄件轧制情况还是接触表面产生黏着的厚件轧制情况，变形区内各横断面秒流量相等的条件，即 $F_x v_{hx}=$ 常数 都是正确的，因为这里的水平速度 v_x 是沿轧件断面高度上的平均值。按秒流量体积不变条件，变形区出口断面金属的秒流量应等于中性面处金属的秒流量，由此得出

$$v_h h = v_\gamma h_\gamma \quad 或 \quad v_h = v_\gamma \frac{h_\gamma}{h} \tag{1-49}$$

式中　v_h、v_γ——轧件出口和中性面的水平速度；

h、h_γ——轧件在出口和中性面的高度。

因为 $v_\gamma = v\cos\gamma$，参照式（1-1），$h_\gamma = h + D(1-\cos\gamma)$，由式（1-49）得出

$$\frac{v_h}{v} = \frac{h_\gamma \cos\gamma}{h} = \frac{[h+D(1-\cos\gamma)]}{h}\cos\gamma$$

由此得到前滑值为

$$S_h = \frac{v_h - v}{v} = \frac{v_h}{v} - 1$$

代入后得

$$S_h = \frac{h\cos\gamma + D(1-\cos\gamma)\cos\gamma}{h} - 1 = \frac{D(1-\cos\gamma)\cos\gamma - h(1-\cos\gamma)}{h}$$

$$= \frac{(1-\cos\gamma)(D\cos\gamma - h)}{h} \tag{1-50}$$

此即艾·芬克（E. Fink）前滑公式。由此公式反映出，前滑是轧辊直径 D、轧件厚度 h 及中性角 γ 的函数。为了使我们对这些影响前滑的因素在公式中反映的状况有一个明确的印象，下面用如图 1-26 所示的曲线来表示。

这些曲线是用艾·芬克公式在以下情况下计算出来的。

曲线 1：$S_h = f(h)$、$D = 300\text{mm}$、$\gamma = 5°$；曲线 2：$S_h = f(D)$、$h = 20\text{mm}$、$\gamma = 5°$；曲线 3：$S_h = f(\gamma)$、$h = 20\text{mm}$、$D = 300\text{mm}$。

由图 1-26 可知，前滑与中性角呈抛物线关系；前滑与辊径呈直线关系；前滑与轧件厚度呈双曲线关系。当 γ 很小时，可取 $1-\cos\gamma = 2\sin^2\frac{\gamma}{2} = \frac{\gamma^2}{2}$，$\cos\gamma = 1$。

则式（1-50）可简化为

$$S_h = \frac{\gamma^2}{2}\left(\frac{D}{h} - 1\right) \tag{1-51}$$

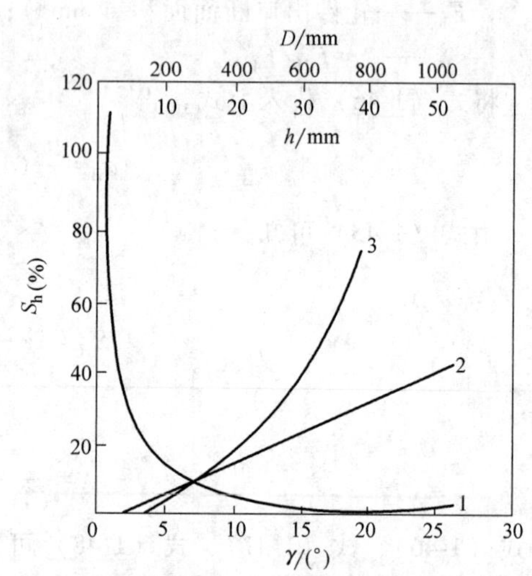

图 1-26　按艾·芬克公式计算的曲线

此即S·艾克伦德（S. Ekelund）的前滑公式。因为$\frac{D}{h}\gg1$，故式（1-51）括号中的1可以忽略不计，则式（1-51）又变为

$$S_h=\frac{\gamma^2}{2}\times\frac{D}{h}=\frac{\gamma^2}{h}R \tag{1-52}$$

此即D·德里斯顿（D. Dresden）公式。由式（1-52）可知：若$\frac{R}{h}=C$（常数）时，则$S_h=C\gamma^2$，成抛物线；若$\frac{\gamma^2}{h}=C$（常数）时，则$S_h=CR$，为直线；若$\gamma^2R=C$（常数）时，则$S_h=\frac{C}{h}$，是双曲线。

式（1-52）所反映的函数关系与式（1-50）是一致的。这就是在不考虑宽展时求前滑的近似公式。若宽展不能忽略，则实际的前滑值将小于式（1-52）所算得的结果。在一般情况下，前滑S_h的数值平均波动在2%~10%之间，但在某些特殊情况下，其值也有可能超出这个范围。

1.3.2　平辊轧制时中性角的确定

由式（1-50）、式（1-51）、式（1-52）可知，为计算前滑值必须知道中性角γ。对简单的理想轧制过程，在假定接触面全滑动、遵守库仑干摩擦定律、单位压力沿接触弧均匀分布和无宽展的情况下，按变形区内水平力平衡条件导出确定中性角γ的计算式为

$$\gamma=\frac{\alpha}{2}\left(1-\frac{\alpha}{2\beta}\right) \tag{1-53}$$

或

$$\gamma=\frac{\alpha}{2}\left(1-\frac{\alpha}{2\mu}\right) \tag{1-54}$$

如图1-27所示为根据式（1-54）做出的γ与α的关系曲线。由图1-27可见，当$\mu=0.4$、0.3时，中性角γ最大只有4°~6°。当$\alpha=\beta=\mu$时，$\gamma_{max}=\alpha/4$，有极大值。但当$\alpha=2\beta$时（相当于稳定轧制阶段的极限咬入角），γ又再变为零。此时前滑区完全消失，轧制过程实际上已经不能再进行下去。

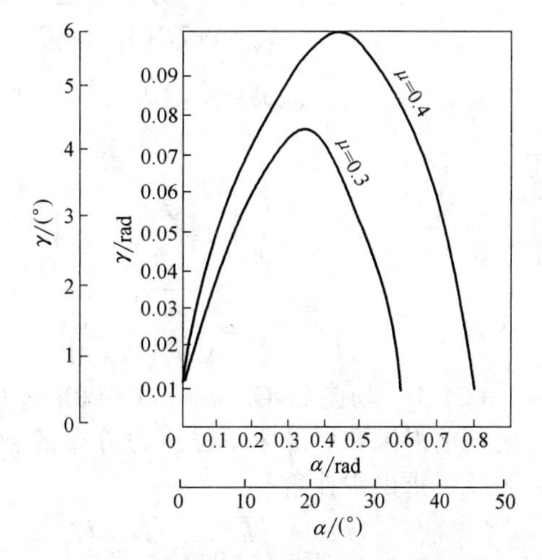

图1-27　中性角γ与咬入角α的关系

带前、后张力轧制和推导与式（1-54）的假设条件和方法相同，仅把所加的前、后张力Q_h和Q_H列入平衡条件中，即得

$$\gamma=\frac{\alpha}{2}\left(1-\frac{\alpha}{2\mu}\right)+\frac{1}{4\mu\bar{p}B_HR}(Q_h-Q_H) \tag{1-55}$$

式中　$\bar{p}$——平均单位压力（MPa）；

B_H——轧前轧件宽度，$B_H\approx B_h$。

式（1-55）为Ю. М. 费因别尔格导出的。

现代轧制理论和实验表明，实际轧制过程中单位压力沿接触弧上的分布是不均匀的，而且在接触面上也不一定全滑动。所以许多作者是根据后滑区和前滑区单位压力分布公式中确

定的$\bar{p}$在中性面处相等的条件来确定中性角 γ。下面就用这种方法对接触面上全滑动和全黏着的情况来确定 γ。

1. 整个接触面全滑动并遵守库仑干摩擦定律

（1）A. И. 采利柯夫解　按 1.7 节将讲到的沿后滑区和前滑区确定单位压力分布的采利柯夫公式（1-128）和（1-129），并由单位压力 $\bar{p}$ 在中性面处相等的条件确定 γ 角，即由

$$\frac{K}{\delta}\left[(\xi_H\delta-1)\left(\frac{H}{h_\gamma}\right)^{\delta}+1\right]=\frac{K}{\delta}\left[(\xi_h\delta+1)\left(\frac{h_\gamma}{h}\right)^{\delta}-1\right]$$

在不考虑加工硬化时得出

$$\frac{h_\gamma}{h}=\left[\frac{1+\sqrt{1+(\xi_H\delta-1)\times(\xi_h\delta+1)\left(\frac{H}{h}\right)^{\delta}}}{\xi_h\delta+1}\right]^{1/\delta} \tag{1-56}$$

式中　ξ_H——$\xi_H=1-\frac{q_H}{K}$；

ξ_h——$\xi_h=1-\frac{q_h}{K}$；

δ——$\delta=\frac{\mu}{\tan\frac{\alpha}{2}}=2\frac{\mu\sqrt{R\Delta h}}{\Delta h}=\mu\sqrt{\frac{2D}{\Delta h}}$；

h_γ——在中性面处轧件的高度。

当无张力轧制时（$q_H=0$；$q_h=0$；$\xi_H=\xi_h=1$），式（1-56）可写成

$$\frac{h_\gamma}{h}=\left[\frac{1+\sqrt{1+(\delta^2-1)\times\left(\frac{H}{h}\right)^{\delta}}}{\delta+1}\right]^{1/\delta} \tag{1-57}$$

为了计算方便，按式（1-57）做出不同变形程度下 h_γ/h 和 δ 间的函数曲线（见图 1-28）。

求出 h_γ/h 之后可按如下方法确定 γ 角。由

$$h_\gamma=h+2R(1-\cos\gamma)$$

和

$$1-\cos\gamma=2\sin^2\frac{\gamma}{2}\approx\frac{\gamma^2}{2}$$

得

$$\frac{h_\gamma}{h}=1+\frac{\gamma^2R}{h}$$

或

$$\gamma=\sqrt{\frac{h}{R}\left(\frac{h_\gamma}{h}-1\right)} \tag{1-58}$$

（2）D. 勃兰特-G. 福特（D. Bland-G. Ford）解　联解前滑区和后滑区单位压力分布的勃兰特-福特解公式可求出中性角 γ

$$\gamma=\sqrt{\frac{h}{R'}}\tan\sqrt{\frac{h}{R'}}\times\frac{\alpha_\gamma}{2} \tag{1-59}$$

无张力时

$$\alpha_\gamma=\frac{\alpha_H}{2}-\frac{1}{2\mu}\ln\frac{H}{h} \tag{1-60}$$

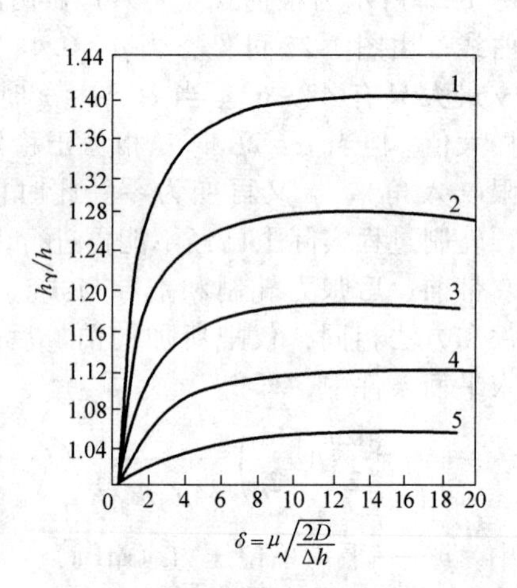

图 1-28　在不同变形程度时中性面高度与 δ 值的关系

注：压下率$\frac{\Delta h}{H}$分别为：1—50%；2—40%；3—30%；4—20%；5—10%

有张力时

$$\alpha_\gamma=\frac{\alpha_H}{2}-\frac{1}{2\mu}\ln\left[\frac{H}{h}\left(\frac{1-\frac{q_h}{K_h}}{1-\frac{q_H}{K_H}}\right)\right] \tag{1-61}$$

$$\alpha_H=2\sqrt{\frac{R'}{h}}\arctan\left(\sqrt{\frac{R'}{h}}\alpha\right) \tag{1-62}$$

式中　R'——考虑轧辊弹性压扁的轧辊半径。

2. 假定沿接触面全黏着的 R. B. 西姆斯（R. B. Sims）解

联解第 1.6 节将讲到的前、后滑区单位压力分布的西姆斯式（1-155）和式（1-156），整理得到求中性角 γ 的公式

$$\gamma=\sqrt{\frac{h}{R'}}\tan\left[\frac{1}{2}\arctan\sqrt{\frac{\varepsilon}{1-\varepsilon}}+\frac{\pi}{8}\ln(1-\varepsilon)\sqrt{\frac{h}{R'}}\right] \tag{1-63}$$

1.3.3　影响前滑的主要因素

生产实践表明，影响前滑的因素很多。归纳起来，主要因素有辊径、摩擦系数、压下率、轧件厚度和孔型形状等。

1. 轧辊直径的影响

从式（1-52）的前滑值公式可以看出，前滑值是随辊径增加而增加的，这是因为在其他条件相同的条件下，辊径增加时咬入角 α 就要降低，而摩擦角 β 保持不变，所以稳定阶段的剩余摩擦力就增加，由此将导致金属塑性流动速度的增加，也就是前滑的增加。实验证明了轧辊直径对前滑的影响，如图 1-29 所示。但应指出，当辊径 $D<400$mm 时，前滑随辊径的增加而增加得较快，当辊径 $D>400$mm 时，前滑值增加得较慢，这是由于辊径增大时，伴随着轧辊线速度的增加，摩擦系数相应降低，所以剩余摩擦力的数值有所减少；另外，当辊径增大时，ΔB 增大，延伸相应地也减少。这两个因素的共同作用，使前滑值增加得较为缓慢。另外，当轧辊直径增大时，由于接触弧长增加也相应地增加了前滑区的长度。

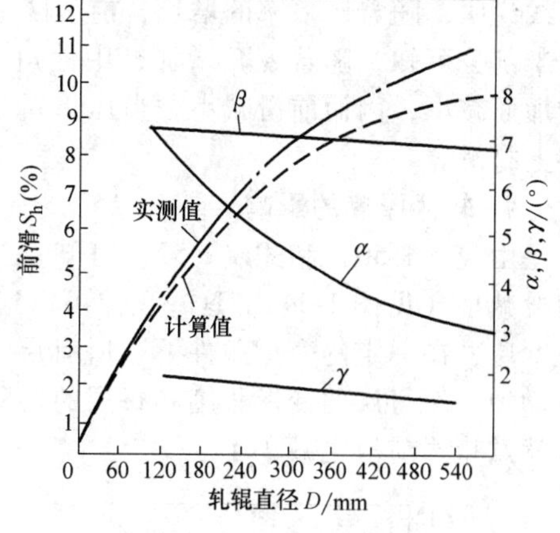

图 1-29　辊径 D 对前滑的影响

2. 摩擦系数的影响

实验证明，在压下率相同的条件下，摩擦系数 μ 越大，其前滑越大。这是由于摩擦系数增大，剩余摩擦力增加，因而前滑增大。利用前滑公式同样可以说明摩擦系数对前滑的影响。因为摩擦系数增加导致中性角 γ 增加，因此前滑也增加，如图 1-30 所示。

从以上实验结果不难看出，凡是影响摩擦系数的因素（如轧辊材质、轧件化学成分、轧制温度和轧制速度等）均能影响前滑的大小。如图 1-31 所示为轧制温度对前滑的影响。

3. 压下率的影响

由图 1-32 所示热轧时压下率与前滑关系的实验曲线可知，前滑随压下率的增加而增加，其原因是压下率增加，延伸系数增加。且当 Δh = 常数时，前滑增加非常显著。因为此时压下率的增加是靠轧件轧前高度 H 的减少来得到的，咬入角不变，故前滑显著增加。当 h = 常数或

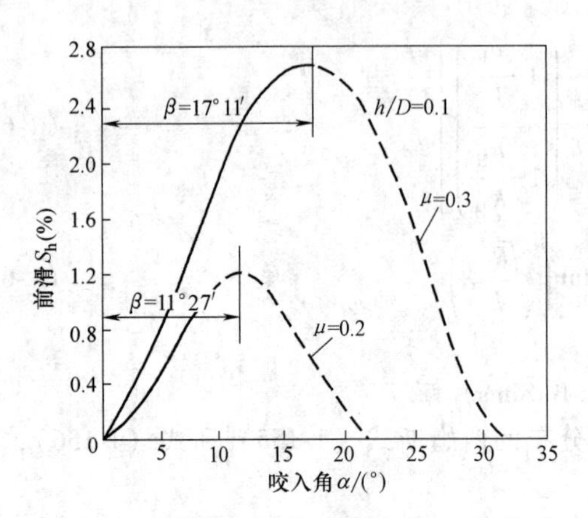

图 1-30 前滑与咬入角、摩擦系数 μ 的关系

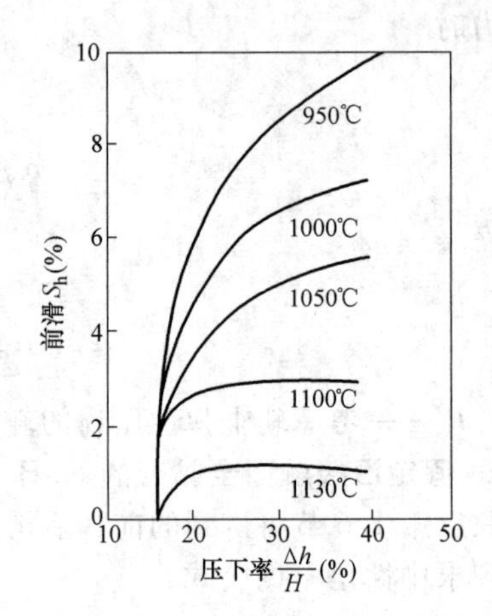

图 1-31 轧制温度、压下量对前滑的影响

H=常数时，压下率增加，延伸必然增加，但这是因为 Δh 增加，咬入角增大，故剩余摩擦力减小，由这两个因素的联合作用，使前滑虽有所增加，但没有 Δh=常数时增加得显著。

但是，压下率对前滑的影响并不总是单值的。随着压下率的增加，前滑增加，当达到某一值时，开始减小。如图 1-33 所示是 A. Л. 格鲁捷夫的冷轧实验曲线。这个前滑变化的特征曲线说明，随着压下率的增长，前滑区中的位移体积增加，因而前滑增加，由图 1-27 所示的前半部分可知，随着 α 角增加，中性角 γ 增加，当继续增加压下量时，中性角伴随咬入角的增加而减小，因而前滑减小。当压下量增加到 $\alpha=2\beta$ 时，中性角与前滑均等于零，板材在轧辊上打滑。

4. 轧件厚度的影响

由式（1-50）和式（1-52）可知，当其他轧制参数不变时，随着轧件最终厚度的增加，前滑减小（见图 1-34）。这一现象可以这样解释，假如将钢板沿高度在水平方向上分成相等的厚度层，在一定的变形条件下，所有层上的压下量是相等的。随着板厚的增加，水平层数目也增加，而每层的变形程度和每层的位移体积沿高度减小，由于金属质点沿纵向的位移减小，这就意味着前滑也减小了。

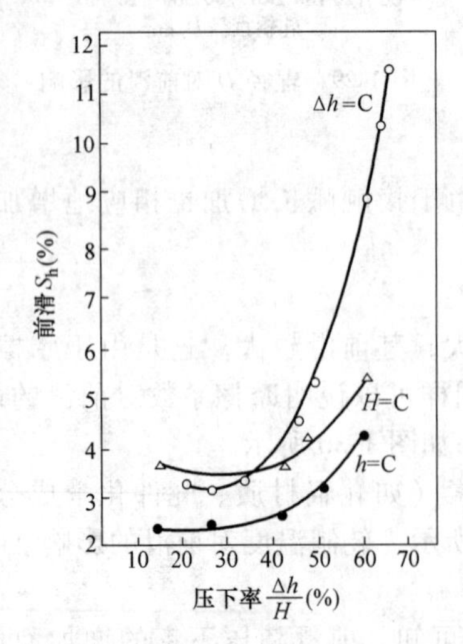

图 1-32 热轧时压下率与前滑的关系
（当 Δh、H、h 为常数时，Q195
t=1000℃，D=400mm）

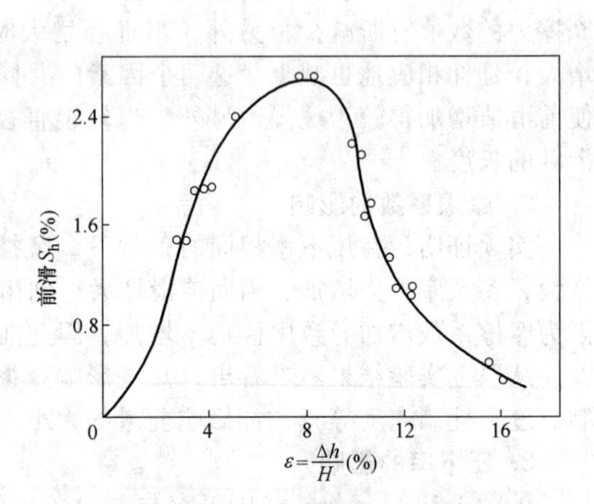

图 1-33 冷轧钢板时压下率与前滑的关系
（H=4mm，L=100mm，D=126.7mm，
润滑剂：乳化液）

如图 1-35 所示表示了切克马廖夫的实验研究，假设在咬入角不同时，前滑与 h/D 的关系。由图可知，当咬入角不同时，D=常数，随着 h/D 的增加，前滑减小。

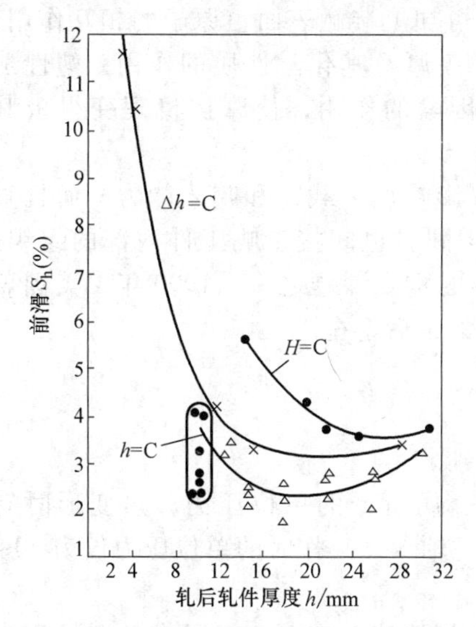

图 1-34　轧件轧后厚度与前滑的关系（铅试样 $\Delta h=1.2$mm，$D=158.5$mm）

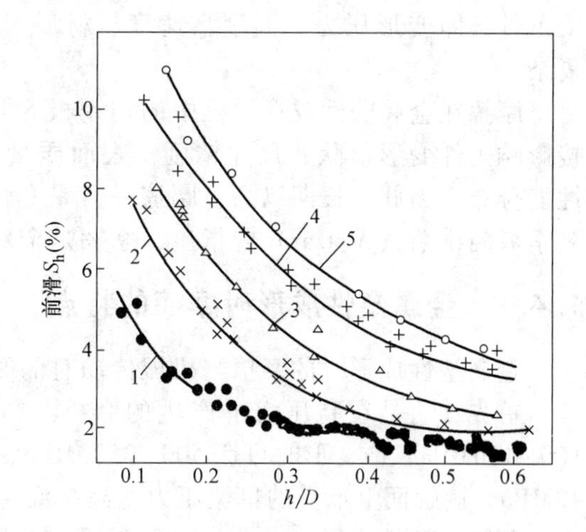

图 1-35　当咬入角不同时，前滑与 h/D 的关系（$D=80$mm）

1—$\alpha=8°40'$　2—$\alpha=12°14'$　3—$\alpha=13°$　4—$\alpha=17°20'$　5—$\alpha=19°24'$

5. 轧件宽度的影响

由图 1-36 可知，当轧件宽度小于一定值时（在此情况下为小于 40mm），如果宽度增加，则前滑增加；当轧件宽度大于一定值时，如果宽度再增加，则前滑为一定值。这是因为当宽度小时，如果增加宽度其宽展减小，故延伸增加，所以前滑也增加。当宽度大于一定值时，宽度再增加，宽展为定值，故延伸也为定值，所以前滑值不变。

6. 张力的影响

显而易见，当前张力增加时，则使金属向前流动的阻力减小，增加前滑区，使前滑增加。反之，当后张力增加时，则后滑区增加。实验结果完全证实了上述分析的正确性。

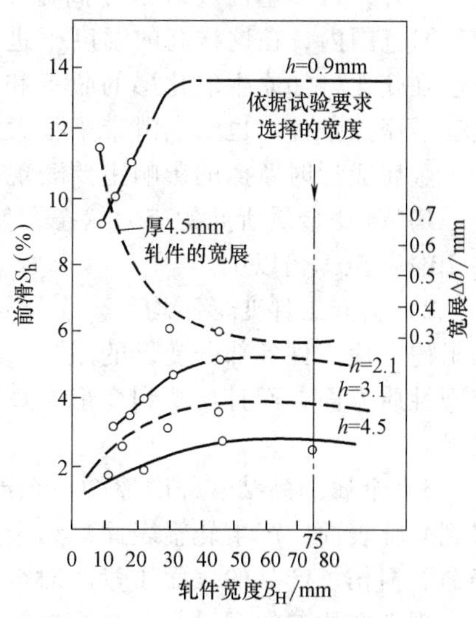

图 1-36　轧件宽度与前滑的关系

1.4　轧制过程中的摩擦

1.4.1　摩擦的基本概念

金属塑性成形时，在金属和成形工具（如轧件和轧辊）的接触面之间产生阻碍金属流动或滑动的界面阻力，这种界面阻力称为接触摩擦（外摩擦）。

实际上，工具和工件的微观表面是由无数参差不齐的凸牙和凹坑构成的。当其接触时，凸牙与凹坑无规则地互相插入，在整个宏观接触范围（摩擦场）内，只有极少数相对孤立的点直接接触，真实接触率只占摩擦场面积的 1%~10%。在压力的作用下，接触面相对滑动时，

这些相互嵌入的部分发生弹-塑性变形或切断，因而构成阻碍相互滑动的摩擦阻力，这是最简单的摩擦机理。在实际塑性加工过程中，常存在如下现象：由于变形热或热加工工件的温度使接触表面温度上升，从而使接触表面层组织发生变化，再加上接触表面上原子的相互作用，会使局部熔化和焊接；采用润滑时，存在润滑剂的黏度、膜厚及其化学性质的作用；塑性加工条件，即变形压力、温度、速度、材质、表面状态等因素的作用，使摩擦机理变得极其复杂。

摩擦在金属塑性成形过程中的作用极为重要，它不仅影响加工载荷和咬入能力，而且直接影响工件变形形状、尺寸精度、表面质量和工具磨损，同时也间接影响工件内部的组织、性能分布。因此，长期以来，摩擦一直是塑性加工领域中的重要课题之一。1990 年，美国著名学者阿维兹（Avitzur）曾指出，摩擦是金属成形研究中的最后堡垒。

1.4.2 金属塑性成形时摩擦的特点

金属塑性成形时的摩擦与机械传动时的摩擦有很大差别。

首先，它是在高压力下产生的摩擦。塑性成形时，金属所受的单位压力，热变形时有 100~150MPa，冷变形时可达 500~2500MPa，而受重载荷的轴承，工作时的单位压力仅为 20~40MPa。接触面上承受的单位压力愈高，润滑就愈困难。

其次，塑性成形时，常常由于金属的变形而不断产生新的接触表面，工具在加工过程中也不断受到磨损，因此，摩擦状态是不断变化的。接触面上金属各点的位移情况也不同，有滑动的，有黏着的。

另外，很多塑性成形是在高温下进行的。例如，钢的热轧和热锻变形温度一般在 800~1250℃范围内，在这样高的温度下进行塑性变形，金属的组织和性能不断发生变化，表面状态也在变化，如原生氧化层的脱落和新氧化层的形成以及工具表面的黏结等，这些实际现象改变了摩擦条件，也给润滑带来很大影响。

金属成形时摩擦的影响主要表现在：

1）改变金属所处的应力状态，使变形力增加，能耗增多。例如，热轧薄板时可使载荷增加 20%甚至 1 倍以上。

2）引起工件变形不均匀。金属塑性成形时，因接触表面摩擦的作用而使金属质点流动受到阻碍，使工件各部分变形的发生、发展极不均匀。这种变形的不均匀性不但表现在工件的宏观性质方面，而且反映到变形金属的微观组织、性能及其分布，它直接影响到产品的内外质量。

3）金属的黏结。外摩擦的一个严重后果，是促使表层金属质点或氧化物从变形工件上转移到轧辊表面，产生轧辊表面黏结金属的现象（还可能产生折叠），这显著缩短了轧辊的使用寿命，损伤了产品的表面质量。对金属的热变形，尤其是热轧薄板，如何选用优良的润滑剂并实现良好均匀的润滑是一个重要问题。

4）轧辊磨损。在产生轧辊磨损的三种原因即摩擦磨损、化学磨损和热磨损中，摩擦磨损是主要的。轧辊磨损有时是局部的和严重的。板带轧制时，常使辊形和辊面受到破坏，而影响板形和板材表面质量。型钢轧制时，常使孔型局部磨损而影响型材的形状尺寸精度。

1.4.3 接触摩擦理论

在塑性加工过程中，根据接触表面摩擦的特征提出了干摩擦、半干摩擦、边界摩擦和液体摩擦等各种摩擦机理的假设。

（1）干摩擦　在轧辊与轧件两洁净的表面之间，不存在其他物质。这种摩擦方式在轧制过程中不可能出现，因为在接触表面上有被氧化物污染、吸附氧气、水分以及其他物质的存

在。但在真空条件下，表面进行适当处理后，在实验室条件下，一定程度上可以再现这种干摩擦过程。

（2）边界摩擦　在接触表面内，存在一层厚度为$10^{-2}\mu m$数量级的薄油膜。当用带有表面活性的物质进行润滑时（例如用脂肪酸），在轧辊或金属表面上，形成致密而坚固的油膜。具有长链物质的极性分子垂直分布在金属表面上，形成一定厚度的致密层。这样，边界油膜具有像结晶结构一样的一定结构。它的性质很容易与润滑本身的性质区分。其特性是可以承受高的载荷，同时对各层间剪切抵抗不大。在边界润滑条件下，摩擦系数很小，就是因为各层之间剪切抗力很小。

（3）液体摩擦　在轧件与轧辊之间存在较厚的润滑层（油膜），接触表面不再直接接触。在一定情况下，这种润滑具有一定的实际意义。例如高速冷轧润滑情况，就属于此类润滑。

在实际中最常遇到的是混合摩擦，即半干摩擦和半液体摩擦。半干摩擦是干摩擦与边界摩擦的混合，部分区域存在黏性介质薄膜，这是在润滑表面之间，润滑剂很少的情况下出现的。半液体摩擦可理解为液体摩擦与干摩擦或者与边界摩擦的混合。在这种情况下，接触物体之间有一个润滑层，但没有把接触表面之间完全分隔开来。进行滑动时，在个别点上由于表面凹凸不平处相啮合，即出现了边界摩擦区或干摩擦区。在具有工艺润滑的冷轧变形区中，常出现这种润滑。

为了定量描述塑性加工过程中的摩擦规律，研究者们提出了各种摩擦理论：

（1）干摩擦理论（库仑 Coulomb 定律）　接触表面上的切应力与正应力成正比，即单位摩擦为

$$\tau=\mu p \tag{1-64}$$

式中　μ——摩擦系数；

p——接触表面正压力（MPa）。

库仑定律适合干摩擦条件，在多数情况下，可以认为它可以反映混合摩擦力与正压力之间的规律。

（2）常摩擦理论（西贝尔 Siebel 理论）　接触面上的切应力与正应力无关，是一个常数

$$\tau=mk \tag{1-65}$$

式中　m——摩擦因子，$0\leqslant m\leqslant 1$；

k——剪切屈服应力（MPa），$k=0.577\sigma_s$。

常摩擦理论通常用于塑性加工中的黏着状态条件（如热轧、热锻）。如在轧制中沿接触孤长度金属与工具间无滑动，此时称为黏着。一般都把产生黏着的条件定为单位摩擦力最大值τ_{max}不超过最大切应力

$$\tau_{max}=k/2$$

（3）液体摩擦理论（Nadai 理论）　认为摩擦阻力来自于液体润滑层的内摩擦，切应力与润滑剂黏度及相对速度成正比。

$$\tau=\eta\frac{\Delta v}{h} \tag{1-66}$$

式中　η——润滑剂黏度；

Δv——润滑层内相对运动速度；

h——润滑层厚度。

这一理论是针对良好润滑条件下的高速轧制（$v\geqslant$ 10~40m/s）的。在实际轧制过程中，变形区内各点的摩擦力方向是变化的（见图 1-37），并且沿接触弧上的摩擦

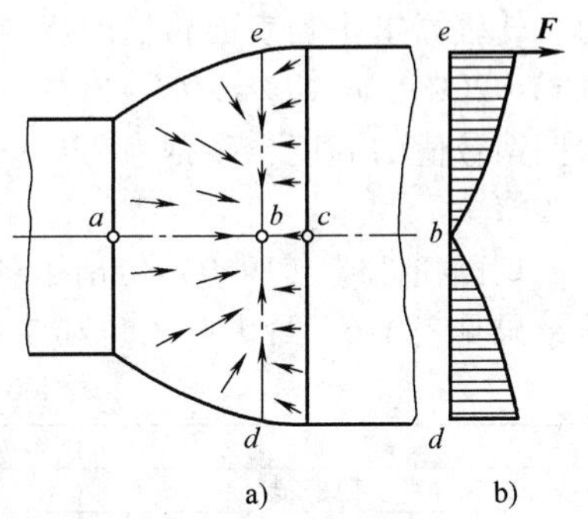

图 1-37　变形区内摩擦力分布
a）轧辊接触区投影　b）中性面上的摩擦力分布

条件有时也是变化的，采利柯夫还提出了摩擦力分区假说，认为在变形区内除了前、后滑区两个滑动区外，在两个滑动区之间还存在一个黏着区。根据变形区形状参数 l/h 的不同有四种摩擦力分布形式。

1.4.4 确定轧制时摩擦系数的方法

热轧和冷轧时，干摩擦、边界摩擦和液体摩擦三种摩擦形式都可能出现，通常以混合摩擦或边界摩擦形式存在。轧件与轧辊之间的摩擦系数，不仅与表面接触状态和接触条件（包括轧制金属材质、轧制温度、是否有氧化皮、润滑剂种类、接触压力、轧制速度等）有关，而且也与润滑本身的特征有关。所有这些因素的相互作用，确定了摩擦参数。为简化分析，一般取轧辊接触弧上摩擦系数的平均值。在轧制过程中分为咬入时的摩擦系数和稳态轧制时的摩擦系数。

1. 热轧咬入时的摩擦系数

咬入时的摩擦系数是通过实验方法测定极限咬入角来确定的。取

$$\mu_e = \tan\alpha_{max} \tag{1-67}$$

艾克伦德曾经用10mm×225mm的试样研究了热轧低碳钢［w(C)＝0.15%］咬入时的摩擦系数 μ_e。使用的轧辊直径为427mm，热轧温度范围为700～1000℃。在这批实验基础上，艾克伦德推荐用式（1-68）来确定摩擦系数与温度（不低于700℃）的关系：

$$\mu_e = k(1.05 - 0.0005t) \tag{1-68}$$

式中，对于冷硬光滑表面铸铁辊 $k=0.8$；对于钢轧辊 $k=1.0$，t 为轧件温度（℃）。

斯米尔诺夫提出了考虑轧件温度、轧辊表面粗糙度、轧件化学成分以及轧辊速度与摩擦系数的关系式

$$\mu_e = [0.7935 - 0.000356t + 0.012(R_a)^{1.5}]k_1 k_2 \tag{1-69}$$

式中　R_a——轧辊的算术平均表面粗糙度（μm）。

$$k_1 = 1 - (0.348 + 0.00017t)w_C \tag{1-70}$$

式中　w_C——钢中碳的质量分数。

系数 k_2 取决于轧辊速度，见表1-5。

表1-5　系数 k_2 与轧辊圆周速度的关系

轧辊速度 v/m·s^{-1}	0～2	2～3	>3
k_2	1～0.1v	1.44～0.28v	0.5

式（1-69）和式（1-70）是在轧辊直径为90mm、轧辊速度为0.05m/s的实验条件下得到的。轧辊算术平均表面粗糙度 R_a＝4～74μm，轧辊材料为碳钢［w(C)＝0.3%］和不锈钢［w(Cr)＝20%，w(Ni)＝20%～30%］，工作温度范围为700～1150℃。实验发现，咬入时的最小摩擦系数值的温度，碳钢为920℃，不锈钢为1030℃，并且，硬钢辊比软钢辊的咬入摩擦系数小20%。

乌萨托斯基（1969）给出了各种轧辊表面状态时的最大咬入角和咬入时的摩擦系数，实验结果见表1-6。最大咬入角和咬入摩擦系数随轧辊表面粗糙度的增加而增加。

表1-6　热轧时最大咬入角和咬入摩擦系数

轧　辊	最大咬入角/(°)	咬入摩擦系数
光滑研磨辊	12～15	0.212～0.266
钢板轧机轧辊	15～22	0.268～0.404
小截面轧机光滑辊	22～24	0.404～0.445
轧制扁钢矩形孔槽	24～25	0.445～0.466
箱型孔道次	28～30	0.532～0.577
箱型孔刻痕	28～34	0.532～0.675

2. 冷轧咬入时的摩擦系数

当冷轧轧件厚度小于4mm时，轧件的曳入一般不受工作辊咬入能力的限制。冷轧时轧件材质、润滑条件及轧制速度对咬入时摩擦系数的影响一直是很受重视的课题。

(1) 轧件材质的影响 表1-7是冷轧碳钢轧件，轧辊表面粗糙度 R_a（均方根值 R_s）为0.2~0.4μm，得到的摩擦系数。可见，碳的质量分数为0.08%~0.25%、锰的质量分数在0.27%~0.65%范围内，化学成分对咬入摩擦系数无影响。另外，不锈钢［$w(Cr)=18\%$，$w(Ni)=10\%$］的咬入摩擦系数比碳钢约大5%~20%。

表1-7 冷轧碳钢咬入时的摩擦系数

润滑条件	碳钢咬入摩擦系数 μ_e			
	$w(C)=0.08\%$	$w(C)=0.10\%$	$w(C)=0.2\%$	$w(C)=0.25\%$
无润滑	0.136	0.131	0.133	0.131
棉籽油	0.116	0.118	0.116	0.117
蓖麻油	0.109	0.109	0.101	0.115

(2) 润滑条件的影响 表1-8所示为不同润滑条件下，咬入摩擦系数的变化范围和平均值。当钢带进入轧辊时，使润滑膜的形成条件变差，润滑条件对咬入摩擦系数 μ_e 有一定影响。

表1-8 润滑条件对冷轧低碳钢咬入摩擦系数的影响

润滑条件	咬入摩擦系数 μ_e	
	范围	平均值
水	0.152~0.160	0.156
煤油	0.154~0.157	0.156
变压器油	0.148~0.161	0.152
机油	0.128~0.139	0.136
葵花籽油	0.133~0.138	0.137
蓖麻油	0.115~0.124	0.122

(3) 轧制速度的影响 在试验中轧制3.9mm厚 $w(C)=0.3\%$ 的碳钢试样用蓖麻油润滑，轧辊表面粗糙度 R_a 为0.2~0.4μm，当轧制速度在0~0.15m/s时，咬入摩擦系数下降很快。当轧制速度超过0.15m/s时，咬入摩擦系数随轧制速度的增加缓慢下降。

(4) 轧辊材质和表面粗糙度的影响 表1-9所示为不同表面粗糙度的轧辊冷轧的最大咬入角和咬入摩擦系数。

表1-9 冷轧时不同轧辊条件的最大咬入角和咬入摩擦系数

轧辊及润滑	最大咬入角/(°)	咬入摩擦系数
光滑研磨辊，矿物油	3~4	0.052~0.070
铬钢辊，中等研磨，矿物油	6~7	0.105~0.120
无润滑粗糙辊	>8	0.150

3. 热轧稳态轧制时的摩擦系数

热轧稳态轧制时的摩擦系数受许多因素的影响，下面做简要叙述。

(1) 轧件温度 对于低碳钢，轧制温度在700℃以上，摩擦系数 μ 随轧制温度的增加而下降。

$$\mu=0.55-0.00024t \tag{1-71}$$

式中 t——轧件温度（℃）。

通常，对一定化学成分的钢，轧件的摩擦系数 μ 在某温度下达到最大值后再下降（见图

1-38)。表 1-10 列出了在无润滑情况下热轧低碳钢时的摩擦系数。

表 1-10 在不同温度无润滑情况下热轧低碳钢的摩擦系数

温度/℃	不同轧制速度下的摩擦系数 μ				
	0.2m/s	0.3~0.5m/s	0.5~1.0m/s	1.0~1.5m/s	1.5~2.5m/s
800	0.53~0.56	0.44~0.49	0.34~0.39	0.29~0.33	0.17~0.20
900	0.50~0.57	0.38~0.46	0.32~0.37	0.24~0.32	0.17~0.24
1000	0.45~0.54	0.37~0.44	0.28~0.34	0.25~0.29	0.17~0.23
1100	0.41~0.49	0.33~0.38	0.26~0.34	0.26~0.29	0.18~0.23
1200	0.40~0.43	0.32~0.38	0.30~0.34	0.22~0.27	0.18~0.21

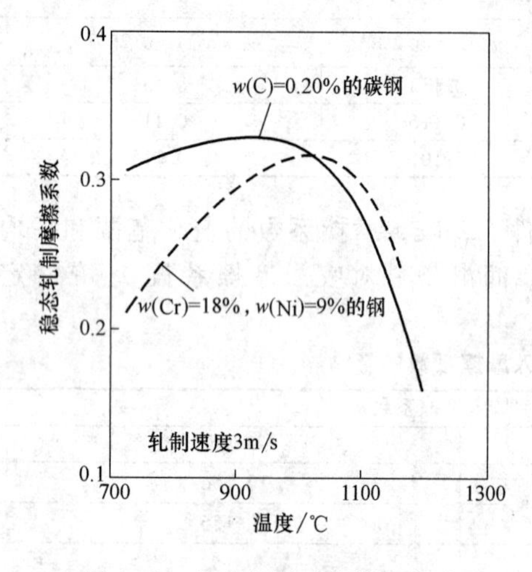

图 1-38 稳态轧制时轧件温度对摩擦系数的影响

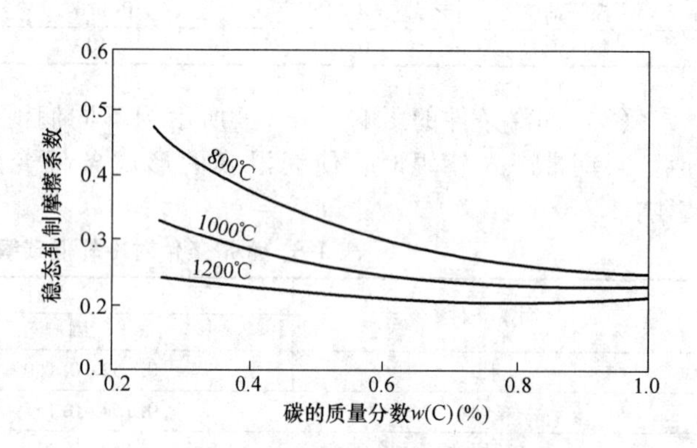

图 1-39 热轧稳态轧制时轧件碳的质量分数 w(C) 对摩擦系数的影响

(2) 轧件化学成分 热轧时轧件化学成分对摩擦系数的影响通常取决于氧化皮形成机制。实验表明轧制碳钢的摩擦系数随钢中碳的质量分数 w(C) 的增加而下降（见图 1-39)。这种影响随温度的增加而逐渐减小。这种现象有时也可以解释为随钢中碳的质量分数 w(C) 的增加，金属表面之间的分子吸引力减弱的作用。这一点可以由奥氏体不锈钢轧制时，由于轧辊表面产生压焊趋势，摩擦系数比碳钢轧制时大 1.3~1.5 倍这一事实得以确认。

(3) 轧辊表面粗糙度 如表 1-11 所示，稳态轧制时，摩擦系数随轧辊表面粗糙度的增加而显著上升，这里的 μ 值是由加力打滑法得到的。

表 1-11 热轧稳态轧制时轧辊表面粗糙度对摩擦系数的影响

轧辊直径/mm	平均表面粗糙度 R_a/μm	稳态轧制摩擦系数
193	0.63	0.20~0.28
193	0.8~1.6	0.21~0.31
188	12.5~50.0	0.51~0.69

(4) 轧制速度 根据盖列依的研究，轧制速度增加使稳态轧制时的摩擦系数减小，可用式 (1-72)~式 (1-74) 计算 μ 值

对于钢轧辊： $$\mu=1.05-0.0005t-0.056v \tag{1-72}$$

对于铸铁辊： $$\mu=0.92-0.0005t-0.056v \tag{1-73}$$

对于磨光钢轧辊和冷硬铸铁辊： $$\mu=0.82-0.0005t-0.56v \tag{1-74}$$

式中 v——轧制速度 (m/s)；

t——轧件温度 (℃)。

（5）润滑油浓度　通常，稳态轧制时的摩擦系数随润滑油浓度的增加而减小。然而，当润滑油的浓度达到一定值时，再增加浓度，对降低摩擦系数的作用不明显。这种润滑油浓度的一定值取决于润滑油的类型：

聚合棉籽油乳化液：5%

硬脂酸液：20%

菜籽油：40%

4. 冷轧稳态轧制时的摩擦系数

冷轧稳态轧制时的摩擦系数主要受以下因素影响：

（1）轧件温度　通常，当轧件温度增加时摩擦系数μ增加。μ与温度的关系可表示为

$$\mu=\mu_{20}+a(t-20)^{0.5} \tag{1-75}$$

式中　μ_{20}——在20℃稳态轧制时的摩擦系数；

t——轧件温度（℃）；

a——取决于轧辊表面粗糙度的修正系数：光滑辊面$a=0.0011\sim0.0015$；粗糙辊面$a=0.0035\sim0.0073$。

（2）轧辊表面粗糙度　摩擦系数μ随轧辊表面粗糙度的增加而增大，其影响可由式（1-76）表达

$$\mu=\mu_{0.2}[1+0.5(R_a-0.2)] \tag{1-76}$$

式中　$\mu_{0.2}$——当轧辊表面粗糙度$R_a=0.2\mu m$稳态轧制时的摩擦系数。

式（1-76）中R_a的范围为$0.2\sim10\mu m$。

（3）轧件化学成分　当碳钢轧制采用润滑时，轧件化学成分对摩擦系数的影响可以忽略。但当轧制奥氏体不锈钢时，由于存在轧辊黏结趋势，因此，其摩擦系数通常比碳钢的增大10%~20%。

（4）润滑剂黏度　通常油膜厚度随润滑剂黏度增加而增加，因此，摩擦力也随之下降，如图1-40所示是两种润滑油的黏度变化对μ值的影响。摩擦系数与润滑黏度的关系可近似由式（1-77）表示

$$\mu=c[0.5(\eta_{50})^{-0.5}+0.03] \tag{1-77}$$

式中　η_{50}——在50℃时润滑剂的黏度（$10^{-2}m^2/s$）；

c——对于矿物油，$c=1.4$；对于植物油，$c=1.0$。

（5）轧制速度　根据研究结果，油膜厚度与轧制速度成正比。因此，当轧制速度增加时，摩擦系数下降（见图1-41）。

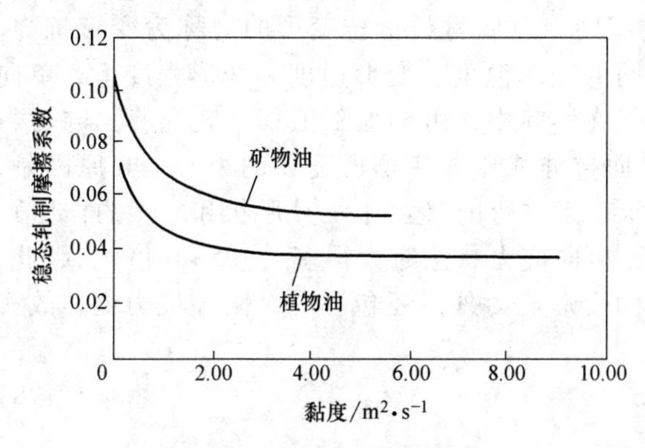

图1-40　润滑剂黏度对冷轧时摩擦系数的影响

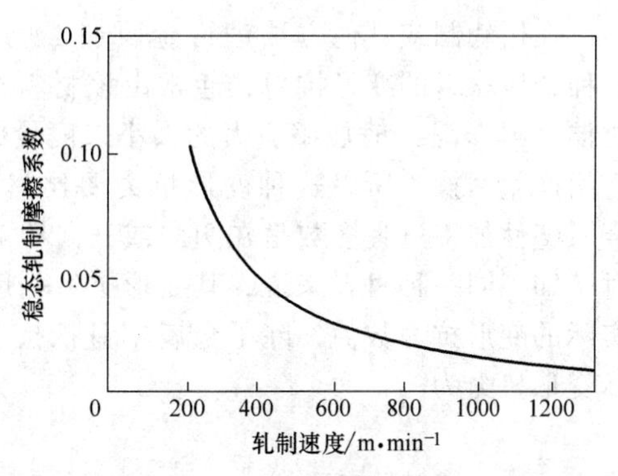

图1-41　轧制速度对摩擦系数的影响（润滑条件下）

(6) 道次压下量　道次压下量对摩擦系数的影响在很大程度上取决于轧件表面粗糙度以及加工硬化程度，如图 1-42 所示为轧制低碳钢，采用蓖麻油和质量分数为 10%矿物油乳液润滑时轧件摩擦系数随道次压下量的变化。当钢带表面粗糙时，退火的和加工硬化的钢带的摩擦系数随压下量的增加而降低。当轧制的钢带表面光滑时，退火钢带的 μ 值随压下量的增加而增加，加工硬化钢带的 μ 值保持不变。

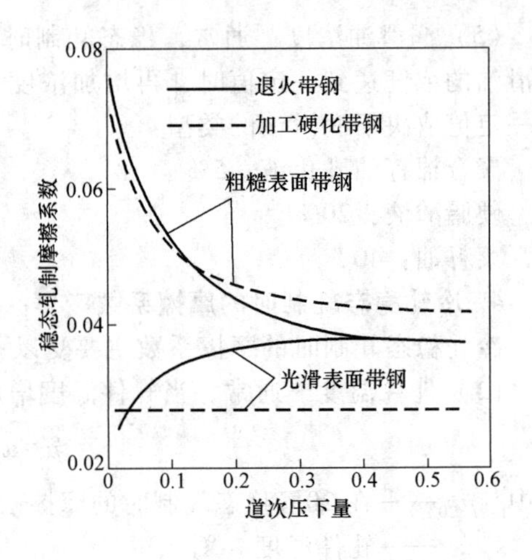

图 1-42　冷轧时道次压下量对摩擦系数的影响

表 1-12 给出了实验方法测定的冷轧低碳钢的摩擦系数数据。轧制是在二辊轧机上进行的，采用抛光钢轧辊，轧辊直径为 100mm，轧制速度为 0.15m/s。

表 1-12　轧制低碳钢时的摩擦系数 μ

润滑条件	道次号	道次压缩率(%)	摩擦系数
无润滑(轧辊与带材清洁面干燥)	1	15.0	0.085
煤油润滑	1	16.5	0.080
	3	22.0	0.060
煤油+1%硬脂酸①	1	16.7	0.075
煤油+1%硬脂酸+0.6%硫	1	17.0	0.071
煤油+5%硬脂酸铜	1	16.8	0.063
煤油+5%硬脂酸钠	3	24.0	0.060
煤油+5%硬脂酸铅	2	17.3	0.058
煤油+1%月桂酸	3	24.3	0.053
煤油+5%油酸钠	4	23.0	0.049
煤油+1%棕榈酸	3	22.0	0.072
煤油+68/615 含油石墨	1	15.5	0.072

① 指质量分数，下同。

1.5　金属的变形抗力

1.5.1　变形抗力的基本概念

在用轧制或其他方法进行金属加工成形过程中，金属材料抵抗变形的力称为变形抗力。某种金属材料的变形抗力，通常由该材料在不同的变形温度、变形速度和变形程度下，单向拉伸（或压缩）时屈服应力的大小来度量的。但在实际中，由于加工工具（轧辊等）与材料之间产生摩擦，所以这种变形抗力要比材料单向拉伸或压缩变形所需要的力大。其原因是，金属塑性加工过程多数是在两向或三向压应力状态下进行的（由于工具形状和摩擦的作用），对于加工同一种材料来说，其变形抗力一般要比单向应力状态时大得多（1.5~6 倍）。因此，实际的变形抗力数值，除了金属本身抵抗变形的变形抗力外，还包含一个附加抗力值，故实际变形抗力为

$$k_f = \sigma_s + q \tag{1-78}$$

式中　k_f——实际变形抗力；

σ_s——材料在单向应力状态下的屈服应力；

q——由影响应力状态的外部因素（工具与变形物体表面状态及其形状）所引起的附加抗力值。

在研究金属材料的变形抗力时，必须注意材料在一定的变形条件（变形温度、变形速度及变形程度）下进行单向压缩（或拉伸）时，所得到的变形抗力与在实际塑性加工条件下的实际变形抗力的区别。

金属材料的变形抗力主要取决于化学成分和组织结构，并受变形温度、变形速度及变形程度等外部因素的影响。金属材料的实际变形抗力在很大程度上还取决于当时变形条件所产生的应力状态情况（摩擦、工具与工件形状及附加外力等因素）。

由于材料的化学成分、组织状态、变形时的温度速度条件、时刻变化着的变形程度以及变形机构等因素十分复杂，还不能从理论上建立完全符合实际的变形抗力计算式。因此，目前多以在一定条件下建立的关系式为基础，通过实验统计的方法确定其中的各影响系数（实验常数）的具体值或直接采用实验测定结果。

1. 变形抗力的一般行为

对于一定化学成分和组织状态的金属材料来说，变形温度、变形速度、变形程度以及变形时间等因素构成综合变形条件。材料的变形抗力 k_f 可由式（1-79）表示

$$k_f=f(\varepsilon,\dot{\varepsilon},T,t) \tag{1-79}$$

式中 ε——变形程度（应变）；

$\dot{\varepsilon}$——变形速度（应变速率）(s^{-1})；

T——变形温度（℃）；

t——变形时间（s）。

对于实际轧制过程来说变形抗力还受应力状态条件的影响。

变形时间对材料的加工硬化和再结晶软化现象有影响，在变形速度中已有体现，故此因素可以不考虑，则式（1-79）变为

$$k_f=f(\varepsilon,\dot{\varepsilon},T) \tag{1-80}$$

在这里，根据碳钢由常温到高温（γ 相区）范围内的几个实验结果，来说明变形抗力随温度、应变和应变速率如何变化。进而根据温度区间将其特性分为五个区域。

如图 1-43 所示是作井（1975）在碳钢 [w(C)=0.036%] 的拉伸实验中测定的应力-应变曲线。根据在不同温度区间（温度区间随成分和应变速率变化，不是固定的）所观察到的特征性的变化，可将低碳钢的应力-应变曲线分为四个阶段：

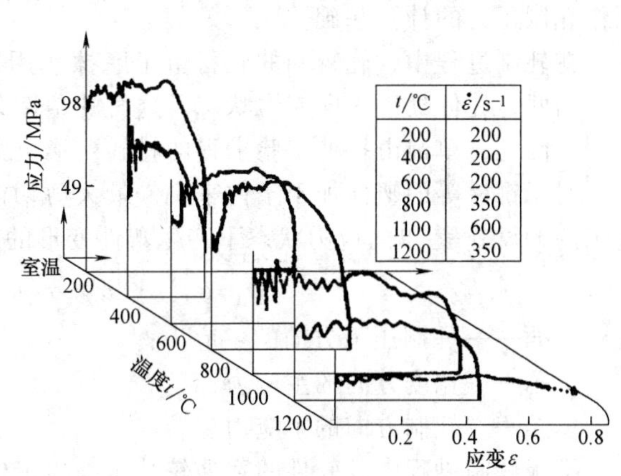

图 1-43 碳钢 [w(C)=0.036%] 在不同温度下的应力-应变曲线

（1）0~200℃ 随应变增加，发生单调的加工硬化。

（2）200~600℃ 发生急剧的加工硬化，在达到峰值后又发生很大的加工软化，这时对应于蓝脆区。

（3）600~800℃ 发生缓慢的加工硬化，并在高应变下饱和于一定值。

（4）800~1200℃ 加工硬化比（3）更缓慢，达到峰值后发生缓慢的加工软化。

当应变速率一定时，在应变 2%时的变形抗力 $\sigma_{0.02}$（或下屈服强度 R_{eL}）、抗拉强度 R_m 和

R_t对应的延伸A_g、总延伸A_{gt}和加工硬化指数n随温度变化的关系由作井求出。低碳钢的变形行为由室温到1200℃可以分为下述5个区域：

（1）低温变形区域　由室温到蓝脆性出现之前的区域。在这个区域，变形抗力随温度升高而降低，而加工硬化指数n没有大的变化。

（2）蓝脆性区域　随温度升高，伸长率下降，加工硬化指数n增加，变形抗力达到峰值前的区域。当应变速度提高时，出现峰值的温度（蓝脆性温度）向高温侧偏离。

（3）α相高温变形区　由蓝脆性温度开始到A_1相变点（723℃）之间的区域。随温度上升，总延伸急剧增大，加工硬化指数n减小，变形抗力降低。

（4）α-γ两相区　由A_1点开始到A_3相变点之前的区域。由于温度上升，γ相形成，因而总延伸急剧减小。与此相反，加工硬化指数n急剧增大。可以认为，这是由于在相同温度下，γ相比α相变形抗力高，所以变形集中于α相。

（5）γ相区　总延伸ε_T重新恢复，随温度升高，变形抗力降低。

2. 轧制中的变形抗力

在实际中，通过实验或理论计算直接求出轧制中的变形抗力是很困难的，其原因是轧制时的变形条件很复杂（摩擦条件，轧辊和轧件形状，变形速度-温度变化及分布等）。因此，通常通过拉伸或压缩实验来求变形抗力，然后再应用到轧制问题中。

通过拉伸实验求金属的变形抗力时，直到实验中试件产生缩颈为止，试件断面上的应力分布是比较均匀的，而且其测定值具有再现性。

在压缩实验中，由于基准面或压缩面与试件的接触面之间有摩擦，因此在半径方向上产生摩擦应力，阻碍金属变形，其结果变形抗力有增高倾向。根据齐别尔（Siebel）的实验结果，当钢材应变为20%时，压缩实验测得的变形抗力是拉伸实验的1.1~1.2倍。

轧制金属时，与压缩实验一样，轧辊与轧件之间存在摩擦，因此，所需要的轧制压力要大于轧材的拉伸变形抗力。如果已知轧材的变形抗力，可以通过轧制理论公式或经验公式粗略计算出轧制压力。但其中的问题是，用简单拉伸或压缩实验求得的材料变形抗力能否直接用作轧制压力的计算基础。

在轧制过程中，轧辊间的轧材由于摩擦作用，在其垂直于压下方向的水平方向上产生应力，因此，轧件处于三向应力状态。这时的塑性条件（开始塑性变形的条件）与单向应力时不同。因此，单纯由拉伸实验求得的材料变形抗力不适用于轧制的场合。

对于钢材等的塑性加工条件来说，最大剪切能量公式（Hendky-Mises公式）是可以建立起来的，设σ_s为单向应力状态下产生塑性变形的应力，则塑性变形条件为

$$(\sigma_1-\sigma_2)^2+(\sigma_2-\sigma_3)^2+(\sigma_3-\sigma_1)^2=2\sigma_s^2 \tag{1-81}$$

式中　σ_1——轧制压下方向的主应力；

σ_2——宽度方向的主应力；

σ_3——轧制方向的主应力。

平板轧制过程中，轧件的宽展较其压缩与延伸值小，沿宽展方向的应变可近似视为零。

现将σ_1、σ_2、σ_3方向的应变以ε_1、ε_2、ε_3表示，经简化，假定这些近似值与应力有直接关系，则

$$\varepsilon_2=C_1[\sigma_2-C_2(\sigma_1+\sigma_3)] \tag{1-82}$$

式中　C_1、C_2——系数，根据Nadai塑性变形条件，$C_2=1/2$。

假设$\varepsilon_2\approx0$时，由式（1-82）得

$$\sigma_2=\frac{1}{2}(\sigma_1+\sigma_3)$$

将上式代入式（1-81），则

$$\sigma_1-\sigma_3=\pm\frac{2}{\sqrt{3}}\sigma_s=\pm1.15\sigma_s \tag{1-83}$$

即轧制时的变形抗力相当于由拉伸实验求得的变形抗力值的1.15倍。根据剪切能量理论，上述情况适用于轧制时没有宽展的情况，但实际上，多少还有一些宽展，所以必须适当地调整为1.15的倍数值。

通过压缩实验求得的变形抗力，由于摩擦作用，其应力状态为三向应力状态，所以除了计算摩擦影响或者采用适当的润滑剂的实验方法外，也可以直接采用，且影响不大。

3. 平均变形抗力

金属材料的变形抗力一般可由变形程度 ε、变形速度 $\dot{\varepsilon}$ 及变形温度 T 来决定。在轧制过程中，即轧件从被轧辊咬入到轧出的过程中，由于各点的变形量及变形速度不同，变形抗力也不断变化。可以将各应变时的变形抗力代入理论轧制压力公式，对接触投影面积进行积分求得，但通过把变化的变形抗力代入理论轧制压力公式来计算轧制力，由于积分困难，实际上是不可能的。因此，为便于计算，近似地把变形抗力作为定量处理。把这种变形抗力称为平均变形抗力。

平均变形抗力 k_m 由式（1-84）定义

$$k_m=\frac{1}{\varepsilon}\int_0^{\varepsilon}k_f\mathrm{d}\varepsilon \tag{1-84}$$

轧制过程中的平均变形抗力，为简化计算常使用所分析道次入、出口累计压下率的均值 $\bar{\varepsilon}$ 对应的 k_f 值来计算 k_m。

变形抗力 k_f 一般可用式（1-85）表示

$$k_f=K\varepsilon^n\dot{\varepsilon}^m \tag{1-85}$$

式中　K——与材料有关的常数；

n——加工硬化指数；

m——应变速率敏感性指数。

因此，对于平均变形抗力 k_m 来说，也必须考虑应变速率敏感性指数 m 和加工硬化指数 n。若变形中 $\dot{\varepsilon}$ 值不变，则平均变形抗力

$$k_m=\frac{1}{\varepsilon}\int_0^{\varepsilon}K\varepsilon^n\dot{\varepsilon}^m\mathrm{d}\varepsilon=\frac{K}{\varepsilon}\dot{\varepsilon}^m\frac{\varepsilon^{n+1}}{n+1}$$

$$k_m=\frac{K}{n+1}\dot{\varepsilon}^m\varepsilon^n=K'\dot{\varepsilon}^m\varepsilon^n \tag{1-86}$$

实际上用材料试验机求应力—应变曲线时，在原点附近的曲线误差很大，而且用式（1-86）求出的 k_m 值多数偏低，所以将 $0\sim\varepsilon$ 区间分成几等分，并且往往采用这些点应力的算术平均值。

在求平均变形抗力时，应变速率大多是变化的，平均应变速率一般可用下式计算

$$\dot{\varepsilon}=e/\text{变形时间}\quad\text{或}\quad\dot{\varepsilon}=\varepsilon/\text{变形时间}$$

式中　e——工程应变；

ε——对数应变。

1.5.2　影响变形抗力的因素

影响变形抗力的主要因素有化学成分和组织结构（内因）、变形温度、变形速度和变形程度（外因）。

1. 化学成分的影响

各种纯金属，因原子间相互作用的特性不同，故具有不同的变形抗力。同一金属，其纯度越高，变形抗力越小。不同牌号的合金，组织状态不同，其变形抗力也不同。如退火后的纯铝，在不同条件下，其变形抗力σ_s为30MPa左右，而2A12硬铝合金，在退火状态下，其σ_s为100MPa左右，在淬火时效后σ_s可达300MPa以上。

合金元素对变形抗力的影响，主要取决于溶剂原子与溶质原子间相互作用的特性、原子体积大小，以及溶质原子在溶剂基体中的分布情况。要阐明化学成分与变形抗力之间的关系是比较困难的。据研究，二元合金的化学成分与变形抗力之间的关系同二元相图的形式也有某些规律性。

除合金组元的影响外，金属的变形抗力在很大程度上取决于杂质的含量。如钢中C、N、Si、Mn、S、P等杂质元素增多都会使变形抗力显著增加。如图1-44所示是高温条件下的变形抗力与含碳量的关系。又如，当青铜中的As的质量分数为0.05%时，强度极限为190MPa，而当As的质量分数提高到0.145%时，强度极限反而降到140MPa。可见，少量的杂质就能使金属的变形抗力发生明显变化。杂质对变形抗力的影响与杂质的本性及其在基体中的分布特性有关。杂质原子与基体组元形成固溶时，会引起基体组元点阵畸变。进入基体点阵中的杂质原子所引起的点阵畸变越大，则变形抗力提高得越多。另外，金属中有些杂质元素形成化合物（如钢中的C、N形成碳化物、氮化物）阻碍金属的变形，也使抗力增高。

2. 组织结构

金属与合金的性质取决于组织结构，即取决于原子间的结合和原子在空间的排列情况。当原子的排列方式发生变化时（当合金发生相变时）所产生的力学性能和物理性能的突变，就是一个例证，如图1-45a所示是α-Fe和γ-Fe在相变（910℃）时变形抗力随温度变化的图示。

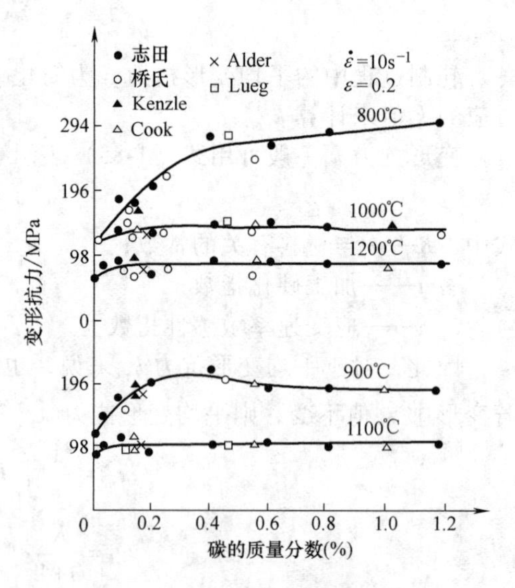

图1-44 变形抗力与碳的质量分数的关系（采用凸轮试验机）

如果不发生相变，则α-Fe的曲线是平滑下降的，反之，若只存在γ-Fe，曲线也是平滑延伸的。由于发生相变，使变形抗力在转变温度区间成为复杂曲线。产生这种结果的原因，正是发生同素异构转变的结果，如图1-45b所示是碳钢［w(C)=0.04%、0.2%、0.8%］在相变点处的变形抗力变化曲线。依碳的质量分数不同，α-γ转变点也不同，故变形抗力的波动点各异。

合金组织，特别是晶粒大小对金属材料的变形抗力也有很大影响。通常，多晶体的晶粒大小为1.0~0.01mm，超细晶粒可以达到1μm左右。一般情况下，细一些的晶粒可使变形抗力增高。在许多金属中（主要是体心立方金属包括钢、铁、钼、铌、钽、铬、钒等以及一些铜合金），实验证明了金属材料的屈服强度和晶粒尺寸的关系满足下式

$$\sigma_y=\sigma_i+k_y d^{-1/2} \tag{1-87}$$

式中 σ_i、k_y——材料有关的常数；

d——晶粒直径。

这个公式被称为霍耳—配奇（Hall-Petch）公式。由这个公式可以说明晶粒度与变形抗力的一般关系。变形抗力随晶粒尺寸的减小而增加的原因可以从表面张力和周围晶粒的作用力、晶体滑移阻力（晶界作用）等方面考虑。

在超塑性变形时，其流动应力与晶粒直径的关系基本上也符合这一规律。但因它是特定条件下的一种塑性的异常现象，其流动规律及客观上的力学表现是有特殊性的。

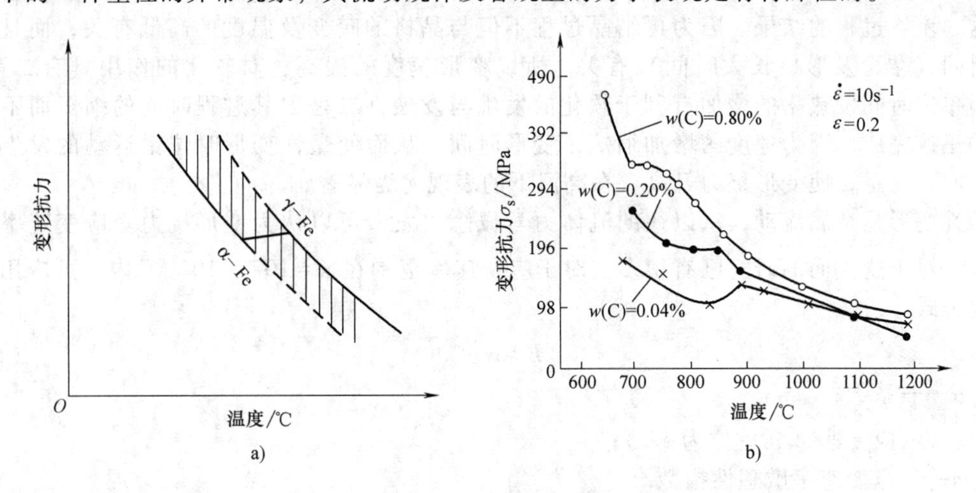

图 1-45　α-Fe 及 γ-Fe 在相变时的变形抗力

a）示意图　b）碳钢

3. 变形温度

由于温度的升高，降低了金属原子间的结合力，因此几乎所有金属与合金的变形抗力都随变形温度的升高而降低，如图 1-46 所示。对于那些随着温度变化产生物理化学变化或相变的金属与合金，则存在着例外的情况。比如有蓝脆和热脆现象的钢，在温度变化区间有相变的合金材料，其变形抗力随温度的变化将有起伏，如图 1-47 所示是碳钢的屈服应力与温度的关系。一般规律是随着温度的升高，硬化强度减少，而且从一定的温度开始，硬化曲线几乎成为一平行线。这表明当温度升高到一定程度时，已没有硬化了，即以软化作用为主。

长期以来，许多学者都在寻求用计算式来确定温度与抗力的关系，但因金属与合金的种类繁多，且温度影响又与变形时的热效应有不可分割的联系，所以至今未能得出一个可用的计算式，还只能依赖于大量实验结果的数据积累。这个问题是有待解决的，因为热变形时的温度控制及产品精度控制，都要求有一个比较可靠的温度影响的数学模型。

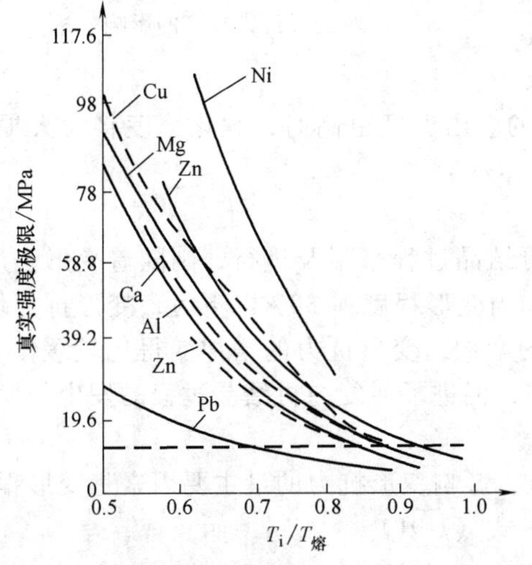

图 1-46　各种金属的真实强度极限与温度的关系

（T_i 为金属的实际温度；$T_{熔}$ 为金属的熔点温度）

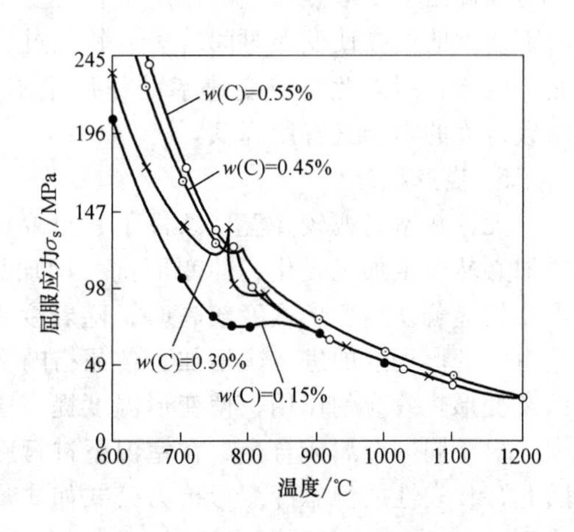

图 1-47　碳钢的屈服应力与温度的关系

4. **变形速度**

变形速度对变形抗力的影响，主要取决于在塑性变形过程中，金属内部所发生的硬化与软化这一矛盾过程的结果。因为再结晶过程不但与晶格的畸变及温度的高低有关，而且与过程的时间（孕育及形核长大时间）有关。所以变形速度的提高，对软化的作用具有二重性，一是因单位时间发热率的增加有利于软化的发生与发展，二是因其过程时间的缩短而不利于软化的迅速完成。因为速度的增加缩短了变形时间，从而使塑性变形时位错运动的发生与发展的时间不充足，使变形抗力升高，在高温下的表现尤为显著。

塑性变形是金属流动，从以往的流体力学概念出发，可以认为变形抗力受应变速率的影响最大，对于这方面的研究已有很多。对于应变速率范围在 $\dot{\varepsilon}=10^{-4}\sim10^{-3}\text{s}^{-1}$内，可应用下面的实验公式

$$k_{\text{f}}=\alpha\dot{\varepsilon}^{m} \tag{1-88}$$

式中　α——系数；

$\dot{\varepsilon}$——应变速率（单位为 s^{-1}）；

m——应变速率敏感性指数。

根据池岛、井上的研究，当实验温度为900~1200℃时，低碳钢的 m 值为0.10~0.15，沸腾钢和镇静钢的 m 值为0.12~0.18，高速钢的 m 值为0.15~0.22。一般是随着温度下降，m 值减小。同时也说明温度越高，应变速率的影响越大，在低温或常温情况下，应变速率的影响较小。

在各种温度范围内，应变速率对变形抗力提高的影响可归纳为如图1-48所示。从图中曲线可以看出，在冷变形温度范围内应变速率的影响小。在热变形温度范围内，应变速率的影响较大，最明显的是由不完全热变形到热变形的温度范围。产生上述现象的原因是，在常温条件下，金属材料原来的抗力就比较大，变形热效应也不显著，因此应变速率提高所引起的抗力相对增加量要小；相反，在高温变形时，因为原来金属变形抗力比较小，应变速率增加使变形抗力增加的相对值就显得大得多。又因为在高温下变形热效应的作用也相对变小，而且由于速度的提高使变形时间缩短，软化过程来不及充分发展，所以此时应变速率的作用是不可忽视的。当温度更高时，软化速度将大大提高，以致速度的影响又有所降低。

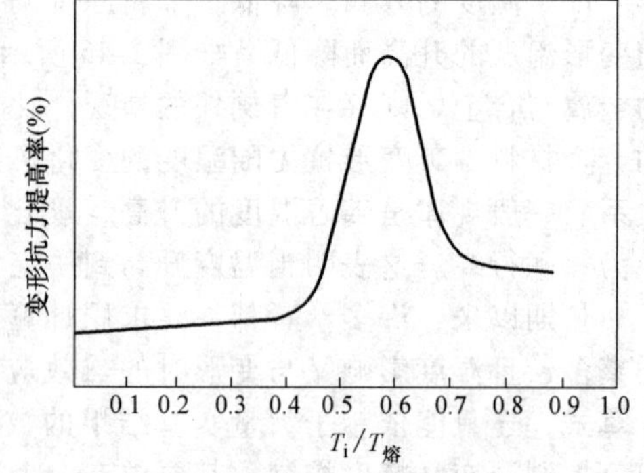

图1-48　在各种温度范围内应变速度对变形抗力提高的影响

5. **变形程度**

无论在室温或较高温度条件下，只要回复和再结晶过程来不及进行，则随着变形程度的增加必然产生加工硬化，使变形抗力增加。通常，当变形程度在30%以下时，变形抗力增加得比较显著，当变形程度较高时，随着变形程度的增加，变形抗力的增加变得比较缓慢，这是由于变形程度的进一步增加，使晶格畸变能增加，促进了回复与再结晶过程的发生与发展，以及变形热效应的作用，使变形温度提高所致。

对于同一金属或合金，在室温下进行冷变形时，影响变形抗力的最主要因素是变形程度。因此，代表性的静态冷变形抗力公式如式（1-89）~式（1-91）

$$k=K\,\overline{\varepsilon}^{n} \tag{1-89}$$

$$k=A(B+\overline{\varepsilon})^{n} \tag{1-90}$$

或
$$k=k_0+C\,\overline{\varepsilon}^n \tag{1-91}$$
式中　K、A、B、C——常数；

n——应变硬化指数；

$\overline{\varepsilon}$——累计等效应变；

k_0——材料在完全退火状态下的屈服极限。

6. 应力状态

实际变形抗力要受应力状态的影响，一般情况下，三向压应力状态使变形抗力提高。其实质是应力球张量的作用。因为静水压力增加了金属原子间的结合力，消除了晶体点阵中的部分缺陷，使位错运动的困难增大，所以大大增加了滑移阻力，使变形抗力提高。

在塑性变形过程中，当变形体内有相变发生时，流体静压力可使第二相的数量增多或减少，从而改变其变形抗力值。如硬铝合金在流体静压力下拉伸时，第二相的数量增多，而且真应力曲线比在没有附加流体静压力时的拉伸稍高一些。

7. 其他因素

多晶体金属在受到反复交变的载荷作用时，出现变形抗力降低的现象，这称为包辛格效应。如图 1-49 所示是显示包辛格效应时所得到的应力-应变曲线的例子。拉伸时材料的原始屈服应力在 A 点，当对此材料进行压缩时，其屈服应力也与它相近（在虚线的 B 点）。以同样的试样，使其受载超过 A 点至 C 点，卸载后将沿 CD 线返回至 D 点，若在此时对其施以压缩负荷，则开始塑性变形至 E 点，E 点的应力明显比原来受压缩材料在 B 点的屈服应力低。这个效应是可逆的，若原试样经塑性压缩，再拉伸时，同样发生屈服应力降低的现象。实际上，当连续变形是以异号应力交替进行时，可降低金属的变形抗力；用同一符号的应力有间隙地连续变形时，则变形抗力连续地增加。包辛格效应仅在塑性变形不大时才出现（如部分钢铁材料在 $\varepsilon<3\%$时，黄铜在 $\varepsilon<4\%$时，硬铝在 $\varepsilon<0.7\%$时）。

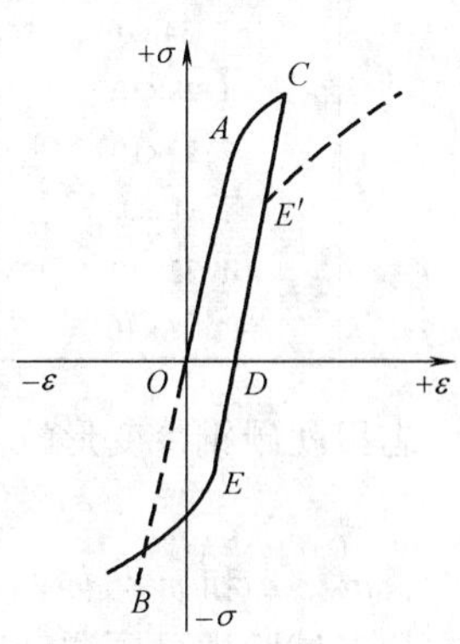

图 1-49　包辛格效应

周围介质对金属的变形抗力也有影响。当金属表面吸附了活性物质时，能促进金属的变形，降低变形抗力。这是因为吸附的介质降低了金属的表面能，故在较低的应力下即可使金属产生屈服。

1.5.3　冷变形抗力

冷变形抗力在轧制理论模型中以及冷连轧计算机过程控制中是必不可少的参数。在现在的高速冷连轧中，轧制速度已达到2000m/min，轧制温度达到100~200℃，在这种情况下，变形抗力不仅仅是变形程度的函数，应变速率和温度的影响也不可忽视。

1. 冷变形抗力公式

对于低碳钢，当仅考虑变形程度的影响时，变形抗力通常采用式（1-89）或式（1-90）求得。根据实验结果，式（1-90）给出了更好的近似值。

当考虑低温变形中应变速率和温度的影响时，可采用变形抗力公式（1-92）。

木原在研究动态变形抗力公式的基础上，提出了一个关于 ε、$\ln\dot{\varepsilon}$ 和 $1/T$ 的二次展开式构成的回归式

$$k_{\mathrm{f}}=a+b\varepsilon+c\log\dot{\varepsilon}+d/T+e\varepsilon^2+f(\log\dot{\varepsilon})^2+g/T^2+h\dot{\varepsilon}\log\dot{\varepsilon}+i(\log\dot{\varepsilon})/T+j\varepsilon/T \tag{1-92}$$

式中　a、b、c、d、e、f、g、h、i、j——由材料的物理特性（活化能）确定的参数，表 1-13 列出了低碳铝镇静钢和低碳沸腾钢的有关参数；

ε——应变；

$\dot{\varepsilon}$——应变速率；

T——绝对温度。

表 1-13 式（1-92）中的参数

参数	低碳铝镇静钢	低碳沸腾钢
a	2.57×10	1.37×10
b	2.27×10^2	2.44×10^2
c	-2.81	-3.21
d	-8.35×10^3	-6.29×10^3
e	-2.34×10^2	-2.31×10^2
f	1.28×10^{-1}	1.73×10^{-1}
g	2.99×10^6	3.13×10^6
h	-4.33	-6.04
i	1.32×10^3	1.61×10^3
j	-3.16×10^4	-3.99×10^4

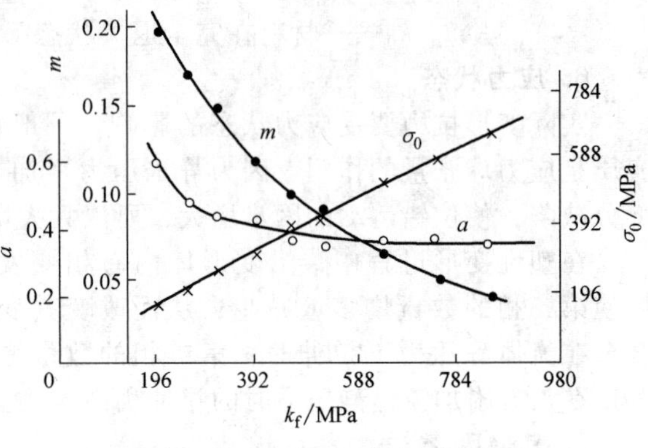

图 1-50 σ_0、a 和 m 值与 k_f 的关系

志田就碳钢冷变形抗力对应变速率的依赖关系，整理了有关实验结果，给出式（1-93）。

$$k_f=\sigma_0(1+a\dot{\varepsilon}^m) \tag{1-93}$$

式中，σ_0、a 和 m 与如图 1-50 所示的 k_f（静态变形抗力）有关。根据图 1-50 可知，只要进行一次静态试验即可预测动态变形抗力。

对冷轧在线控制来说，综合考虑具备学习功能及由图 1-50 所示的在室温～200℃温度区间内变形抗力变化很少（在 100～200℃，蓝脆效果对 k_f 的影响很小）等因素，可以说，在实用上无论采用式（1-92）和式（1-93）中哪一个都不会有明显差别。

2. 冷变形抗力的实验研究结果

（1）温度和应变速率的影响　如图 1-51 所示为低碳沸腾钢的静态变形抗力随温度的变化。试验试样中氮的质量分数各不相同。其化学成分见表 1-14。除去氮的质量分数为 0.0017%的钢之外，在 100℃以下和在 100～200℃之间，变形抗力和温度的关系是不同的。特别是氮的质量分数为 0.0126%的钢，表现出明显的蓝脆效果。普通轧材氮的质量分数为 0.006%

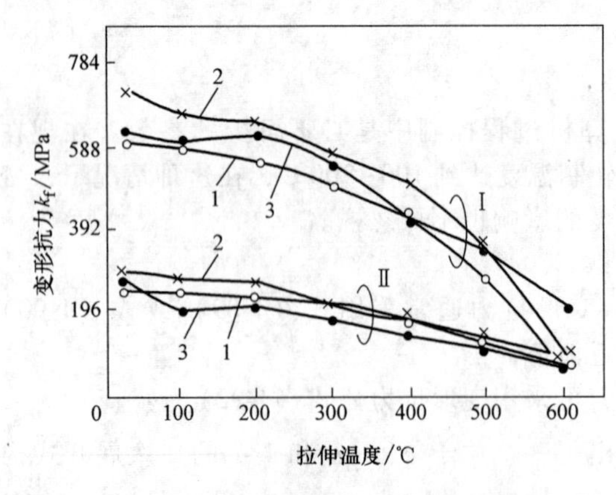

图 1-51 温度及氮的质量分数对变形抗力的影响（蓝脆性）

Ⅰ—预应变（轧制）$\varepsilon_0\approx50\%$　Ⅱ—$\varepsilon_0=0\%$

（线 1～3—见表 1-14）

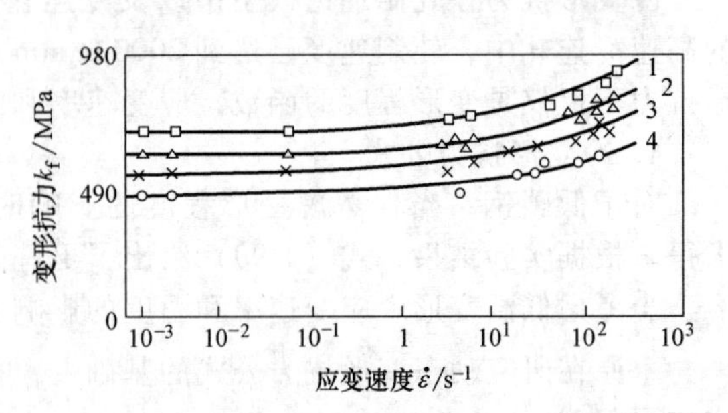

图 1-52 应变速率对冷变形抗力的影响

化学成分的质量分数：$w(C)=0.07\%$，$w(Si)=0.01\%$，$w(Mn)=0.35\%$，$w(P)=0.12\%$，$w(S)=0.014\%$，$w(N)=0.006\%$，$w(Al)=0.066\%$，预应变 $\varepsilon_0\%$：1—77%；2—60%；3—41%；4—20%

表 1-14　图 1-51 中材料的化学成分的质量分数　（%）

曲线	w(C)	w(Si)	w(Mn)	w(P)	w(S)	w(N)
1	0.053	<0.01	0.29	0.009	0.034	0.0017
2	0.080	<0.01	0.28	0.009	0.038	0.0048
3	0.083	<0.01	0.25	0.003	0.007	0.0126

左右，故可以不考虑蓝脆的影响。

应变速率对铝镇静钢的影响如图 1-52 所示。先由轧制给出 20%～77%的预应变，再改变拉伸试验时的变形速度进行试验。当应变速率 $\dot{\varepsilon}\geqslant 1\text{s}^{-1}$ 时，变形抗力急剧增大。在 $\dot{\varepsilon}=10^{-3}\sim10^{2}/\text{s}^{-1}$ 时，可以说变形抗力对应变速率的依赖关系不受预应变的影响。

（2）成分和晶粒直径的影响　随钢中碳的质量分数的增加，变形抗力直线上升。

如图 1-53 所示是晶粒直径影响的研究结果，表示等效应变为 $\varepsilon_{eq}=1.0$ 时的变形抗力与参数 $w(\text{C})_{eq}+\frac{1}{100}d^{-\frac{1}{2}}$（$w(\text{C})_{eq}=w(\text{C})+1.5w(\text{Si})+2w(\text{P})+w(\text{Si})$，$d$ 是平均晶粒直径）的关系。可见，当成分一定时，变形抗力随晶粒直径的减小而显著增加。

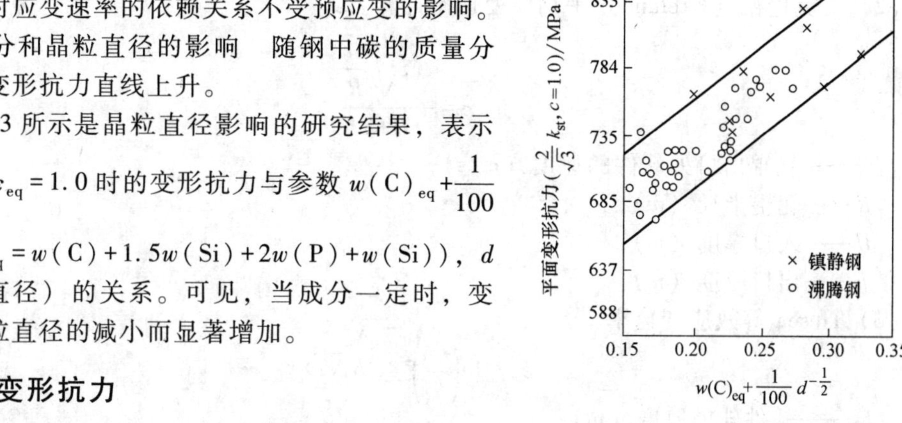

图 1-53　变形抗力和 $w(\text{C})_{eq}+\frac{1}{100}d^{-\frac{1}{2}}$ 的关系（轧制-拉伸法）
$w(\text{C})_{eq}=w(\text{C})+1.5w(\text{Si})+2w(\text{P})+w(\text{Si})$
d—平均晶粒直径，单位为 mm

1.5.4　热变形抗力

在热变形过程中，金属的变形抗力同时受变形程度、变形温度和应变速率的影响。正确地预报热变形抗力对于预报高温、高速轧制时的轧制力，控制轧制过程和控制轧件尺寸、形状精度是非常重要的。

1. 轧制应变速率计算

热变形时，材料的硬化和软化过程同时存在，由于应变速率对材料塑性成形过程中的变形行为影响很大，因此应变速率的大小起着重要的作用。图 1-54 给出了几种特定的塑性成形方法中的应变速率范围。

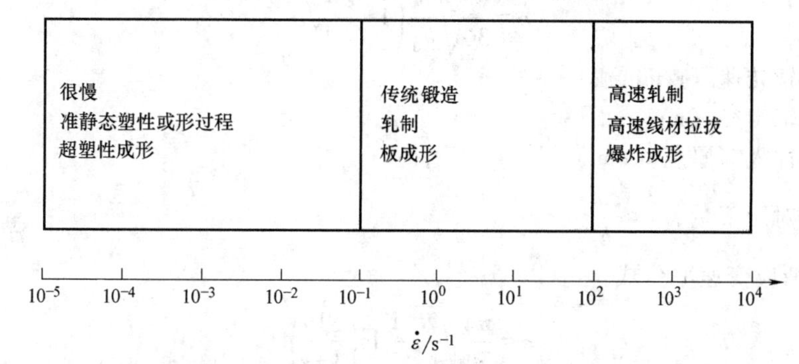

图 1-54　几种特定的塑性成形方法中的应变速率范围

关于应变速率的计算，有多种计算方法，下面介绍几种常用的应变速率计算公式。

（1）平均应变速率简化计算公式　纵轧时的平均应变速率可由式（1-94）计算

$$\dot{\varepsilon}_m=\frac{v_1}{l}\times\frac{\Delta h}{h_0} \tag{1-94}$$

式中　v_1——轧辊出口处轧件的速度，单位为m/s；
l——接触弧长的水平投影，单位为m；
h_0——轧前轧件断面厚度，单位为m。

对于各种形式的热轧机，平均应变速率的范围如下：

初轧机和板坯轧机：0.1~10s^{-1}

宽带钢轧机：≤500s^{-1}

厚板轧机：1~15s^{-1}

大型和中型轧机：0.5~250s^{-1}

小型和线材轧机：≤1000s^{-1}

（2）艾克伦德（Ekelund）平均应变速率计算公式

$$\overline{\dot{\varepsilon}}=\frac{2v_1\sqrt{\frac{\Delta h}{R}}}{H+h} \tag{1-95}$$

式中　v_1——轧辊出口处轧件的速度（m/s）；
R——轧辊半径（m）；
H——入口厚度（m）；
h——出口厚度（m）。

（3）Tresca等效应变速率

$$\dot{\varepsilon}_m=\ln\left(\frac{h_0}{h_1}\right)\times\sqrt{R\Delta h}\times v_1 \tag{1-96}$$

式中　h_0——轧件轧前厚度（m）；
h_1——轧件出口厚度（m）；
R——轧辊半径（m）；
v_1——轧辊出口处轧件的速度（m/s）。

（4）平面应变条件下的Von Mises等效应变速率

$$\dot{\varepsilon}_m=1.15\ln\left(\frac{h_0}{h_1}\right)\times\sqrt{R\Delta h}\times v_1 \tag{1-97}$$

（5）福特-亚历山大应变速率公式

$$\dot{\varepsilon}=\frac{\pi n}{30}\sqrt{\frac{R}{h_0}}\left(1+\frac{\varepsilon}{4}\right)\sqrt{\varepsilon} \tag{1-98}$$

式中　n——轧辊转速（r/min）；
R——轧辊半径（mm）；
h_0——轧件入口厚度（mm）；
ε——相对压下量，$\varepsilon=\frac{\Delta h}{h}$。

（6）西姆斯应变速率公式

$$\dot{\varepsilon}=\frac{\pi n}{30}\sqrt{\frac{R}{h_0}}\frac{1}{\sqrt{\varepsilon}}\ln\left(\frac{1}{1-\varepsilon}\right) \tag{1-99}$$

（7）乌萨托夫斯基应变速率公式

$$\dot{\varepsilon}=\frac{\pi n}{30}\sqrt{\frac{R}{h_0}}\sqrt{\frac{\varepsilon}{1-\varepsilon}} \tag{1-100}$$

2. 热变形抗力公式

（1）恰古诺夫公式

$$k_f = [1+\mu(Z_a - 1)]k_t\sigma_s \tag{1-101}$$

式中 μ——外摩擦系数；

Z_a——变形区算术平均长宽比；

k_t——温度影响系数；

σ_s——材料在20℃的屈服应力（MPa）。

Z_a值由下式计算

$$Z_a = \frac{l}{h_m} = \frac{2l}{h_0 + h_1}$$

系数k_t为

当$t \geqslant t_m - 575$℃时 $$k_t = \frac{t_m - t - 75}{1500}$$

当$t < t_m - 575$℃时 $$k_t = \left(\frac{t_m - t}{1000}\right)^2$$

式中 t_m——熔点温度（℃）；

t——轧制温度（℃）。

（2）艾克伦德（Ekelund）公式

$$k_f = \left(1 + \frac{0.8\mu l - 0.6\Delta h}{h_m}\right)\left(\sigma_s + \frac{9.8\eta v\sqrt{\frac{\Delta h}{R}}}{h_m}\right) \tag{1-102}$$

式中 v——轧辊表面速度（mm/s）；

R——轧辊半径（mm）；

η——材料塑性系数（kg · s/mm^2）；

σ_s——给定温度和化学成分下材料的屈服应力（MPa）；

h_m——在变形区中板带平均厚度（mm）。

摩擦系数μ取决于轧制温度t和轧辊材质及表面状态。

对铸钢辊或表面粗糙钢辊：$\mu = 1.05 - 0.0005t$；

对冷硬铸钢辊和表面光滑钢轧辊：$\mu = 0.8(1.05 - 0.0005t)$；

对研磨钢轧辊：$\mu = 0.55(1.05 - 0.0005t)$

屈服应力σ_s是轧制温度和轧件成分的函数。

$$\sigma_s = 9.8(14 - 0.01t)(1.4 + w(\mathrm{C}) + w(\mathrm{Mn}) + 0.3w(\mathrm{Cr})) \tag{1-103}$$

式中 $w(\mathrm{C})$，$w(\mathrm{Mn})$，$w(\mathrm{Cr})$——钢中化学成分的质量分数，单位为%；

t——轧件温度，单位为℃。

轧制材料的塑性系数η与温度有关。

$$\eta = 0.001(14 - 0.01t) \tag{1-104}$$

艾克伦德公式适用于下述条件：最小轧制温度800℃，最大轧制速度7m/s，最大锰的质量分数为1%。

（3）吉尔吉（Geleji）公式

$$k_f = 1.15\sigma_s(1 + C\mu Z_a\sqrt[4]{v}) \tag{1-105}$$

式中 σ_s——在给定温度下轧件的屈服应力；

C——几何因子，由式（1-106）确定。

$$C = 17Z_a^2 - 29.85Z_a + 18.3 \qquad (0.25 < Z_a < 1)$$

$$C = 0.8Z_a^2 - 4.9Z_a + 9.6 \qquad (1 < Z_a \leqslant 3) \tag{1-106}$$

摩擦系数μ取决于轧制温度t、轧辊材质、表面条件以及轧制速度v：

对钢轧辊： $\mu=(1.05-0.0005t)K_v$

对硬化处理钢轧辊： $\mu=(0.92-0.0005t)K_v$ （1-107）

对硬化处理并研磨的钢轧辊： $\mu=(0.82-0.0005t)K_v$

式中 K_v——轧制速度影响系数，见图1-55。

屈服应力σ_s由式（1-108）计算

$$\sigma_s=0.147(1400-t) \tag{1-108}$$

3. 热变抗力实验研究结果

从1955年到1966年，日本钢铁协会轧制理论学术委员会曾组织6个研究单位，分别采用飞轮、落锤、凸轮塑性仪等变形抗力试验装置对8个钢种的变形抗力进行了测定。其目的是测定各钢种在不同变形条件的变形抗力并比较各测试方法和实验装置造成的差异。变形条件的影响因素主要考虑变形程度、温度和应变速率。

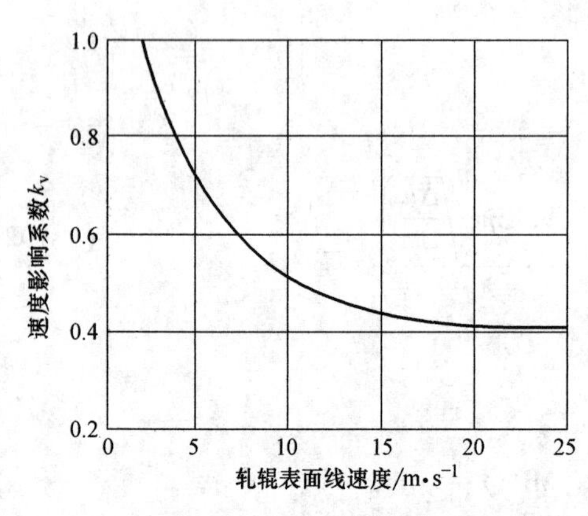

图1-55 轧制速度影响系数

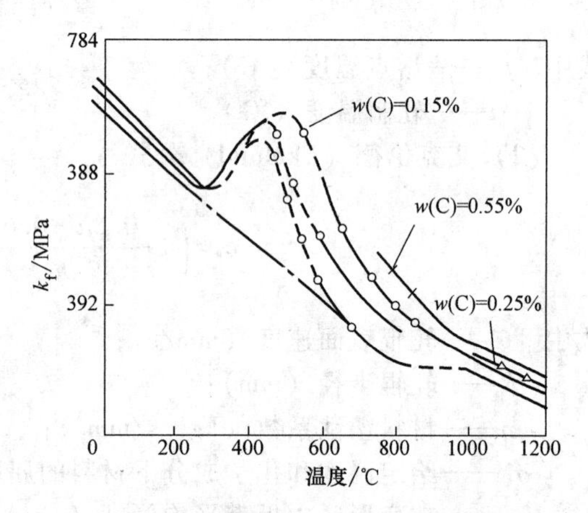

图1-56 碳钢的变形抗力-温度曲线

（1）变形程度的影响 研究结果表明，在高温条件下，各钢种的平均变形抗力均随变形程度的增加而增加；冲击压缩（凸轮塑性仪或落锤压缩）的试验值总是偏高，飞轮拉伸或落锤拉伸试验值一般偏低。

（2）变形温度的影响 五弓、木原曾从塑性力学的观点探讨了由温度引起钢铁材料变形抗力的变化，如图1-56所示是碳的质量分数分别为0.15%、0.25%和0.55%的碳钢在变形程度$\varepsilon=0.2$时的变形抗力随温度变化的实验结果。约在400～500℃区间内各钢种均出现变形抗力上升现象，这种现象可认为是由于称为蓝脆性的时效现象引起的，变形抗力最大值那一点的温度有随应变速率的增加向高温侧移动的趋势。尽管在800℃左右时产生同样的异常现象，但这可认为是由于钢从α相向α+γ相转变而产生的。

（3）应变速率的影响 根据对低碳铝镇静钢［w(C)=0.038%］、w(C)=0.6%的钢和Cr18不锈钢在不同温度下的平均变形抗力随平均应变速率变化的实测结果，除低碳钢［w(C)=0.038%］以外，式$k_{fm}=K\dot{\varepsilon}^m$都是成立的。对低碳钢来说，以$\dot{\varepsilon}=30s^{-1}$为界，应变速率指数不同。

1.6 轧制压力、轧制力矩及功率

1.6.1 轧制单位压力的理论及实验

1. 轧制单位压力的概念

当金属在轧辊间变形时，在变形区内，沿轧辊与轧件接触面产生接触应力（见图1-57），

通常将轧辊表面法向应力称为轧制单位压力，将切应力称为单位摩擦力。

研究单位压力的大小及其在接触弧上的分布规律，对于从理论上正确确定金属轧制时的力能参数—轧制力、传动轧辊的转矩和功率具有重大意义。因为计算轧辊及工作机架主要部件的强度和计算传动轧辊所需的转矩及电动机功率，一定要了解金属作用在轧辊上的总压力，而金属作用在轧辊上的总压力大小及其合力作用点位置完全取决于单位压力值及其分布特征。

2. 轧制时的平衡微分方程

（1）卡尔曼（T. Karman）单位压力　现代轧制理论中，单位压力的数学—力学理论的出发点是在一定的假设条件下，在变形区内任意取一微分体（见图1-57）。分析作用在此微分体上的各种作用力，在力平衡条件的基础上，将各力通过微分平衡方程联系起来，同时运用屈服条件或塑性方程、接触弧方程、摩擦规律和边界条件来建立单位压力微分方程并求解。

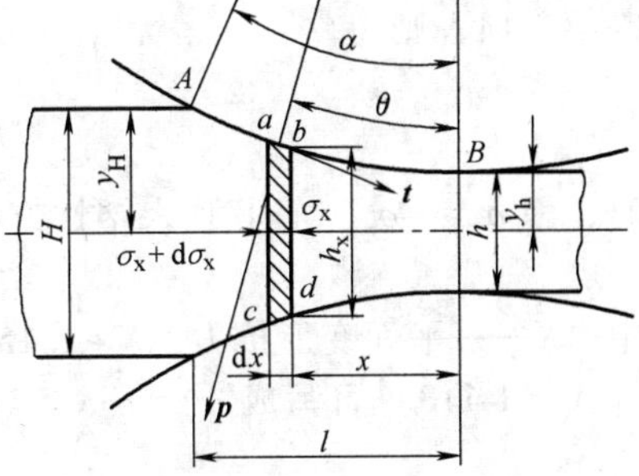

图1-57　变形区内任意微分体上的受力情况

1）卡尔曼微分方程的假设条件。

① 轧件金属性质均匀，可宏观地看作均匀连续介质；

② 变形区内沿轧件横断面上无切应力作用，各点的金属流动速度，正应力及变形均匀分布；

③ 轧制时，轧件的纵向、横向和厚度方向与主应力方向一致；

④ 轧制过程为平面变形（无宽展），塑性方程可写成

$$\sigma_1-\sigma_3=1.15\sigma_s=2k=K \tag{1-109}$$

⑤ 轧辊和机架为刚性。

2）单位压力微分方程式。如图1-57所示，在后滑区取一微分体积 $abcd$，其厚度为 $\mathrm{d}x$，其高度由 $2y$ 变化到 $2(y+\mathrm{d}y)$，轧件宽度为 B，弧长近似视为弦长，$\overset{\frown}{ab}\approx\overline{ab}=\dfrac{\mathrm{d}x}{\cos\theta}$。

作用在 ab 弧上的力有径向单位压力 $\boldsymbol{p}$ 及单位摩擦力 $\boldsymbol{t}$，在后滑区，接触面上金属质点向着轧辊转动相反的方向滑动，它们在接触弧 ab 上的合力的水平投影为

$$2B\left(p\frac{\mathrm{d}x}{\cos\theta}\sin\theta-t\frac{\mathrm{d}x}{\cos\theta}\cos\theta\right)$$

式中　θ——ab 弧切线与水平面所成的夹角，亦即相对应的圆心角。

根据纵向应力分布均匀的假设，作用在微分体积两侧的应力各为 σ_x 及 $\sigma_x+\mathrm{d}\sigma_x$，而其合力为

$$2B\sigma_x y-2B(\sigma_x+\mathrm{d}\sigma_x)(y+\mathrm{d}y)$$

根据力的平衡条件，所有作用在水平轴 X 上力的投影代数和应等于零。亦即

$$\sum X=0$$

$$2B\sigma_x y-2B(\sigma_x+\mathrm{d}\sigma_x)(y+\mathrm{d}y)+2Bp\tan\theta\mathrm{d}x-2Bt\mathrm{d}x=0 \tag{1-110}$$

原假设没有宽展，并取 $\tan\theta=\mathrm{d}y/\mathrm{d}x$，忽略高阶项，对上式进行简化，可以得到

$$\frac{\mathrm{d}\sigma_x}{\mathrm{d}x}-\frac{p-\sigma_x}{y}\times\frac{\mathrm{d}y}{\mathrm{d}x}+\frac{t}{y}=0 \tag{1-111}$$

同理，前滑区中金属的质点沿接触表面向着轧制方向滑动，与式（1-111）相同，但摩擦力的方向相反，故可用如上相同的方式，得出式（1-112）

$$\frac{\mathrm{d}\sigma_x}{\mathrm{d}x}-\frac{p-\sigma_x}{y}\times\frac{\mathrm{d}y}{\mathrm{d}x}-\frac{t}{y}=0 \tag{1-112}$$

为了对式（1-111）和式（1-112）求解，须找出单位压力 p 与应力 σ_x 之间的关系。根据假设，设水平压力 σ_x 和垂直压应力 σ_y 为主应力，则可写成

$$\sigma_3=-\sigma_y=\left(p\frac{\mathrm{d}x}{\cos\theta}B\cos\theta\pm t\frac{\mathrm{d}x}{\cos\theta}B\sin\theta\right)\frac{1}{B\mathrm{d}x}$$

忽略第二项，则

$$\sigma_3\approx p\frac{\mathrm{d}x}{\cos\theta}B\cos\theta\frac{1}{B\mathrm{d}x}=-p$$

同时，因 $\sigma_3=-\sigma_x$，将其代入塑性方程式（1-105），则

$$p-\sigma_x=K \tag{1-113}$$

式中　K——平面变形抗力，$K=1.15\sigma_s$。

式（1-113）可写成 $\sigma_x=p-K$，对其微分，则得

$$\mathrm{d}\sigma_x=\mathrm{d}p$$

代入式（1-111）和式（1-112），则可得出式（1-114）

$$\frac{\mathrm{d}p}{\mathrm{d}x}-\frac{K}{y}\frac{\mathrm{d}x}{\mathrm{d}y}\pm\frac{t}{y}=0 \tag{1-114}$$

式（1-114）即为单位压力微分方程的一般形式。

（2）卡尔曼微分方程的 A. И. 采利柯夫解　如欲对式（1-114）求解，必须知道式中单位摩擦力 t 沿接触弧长的变化规律、接触弧方程和边界上的单位压力（边界条件）。由于各研究者所取的求解条件不同，因而存在着许多不同的解法。

1）边界条件。由式（1-113）可知 $p-\sigma_x=K$，若认为进出口处 K 值不变，且进出口处纵向应力 σ_x 为零，则在轧件出口处，即 $x=0$ 时，在轧件入口处，即 $x=1$ 时，$p_H=K$

$$p_h=K;$$

亦即在轧件入口、出口处单位压力值 p_H、p_h 等于轧件的平面变形抗力 K。

如果变形抗力从轧件入口至出口是变的，而且在轧件入口及出口处的单位压力分别取该处的平面变形抗力值，那么在 $x=0$ 时，$p_h=K_h$；在 $x=1$ 时，$p_H=K_H$。式中，K_h、K_H 分别为轧件出口、入口处的平面变形抗力。

当考虑张力的影响，并设变形抗力沿接触面为常数，如以 q_h、q_H 分别代表前、后拉应力，此时边界条件可以设当 $x=0$ 时，$\sigma_x=-q_h$，则 $p_h=K-q_h$；当 $x=1$ 时，$\sigma_x=-q_H$，则 $p_H=K-q_H$。

如果既考虑张力影响，又考虑变形抗力在轧件入口处和出口处的差异，那么边界条件可写成

在 $x=0$ 时，即出口处

$$p_h=K_h-q_h \tag{1-115}$$

在 $x=1$ 时，即入口处

$$p_H=K_H-q_H \tag{1-116}$$

总之，所取的边界条件不同，其解自然也就不同。

2）接触弧方程。如果把精确的圆柱形接触弧坐标代入方程，再进一步积分时，结果会变得很复杂，甚至受数学条件的限制不能求解，而且也难以应用。所以在求解的时候，都设法加以简化，常用的有下列几种假设：

① 把圆弧看作平板压缩；②把圆弧看成直线，以弦代弧；③用抛物线代替圆弧；④仍采取圆弧方程，但改用极坐标。

3）单位摩擦力变化规律。因为摩擦问题非常复杂，对此所做的假设或理论也就非常多，

如假设遵从干摩擦定律，即

$$t=\mu p \tag{1-117}$$

假设单位摩擦力不变，且约略等于常数，即

$$t=\text{常数}\approx\mu K \tag{1-118}$$

假设轧件与轧辊之间发生液体摩擦，并且按液体摩擦定律，把单位摩擦力表示为

$$t=\eta\frac{\mathrm{d}v_x}{\mathrm{d}y} \tag{1-119}$$

式中　η——黏性系数；

$\frac{\mathrm{d}v_x}{\mathrm{d}y}$——在垂直于滑动平面方向上的速度梯度。

根据实测结果，变形区内摩擦系数并非恒定不变，因此可把摩擦系数视为单位压力的函数，即

$$\mu=f(p)$$

此外，还有把变形区分成若干区域，而每个区域采取不同的摩擦规律等。

显然，不同的边界条件、不同的接触弧方程、不同的摩擦规律代入微分方程，将会得出不同的解。下面先介绍其中的一种，即 A. И. 采利柯夫解。它的特点如下，摩擦力分布规律，运用干摩擦定律，即式（1-117）

$$t=\mu p$$

接触弧方程用直线，以弦代弧。

对于边界条件，设 K 为常数，并考虑前后张力的影响。在上述条件下对单位压力微分方程求解。

将式（1-117）代入式（1-114）得

$$\frac{\mathrm{d}p}{\mathrm{d}x}-\frac{K}{y}\frac{\mathrm{d}x}{\mathrm{d}y}\pm\frac{\mu p}{y}=0 \tag{1-120}$$

此线性微分方程的一般解为

$$p=\mathrm{e}^{\mp\int\frac{\mu}{y}\mathrm{d}x}\left(C+\int\frac{K}{y}\mathrm{e}^{\pm\int\frac{\mu}{y}\mathrm{d}x}\mathrm{d}y\right) \tag{1-121}$$

如果以弦代弧，设通过轧件入口、出口处直线 AB 的方程为

$$y=ax+b$$

当在出口处，$x=0$ 时，$y=h/2$，求出系数 b 为

$$b=\frac{h}{2}$$

当在入口处，$x=1$ 时，$y=H/2$，系数 a 求出为

$$a=\frac{\Delta h}{2l}$$

代入直线方程即得

$$y=\frac{\Delta h}{2l}x+\frac{h}{2}$$

此式即为和轧制接触区对应的弦的方程。

微分后，求得

$$\mathrm{d}x=\frac{2l}{\Delta h}\mathrm{d}y \tag{1-122}$$

将 $\mathrm{d}x$ 值代入式（1-121）求出

$$p = e^{\mp\int\frac{\delta}{y}dy}\left(C + \int\frac{K}{y}e^{\pm\int\frac{\delta}{y}dy}dy\right) \tag{1-123}$$

式中的 $\delta=\frac{2l\mu}{\Delta h}$。

将式（1-123）积分，对于后滑区得到

$$p=C_{H}y^{-\delta}+\frac{K}{\delta} \tag{1-124}$$

而对于前滑区

$$p=C_{h}y^{\delta}-\frac{K}{\delta} \tag{1-125}$$

有前后张力时的边界条件，在 $y=H/2$ 处为

$$p=K-q_{H}=K\left(1-\frac{q_{H}}{K}\right)=\xi_{H}K \tag{1-126}$$

在 $y=h/2$ 处为

$$p=K-q_{h}=K\left(1-\frac{q_{h}}{K}\right)=\xi_{h}K \tag{1-127}$$

式中　q_{h}、q_{H}——前后张力；

$\xi_{H}=1-\frac{q_{H}}{K}$；

$\xi_{h}=1-\frac{q_{h}}{K}$。

得出积分常数为

$$C_{H}=K\left(\xi_{H}-\frac{1}{\delta}\right)\left(\frac{H}{2}\right)^{\delta}$$

和

$$C_{h}=K\left(\xi_{h}+\frac{1}{\delta}\right)\left(\frac{h}{2}\right)^{-\delta}$$

代入式（1-124）和式（1-125），并且用 $h_x/2$ 代替 y，得出

在后滑区

$$p_{H}=\frac{K}{\delta}\left[(\xi_{H}\delta-1)\left(\frac{H}{h_{x}}\right)^{\delta}+1\right] \tag{1-128}$$

在前滑区

$$p_{h}=\frac{K}{\delta}\left[(\xi_{h}\delta+1)\left(\frac{h_{x}}{h}\right)^{\delta}-1\right] \tag{1-129}$$

无前后张力时

在后滑区

$$p_{H}=\frac{K}{\delta}\left[(\delta-1)\left(\frac{H}{h_{x}}\right)^{\delta}+1\right] \tag{1-130}$$

在前滑区

$$p_{h}=\frac{K}{\delta}\left[(\delta+1)\left(\frac{h_{x}}{h}\right)^{\delta}-1\right] \tag{1-131}$$

由式（1-128）~式（1-131）可以看出，在公式中考虑了外摩擦、轧件厚度、压下量、轧辊直径以及轧件在进出口所受张力的影响。

（3）E. 奥洛万（E. Orowan）单位压力微分方程　奥洛万方程与卡尔曼方程之间并无太大差异。奥洛万假设与卡尔曼假设最重要的区别是：不认为水平法向应力沿断面高度均匀分布，并且认为在垂直横断面上有切应力存在，故有剪切变形发生，此时轧件的变形将为不均匀的。所推导的奥洛万方程为

$$\frac{\mathrm{d}[h_\theta(p-K\omega)]}{\mathrm{d}\theta}=D'p(\sin\theta\pm\mu\cos\theta) \tag{1-132}$$

3. 轧制单位压力分布的计算与实验结果

(1) 根据采利柯夫单位压力公式计算的结果　根据卡尔曼方程的采利柯夫解得到的轧制单位压力公式（1-128）~式（1-131）可得到如图1-58~图1-62所示的接触弧上单位压力分布图。由图1-58可以看出，在接触弧上单位压力的分布是不均匀的，由轧件入口开始向中性面逐渐增加，并达到最大，然后降低，至出口降至最低。而摩擦力（$t_x=\mu p_x$）在中性面上改变方向。

分析式（1-128）~式(1-131）可知，影响单位压力的主要因素有外摩擦系数，轧件厚度，压下量，轧辊直径，以及前、后张力等。单位压力与诸影响因素间的关系，从图1-59~图1-62中的曲线清楚可见，分析这些定性曲线可得到如下结论：

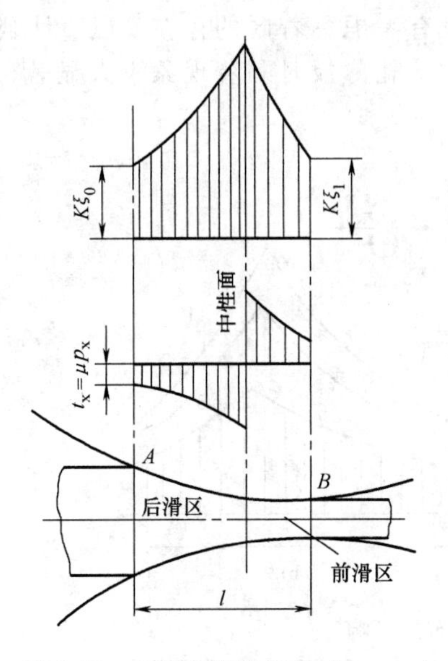

图1-58　在干摩擦条件下（$t_x=\mu p_x$）接触弧上单位压力分布图

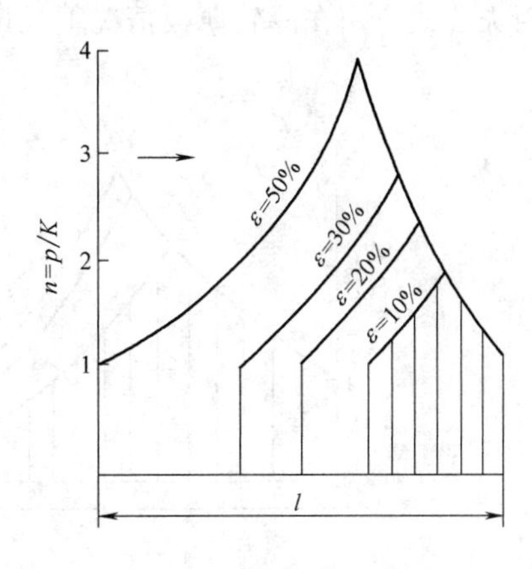

图1-59　相对压下量对单位压力分布的影响 $h=1\text{mm}$，$D=200\text{mm}$，$\mu=0.2$，其他条件相同

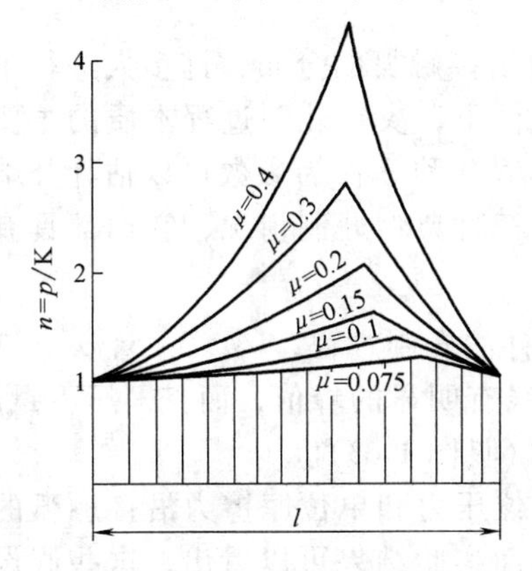

图1-60　摩擦系数对单位压力分布的影响 $\Delta h/H=30\%$，$\alpha=5°46'$，$h/D=1.16\%$，其他条件相同

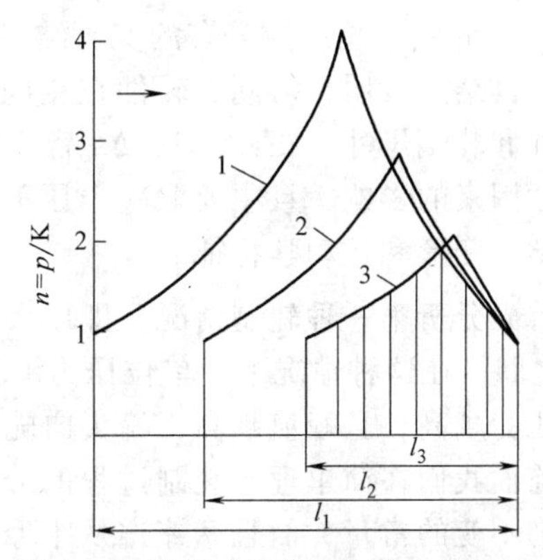

图1-61　辊径对单位压力分布的影响（$\Delta h/H=30\%$，$\mu=0.3$）
1—$D=700\text{mm}$，$D/h=350\text{mm}$，$l=17.2\text{mm}$
2—$D=400\text{mm}$，$D/h=200\text{mm}$，$l=13\text{mm}$
3—$D=200\text{mm}$，$D/h=100\text{mm}$，$l=8.6\text{mm}$

1）相对压下量对单位压力的影响。如图1-59所示，在其他条件一定时，随相对压下量增加，接触弧长度增加，单位压力亦相应增加，在这种情况下，轧件对轧辊总压力的增加，不仅是由于接触面积增大，还由于单位压力本身亦增加。

2）接触摩擦系数对单位压力的影响。如图1-60所示，摩擦系数愈大，从入口、出口向中性面单位压力增加愈快，显然，轧件对轧辊的总压力因之而增加。

3）辊径对单位压力的影响。如图1-61所示，辊径对单位压力的影响与相对压下量的影响类似，随轧辊直径增加，接触弧长度增加，单位压力亦相应地增加。

4）张力对单位压力的影响。如图1-62所示，采用张力轧制使单位压力显著降低，并且张力愈大，单位压力愈小，不论前张力或后张力均使单位压力降低，但后张力 q_H 比前张力 q_h 的影响大。因此，在冷轧时是希望采用张力轧制的。

采利柯夫单位压力公式突出的优点是反映了上述一系列工艺因素对单位压力的影响，但在公式中没有考虑加工硬化的影响，而且在变形区内没有考虑黏着区的存在。以直线代替圆弧只有冷轧薄板时比较接近。此时弦弧差别较小，同时冷轧薄板时黏着现象不太显著，所以采利柯夫公式应用在冷轧薄板情况下是比较准确的。

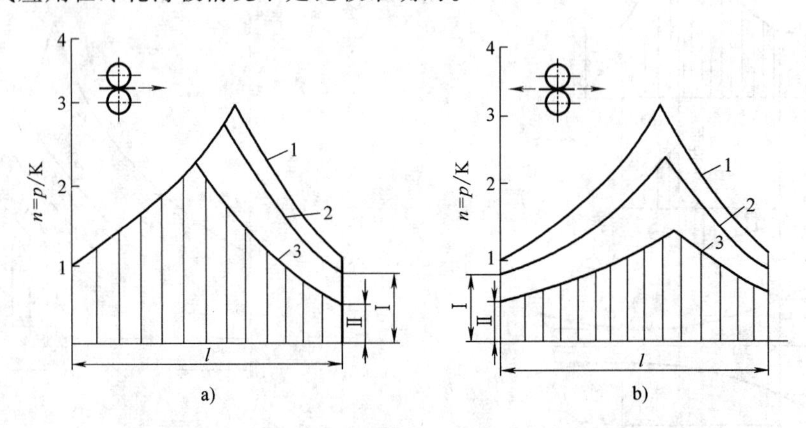

图1-62　张力对单位压力分布的影响

a）1—$q_h=0$　2—$q_h=0.2K$　3—$q_h=0.5K$　b）1—$q_h=q_H=0$　2—$q_h=q_H=0.2K$　3—$q_h=q_H=0.5K$（Ⅰ—$0.8K$　Ⅱ—$0.5K$）

（2）轧制单位压力分布的实验结果　关于单位压力沿接触弧的分布，许多人进行了大量研究。其结果表明，对同一轧件在相同的温度—速度条件下，决定轧制过程本质的主要因素是轧件和轧辊尺寸。在 α、D、Δh 皆为常值情况下，用 H/D 和 ε 作为参数可以估计外端及轧件尺寸因素的影响，且主要取决于压下率 ε 的值。现有三种典型轧制情况，它们都具有明显的力学、变形和运动学特征。

首先分析第一种轧制情况，即以大压下量轧制薄轧件的轧制过程，$l/\bar{h}>3\sim5$，ε 在34%~50%之间。在这种情况下，单位压力沿接触弧的分布曲线有明显的峰值，而且，压下量越大，单位压力越高，且峰值越高，峰尖向轧件出口方向移动（见图1-63）。

前面我们在简单理想轧制过程的分析中，曾假设单位压力和单位摩擦力沿接触弧的分布是均匀不变的常量，而且摩擦遵从干摩擦定律，但由上面实验结果可以看出，这些假设与实际有很大差别。不仅单位压力 p 及摩擦力 t 沿接触弧不均匀分布，摩擦系数沿接触弧的分布，也非定值，而是呈曲线分布，如图1-64所示。

其次分析第三种轧制情况（$l/\bar{h}<1$）。第三种轧制情况相当于初轧开始道次或板坯立轧道次，它是以小压下量轧制厚轧件的过程。ε 较小，在10%以下。这一类轧制过程的单位压力也

具有明显的和特征（见图 1-65），单位压力曲线在变形区入口处具有很高的峰值，向着出口方向急剧降低。

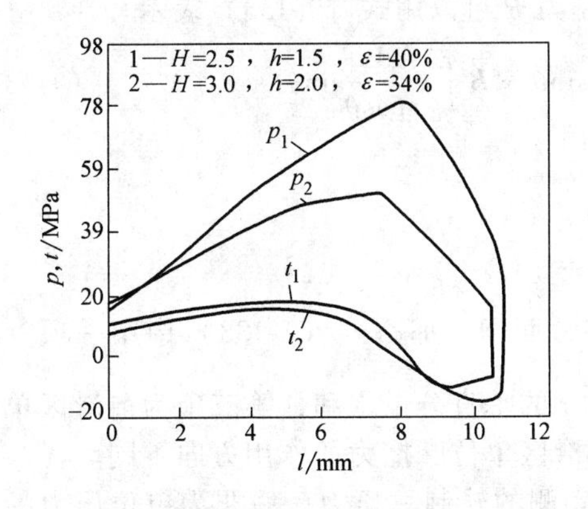

图 1-63　轧制薄件（$l/\bar{h}>3\sim5$）时单位压力 p 及单位摩擦力 t 沿接触弧的分布

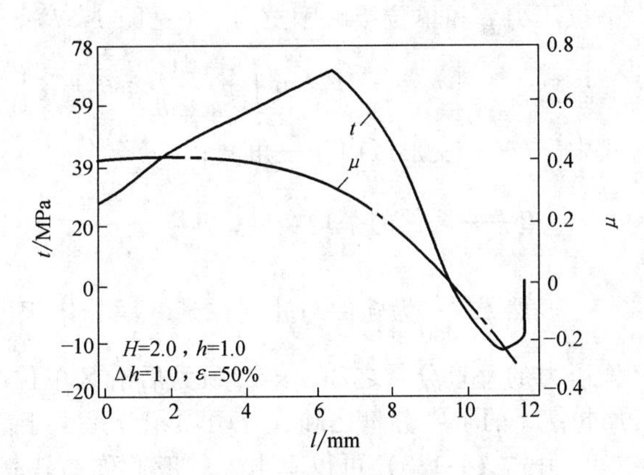

图 1-64　摩擦力及摩擦系数沿接触弧的分布

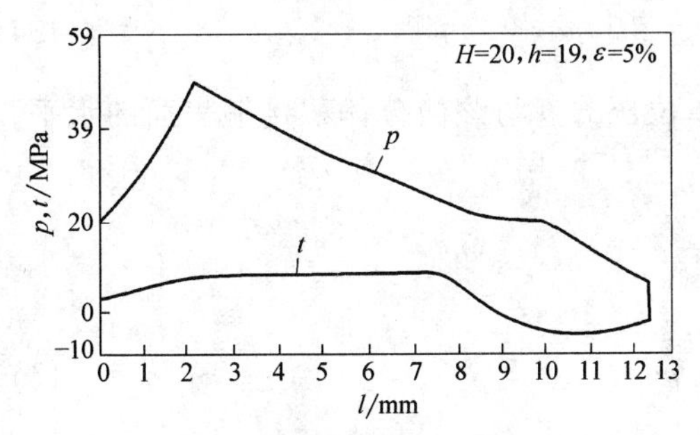

图 1-65　第三种轧制情况（$l/\bar{h}<1$）的 p、t 沿接触弧的分布曲线

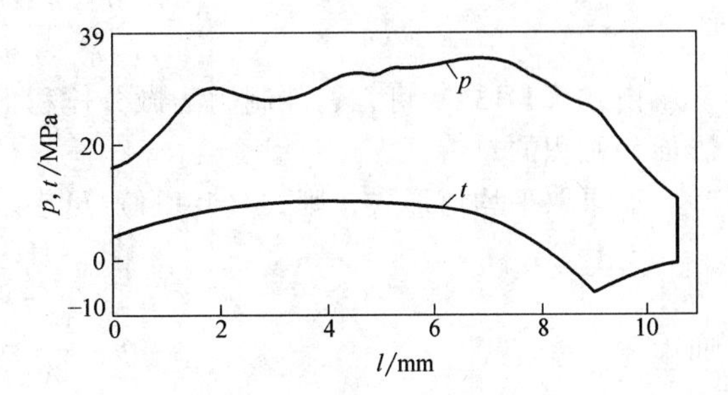

图 1-66　第二种轧制情况（$l/\bar{h}\approx1.5\sim2$）的 p、t 分布曲线

第二种轧制情况为中等厚度轧件轧制过程（$l/\bar{h}\approx1.5\sim2$），ε 约为 15%。对于第二种典型轧制情况，由图 1-66 所示可以看到，单位压力分布曲线没有明显的峰值，而且它的单位压力较小。

1.6.2　轧制力计算

1. 确定轧制力的方法

通常所谓轧制力是指用测压仪在压下螺钉下实测的总压力，即轧件给轧辊的总压力的垂直分量。只有在简单轧制情况下，轧件对轧辊的合力方向才是垂直的（见图 1-67）。

假定轧制进行的一切条件与简单轧制条件情形相同，只是在轧件出口及入口处作用有张力 Q_h 及 Q_H，在单机架带卷筒的二辊式冷轧机和连轧机各机架间产生张力，即属于这种情况。设 $Q_h>Q_H$，合力的方向已不再是垂直的了，而是有一个水平分量，此时轧件作用于轧辊的合力方向是偏向于出口侧的。具有张力的轧制只有当 $Q_h=Q_H$ 时，亦即水平分量为零时，轧件对轧辊的合力才是垂直的。否则，在压下螺钉下用测压仪实测的力仅为合力的垂直分量。

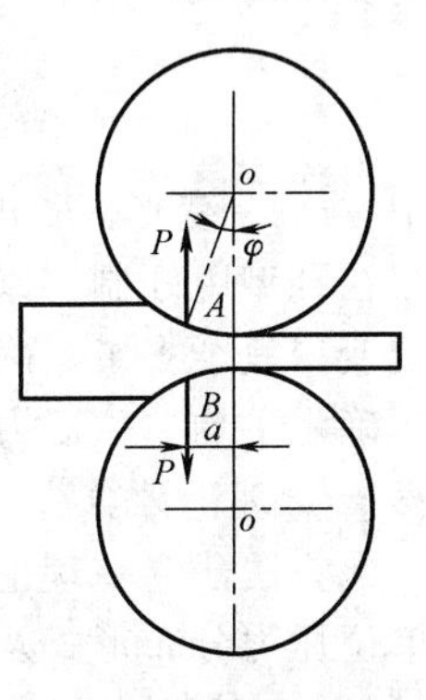

图 1-67　简单轧制条件下的合力方向

在确定轧件对轧辊的合力时，首先应考虑接触区内轧件与轧辊间的力的作用情况。现忽略轧件沿宽度方向上接触应力的变化，并假定变形区内某一微分体积上作用着轧辊给轧件的单位压力 p 和单位接触摩擦力 t（见图 1-67）。总轧制力 P 可以用式（1-133）表示

$$P=\bar{B}\int_{0}^{\alpha}p\frac{\mathrm{d}x}{\cos\theta}\cos\theta+\bar{B}\int_{\gamma}^{\alpha}t\frac{\mathrm{d}x}{\cos\theta}\sin\theta-\bar{B}\int_{0}^{\gamma}t\frac{\mathrm{d}x}{\cos\theta}\sin\theta \tag{1-133}$$

式中　θ——变形区内任一角度；

$\bar{B}$——轧件的平均宽度，$\bar{B}=\dfrac{B_{\mathrm{H}}+B_{\mathrm{h}}}{2}$。

显然，$\dfrac{\mathrm{d}x}{\cos\theta}$为轧件与轧辊在某一微分体积上的接触面积。那么式（1-133）中第一项为单位压力的垂直分量之和，第二项为后滑区单位摩擦力 t 的垂直分量之和，第三项为前滑区单位摩擦力 t 的垂直分量之和，分两项积分是由于前、后滑区单位摩擦力的作用方向不同。

由式（1-133）可以看出，一般通称的轧制力或实测的轧制总压力，并非为单位压力的合力，而是轧制单位压力、单位摩擦力的垂直分量之和。但式中第二项、第三项与第一项相比，其值甚小，工程上完全可以忽略。即轧制力为

$$P=\bar{B}\int_{0}^{\alpha}p\frac{\mathrm{d}x}{\cos\theta}\cos\theta=\bar{B}\int_{0}^{l}p\mathrm{d}x \tag{1-134}$$

由式（1-134）可知，轧制力为微分体积上的单位压力 p 与该微分体积接触表面的水平投影面积乘积的总乘积。

如果取平均值形式，则式（1-134）可表示为

$$P=\bar{B}\bar{p}$$

而
$$\bar{p}=\frac{P}{A}=\frac{1}{l}\int_{0}^{l}p\mathrm{d}x \tag{1-135}$$

式中　P——轧制力；

$\bar{p}$——平均单位压力；

A——接触面积，但须指出，这里所说的接触面积乃是轧件与轧辊的实际接触面积的水平投影。

这样，确定轧制时金属作用在轧辊上的总压力的问题，可以归结为解决如下两个基本问题：①确定平均单位压力 $\bar{p}$；②计算接触面积 A。

确定接触面积 A，在平板轧制的简单轧制情况下，并没有什么困难，它为变形区长度 l 与平均宽度的乘积（见图 1-67），即

$$A=l\frac{B_{\mathrm{H}}+B_{\mathrm{h}}}{2}$$

式中　l——变形区长度。

在孔型中轧制，以及冷轧板材时考虑轧辊弹性压扁和轧件弹性回复，确定接触面积的问题就变得复杂多了。确定轧制接触面积的方法参见本书 1.1 节。

确定平均单位压力的方法，归结起来有如下三种：

（1）理论计算法

此方法建立在理论分析基础之上，用计算公式确定单位压力。通常，都要先确定变形区内单位压力分布形式及大小，然后再计算平均单位压力。

（2）实测法

此方法是在轧钢机上放置专门设计的压力传感器，压力信号转换成电信号，通过放大或

直接送往测量仪表把它记录下来，获得实测的轧制力数据。用实测的轧制总压力除以接触面积，便求出平均单位压力。

(3) 经验公式和图表法

此方法是根据大量的实测统计资料，进行一定的数学处理，抓住一些主要影响因素，建立经验公式或图表。

目前，上述方法在确定平均单位压力时都得到广泛的应用，它们各有优缺点。理论方法虽然是一种较好的方法，但理论计算公式目前尚有一定局限性，还没有建立起包括各种轧制方式、条件和钢种的高精度公式，因而应用起来比较困难，并且计算烦琐。而实测方法，若在相同的实验条件下应用，可能得到较为满意的结果，但它又受到实验条件的限制。总之，目前计算平均单位压力的公式很多，参数选用各异，而各公式又都具有一定的适用范围。因此计算平均单位压力时，根据不同情况上述方法都可采用。

2. 影响轧制压力的主要因素分析

平均单位压力与以下两类因素有关：

第一类是塑性变形时由金属力学性能决定的因素，参见本书1.5节；

第二类是影响应力状态的因素，接触摩擦、外端、轧件宽度及张力等。

确定平均单位压力在许多情况下是很困难的，因为平均单位压力和变形抗力及影响应力状态的许多因素有关。可以按式（1-136）确定

$$\bar{p}=\omega n_{\sigma} n_{\mathrm{b}} \sigma \tag{1-136}$$

式中　ω——考虑中间主应力影响的应力状态系数；

n_{σ}、n_{b}——材料变形抗力和宽度影响系数。

$$\omega=\frac{2}{\sqrt{3+\mu_{\sigma}^{2}}}$$

$$\mu_{\sigma}=2\frac{\sigma_{2}-\sigma_{3}}{\sigma_{1}-\sigma_{3}}-1 \tag{1-137}$$

ω 在1~1.15范围内变化，如果忽略宽展，认为轧件产生平面变形，有 $\sigma_{2}=\frac{\sigma_{1}+\sigma_{3}}{2}$，那么 $\mu_{\sigma}=0$，而

$$\omega=\frac{2}{\sqrt{3+\mu_{\sigma}^{2}}}=\frac{2}{\sqrt{3}}\approx 1.15$$

斯米尔诺夫根据因次理论得出式（1-138）

$$当\ 0<\frac{\bar{b}}{\bar{h}}\leqslant\frac{0.465}{f}时\quad \omega=1+\frac{f}{3}\times\frac{\bar{b}}{\bar{h}}$$

$$当\ \frac{\bar{b}}{\bar{h}}\geqslant\frac{0.465}{f}时\quad \omega=\frac{2}{\sqrt{3}}=1.15 \tag{1-138}$$

式（1-136）右边第二个系数 n_{σ} 为考虑外摩擦、外端及张力影响的应力状态系数，根据轧制条件的不同，n_{σ} 值的变化范围很大（0.08~8），可表示为

$$n_{\sigma}=n'_{\sigma} n''_{\sigma} n'''_{\sigma} \tag{1-139}$$

式中　n'_{σ}——考虑外摩擦及变形区几何参数影响的应力状态系数；

n''_σ——考虑外端影响的应力状态系数；

n'''_σ——考虑张力影响的应力状态系数，n'''_σ的值小于1，当张力很大时可能达到0.7~0.8。

式（1-136）中的第三个系数n_b为考虑轧件宽度影响的系数。

式（1-136）中第四个参量σ为对应一定的变形温度、变形速度及变形程度的线性拉伸（或压缩）变形抗力。

在比值$l/\bar{h}<1$时，外摩擦对单位压力的影响很小（$n'_\sigma \approx 1$），实际计算时可以忽略不计；但此时外端的影响较大，必须予以考虑。当$l/\bar{h}>1$时，外端的影响可以忽略不计，即取$n''_\sigma=1$，则计算轧制压力主要是确定系数n'_σ及n''_σ。

3. 冷轧轧制力计算

（1）A. И. 采利柯夫平均单位压力公式　按式（1-134），轧制力为

$$P=\frac{B_H+B_h}{2}\int_0^l p\mathrm{d}x \tag{1-140}$$

根据单元压力微分方程，将$p=f(x)$函数关系代入式（1-140），即可得到轧制压力的数值。把$2y=h_x$代入式（1-122），在后滑区中积分限由H到h_r，而在前滑区积分限将由h_r到h。按式（1-130）和式（1-131），得出轧制力如式（1-141）

$$P=\frac{B_H+B_h}{2}\times\frac{2lh_\gamma}{\Delta h(\delta-1)}K\left[\left(\frac{h_\gamma}{h}\right)^\delta-1\right] \tag{1-141}$$

这样，平均单位压力可按下式确定

$$\bar{p}=\frac{P}{\bar{B}l}=\frac{P}{\frac{B_H+B_h}{2}\times l}$$

把式（1-141）代入，得

$$\bar{p}=K\left(\frac{2h}{\Delta h(\delta-1)}\right)\left(\frac{h_\gamma}{h}\right)\left[\left(\frac{h_\gamma}{h}\right)^\delta-1\right] \tag{1-142}$$

或

$$\bar{p}=K\frac{2(1-\varepsilon)}{\varepsilon(\delta-1)}\left(\frac{h_\gamma}{h}\right)\left[\left(\frac{h_\gamma}{h}\right)^\delta-1\right] \tag{1-143}$$

式中　$\varepsilon=\frac{\Delta h}{H}$；$\delta=\mu\frac{2l}{\Delta h}=\mu\sqrt{\frac{2D}{\Delta h}}$。

h_γ/h值可由式（1-56）找出，简化后得到

$$\frac{h_\gamma}{h}=\left[\frac{1+\sqrt{1+(\delta^2-1)\left(\frac{1}{1-\varepsilon}\right)^\delta}}{\delta+1}\right]^{1/\delta} \tag{1-144}$$

$\frac{h_\gamma}{h}$也可由式（1-144）做出的曲线来确定。

由式（1-142）、式（1-143）和式（1-144）可见，$n=\bar{p}/K$与δ和ε存在一定的函数关系，为简化计算做出如图1-68所示的曲线。由图1-68可以看出，当压下率、摩擦系数和辊径增加时，平均单位压力急剧增大。

例题　在$D=350$mm的四辊轧机上轧制低碳钢板，将已经过冷加工，变形程度$\varepsilon=40\%$，厚度$H=1$mm，宽度$B=700$mm的轧件，轧成厚度0.8mm，轧件与轧辊的摩擦系数μ为0.1，

试求轧制力。

解　首先求平均单位压力，由

$$\delta=\mu\sqrt{\frac{2D}{\Delta h}}$$

得出
$$\delta=0.1\sqrt{\frac{700}{0.2}}=5.9$$

并且
$$\varepsilon=\frac{\Delta h}{H}=\frac{1-0.8}{1}=20\%$$

由图 1-68 查出：$\frac{\bar{p}}{K}=1.28$，平面变形抗力 $K=1.15\sigma_s$，可由加工硬化曲线确定。

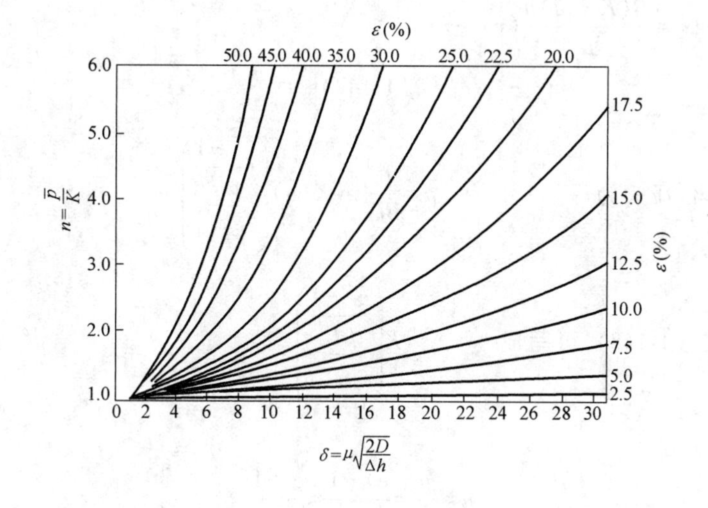

图 1-68　平均单位压力与摩擦、尺寸因素影响的关系

先用下式求该道次后累积压下率的平均值

$$\bar{\varepsilon}=\varepsilon_H+0.6\varepsilon(1-\varepsilon_H)=0.4+0.6\times0.2(1-0.4)=0.472$$

根据 $\bar{\varepsilon}$，由加工硬化曲线来求该道次的平均 σ_s 值。当 $\bar{\varepsilon}=0.472$ 时，查得 $\sigma_s=700\text{MPa}$，所以平面变形抗力 K 为

$$K=1.15\sigma_s=1.15\times700\text{MPa}=805\text{MPa}$$

此时，平均单位压力 $\bar{p}$ 为

$$\bar{p}=1.28\times805\text{MPa}\approx1030\text{MPa}$$

忽略宽展和轧辊弹性变形，接触面积为

$$A=\bar{B}l=B\sqrt{R\Delta h}=700\sqrt{175\times0.2}\text{mm}^2\approx4141\text{mm}^2$$

故得出轧制力

$$P=A\bar{p}=4141\times1030\text{N}=4265230\text{N}$$

或
$$P\approx4265\text{kN}$$

A. И. 采利柯夫公式可用于热轧，也可用于冷轧薄件，该公式还考虑了张力的影响，所以这一公式应用较为普遍。

（2）M. D 斯通（M. D. Stone）平均单位压力公式　斯通认为，冷轧时，$D/\bar{h}$ 值足够大，而且在轧制时还要发生弹性压扁，则可近似看作件厚为 $\bar{h}$ 的平板压缩（见图 1-69），并假定接触面全滑动，单位摩擦力 $t=\mu p$，根据参考文献［5］中的在带润滑的光滑砧面间压缩薄件（$l/\bar{h}\geqslant 1$）的平衡方程式，则

$$\frac{\mathrm{d}p}{p}=-\frac{2\mu}{\bar{h}}\mathrm{d}x \tag{1-145}$$

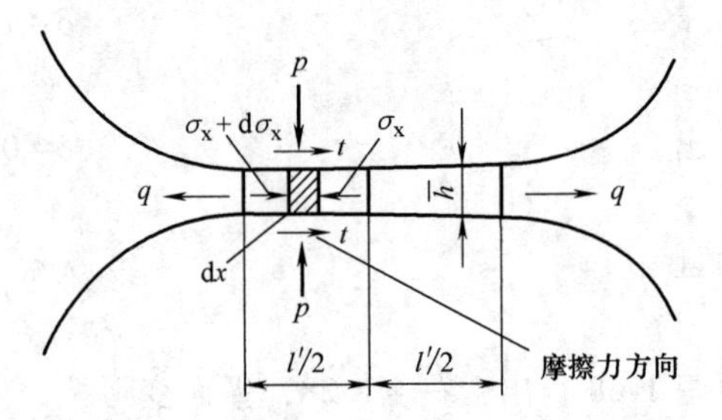

图 1-69　变形区应力

把式（1-145）在 $x=0\sim l'/2$ 范围内积分，设 $\bar{q}$ 为前、后单位张力的平均值，则得到式（1-146）

$$p=(K-\bar{q})\mathrm{e}^{\frac{2\mu}{\bar{h}}\left(\frac{l'}{2}-x\right)} \tag{1-146}$$

设板宽为 B，则轧制力为

$$P=B\int_{-\frac{l'}{2}}^{+\frac{l'}{2}}p\mathrm{d}x=\frac{B(K-\bar{q})\bar{h}}{\mu}\left(\mathrm{e}^{\frac{\mu l'}{\bar{h}}}-1\right) \tag{1-147}$$

这样，平均轧制单位压力为

$$\bar{p}=\frac{P}{Bl'}=(K-\bar{q})\left(\frac{\mathrm{e}^{\frac{\mu l'}{\bar{h}}}-1}{\frac{\mu l'}{\bar{h}}}\right) \tag{1-148}$$

在没有张力时，式（1-148）可写成

$$\bar{p}=K\left(\frac{\mathrm{e}^{\frac{\mu l'}{\bar{h}}}-1}{\frac{\mu l'}{\bar{h}}}\right) \tag{1-149}$$

或

$$n=\frac{\bar{p}}{K}=\frac{\mathrm{e}^{\frac{\mu l'}{\bar{h}}}-1}{\frac{\mu l'}{\bar{h}}}=\frac{\mathrm{e}^{x}-1}{x} \tag{1-150}$$

式中　x——$x=\dfrac{\mu l'}{\bar{h}}$；

l'——考虑轧辊弹性压扁的变形区长；

K——平面变形抗力，$K=1.15\sigma_s$；

$\bar{q}$——前后单位张力的平均值，$\bar{q}=\dfrac{q_H+q_h}{2}$。

按式（1-15），$l'=\sqrt{R\Delta h+C^2R^2\bar{p}^2}+CR\bar{p}$，两边乘以$\dfrac{\mu}{\bar{h}}$，并令 $c=CR$，$C=8(1-v^2)/\pi E$，则

$$\frac{\mu l'}{\bar{h}}=\sqrt{\left(\frac{\mu l}{\bar{h}}\right)^2+\left(\frac{\mu c}{\bar{h}}\right)^2\bar{p}^2}+\frac{\mu c}{\bar{h}}\bar{p} \tag{1-151}$$

$$\left(\frac{\mu l'}{\bar{h}}-\frac{\mu c}{\bar{h}}\bar{p}\right)^2=\left(\frac{\mu l}{\bar{h}}\right)^2+\left(\frac{\mu c}{\bar{h}}\right)^2\bar{p}^2$$

或

$$\left(\frac{\mu l'}{\bar{h}}\right)^2-\left(\frac{\mu l}{\bar{h}}\right)^2=2\left(\frac{\mu l'}{\bar{h}}\right)\left(\frac{\mu c}{\bar{h}}\right)\bar{p}$$

将平均单位压力 $\bar{p}$ 代入，得

$$\left(\frac{\mu l'}{\bar{h}}\right)^2=2c\,\frac{\mu}{\bar{h}}(K-\bar{q})\left(\mathrm{e}^{\frac{\mu l'}{\bar{h}}}-1\right)+\left(\frac{\mu l}{\bar{h}}\right)^2 \tag{1-152}$$

设 $x=\dfrac{\mu l'}{\bar{h}}$，$y=2c\,\dfrac{\mu}{\bar{h}}(K-\bar{q})$，$z=\dfrac{\mu l}{\bar{h}}$，则式（1-152）可写成

$$x^2=(\mathrm{e}^x-1)y+z^2$$

按此式可做出如图 1-70 所示的图表。

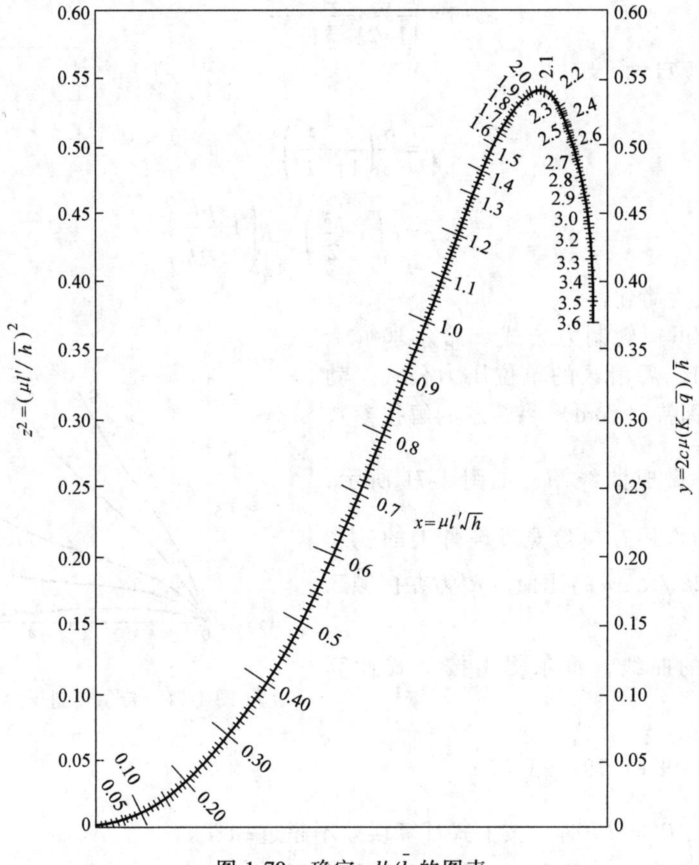

图 1-70 确定 $\mu l'/\bar{h}$ 的图表

如果已知 z 和 y 则可根据图表确定 $\dfrac{\mu l'}{\bar{h}}$，因而求得轧制力，在这里就不要为轧辊弹性压扁而反复计算了。

在图 1-70 的两个纵标上确定 z 和 y 连成直线，与图中曲线相交即为 $\dfrac{\mu l'}{\bar{h}}$，然后根据式（1-148）和式（1-149）即可求平均单位压力。

计算步骤如下：

1）已知 H、h、R、q_H、q_h，确定 $\bar{q}$ 和 $\bar{h}$，由加工硬化曲线求 $\bar{K}$，计算 $l=\sqrt{R\Delta h}$。

2）计算 $\dfrac{\mu}{\bar{h}}$，$2c\,\dfrac{\mu l'}{\bar{h}}(\bar{K}-\bar{q})$。

3）由图 1-70 确定$\frac{\mu l'}{\bar{h}}$，并用 $n=\frac{e^x-1}{X}$求出应力状态系数 n。

4）用式（1-148）求出平均单位压力 $\bar{p}$。

5）用 $P=\bar{p}Bl'$求轧制力。

在计算机上计算，图表是不方便的，为了方便，根据数学公式

$$e^x=1+\frac{x}{1!}+\frac{x^2}{2!}+\frac{x^3}{3!}+\cdots$$

或
$$e^x-1=\frac{x}{1!}+\frac{x^2}{2!}+\frac{x^3}{3!}+\cdots$$

可将式（1-149）改写成

$$\bar{p}=\frac{\bar{K}}{x}\left(\frac{x}{1!}+\frac{x^2}{2!}\right)$$

或当 x 较小时
$$\bar{p}=\bar{K}\left(1+\frac{x}{2!}\right)=K\left(1+\frac{\mu l'}{2\bar{h}}\right) \tag{1-153}$$

这一公式使计算大为简化。

（3）希尔（Hill）轧制力公式　希尔求解卡尔曼方程式得到前、后滑区的单位压力公式。勃兰德（Bland）和福特（Ford）将希尔的解按参数 $\varepsilon=\frac{\Delta h}{H}$和 $c=\mu\sqrt{\frac{R'}{H}}$做成曲线图，如图 1-71 所示，曲线图的纵坐标为作用在单位宽度轧件上的轧制力 P_0与参数 $P'_0=2k\sqrt{R'\Delta h}$的比值（R'为在接触区轧辊弹性压扁的半径）。

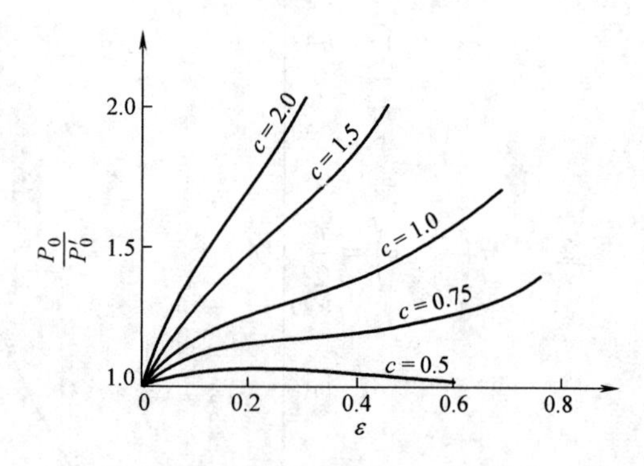

图 1-71　希尔轧制压力公式的曲线

根据图 1-71 的曲线，希尔提出按下式计算比值

$$\frac{P_0}{P'_0}=1.08+1.79\varepsilon c-1.02\varepsilon$$

在 $0.1<\varepsilon<0.6$、$P_0/P'_0<1.7$ 时，按上式计算误差不超过±1%。

由此，对于不带张力的轧制，有如下的计算轧制力的公式

$$P=2k\bar{b}\sqrt{R'\Delta h}(1.08+1.79\varepsilon c-1.02\varepsilon) \tag{1-154}$$

式中　c——$c=\mu\sqrt{\frac{R'}{H}}$。

4. 热轧轧制力计算

（1）B. R. 西姆斯（B. R. Sims）轧制力公式　此公式的特点是考虑发生黏着的摩擦规律。前已述及，一些作者认为单位摩擦力 t 达到 $K/2$ 时发生黏着。西姆斯认为热轧时发生黏着，并在奥洛万方程中取单位摩擦力为

$$t=\mu p=\frac{K}{2}$$

通过将作用在轧制变形区内弧形微分面上的水平力代入奥洛万方程积分求解，对后滑区得出轧制单位压力为

$$\frac{p_1}{K}=\frac{\pi}{4}\ln\frac{h_\theta}{H}+\frac{\pi}{4}+\sqrt{\frac{R'}{h}}\arctan\left(\sqrt{\frac{R'}{h}}\alpha\right)-\sqrt{\frac{R'}{h}}\arctan\left(\sqrt{\frac{R'}{h}}\theta\right) \tag{1-155}$$

对前滑区为

$$\frac{p_2}{K}=\frac{\pi}{4}\ln\left(\frac{h_\theta}{h}\right)+\frac{\pi}{4}+\sqrt{\frac{R'}{h}}\arctan\left(\sqrt{\frac{R'}{h}}\theta\right) \tag{1-156}$$

上面两式即为西姆斯单位压力方程式。

将式（1-155）和式（1-156）代入单位宽度上轧制力公式（1-157）中

$$P_0=R'\left[\int_0^\gamma p_2\mathrm{d}\theta+\int_\gamma^\alpha p_1\mathrm{d}\theta\right] \tag{1-157}$$

积分后则得

$$P_0=RK\left(\frac{\pi}{2}\sqrt{\frac{h}{R}}\arctan\sqrt{\frac{\varepsilon}{1-\varepsilon}}-\frac{\pi}{4}\alpha-\ln\frac{h_\gamma}{h}+\frac{1}{2}\ln\frac{H}{h}\right) \tag{1-158}$$

式中比值$\frac{h_\gamma}{h}$可由下列条件求出：当 $\theta=\gamma$ 和 $h_\theta=h_\gamma$ 时，式（1-155）和式（1-156）的单位压力值应当相等，即 $p_1=p_2$，求得

$$\frac{\pi}{4}\ln\left(\frac{h}{H}\right)=2\sqrt{\frac{R}{h}}\arctan\left(\sqrt{\frac{R}{h}}\gamma\right)-\sqrt{\frac{R}{h}}\arctan\left(\sqrt{\frac{R}{h}}\alpha\right) \tag{1-159}$$

如采用

$$f\left(\frac{R}{h},\varepsilon\right)=\frac{\pi}{2}\sqrt{\frac{1-\varepsilon}{\varepsilon}}\arctan\sqrt{\frac{\varepsilon}{1-\varepsilon}}-\frac{\pi}{4}-\sqrt{\frac{1-\varepsilon}{\varepsilon}}\sqrt{\frac{R}{h}}\ln\frac{h_\gamma}{h}+\frac{1}{2}\sqrt{\frac{1-\varepsilon}{\varepsilon}}\sqrt{\frac{R}{h}}\ln\frac{1}{1-\varepsilon} \tag{1-160}$$

则平均单位压力为

$$p=Kf\left(\frac{R}{h},\varepsilon\right) \tag{1-161}$$

或者，用应力状态系数 n 表示，则

$$n=\frac{p}{K}=f\left(\frac{R}{h},\varepsilon\right) \tag{1-162}$$

应力状态系数 n 与压下率 ε 和 R/h 的关系，如图 1-72 所示。知道 n 值，就可求平均单位压力和轧制力了。虽然这一公式、图表较简易，但公式还是比较复杂的，不利于运算，故在此基础上有些简化式。

例题　在 Φ860mm 轧机上热轧低碳钢板，轧制温度为 1100℃，轧前轧件厚度 $H=93$mm，轧后厚度 $h=64.2$mm，板宽 $B=610$mm，轧制速度 $v=2$m/s，此时变形抗力 $\sigma_s=80$MPa，求轧制力。

解

$$K=1.15\times80\text{MPa}=92\text{MPa}$$

$$\varepsilon=\frac{93-64.2}{93}\times100\%=30.97\%$$

$$l=\sqrt{430\times28.8}\text{ mm}=111\text{mm}$$

$$\frac{R}{h}=\frac{430}{64.2}=6.70$$

由图 1-72 查得，$f\left(\frac{R}{h},\ \varepsilon\right)\approx1.2$

那么轧制力为

$$P=KlBf\left(\frac{R}{h},\varepsilon\right)=92\times111\times610\times1.2\text{N}$$

$$=7475184\text{N}=7475\text{kN}$$

（2）S. 艾克伦德轧制压力公式　艾克伦德公式是用于热轧时计算平均单位压力的半经验公式。其公式为

$$\bar{p}=(1+m)(K+\eta\bar{\dot{\varepsilon}})\qquad(1\text{-}163)$$

式中　m——表示外摩擦对单位压力影响的系数；

η——黏性系数；

$\bar{\dot{\varepsilon}}$——平均变形速率。

第一项（$1+m$）是考虑外摩擦的影响，为了决定 m，作者给出式（1-164）

$$m=\frac{1.6\mu\sqrt{R\Delta h}-1.2\Delta h}{H+h}\qquad(1\text{-}164)$$

式（1-163）的第二项中乘积 $\eta\bar{\dot{\varepsilon}}$ 是考虑变形速率对变形抗力的影响。

其中平均变形速率 $\bar{\dot{\varepsilon}}$ 值用下式计算

$$\bar{\dot{\varepsilon}}=\frac{2v\sqrt{\Delta h/R}}{H+h}$$

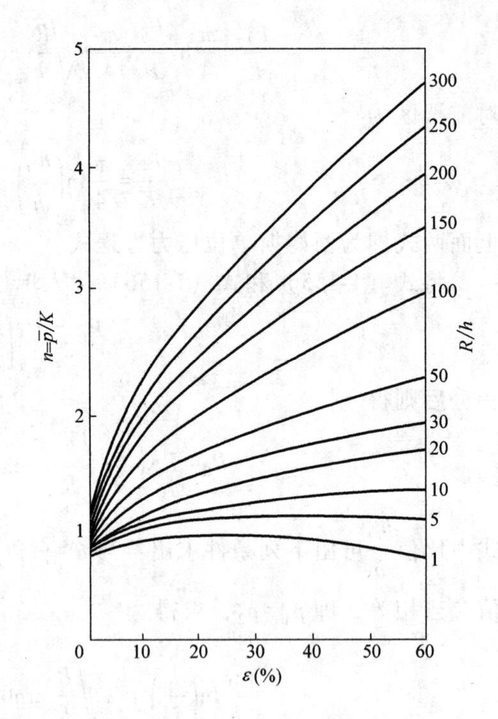

图 1-72　n 与 R/h 和 ε 的关系

把 m 值和 $\bar{\dot{\varepsilon}}$ 值代入式（1-163），并乘以接触面积的水平投影，则轧制力为

$$P=\frac{B_{\text{H}}+B_{\text{h}}}{2}\sqrt{R\Delta h}\left[1+\frac{1.6\mu\sqrt{R\Delta h}-1.2\Delta h}{H+h}\right]\left[K+\frac{2\eta v\sqrt{\frac{\Delta h}{R}}}{H+h}\right]\qquad(1\text{-}165)$$

艾克伦德还给出计算 K 和 η 的经验式

$$K=9.8\times(14-0.01t)[1.4+w(\text{C})+w(\text{Mn})]\qquad(1\text{-}166)$$

$$\eta=0.1\times(14-0.01t)\qquad(1\text{-}167)$$

式中　t——轧制温度（℃）；

$w(\text{C})$——碳的质量分数；

$w(\text{Mn})$——锰的质量分数。

当温度 $t\geqslant800$℃和 $w(\text{Mn})\leqslant1.0\%$ 时，这些公式是正确的。

μ 用下式计算

$$\mu=a(1.05-0.005t)$$

对钢轧辊，$a=1$；对铸铁轧辊，$a=0.8$。

近来，对艾克伦德公式进行了修正，按下式计算黏性系数

$$\eta=0.1(14-0.01t)C'$$

式中　C'——决定轧制速度的系数，见表 1-15。

表 1-15　轧制速度对应的系数 C'

轧制速度/$\text{m}\cdot\text{s}^{-1}$	系数　C'
<6	1.0
6~10	0.8
10~15	0.65
15~20	0.60

计算 K 时，建议还要考虑铬的质量分数的影响

$$K=9.8(14-0.01t)[1.4+w(\mathrm{C})+w(\mathrm{Mn})+0.3w(\mathrm{Cr})]$$

(3) 志田平均单位压力公式　志田根据其本人和沃克维特等的实验资料，对西姆斯公式进行修正和简化，得到平均单位压力公式为

$$\frac{\bar{p}}{2k_{\mathrm{m}}}=0.8+C\left(\sqrt{\frac{R}{\bar{h}}}-0.5\right) \tag{1-168}$$

式中　C——$C=0.52/\sqrt{\varepsilon}+0.016$（在 $\varepsilon \leqslant 0.15$ 时）或 $C=0.2\varepsilon+0.12$（在 $\varepsilon \geqslant 0.15$ 时）。

对于轧制钢坯或厚板的情况，即当 $l/\bar{h}$ 很小时，式（1-168）需补充一项，即

$$\frac{\bar{p}}{2k_{\mathrm{m}}}=\left[0.8+C\left(\sqrt{\frac{R}{\bar{h}}}-0.5\right)\right]\frac{3+\frac{\bar{h}}{l}}{3+\frac{l}{\bar{h}}} \tag{1-169}$$

(4) 斋藤轧制压力公式　斋藤于 1970 年提出，当 $l/\bar{h}$ 很小时（轧制钢坯及厚板），可按式（1-170）计算热轧轧制压力

$$\frac{\bar{p}}{2k_{\mathrm{m}}}=\frac{\pi+\frac{\bar{h}}{l}}{4} \tag{1-170}$$

以上除斋藤公式外，都没有考虑外端的影响。前已述及，轧制厚件时外端对单位压力的影响是主要的，而外摩擦的影响可以忽略。为了估算初轧条件下的平均单位压力，可采用式（1-171）计算

$$\bar{p}=K\left(0.14+0.43\frac{l}{\bar{h}}+0.43\frac{\bar{h}}{l}\right) \qquad 1 \geqslant \frac{l}{\bar{h}}>0.35$$

和

$$\bar{p}=K\left(1.6-1.5\frac{l}{\bar{h}}+0.14\frac{\bar{h}}{l}\right) \qquad \frac{l}{\bar{h}}<0.35 \tag{1-171}$$

由生产和实验轧机的实测数据证实式（1-171）是可用的。

1.6.3　轧制力矩及功率

1. 轧制力矩的概念

轧制力矩 M 可按力与力臂的乘积求得。由图 1-73 可以看出，如果去掉由水平力引起的力矩（考虑到水平力平衡），则轧制力矩 M 可由单元体对一个轧辊作用的垂直力乘以相应的力臂来计算

$$M_1=\bar{B}\left(\int_0^l p_{\mathrm{y}}x\mathrm{d}x+\int_{l_\gamma}^l t_{\mathrm{y}}x\mathrm{d}x-\int_0^{l_\gamma} t_{\mathrm{y}}x\mathrm{d}x\right) \tag{1-172}$$

或简化为

$$M_1=\bar{B}\int_0^l p_{\mathrm{y}}x\mathrm{d}x=Pa \tag{1-173}$$

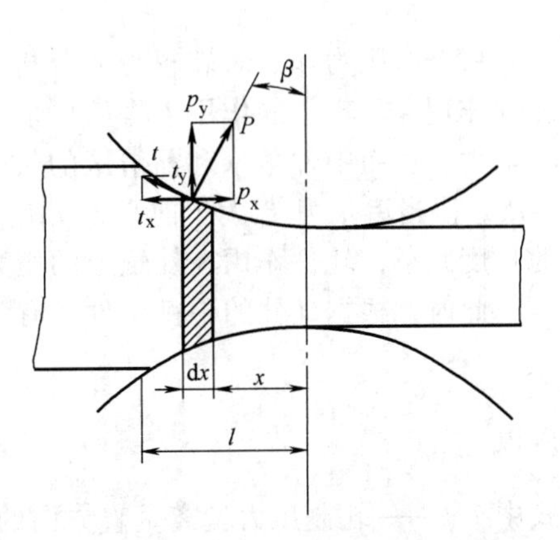

图 1-73　变形区内的作用力

式中　p_{y}、t_{y}——单位压力 p 和单位摩擦力 t 的垂直分量（N）；

l_γ——中性点处的变形区长度（mm）；

a——力臂长度（mm）。

为消除几何因素对力臂 a 的影响，通常不直接确定力臂，而是通过确定力臂系数 ψ 的方法来确定，即

$$\psi=\frac{\beta}{\alpha}=\frac{a}{l} \quad 或 \quad a=\psi l$$

式中 β——合压力作用角（°），见图 1-74；

α——接触角（°）；

l——接触弧长度（mm）。

因此，转动两个轧辊所需的轧制力矩为：

$$M=2Pa=2P\psi l \tag{1-174}$$

式中的轧制力臂系数 ψ 根据大量实验数据统计，其范围为：

热轧铸锭或板坯时，$\psi=0.55\sim0.60$；

热轧板带时，$\psi=0.42\sim0.50$；

冷轧板带时，$\psi=0.33\sim0.42$。

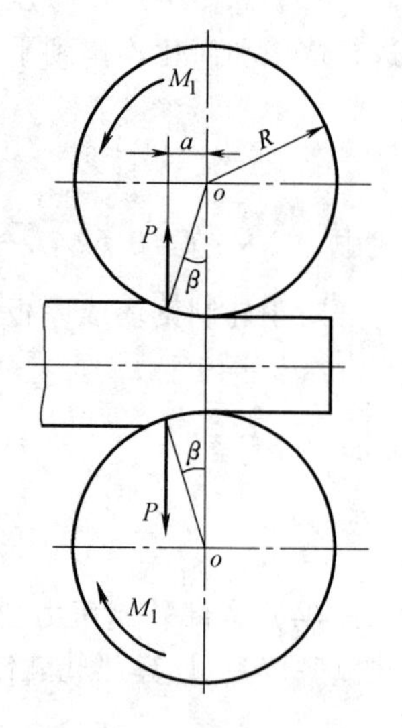

图 1-74　简单轧制时轧件对轧辊的作用力

2. 轧件对轧辊作用力分析

（1）简单轧制情况下辊系受力分析　轧制时轧件在轧辊压力的作用下产生塑性变形，与此同时金属也给轧辊以大小相等的反作用力。金属对轧辊的作用力 P 相对轧辊中心的力矩，称为轧制阻力矩。轧制力矩 M 与轧制压力 P 的方向和作用点的位置有关。

在轧辊直径及圆周速度相等、轧件力学性能均匀的情况下，轧制过程相对轧件的水平中心线是上下对称的。对于这种简单轧制情况，轧件作用在轧辊上的作用力如图 1-74 所示。由该图可以确定作用在一个轧辊上的轧制力矩

$$M_1=Pa=PR\sin\beta$$

式中 R——轧辊半径（mm）；

a——力臂（mm）；

β——合力 P 作用点对应的圆心角（°）。

作用在两个轧辊上的轧制力矩

$$M=2Pa=2PR\sin\beta \tag{1-175}$$

（2）有张力作用时轧辊受力分析　当轧件上作用有前、后张力时，如果张力不相等，则轧件作用在轧辊上的作用力将偏离垂直方向，当前张力 T_1 大于后张力 T_0 时，轧件的前进速度将增大，从而中性角 γ 和前滑区的长度增大，结果轧件对轧辊的作用力 P 偏向出口侧（见图 1-75a）。当后张力 T_0 大于前张力 T_1 时，轧件进入轧辊的速度将减小，从而中性角 γ 和前滑区的长度减小，轧件作用在轧辊上的压力 P 偏向入口侧（见图 1-75b）。

此时，根据轧件的平衡条件，有

$$2P\sin\psi=(T_0-T_1)$$

所以

$$\sin\psi=\frac{T_0-T_1}{2P} \tag{1-176}$$

式中 ψ——轧制压力偏离垂直方向的角度。

根据图 1-75 可求得作用在两个轧辊上的轧制力矩为

$$M=2Pa=2PR\sin(\beta+\psi) \tag{1-177}$$

式中，角度 ψ 值当 $T_0>T_1$ 时为正，当 $T_0>T_1$ 时为负。

从上述分析中可以看出，前张力 T_1 使轧制力矩减少；后张力 T_0 使轧制力矩增大。

3. 轧制力矩的计算

确定轧制力矩的方法有三种：

（1）按金属作用在轧辊上的总压力 P 计算轧制力矩　关于按总压力 P 计算轧制力矩的一般公式，已在前节中导出。在实际计算中如何根据具体轧制条件，确定合力作用角 β 的数值，将在下面详细讨论。

（2）按金属作用在轧辊上的切向摩擦力计算轧制力矩　轧制力矩等于前滑区与后滑区的切向摩擦力与轧辊半径的乘积的代数和

$$M = 2R^2\left(-\int_0^{\gamma}\tau \mathrm{d}\alpha_x + \int_{\gamma}^{\alpha}\tau \mathrm{d}\alpha_x\right) b$$

在轧辊不产生弹性压缩时上式是正确的。由于不能精确地确定摩擦力的分布及中性角 γ，这种方法不便于实际应用。

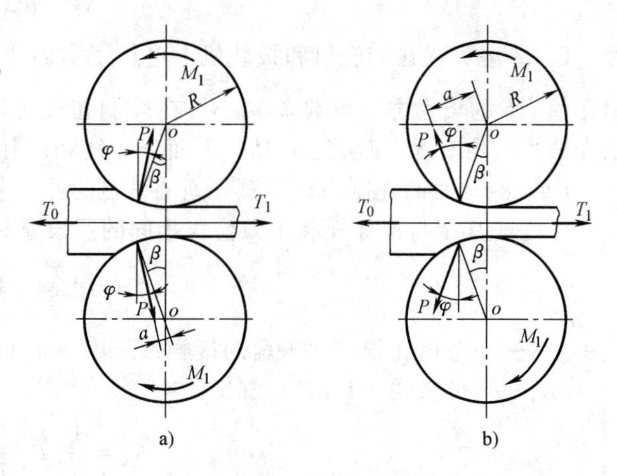

图 1-75　有张力作用时轧件对轧辊的作用力
a）前张力大于后张力（$T_1>T_0$）
b）后张力大于前张力（$T_0>T_1$）

（3）按轧制时的能量消耗确定轧制力矩　下面介绍按轧制压力确定轧制力矩。

对于轧制矩形断面轧件（如钢板、带钢、初轧坯及板坯）按作用在轧辊上的总压力 P 确定轧制力矩，可以给出比较精确的结果。由于金属作用在轧辊上的合力 P，在一般情况下相对垂直方向偏斜不大，在数值上可近似地认为等于其垂直分量，由此可按 1.6 节中所述的方法确定轧制压力 P。

在确定了金属作用在轧辊上的压力 P 的大小及方向之后，欲计算轧制力矩需要知道合力作用角 β 或合力作用点到轧辊中心连线的距离。知道 β 角便可按合力 P 的作用方向确定力臂 a 的数值，或将 β 角及力 P 的数值代入前文中导出的公式式（1-175）、式（1-177）中去，直接计算轧制力矩的数值。在实际中，通常借助于力臂系数 $\psi=\dfrac{\beta}{\alpha}$ 来确定合力作用角 β 或合力作用点位置

$$\beta=\psi\alpha$$

力臂系数 ψ 可根据实验数据确定。

在简单轧制时，力臂系数可表示为

$$\psi=\frac{\beta}{\alpha}\approx\frac{a}{l}$$

由此，在简单轧制情况下，转动两个轧辊所需的力矩

$$M\approx 2P\psi l=2P\psi\sqrt{R\Delta h} \tag{1-178}$$

由于在轧制矩形断面轧件时，有

$$P=F\bar{p},\quad F=\frac{b_0+b_1}{2}\sqrt{R\Delta h}$$

由此，轧制力矩可表示为

$$M=\bar{p}\psi(b_0+b_1)R\Delta h \tag{1-179}$$

对于力臂系数 ψ 很多人进行了实验研究，他们在生产条件或实验室条件下，在不同的轧机上关于不同的轧制条件，测出轧件对轧辊的压力和轧制力矩，然后按式（1-180）计算力臂系数

$$\psi=\frac{M}{2P\sqrt{R\Delta h}} \tag{1-180}$$

E. C. 洛克强在初轧机和板轧机上进行了实验研究，结果表明，力臂系数决定于比值 $l/\bar{h}$。随比值 $l/\bar{h}$ 的增大力臂系数 ψ 减小，在轧制初轧坯时由 0.55～0.5 减小到 0.35～0.3；在热轧铝合金板时由 0.55 减小到 0.45，下面分热轧和冷轧考虑轧制力矩计算方法。

（1）冷轧时的轧制力矩计算　斯通轧制力矩计算方法：

该方法基于与推导轧制压力公式相同的假设条件得到的。轧制力矩公式为

$$M=2P\left(\frac{l'}{2}-cK_{\mathrm{w}}\right) \tag{1-181}$$

式中　l'——考虑轧辊弹性压扁的接触弧长度（mm）。

K_{w}——可由式（1-182）确定。

$$K_{\mathrm{w}}=\frac{1}{2C}\left(l'-\frac{l^2}{l'}\right) \tag{1-182}$$

其中系数 C 为

$$C=\frac{8R(1-v^2)}{\pi E} \tag{1-183}$$

由式（1-181）和式（1-182）可得到

$$M=\frac{Pl^2}{l'} \tag{1-184}$$

由斯通轧制压力公式可得到简单的轧制力矩公式

$$M=K_{\mathrm{w}}\bar{b}R\Delta h \tag{1-185}$$

（2）热轧时的轧制力矩计算。

1）西姆斯轧制力矩计算方法。西姆斯推荐采用式（1-186）来计算单位宽度 $b=1$ 时作用在两轧辊上的力矩

$$M=2RR'(2\tau_{\mathrm{s}})f\left(\frac{R}{h},\frac{\Delta h}{H}\right) \tag{1-186}$$

式中　R——轧辊的理论半径（mm）；

R'——考虑弹性压扁的轧辊半径（mm）；

$f\left(\frac{R}{h},\frac{\Delta h}{H}\right)$——与 R/h 及 $\Delta h/H$ 有关的函数（见图 1-76）。

2）库克-马克洛姆（Cook-Mccrum）轧制力矩计算方法。库克-马克洛姆计算轧制力矩公式为

$$M=2RR'\bar{b}C_{\mathrm{g}}I_{\mathrm{g}} \tag{1-187}$$

式中　C_{g}——$C_{\mathrm{g}}=Q_{\mathrm{g}}\sqrt{\frac{1-\varepsilon}{1+\varepsilon}}$；

I_{g}——$I_{\mathrm{g}}=\sigma_{\mathrm{g}}\sqrt{\frac{1-\varepsilon}{1+\varepsilon}}$；

Q_{g}——几何系数，与 R'/h 及压下率有关，由图 1-77 确定；

σ_{g}——平均条件屈服应力（MPa），$\sigma_{\mathrm{g}}=\frac{1}{\varepsilon}\int_0^{\varepsilon}\sigma_{\mathrm{p}}\mathrm{d}\varepsilon_{\mathrm{x}}$；

σ_{p}——平面应变压缩屈服应力（MPa）。

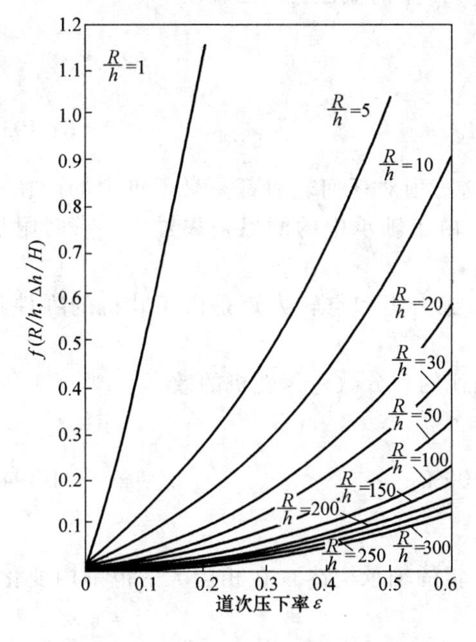

图 1-76　按式（1-182）确定轧制力矩时 $f(R/h, \Delta h/H)$ 与 R/h 及压下率 $\Delta h/H$ 的关系

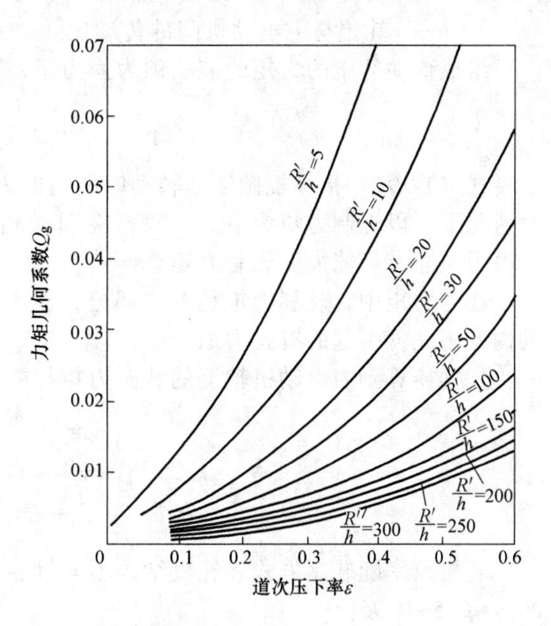

图 1-77　轧制力矩计算时的几何系数 Q_g

3）邓顿-卡兰（Denton-Crane）轧制力矩公式。轧制力矩为

$$M=\bar{b}l(0.795+0.22Z_g)\sigma_p \tag{1-188}$$

式中　Z_g——变形区平均长宽比；

σ_p——平面应变压缩屈服应力（MPa）。

力臂系数 ψ 也可由式（1-189）确定

$$\psi=\frac{0.795+0.22Z_g}{1.31+0.53Z_g} \tag{1-189}$$

4）西姆斯-怀特（Sims-Wright）轧制力矩公式。西姆斯和怀特根据开坯机、板坯及带材轧机得到的精确轧制数据，计算了力臂系数 ψ 值。对于 $R/h<25$ 条件下的分析得到轧制软钢时的力臂系数为

$$\psi=0.78+0.017\frac{R}{h}-0.163\sqrt{\frac{R}{h}} \tag{1-190}$$

进一步根据实验数据得到范围更宽的力臂系数计算式，即对于 $R/h<100$，力臂系数为

$$\psi=0.39+0.295\mathrm{e}^{-0.193\frac{R}{h}} \tag{1-191}$$

4. 主电动机传动轧辊所需的力矩及功率

（1）传动力矩的组成　欲确定主电动机的功率，必须首先确定传动轧辊的力矩。在轧制过程中，在主电动机轴上，传动轧辊所需力矩最多由下面四部分组成

$$M_m=\frac{M}{i}+M_f+M_k+M_d \tag{1-192}$$

式中　M——轧制力矩，用于使轧件塑性变形所需的力矩；

M_f——克服轧制时发生在轧辊轴承，传动机构等的附加摩擦力矩；

M_k——空转力矩，即克服空转时的摩擦力矩；

M_d——动力矩，此力矩为克服轧辊不匀速运动时产生的惯性力所必需的；

i——轧辊与主电动机间的传动比。

组成传动轧辊的力矩的前三项为静力矩，即

$$M_j=\frac{M}{i}+M_f+M_k \tag{1-193}$$

式（1-193）指轧辊做匀速转动时所需的力矩。这三项对任何轧机都是必不可少的。在一般情况下，以轧制力矩为最大，只有在旧式轧机上，由于轴承中的摩擦损失过大，有时附加摩擦力矩才有可能大于轧制力矩。

在静力矩中，轧制力矩是有效部分，至于附加摩擦力矩和空转力矩是由于轧机的零件和机构的不完善引起的有害力矩。

这样换算到主电动机轴上的轧制力矩与静力矩之比的百分数称为轧机的效率

$$\eta=\frac{\frac{M}{i}}{\frac{M}{i}+M_f+M_k}\times100\% \tag{1-194}$$

轧机效率随轧制方式和轧机结构不同（主要是轧辊的轴承构造）在相当大的范围内变化，即 $\eta=0.5\sim0.95$。

动力矩只发生于用不均匀转动进行工作的几种轧机中，如可调速的可逆式轧机，当轧制速度变化时，便产生克服惯性力的动力矩，其数值可由下式确定

$$M_d=\frac{GD^2}{375}\times\frac{dn}{dt} \tag{1-195}$$

式中　G——转动部分的重量（kg）；

D——转动部分的惯性直径（mm）；

$\frac{dn}{dt}$——角加速度（rad/s）。

在转动轧辊所需的力矩中，轧制力矩是最主要的。确定轧制力矩有两种方法：按轧制力计算和利用能耗曲线计算，前者对板带材等矩形断面轧件计算较精确，后者用于计算各种非矩形断面的轧制力矩。

（2）附加摩擦力矩的确定　在轧制过程中，轧件通过轧辊时，在轴承中与轧机传动机构中有摩擦力产生，所谓附加摩擦力矩，是指克服这些摩擦力所需力矩，而且在此附加摩擦力矩的数值中，并不包括空转时轧机转动所需力矩。

组成附加摩擦力矩的基本数值有两大项，一项为轧辊轴承中的摩擦力矩，另一项为传动机构中的摩擦力矩，下面分别论述。

1）轧辊轴承中的附加摩擦力矩。对上下两个轧辊（共四个轴承）而言，此力矩值为

$$M_{f1}=4\frac{P}{2}\mu_1\frac{d_1}{2}=Pd_1\mu_1 \tag{1-196}$$

式中　P——作用在四个轴承上的总负载，它等于轧制力（N）；

d_1——轧辊辊颈直径（mm）；

μ_1——轧辊轴承摩擦系数，它取决于轴承构造和工作条件：

滑动轴承金属衬热轧时 $\mu_1=0.07\sim0.10$；

滑动轴承金属衬冷轧时 $\mu_1=0.05\sim0.07$；

滑动轴承塑料衬 $\mu_1=0.01\sim0.03$；

液体摩擦轴承 $\mu_1=0.003\sim0.004$；

滚动轴承 $\mu_1=0.003$。

2）传动机构中的摩擦力矩。这部分力矩即指减速机座，齿轮机座中的摩擦力矩。此传动系统的附加摩擦力矩根据传动效率按式（1-197）计算

$$M_{f2}=\left(\frac{1}{\eta_1}-1\right)\frac{M+M_{f1}}{i} \tag{1-197}$$

式中　M_{f2}——换算到主电动机轴上的传动机构的摩擦力矩；

η_1——传动机构的效率，即从主电动机到轧机的传动效率，一级齿轮传动的效率一般取0.96～0.98，带传动效率取0.85～0.90。

换算到主电动机轴上的附加摩擦力矩应为：

$$M_f=\frac{M_{f1}}{i}+M_{f2}$$

或

$$M_f=\frac{M_{f1}}{i\eta_1}+\left(\frac{1}{\eta_1}-1\right)\frac{M}{i} \tag{1-198}$$

（3）空转力矩的确定　空转力矩是指空载转动轧机主机列所需的力矩。通常是根据转动部分轴承中引起的摩擦力计算的。在轧机主机列中有许多机构，如轧辊、连接轴，齿轮机座及飞轮等，各有不同重量、不同的轴颈直径及摩擦系数。因此，必须分别计算。显然，空载转矩应等于所有转动机件空转力矩之和，当换算至主电动机轴上时，则转动每一个部件所需力矩之和为：

$$M_k=\sum M_{kn} \tag{1-199}$$

式中　M_{kn}——换算到主电动机轴上时转动每一个零件所需的力矩。

如果用零件在轴承中的摩擦圆半径与力来表示 M_{kn}，则

$$M_{kn}=\frac{G_n\mu_n d_n}{2i_n} \tag{1-200}$$

式中　G_n——该机件在轴承上的重量（kg）；

μ_n——在轴承上的摩擦系数；

d_n——轴颈直径（mm）；

i_n——电动机与该机件间的传动比。

将式（1-200）代入式（1-199）后得空转力矩为

$$M_k=\sum\frac{G_n\mu_n d_n}{2i_n} \tag{1-201}$$

按上式计算甚为复杂，通常可按经验办法来确定

$$M_k=(0.03\sim0.06)M_H \tag{1-202}$$

式中　M_H——电动机的额定转矩。

对新式轧机可取下限，对旧式轧机可取上限。

（4）主电动机的功率计算　当主电动机的传动负荷图确定后，就可对电动机的功率进行计算。这项工作包括两部分：一是由负荷图计算出的等效力矩不能超过电动机的额定力矩；二是负荷图中的最大力矩不能超过电动机的允许过载负荷和持续时间。

如果是新设计的轧机，则对电动机就不是校核，而是要根据等效力矩和所要求的电动机转速来选择电动机。

1）等效力矩计算及电动机的校核。轧机工作时电动机的负荷是间断式的不均匀负荷，而电动机的额定力矩是指电动机在此负荷下长期工作，其温升在允许的范围内的力矩。为此必须计算出负荷图中的等效力矩，其值按式（1-203）计算

$$M_{jum}=\sqrt{\frac{\sum M_n^2 t_n+\sum M'^2_n t'_n}{\sum t_n+\sum t'_n}} \tag{1-203}$$

式中　M_{jum}——等效力矩（N·m）；

$\sum t_n$——轧制时间内各段纯轧时间的总和（s）；

$\sum t'_n$——轧制周期内各段间隙时间的总和（s）；

M_n——各段轧制时间所对应的力矩（N·m）；

M'_n——各段间隙时间对应的空转力矩（N·m）。

校核电动机温升条件为

$$M_{jum}\leqslant M_H$$

校核电动机的过载条件为

$$M_{max}\leqslant K_G M_H$$

式中　M_H——电动机的额定力矩；

K_G——电动机的允许过载系数，直流电动机 $K_G=2.0\sim2.5$，交流同步电动机 $K_G=2.5\sim3.0$；

M_{max}——轧制周期内最大的力矩。

电动机达到允许最大力矩 $K_G M_H$ 时，其允许持续时间在15s以内，否则电动机温升将超过允许范围。

2）电动机功率的计算。对于新设计的轧机，需要根据等效力矩计算电动机的功率，即

$$N=\frac{1.03M_{jum}n}{\eta} \tag{1-204}$$

式中　n——电动机的转速（r/min）；

η——由电动机到轧机的传动效率。

3）超过电动机基本转速时电动机的校核。当实际转速超过电动机的基本转速时，应对超过基本转速部分对应的力矩加以修正，如图1-78所示，即乘以修正系数。

如果此时力矩图形为梯形，如图1-78所示，则等效力矩为

$$M_{jum}=\sqrt{\frac{M_1^2+M_1 M+M^2}{3}} \tag{1-205}$$

式中　M——转速超过基本转速时乘以修正系数后的力矩；

M_1——转速未超过基本转速时的力矩。

即　　$M=M_1\times\frac{n}{n_H}$

式中　n——超过基本转速时的转速；

n_H——电动机的基本转速。

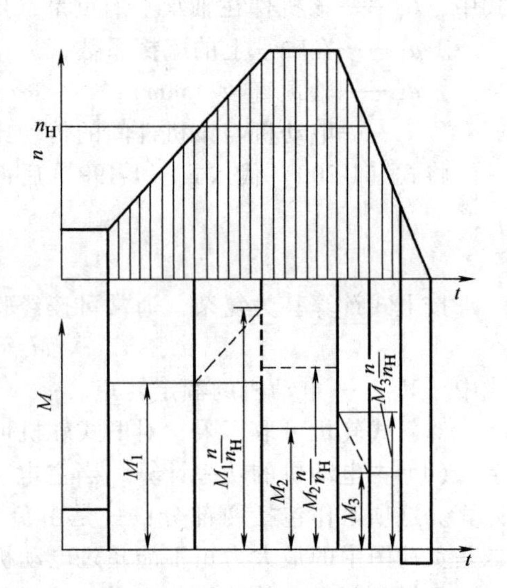

图1-78　超过基本转速时的力矩修正图

校核电动机过载条件为

$$\frac{n}{n_H}\times M_{max}\leqslant K_G\times M_H \tag{1-206}$$

1.7　连续轧制理论

连续轧制（简称连轧）是指同一轧件在两架以上串列配置的轧机上同时轧制的状态。其特点是由于机架间通常存在张力或推力作用，各种轧制因素相互影响，其结果产生了与单机轧制时不同的特殊轧制现象。例如，冷轧带钢轧机中，就辊缝变化对成品板厚的影响而言，距成品最近的末架辊缝变化所产生的影响小于距成品最远的第1架辊缝所产生的影响。这种现象是以机架间张力为媒介，轧制因素相互施加影响所引起的。

板带轧制时，热轧带钢轧机的精轧机组一般为6~7个机架串列配置组成，冷轧带钢轧机一般由4~6架组成。以冷连轧带钢轧机为例，其轧制因素有机架入口和出口板厚、机架间张力、摩擦系数、前滑、辊缝、轧辊速度、电动机特性、辊径、材料的变形抗力等。这些轧制因素遍及所有机架，因此，从轧机整体来考虑，则有几十个轧制因素以连轧机架间张力为媒介相互施加影响。如此大量的轧制因素既有它本身的变化，又有相互间的影响。因此，需要把全部机架作为一个系统综合进行研究。但就具体方法而言，一般是以单机架的轧制特性为基础，对连轧机所有机架的轧制因素联立求解，求出轧机的整体特性。

这种从理论上求出连轧机特性的方法称为连轧理论。连轧理论大致可分两类，即不考虑时间因素的静态连轧理论和考虑时间因素的动态连轧理论。从材料变形状态上，连轧又可分为冷连轧和热连轧。二者的基本方程式和主要考虑方法几乎完全相同，热连轧与冷连轧的不同有两点，首先是要考虑轧件温度变化的作用，其次是机架间张力发生机制不同。

现在，连轧在轧钢生产中所占的比重日益增大。在大力发展连轧生产的同时，需要完善连轧理论，研究连轧的一些特殊规律。

1.7.1　连续轧制基本规律

1. 连轧常数

如图1-79所示，连轧机各机架顺序排列，轧件同时通过数架轧机进行轧制，各机架通过轧件相互联系，从而使轧制的变形条件、运动学条件和力学条件等都具有一系列的特点。

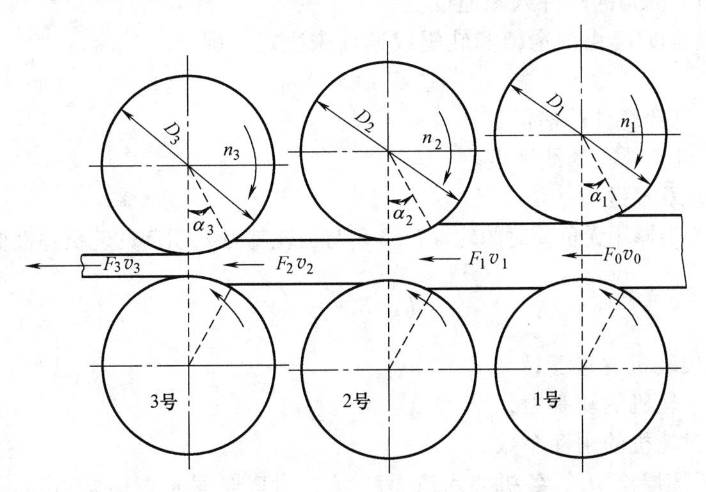

图1-79　连续轧制时各机架与轧件的关系示意图

连续轧制时，随着轧件断面的减小，轧制速度递增，保持正常的轧制条件是轧件在轧制线上每一机架的秒流量相等原则，即

$$F_1v_1=F_2v_2=\cdots=F_nv_n \tag{1-207}$$

式中　1、2、…、n——轧机序号；

F_1、F_2、…、F_n——轧件通过各机架时的断面面积（mm^2）；

v_1、v_2、…、v_n——轧件通过各机架时的轧制速度（mm/s）；

F_1v_1、…、F_nv_n——轧件在各机架轧制时的秒流量（mm^3/s）。

为简化起见，已知

$$v_1=\frac{\pi D_1 n_1}{60},v_2=\frac{\pi D_2 n_2}{60},\cdots,v_n=\frac{\pi D_n n_n}{60} \tag{1-208}$$

将式（1-208）代入式（1-207）得

$$F_1D_1n_1=F_2D_2n_2=\cdots=F_nD_nn_n, \tag{1-209}$$

式中　D_1、D_2、…、D_n——各机架的轧辊工作直径（mm）；

n_1、n_2、…、n_n——各机架的轧辊转速（r/min）。

为简化公式，以 C_1，$C_2 \cdots C_n$ 代表各机架轧件的秒流量，即

$$F_1D_1n_1=C_1,F_2D_2n_2=C_2,\cdots,F_nD_nn_n=C_n \tag{1-210}$$

将式（1-210）代入（1-209）得

$$C_1=C_2=\cdots=C_n \tag{1-211}$$

轧件在各机架轧制时的秒流量相等，即为一个常数，这个常数称为连轧常数（mm^3/s），以 C 代表连轧常数时，即

$$C_1=C_2=\cdots=C_n=C \tag{1-212}$$

这个条件一破坏就会造成拉钢或堆钢，从而破坏了变形的平衡状态。拉钢可使轧件横断面收缩，严重时会造成轧件破断事故；堆钢可导致薄带折叠，或引起其他设备事故。

2. 连轧速度条件

从轧制运动学角度来看，前一机架的轧件出辊速度必须等于后一机架的入辊速度，即

$$v_{hi}=v_{Hi+1} \tag{1-213}$$

式中　v_{hi}——第 i 机架的轧件出辊速度；

v_{Hi+1}——第 $i+1$ 机架的轧件入辊速度。

这里轧件出辊速度 v_{hi} 由前滑值和轧辊线速度来决定，即

$$v_{hi}=(1+S_{hi})v_{Ri} \tag{1-214}$$

式中　S_{hi}——第 i 机架轧件的前滑值；

v_{Ri}——第 i 机架轧辊的线速度。

3. 轧机出口板厚方程

第 i 架轧机出口板厚用无负荷时的轧辊辊缝 S_i 与由轧制力 P_i 引起的轧机弹性变形的和来表示

$$h_i=S_i+\frac{P_i}{M_i} \tag{1-215}$$

式中　S_i——第 i 架轧机的辊缝；

P_i——第 i 架轧机的轧制力；

M_i——第 i 架轧机的刚性系数。

轧制力 P_i 是板坯厚度 H_o、各机架入口厚度 H_i、出口厚度 h_i、前张力 q_{hi}、后张力 q_{Hi}、摩擦系数 μ_i、变形抗力 k_i、轧件宽度 b_o 的函数，即

$$P_i=P(H_o、H_i、h_i、q_{hi}、q_{Hi}、\mu_i、k_i、b_o) \tag{1-216}$$

在冷轧时，通常采用 Hill 提出的轧制压力公式计算 P_i。

热轧时，轧件的前滑值是轧件入、出口厚度 H_i、h_i、变形抗力 k_i、温度 T_i 和轧辊转数 N_i 的函数，即：

$$S_{hi}=S(H_i、h_i、k_i、T_i、N_i) \tag{1-217}$$

热轧时的轧制压力 P_i 通常采用 Sims 公式计算。如前所述，热轧时必须考虑轧件的温度变化，而轧件的温度变化取决于下面三个因素：

1）轧制时的塑性变形热。

2）工作辊的传热导致的轧件降温。

3）机架间的热辐射和对流发生降温。热连轧轧件的温度下降可通过对 1）～3）项计算得出。

式（1-207）、式（1-213）、式（1-215）为连轧过程处于平衡状态（静态）下的基本方程。但应指出，秒体积流量相等的平衡状态并不等于张力不存在，即带张力轧制仍可处于平衡状态，但由于张力作用、种种轧制外干扰或改变操作量，使稳定的轧制状态受到破坏后，过渡到下一个稳定轧制状态，这一过程称为动态过程。因此，对连轧过程必须深入研究下面两个问题：

1）在外扰量或调节量的变动下，从一平衡态达到另一新的平衡态时，各参数变化量及其变化规律；

2）从一平衡态向另一平衡态过渡时的动态特性。

1.7.2　连续轧制中的前滑

如前所述，轧辊的线速度与轧件离开轧辊的速度，由于有前滑的存在实际上是有差异的，即轧件离开轧辊的速度大于轧辊的线速度。前滑的大小用前滑系数和前滑值来表示。

各机架的前滑系数为

$$\bar{S}_1=\frac{v_{h1}}{v_1},\bar{S}_2=\frac{v_{h2}}{v_2},\cdots,\bar{S}_n=\frac{v_{hn}}{v_n} \tag{1-218}$$

各机架的前滑值为

$$S_{h1}=\frac{v_{h1}-v_1}{v_1}=\frac{v_{h1}}{v_1}-1=\bar{S}_1-1,S_{h2}=\bar{S}_2-1,\cdots,S_{hn}=\bar{S}_n-1 \tag{1-219}$$

式中　$\bar{S}_1$、$\bar{S}_2$、…、$\bar{S}_n$——轧件在各机架的前滑系数；

v_{h1}、v_{h2}、…、v_{hn}——轧件实际从各机架离开轧辊的速度；

v_1、v_2、…、v_n——各机架的轧辊线速度；

S_{h1}、S_{h2}、…、S_{hn}——各机架的前滑值。

考虑到前滑的存在，则轧件在各机架轧制时的秒流量（mm^3/s）为

$$F_1v_{h1}=F_2v_{h2}=\cdots=F_nv_{hn} \tag{1-220}$$

及

$$F_1v_1\bar{S}_1=F_2v_2\bar{S}_2=\cdots=F_nv_n\bar{S}_n \tag{1-221}$$

此时，式（1-210）和式（1-212）也相应成为

$$F_1D_1n_1\bar{S}_1=F_2D_2n_2\bar{S}_2=\cdots=F_nD_nn_n\bar{S}_n \tag{1-222}$$

$$C_1\bar{S}_1=C_2\bar{S}_2=\cdots=C_n\bar{S}_n=C' \tag{1-223}$$

式中　C'——考虑前滑后的连轧常数。

在孔型轧制时，前滑值常取平均值，其计算式为

$$\bar{\gamma}=\frac{\bar{\alpha}}{2}\left(1-\frac{\bar{\alpha}}{2\beta}\right) \tag{1-224}$$

$$\cos\bar{\alpha}=\frac{\bar{D}-(\bar{H}-\bar{h})}{\bar{D}} \tag{1-225}$$

$$\bar{S}_{\mathrm{h}}=\frac{\cos\bar{\gamma}[\bar{D}(1-\cos\bar{\gamma})+\bar{h}]}{\bar{h}}-1 \tag{1-226}$$

式中　$\bar{\gamma}$——变形区中性角的平均值；

$\bar{\alpha}$——咬入角平均值；

β——摩擦角，一般为21°~27°；

$\bar{D}$——轧辊工作直径的平均值；

$\bar{H}$——轧件轧前高度的平均值；

$\bar{h}$——轧件轧后高度的平均值；

$\bar{S}_{\mathrm{h}}$——轧件在任意机架的平均前滑值。

1.7.3　连续轧制的静态特性

1. 冷连轧静态特性

连续轧制的静态特性是指在两个稳定状态之间的关系，其中不考虑时间因素。当冷连轧机稳定轧制时，在1.7.1节中论述的连轧基本方程式（1-207)、式（1-213)、式（1-215）对所有机架成立。如果因某种外界因素或者人为原因改变了轧制条件，则上述各个方程中的变量将发生变化，使轧制状态转移到另一个新的稳定状态，这时稳定状态方程式（1-207)、式(1-213)、式（1-215）依然对所有机架成立。轧制条件变化前的稳定状态和轧制条件变化后的稳定状态各轧制变量数值不同，然而任何情况下式（1-207)、式（1-213)、式（1-215）的成立是说明无论轧制状态如何变化，变量间的关系是一定的，并且受此三式约束。因此当轧辊辊缝值、轧辊速度等发生变化时，其他轧制变量的变化可以通过求解非线性方程式(1-207)、式（1-213)、式（1-215）得出。直接求解非线性方程时计算量非常庞大，而且只能求出计算条件下轧制变量间的关系，不能一次计算出全体轧制变量的相互关系。求解轧制条件稍微变化时的变量关系方法称为影响系数法。

关于这些轧制变量，对式（1-207)、式（1-213)、式（1-215）进行泰勒展开，略去2次以上的项，求解表示轧制变量的微小变化量的相互关系的一次方程，即为求轧制变量相互关系的方法。例如，根据秒流量一定方程式（1-207）

$$h_i b v_i=F_1 v_1=F_2 v_2=\cdots=F_n v_n=C \qquad (i=1,2,\cdots,n) \tag{1-227}$$

可用式（1-228）表示秒流量的微量变化

$$\left(\frac{\Delta v}{v}\right)_i+\left(\frac{\Delta h}{h}\right)_i+\left(\frac{\Delta b}{b}\right)_i=\left(\frac{\Delta C}{C}\right)_i \tag{1-228}$$

同样，可由式（1-213）得出

$$\left(\frac{\Delta v}{v}\right)_i=\frac{\Delta S_{\mathrm{h}i}}{1+S_{\mathrm{h}i}}+\frac{\Delta v_{\mathrm{R}i}}{v_{\mathrm{R}i}} \tag{1-229}$$

关于影响系数法的详细计算方法可参见参考文献［6］。

研究者们通过对影响系数法的计算得到了冷轧带钢轧机的各种轧制特性，其计算结果归纳如下。

(1）入口来料（板坯）厚度的影响（见图1-80）　入口来料的厚度变化按相同比率影响

各机架出口轧件厚度，也就是如果入口侧板坯厚度呈阶梯形变化，则第 1 机架出口轧件厚度将发生变化，其比率也延续到后面的机架。

（2）辊缝的影响（见图 1-81）　辊缝变化对精轧板厚的影响以第 1 机架最为显著，而第 2、第 5 机架的影响较小，第 3、第 4 机架几乎不受影响。

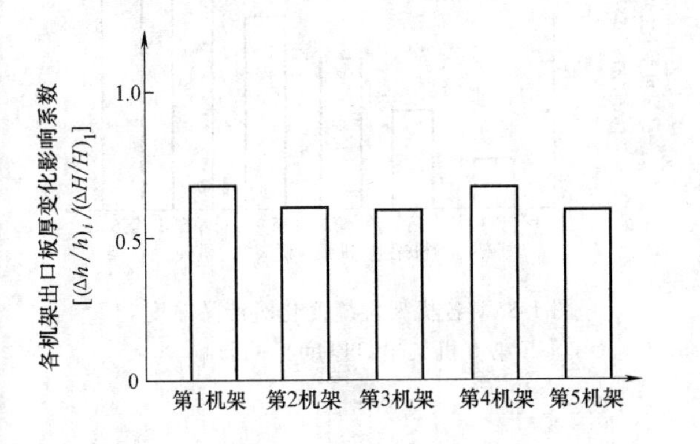

图 1-80　热轧来料板坯厚度变化对各机架出口板厚的影响

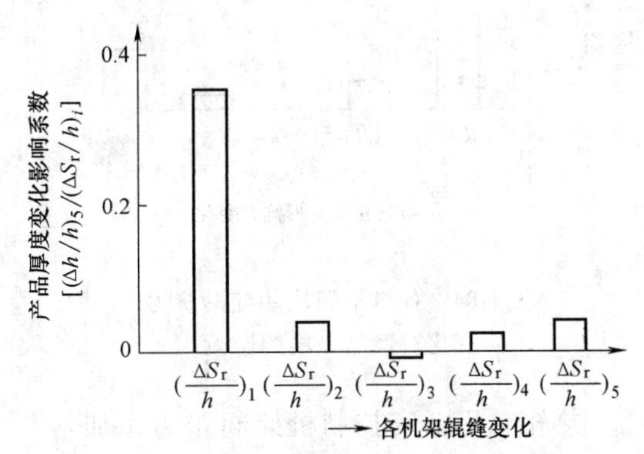

图 1-81　各机架辊缝变化对产品厚度的影响

（3）轧辊速度的影响（见图 1-82）　轧辊转数对板带产品厚度的影响以第 1、第 5 机架最为显著，第 2 机架的影响很小，第 3、第 4 机架几乎不受影响。

（4）轧辊轧件间摩擦系数的影响（见图 1-83）　第 1 与第 2 机架的摩擦系数的变化对板带产品厚度造成的影响很大，第 3、第 4 和第 5 机架造成的影响小。

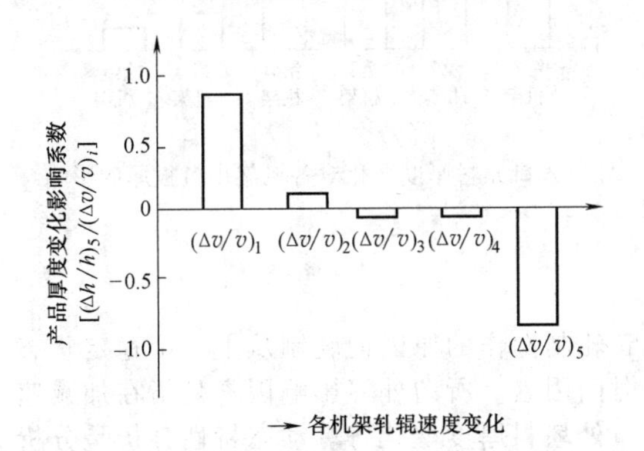

图 1-82　各机架轧辊速度变化对产品厚度的影响

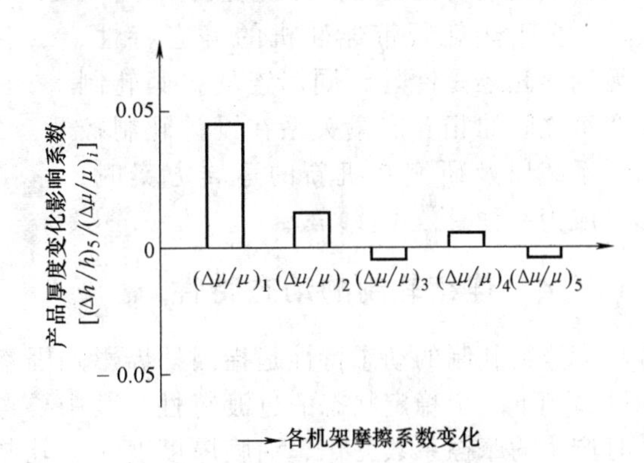

图 1-83　各机架摩擦系数对产品厚度的影响

（5）变形抗力的影响（见图 1-84）　第 1 机架轧件的变形抗力变化对板带产品厚度的影响大，第 2~第 5 机架的变形抗力变化对产品厚度影响不大。

另外，辊缝变化、轧辊速度变化均对机架间的张力产生影响，并通过张力变化影响成品板带厚度，详见参考文献［6］。

2. 热连轧静态特性

与冷轧相同，根据式（1-207）和式（1-213），进行泰勒展开，略去 2 次以上项，得出与式（1-228）和式（1-229）类似的轧制变量微量变化时的 1 次关系式。

如图 1-85 所示为热轧带钢轧机各机架辊缝变化对产品厚度影响的计算结果。由该图可知辊缝对于成品板带厚度的影响，上游机架的影响趋小，终轧机架辊缝的影响最大。该结果与冷轧带钢轧机（机架间无张力控制时）有较大差异。

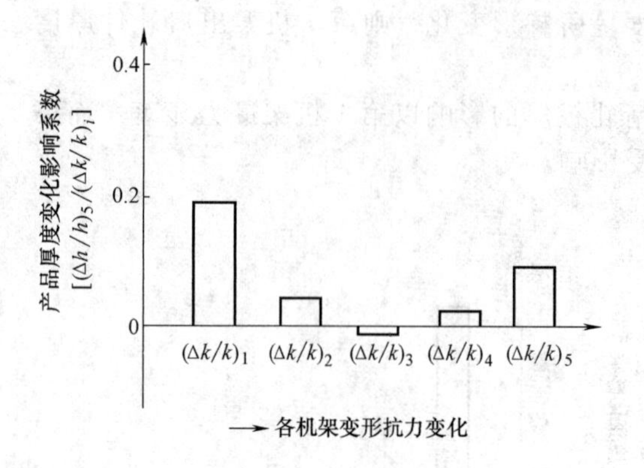

图 1-84　各机架间轧件变形抗力变化对产品厚度的影响

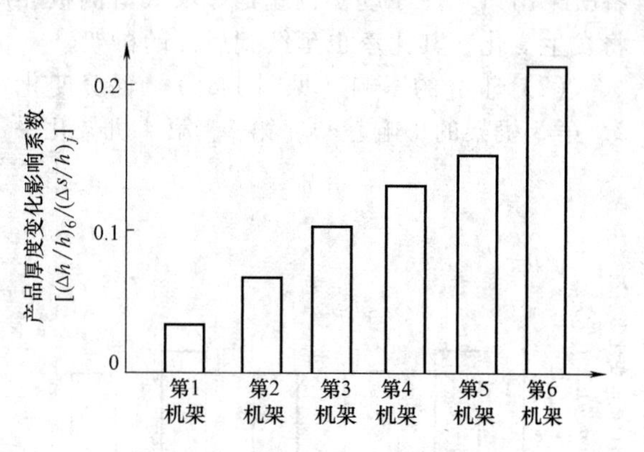

图 1-85　各机架辊缝变化对产品厚度（第 6 机架出口厚度）的影响

热轧时用活套控制机架间张力，加之张力绝对值小，不会发生轧制现象的逆向传播，其影响一般是从上往下传递。如图 1-86 所示为热轧带钢轧机入口原料厚度变化对各机架出口轧件厚度的影响计算结果。由此可知，热轧时来料厚度变化的影响每通过 1 个机架顺序减弱，通过最后机架时其影响变得最小。

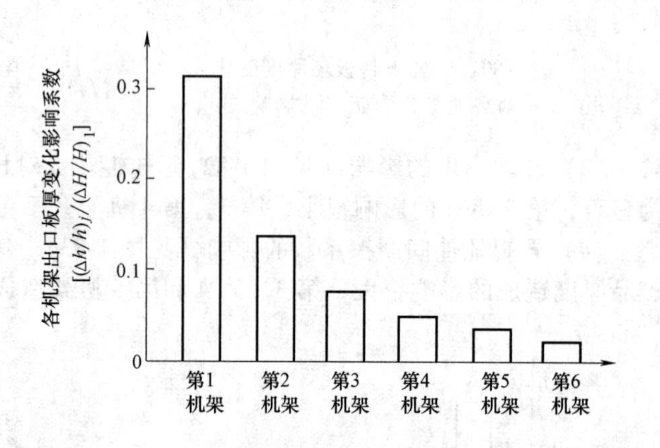

图 1-86　轧机入口原料厚度变化对各机架出口板厚的影响

关于热轧板带连轧机的静态特性，无论热轧还是冷轧，同属连轧，其轧制变量之间的相互定量关系在设计轧制控制系统以及研究轧机新的运转方案时，可成为一种有效手段。

1.7.4　连续轧制的动态特性

连续轧制的动态特性是指因外界影响因素或者轧制操作的原因使轧制从上一个稳定状态过渡到下一个稳定状态的过渡特性，其中要考虑时间因素。所谓外界影响因素是指在加减速时产生的摩擦系数变化、油膜厚度变化、轧制入口处坯料厚度变化等。动态特性分析是分析外界因素造成的轧制状态变化，是各种组合控制系统（板厚控制或机架间张力控制）轧制机制所必需的手段。

1. 冷连轧动态特性

动态连续轧制的基本方程与静态连续轧制不同的是，在整个轧机中秒流量一定的关系在过渡阶段不成立，而其他关系式与静态特性基本相同。

关于机架间的张力模型，研究者们提出了多种分析模型，下面介绍三种张力模型。

（1）简单模型　该模型是在机架间通过沿轧制方向材料变形入口侧和出口侧的轧制速度差的积分来求解，然后用应力应变关系式求前张力，根据与后张力的平衡式，确定后张力。

第 i 机架的前张力

$$q_{hi}=\frac{E}{L\int(v_{in,i+1}-v_{out,i})\,dt} \tag{1-230}$$

第 i+1 机架的后张力

$$q_{Hi+1}=\frac{h_i}{H_{i+1}q_{hi}} \tag{1-231}$$

式中　q_{hi}、q_{Hi+1}——分别为第 i 机架的前张力和第 i+1 机架的后张力（MPa）；

$v_{in,i+1}$、$v_{out,i}$——分别为第 i+1 机架轧件的入口速度和第 i 机架轧件的出口速度（m/s）；

h_i、H_{i+1}——分别为第 i 机架轧件出口厚度和第 i+1 机架轧件入口厚度（mm）；

E——弹性模量（MPa）；

L——机架间距离（mm）。

（2）考虑机架间板厚分布的模型（本城模型）　对机架入口、出口侧材料的速度差进行积分，求出材料轧制方向的变形，假设材料在机架间具有如图 1-87 所示的厚度分布，然后求解前张力和后张力。

$$T_i^o=\frac{1}{\left(\sum_{j=1}^{j=n}\frac{1}{K_j}\right)}\int_0^t(v_{in,i+1}-v_{out,i})\,dt \tag{1-232}$$

式中　T_i^o——全张力；

K_j——$K_j=\dfrac{Eb\bar{h}_j}{l_i}$。

$$q_{hi}=T_i^o/(bh_i) \tag{1-233}$$

$$q_{Hi+1}=T_i^o/(bH_{i+1}) \tag{1-234}$$

此模型与简单模型相比，虽然能得到精确解，但计算过程复杂烦琐。

（3）将机架间的材料作为刚性体的模型（阿高、铃木）　设第 i 机架的轧件出口速度与第 i+1 机架轧件的入口速度相等，当稳定轧制状态受到外界干扰时，其平衡被打破，并转移到下一个平衡状态。连续轧机的过渡现象可以认为是短暂的稳定状态顺序延续并阶段性集中的，取某一瞬间的板厚如图 1-88 所示。

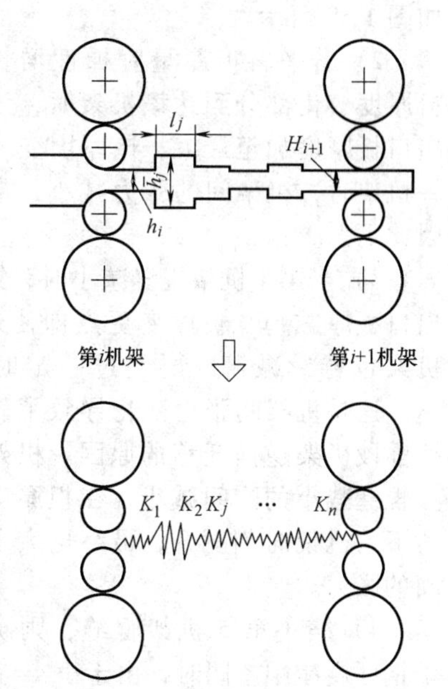

图 1-87　机架间的延伸弹性常数

也就是一旦受外界影响，瞬间产生的响应使连续轧机体系的各个非独立变量发生阶段性变化，该变化值将一直保持到下一个外界影响的到来。因此，在各瞬间第 i 机架材料的流出速度必须与第 i+1 机架材料的流入速度相等。此外，由于在任意机架轧辊间隙流入、流出材料的量是相等的，因此在轧辊间隙中秒流量一定方程是成立的。式（1-237）表示第 i 架轧机的前张力总量与第 i+1 架轧机的后张力总量相等，由此可以正确地描述出机架间板厚不均一时的张力。

轧辊咬入区秒流量一定方程

$$v_{out,i-1}H_i=v_{out,i}h_i \tag{1-235}$$

机架出口材料的流出速度

$$v_{out,t}=(1+S_{hi})v_{Ri} \tag{1-236}$$

张力平衡式

$$h_i q_{hi} = H_{i+1} q_{Hi+1} \tag{1-237}$$

此方法的特点是它与上述（1）、（2）方法不同，机架间张力不做式（1-230）、式（1-232）的积分计算，而是用代数计算求解。

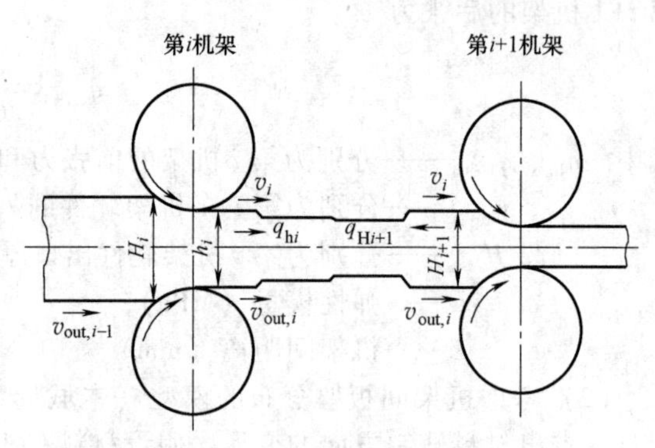

图 1-88　过渡状态机架间模型

上述三种模型的特点分别是：

模型（1）计算简单，因此当板厚变化不太大时，适合用于了解轧制特性大致趋势的情况；

模型（2）与模型（1）相比，计算复杂，在要准确分析轧制现象时，即使板厚变化幅度大也能正确计算；

模型（3）具有不做机架间张力的积分计算、能用代数计算求解的特点。

为了分析相对于轧制因素变化时连续轧制的动态特性，可采用上述的连续轧制动态模型求解轧机入口原料板厚、各机架轧辊速度、各机架辊缝阶梯变化时的响应。作为计算分析的结果，以 1.0mm 厚度带钢产品为例，分析 5 机架冷连轧时的动态特性。

1）若来料厚度呈阶梯性增长，当来料厚度变化部分到达该机架时，该机架的前张力减小，板厚变化到达下一机架时，其张力更加减小，最终减小了各机架间的张力（单位断面），如图 1-89 所示。

2）若来料板厚呈阶梯性增长，当来料厚度变化部分到达该机架时，该机架的出口板厚增加至最大，该厚度变化到达下一机架时，机架间的张力减小，带钢厚度因此更大。

3）当第 1 机架辊缝减小时，第 1 机架出口板厚减薄，板厚变更点即使通过了 5 机架也持续减薄，要经过一定时间的调整。这是机架间张力变化导致了轧制现象往前段机架逆向迁移的原因。机架间张力在辊缝减小的瞬间减小，在板厚变更点到达下一机架时刻上升，最终增大了各机架间的张力。

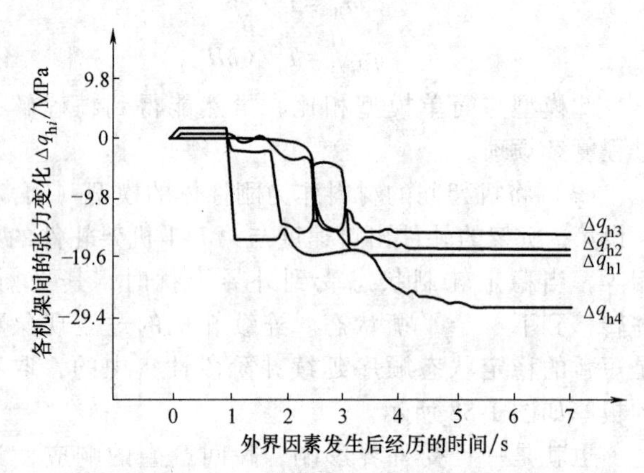

图 1-89　对应于热轧来料板厚呈阶梯性增长时，各机架间张力的变化

4）缩小第 5 机架辊缝，则瞬间产品带钢厚度减小。同时，由于第 4 与第 5 机架间张力减小，第 4 机架出口板厚增大，最终导致第 5 机架出口板厚几乎不减小。

5）使第 1 机架轧辊速度增加，则第 1 与第 2 机架间张力大幅度降低，第 1 机架、第 2 机架出口板厚增大，这一板厚变化最终传播到最后机架，结果第 5 机架出口板厚增大，同时各机架间张力减小。

6）增加中间机架（例如第 3 机架）的速度，第 3 和第 4 机架间张力减小，相反，第 2 与第 3 机架间张力增大。第 5 机架出口板厚虽发生过渡性变化，但最终几乎不变。

7）增加第 5 机架速度，第 4 与第 5 机架间张力增加，第 5 机架出口板厚减小，同时因为第 4 机架出口板厚减小，改变第 5 机架轧辊速度后，第 4 机架出口板厚的变化部分到达第 5 机架出口后，第 5 机架出口板厚发生调整。

2. 热连轧动态特性

热连轧动态特性分析与冷连轧几乎相同，其差异点在于机架间的张力装置。冷连轧机架间有 $98\times10^{-4}\sim196\times10^{-4}$MPa 的拉应力，轧件在机架间以无挠度状态被轧制，于是机架间张力仅由相邻机架轧件的进出速度来决定，而热轧时机架间轧件通过活套装置形成活套，张力由活套机构的力矩来控制，如图 1-90 所示为热连轧轧机概念图。为了求解包括机架间张力变化的动态特性，有必要求解包括活套运动方程在内的模型。

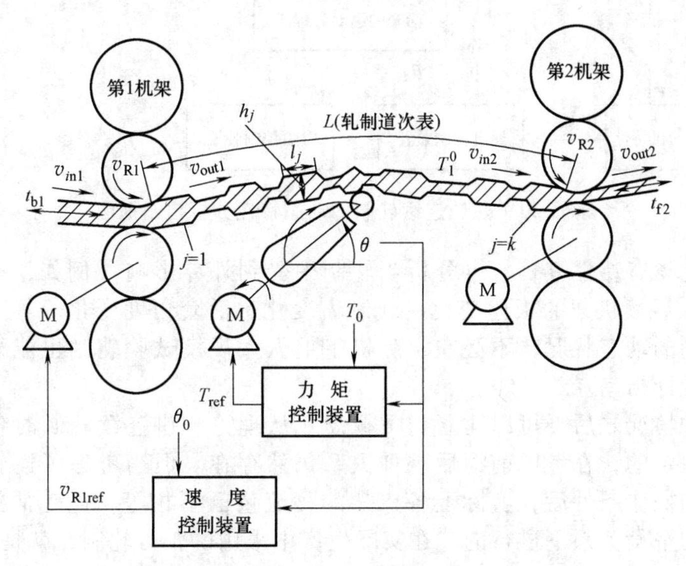

图 1-90 热连轧轧机概念图

考虑机架之间轧件的入口速度和出口速度，在时间 t 时，机架间的张力如下

$$T_i^0 = \frac{1}{\left(\sum\limits_{j=1}^{j=k} \dfrac{1}{K_j}\right)} \int_0^t \left[\frac{\mathrm{d}L}{\mathrm{d}t} + (v_{in,i+1} - v_{out,i}) \right] \mathrm{d}t \tag{1-238}$$

$$K_j = \frac{Ebh_j}{l_j}$$

$$q_{Hi+1} = \frac{T_i^0}{bH_{i+1}} \tag{1-239}$$

$$q_{hi} = \frac{T_i^0}{bh_i} \tag{1-240}$$

$$\sigma = A\varepsilon'^m \tag{1-241}$$

热轧带钢的应力 σ 应变 ε 关系由式（1-241）表示，则 E 可用式（1-242）表示

$$E = mA\varepsilon'^{m-1} \tag{1-242}$$

在式（1-238）~式（1-240）中，有考虑机架间轧件厚度分布的精确模型，其简化式常用式（1-243）表示

$$q_{hi} = q_{Hi+1} = \frac{E}{L} \int_0^t \left[\frac{\mathrm{d}L}{\mathrm{d}t} + (v_{in,i+1} - v_{out,i}) \right] \mathrm{d}t \tag{1-243}$$

此外，热轧必须精确控制机架间张力，因此活套运动方程很重要，并通过速度控制装置和力矩控制装置来实现对主电动机特性和活套的控制，相关的控制方程见参考文献［6］。通

过求解上述方程，可得到热轧连续轧制的动态特性分析，如图 1-91 所示。

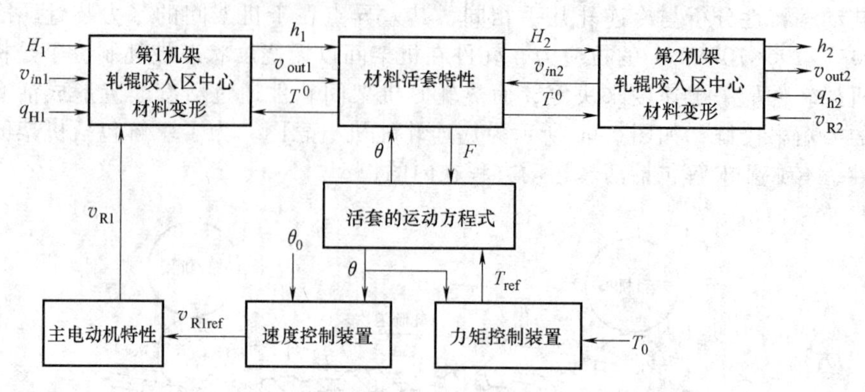

图 1-91　热轧连续轧制的动态特性分析控制框图

根据上述热轧动态特性方程，可分析当轧制中受到外界影响（例如，在精轧机入口侧轧件厚度变化）时，后续机架的板厚变化、轧制力变化、活套角度变化等等。这样能分析热轧连续轧制每时每刻的动态状况，不必在实际机组上做大规模试验轧制也能得到机械系统以及各种控制系统的设计指南。

在讨论了各种情况之后，可以建立如下概念：从理论上讲连续轧制时各机架的秒流量相等，连轧常数是恒定的，在考虑前滑后这种关系仍然存在。但当考虑了连轧过程中的动态特性、堆钢和拉钢的操作条件后，实际上各机架的秒流量已不相等，连轧常数已不存在，而是在建立了一种新的平衡关系下进行的。在实际生产中采用的张力轧制，就是这个道理。

1.8　板带轧制原理与控制

1.8.1　厚度控制 AGC

1. 产生板厚变化的原因

轧制中影响轧件厚度的因素源于以下几个方面：轧机的机械及液压装置、轧机的控制系统、入口轧件尺寸与性能。上述因素的变化均会导致轧件厚度的波动，而上述因素又受到其他轧制工艺条件的制约和影响。

（1）轧机的机械及液压装置　轧机的机械与液压装置本身的原因以及装置某些参数的变化将会使轧机的刚度和空载辊缝产生非预定的变化。其中空载辊缝的变化是以下因素的作用结果：轧辊偏心、轧辊的椭圆度、轧辊磨损、轧辊的热胀冷缩、轧机的振动、轧辊表面润滑剂油膜厚度的变化等。

当轧件咬入时，轧机开始承受载荷，传递载荷的轧机构件将发生挠曲和变形，从而使辊缝产生额外的变化，其变化程度取决于轧机结构刚度的大小。而轧机刚度主要与轧辊直径、轧辊凸度、轧辊压扁、压下螺钉、液压缸、轴承油膜的厚度、轧辊表面润滑剂的油膜厚度以及轧件宽度有关。

（2）轧机的控制系统　由于轧机控制系统本身不完善或发生变化引起轧件厚度的变化，这包括轧制速度的控制、辊缝的控制、轧制力的控制、弯辊的控制、轧辊平衡的控制、轧辊润滑冷却的控制、轧制张力的控制以及测厚仪等。

（3）入口轧件尺寸与性能　入口轧件在厚度、宽度、板形、硬度、温度等方面的变化也会导致轧后轧件厚度的波动。

2. 厚度控制原理

上述厚度变化的影响因素都可归纳到弹跳方程进行分析

$$h_2 = C_0 + \frac{P}{K} \tag{1-244}$$

式中　h_2——轧件出口厚度；

C_0——空载辊缝；

P——轧制力；

K——轧机刚度。

弹跳方程曲线如图 1-92 所示，其中直线 A 的斜率代表轧机的刚度 K_s，即

$$K_s = \frac{\Delta P}{\Delta C} = \tan\alpha \tag{1-245}$$

式中　ΔP——轧制力变化量；

ΔC——辊缝变化量；

$\tan\alpha$——直线 A 的斜率。

曲线 B 的斜率代表轧件塑性系数 K_m，并有

$$K_m = \frac{\Delta P}{\Delta h} = \tan\beta \tag{1-246}$$

式中　Δh——轧件厚度变化量；

$\tan\beta$——曲线 B 的斜率。

曲线 A 与曲线 B 的交点为 n，该点的坐标表示了轧制力 P 和轧件出口厚度 h_2 的数值。可以利用式（1-244）和如图 1-92 所示曲线来调整轧件出口厚度。

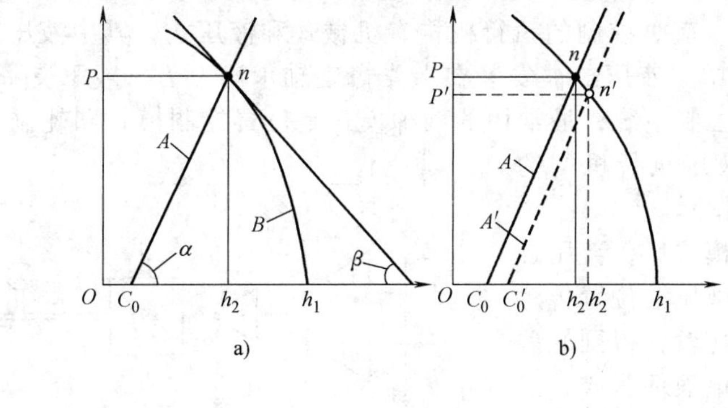

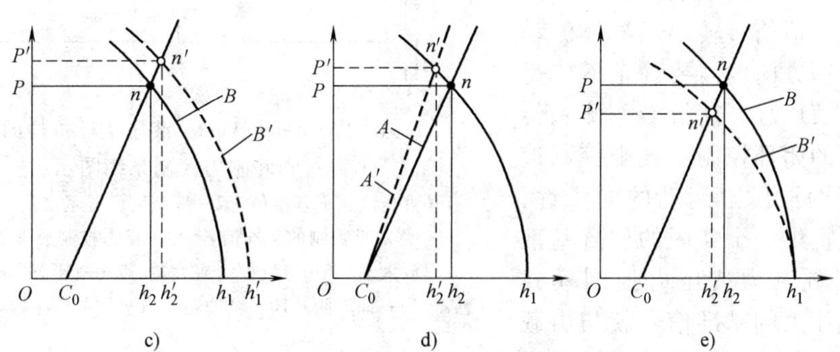

图 1-92　轧制过程弹塑性曲线

a）初始辊缝设定　b）改变轧辊辊缝　c）改变轧件入口厚度

d）改变轧机刚度　e）轧件塑性系数

（1）初始辊缝设定　辊缝增加，来料厚度不变，曲线 A 向右平移（见图 1-92b），导致轧制力降低到 P'，轧件出口厚度增加到 h_2'。根据弹跳方程或图 1-92b 中的几何关系可以得到厚

度的改变量 Δh_2，即

$$\Delta h_2=\frac{K_w}{K_w-K_m}\Delta C_0 \tag{1-247}$$

（2）来料厚度　来料厚度增加，辊缝不变，曲线 B 向右平移（见图 1-92c），导致轧制力增加到 P'，轧件出口厚度增加到 h'_2。

（3）轧件刚度　轧机刚度增加，辊缝和来料厚度不变，相当于曲线 A 的斜率增加（见图 1-92d），导致轧制力增加到 P'，轧件出口厚度降低到 h'_2。

（4）轧件变形抗力　轧件变形抗力减小相当于曲线 B 的斜率减小（见图 1-92e），导致轧制力降低到 P'，轧件出口厚度也降低到 h'_2。

因此，凡是影响到上述四个方面的工艺条件都可以对轧件出口厚度产生影响，如轧件温度和轧制过程的张力都会对轧件变形抗力产生影响，进而影响到轧件出口厚度。如热轧时轧件温度的波动导致轧件厚度的变化；通过调整连续式轧机速度来控制机架间的张力，进而控制最终板厚等。

3. 厚度自动控制系统

厚度自动控制系统（AGC）是指为使板带材厚度达到设定的目标偏差范围而对轧机进行的在线调节的一种控制系统。AGC 系统的基本功能是采用测厚仪等直接或间接的测厚手段，对轧制过程中板带的厚度进行检测，判断出实测值与设定值的偏差；根据偏差的大小计算出调节量，向执行机构输出调节信号。AGC 系统由许多直接和间接影响轧件厚度的系统组成，通常 AGC 包括：辊缝控制系统、轧制速度控制系统和张力控制系统。

（1）辊缝控制系统　辊缝控制的执行机构有机械式和液压式，其中液压缸被广泛地应用在辊缝控制的执行机构中。液压缸被安装在上支撑辊轴承座上方，或下支撑辊轴承座下方。液压执行机构采用闭环控制系统，最常用的两种模式是位置控制模式和轧制力或压力控制模式。图 1-93 为典型的液压执行机构的位置和轧制力控制系统图示。

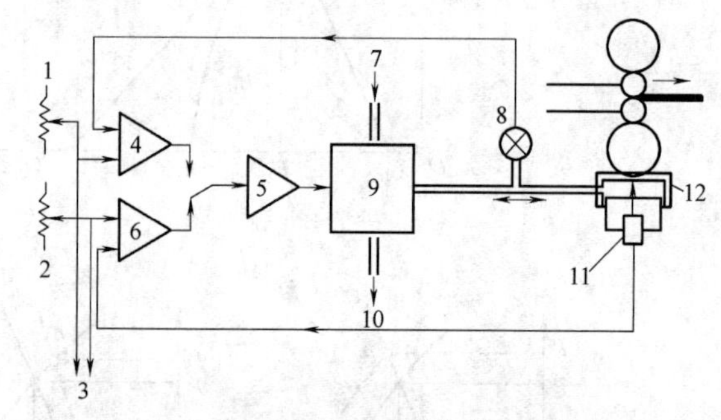

图 1-93　Davy-Loewy 液压执行机构的位置和轧制力控制系统图示
1—液压缸压力基准值　2—液压缸位置基准值　3—轧机另一侧双重控制的基准信号　4—压力控制放大器　5—功率放大器　6—位置控制放大器　7—液压源　8—压力传感器　9—伺服阀　10—至油箱　11—位置传感器　12—液压缸

当选择了位置控制模式后，液压缸的位置基准信号就会与液压缸位置传感器提供的反馈信号进行比较，得到的差值信号将被放大并送到电液伺服阀，然后伺服阀将此模拟信号转换成液体流动信号，根据移动方向的需要确定液体是流入还是流出液压缸。轧机操作侧和传动侧配有同样的闭环控制系统来控制液压缸。为保证两液压缸运动的同步性，应对两个系统提供一个共同的位置基准器。当选择了轧制力或压力控制模式后，轧制力或压力的基准信号就与由载荷传感器或压力传感器提供的反馈信号比较（见图 1-93）。

此外，还有测厚仪式 AGC、差动厚度控制（DGC）、定位式厚度控制（SGC）以及单机架轧机的厚度偏差控制等辊缝控制形式。

（2）冷轧带钢张力控制系统　带钢张力控制系统由辊缝控制系统与张力闭环控制系统组成，对辊缝有干扰的因素，如来料厚度的波动、轧辊偏心、润滑条件的变化等也会导致带钢

张力的变化。如图1-94所示为张力计的输出信号与张力基准信号相比较所得的偏差信号被送到轧机辊缝调节器或速度调节器中。前者称为通过辊缝进行张力控制，或者称为通过速度进行张力控制。

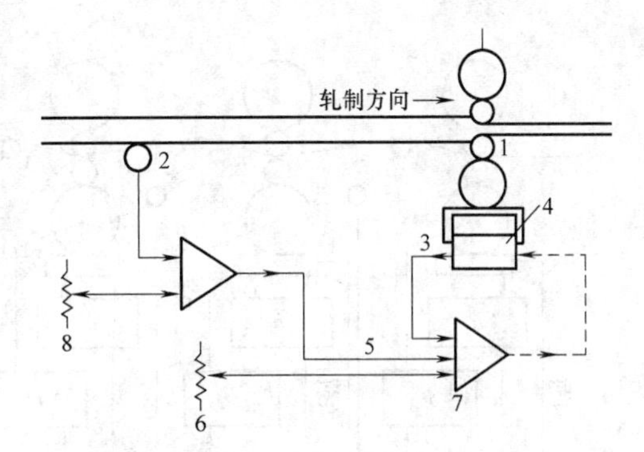

图1-94　Davy-Loewy带钢张力控制系统
1—轧机　2—张力计　3—液压缸位置
4—液压缸　5—张力偏差　6—位置基准值
7—位置调节器　8—张力基准值

（3）带活套的热带连轧机组中间机架的张力控制系统　在热带连轧机组中，机架间的张力通常是通过活套来控制的。常用的活套形式有电动活套、气动活套、液压活套。活套是一种带自由辊的机构，这个自由辊在带钢穿带后就会上升并高于轧制线，带钢的张力及活套的上升情况都是受连续监控的。当活套上升到预定的目标位置时，控制系统就要使机架间的张力达到其目标位置。如果张力目标值是活套在其他位置处达到的，那就要调节相邻机架的辊缝或轧制速度。

如图1-95所示为机架间的电动活套张力的控制情况。该系统有两个控制环。第一个是保持带钢张力S不变，根据活套电动机电流I_L和活套角位移φ_A的测量值就可以计算出带钢的实际张力S_A。活套上带钢的实际张力S_A与基准值S_R之间的偏差信号被送到活套电动机的电流调节器，调节器就开始调节活套电动机的扭矩值以获得带钢张力的目标值。第二个活套控制是通过提供一个稳定的活套角位置来实现的。实际角位置φ_A与基准角位置φ_R之间的偏差信号被送到其中一个相邻机架的主电动机的速度调节器，速度调节器就开始调节这架轧机的速度以便获得活套位置的目标值。

（4）热带连轧机组三段式AGC　热带连轧机组的三段式AGC是厚度控制系统的典型范例，如图1-96所示。它由三部分组成。

1）入口AGC，包括1、2机架上的测厚仪式AGC。1、2架轧机之间的张力可以通过调节第1架的轧辊速度来维持。

2）机架间AGC。机架间的张力是通过调节下游机架的辊缝和活套来维持机架间带钢张力的恒定以保证秒流量的稳定。

3）出口AGC，包括出口偏差反馈控制系统，能够通过调节下游机架的速度来控制轧件的出口厚度。

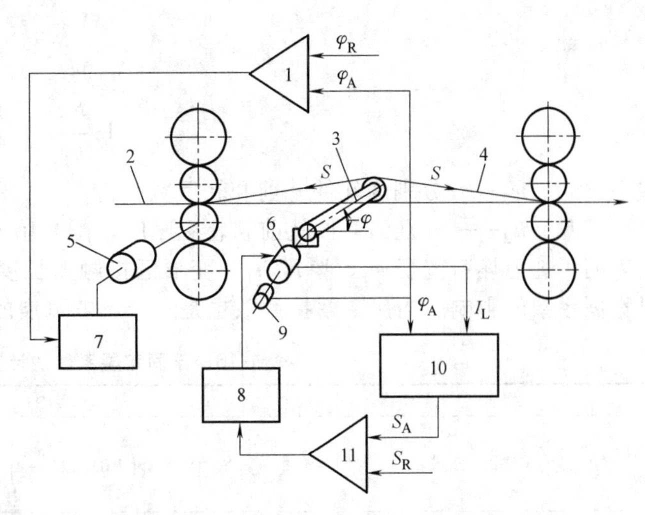

图1-95　机架间的电动活套张力的控制情况
1—位置调节器　2—轧制线　3—活套支撑器　4—带钢
5—轧机驱动　6—活套驱动　7—速度调节器　8—电流调节器
9—角位置调节器　10—带钢张力计算　11—张力调节器

1.8.2　宽度控制AWC

在热轧板带材时，成品的宽度与来料坯板宽度密切相关，而目前广泛使用连铸坯，坯料宽度受到限制，要进行调宽轧制。另外，在中厚板轧制时板宽的控制对减少轧后切损，提高产品质量也具有十分重要的意义。

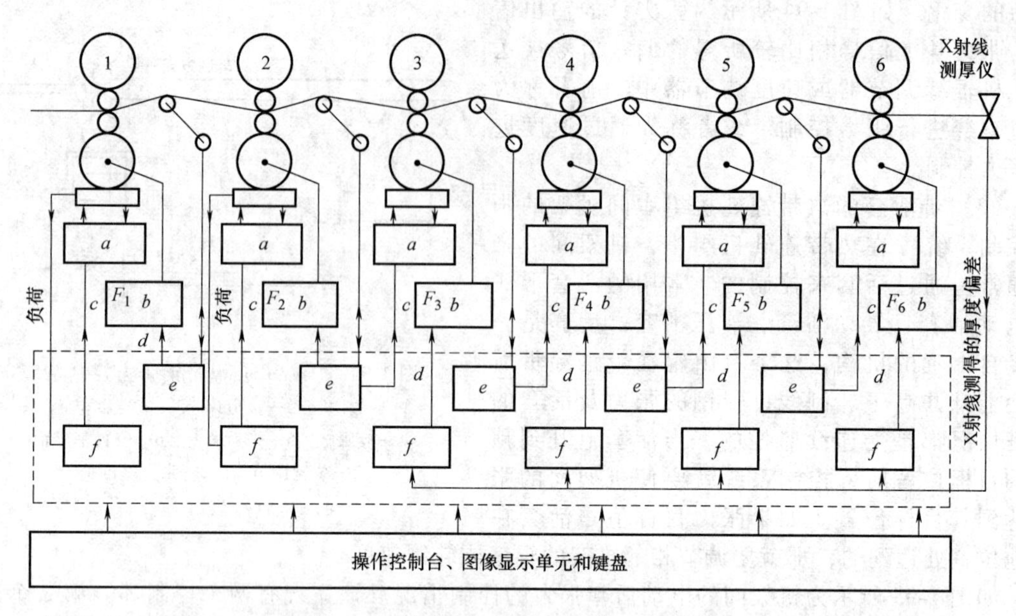

图 1-96　热带连轧机组的三段式 AGC 示意图

a—位置控制　*b*—驱动电器　*c*—位置基准　*d*—速度调整　*e*—活套控制　*f*—厚度控制

1. 调宽理论与方法

板带材平辊轧制时轧件宽度的变化称为宽展。宽展 Δw 和宽展系数 S_w（相对宽展）的表达式分别为

$$\Delta w = w_2 - w_1 \tag{1-248}$$

$$S_w = \frac{\ln \dfrac{w_2}{w_1}}{\ln \dfrac{h_1}{h_2}} \tag{1-249}$$

式中　w_1、w_2——分别为轧件轧前和轧后宽度；

h_1、h_2——分别为轧件轧前和轧后厚度。表 1-16 列举了不同宽展系数的计算公式。公式表明了轧前坯料宽度 w_1、厚度 h_1、变形区接触弧长度 L、工作辊半径 R、压下率 ε 等因素对宽展系数的影响。当然，摩擦系数也是一个影响宽展的重要因素。

表 1-16　不同宽展系数的计算公式

作者	公式
希尔(Hill) 公式	$S_w = 0.5\exp\left(-0.3535\dfrac{w_1}{L}\right)$
赫尔米(Helmi)公式	$S_w = 0.95\left(\dfrac{h_1}{w_1}\right)^{1.1}\exp\left[-0.707\left(\dfrac{w_1}{L}\right)\left(\dfrac{h_1}{w_1}\right)^{0.971}\right]$
毕斯(Beese)公式	$S_w = 0.61\left(\dfrac{h_1}{w_1}\right)^{1.27}\exp\left[-0.38\left(\dfrac{h_1}{L}\right)\right]$
乌沙托夫斯基(Wusatowski)公式	$S_w = \exp\left[-1.982\left(\dfrac{w_1}{h_1}\right)\left(\dfrac{h_1}{R}\right)^{0.56}\right]$

（续）

作者	公式
艾-卡雷(El-Kalay)公式	$S_w = 0.851\exp\left[-1.776\left(\frac{w_1}{h_1}\right)^{0.643}\left(\frac{h_1}{R}\right)^{0.386} r^{-0.104}\right]$
芝原(Shibahara)公式	$S_w = \exp\left[-1.64m^{0.376}\left(\frac{w_1}{L}\right)^{0.01m}\left(\frac{h_1}{R}\right)^{0.015m}\right]; m=\frac{w_1}{h_1}$

除了通过宽展来调整宽度外，调宽方法还有连铸变宽、压力机调宽和轧制调宽。连铸变宽可以通过几种方式实现在线变宽或变窄。

① 两次浇注之间更换模具变宽；②暂停浇注改变模具宽度变宽；③降低浇注速度，移动模具侧板变宽；④更复杂的模具侧板平移、旋转等运动实现在线变宽或变窄。连铸变宽无论哪种方式都有一定的难度，而且还会对连铸坯组织性能产生不利影响。

压力机调宽是通过调宽压力机（sizing presses）或挤压调宽机（squeezing presses）来实现的。一般是通过压缩工具在与工件平面平行的平面上往复运动完成。压缩减宽过程主要取决于压缩锤头长度与板坯受到减宽部分的长度之间的关系，因此调宽压力机有长锤头调宽压力机和短锤头调宽压力机两种类型。长锤头压力机压缩工件只需要一个行程，而短锤头压力机则在工件运动时需要往复压缩。

轧制调宽是通过有水平辊或立辊的轧机来完成的。目前大部分板坯通过带有立辊的轧机侧压减宽。该轧机又称立式轧边机。由两个立式轧边机与一个或多个水平轧机紧密连接的又称板坯定尺机。立辊可以安装在连铸机后，或者加热炉与热带粗轧机组之间，或者与精轧机组的第1架轧机紧密连接，或者安装在精轧机组之间。不同轧机布置的侧压能力如图1-97所示。

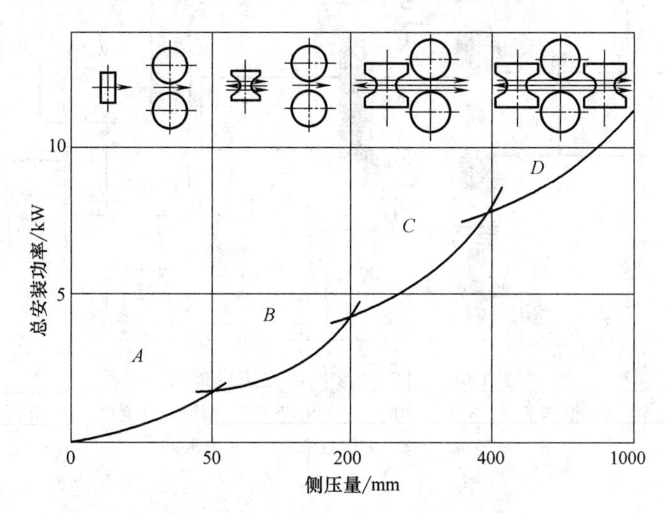

图1-97 不同轧机布置的侧压能力

至于采用何种调宽工艺主要根据以下原则：①调宽能力能够满足生产率的要求；②切损最小；③操作及维护费用低等。另外还要有控制模型。如图1-98所示为最优的调宽工艺的选择途径。

2. 宽度控制系统

单机架立式轧边机的自动宽度控制系统常采用一个液压闭环控制系统，如图1-99所示。系统通常包括：辊缝位置控制模式；宽度仪控制模式；前馈控制模式；反馈控制或宽度控制

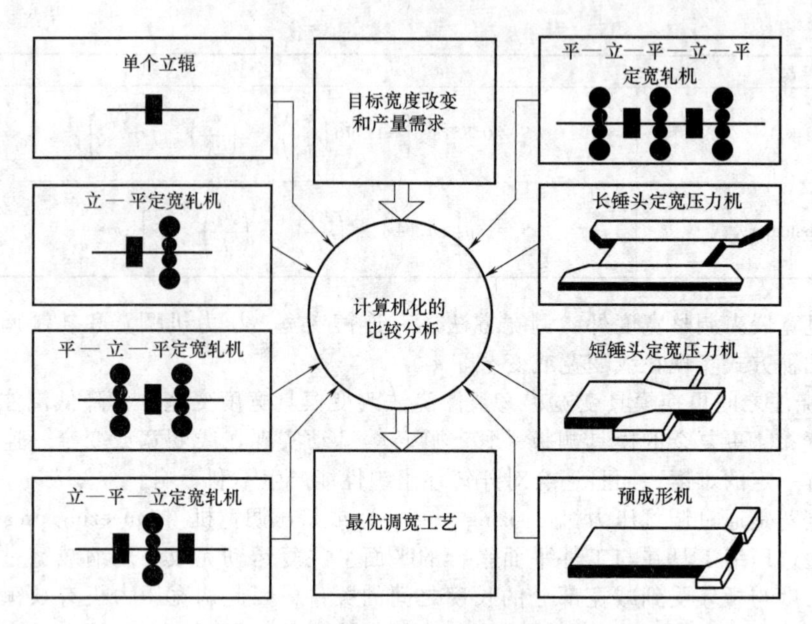

图 1-98 最优的调宽工艺的选择途径

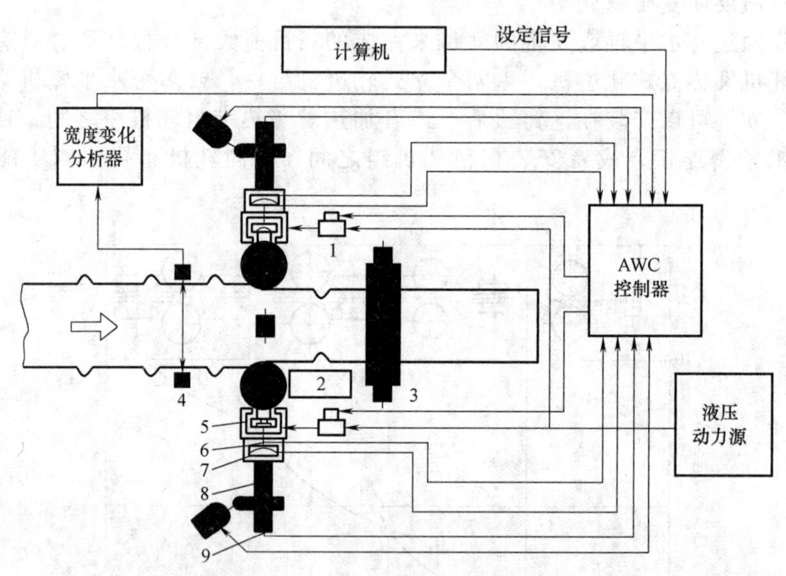

图 1-99 自动宽度控制系统原理图

1—接轴 2—液压活塞 3—立辊牌坊 4—压下螺钉机构 5—立辊 6—齿轮
7—轴承架 8—液压缸块 9—测力压力

模式。

（1）辊缝位置控制模式 当系统采用该模式时，代表辊缝基准值的信号与代表实际辊缝值的信号比较。用误差信号驱动伺服阀，以便得到所需辊缝。该模式需要一个安装在液压缸内的位置传感器来实现。

（2）宽度仪控制模式 该模式类似于轧件厚度仪控制模式，需要一个测量辊缝 G_0 的位置传感器和一个测量轧制力 P_e 的载荷或压力传感器。其控制系统按式（1-250）得到辊缝 δ，即

$$\delta = G_0 - \frac{P_e}{E_e} \tag{1-250}$$

式中 G_0——未加载时辊缝设定值；

P_e——立轧时的轧制力；

E_e——轧边机刚度。

（3）前馈控制模式 采用前馈控制模式要利用一台安装在被控轧边机上游的测宽仪，测量板坯的入口宽度分布 $w_0(x)$，并计算与目标宽度 w_0之差的宽度偏差分布 Δw_0，通过一个时间滞后装置提供给计算机。

（4）反馈控制或宽度控制模式 作为位置控制模式或宽度仪控制模式的补充，由一个安装在轧边机下游的测宽仪提供附加辊缝补偿信号。

当代热连轧机的自动宽度控制系统能对粗轧机和精轧机进行产品宽度的连续监控和恰当的补偿。由日本新日铁开发的自动宽度控制系统如图 1-100 所示，包括以下功能：

1）轧边机设定（ESU）。

2）粗轧自动宽度控制（RAWC）。

3）精轧自动宽度控制（FAWC）。

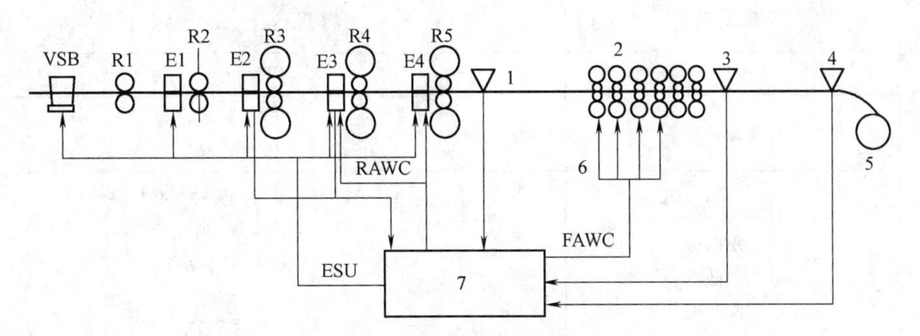

图 1-100 日本新日铁开发的自动宽度控制系统原理图

1—粗轧宽度仪 2—精轧机 3—精轧宽度仪 4—卷取宽度仪 5—卷取机

6—活套控制器 7—AWC 计算机

轧边机设定（ESU）控制是在板宽预测值和目标值基础上，对轧边机辊缝进行设置。粗轧自动宽度控制（RAWC）是由立辊在轧制过程中辊缝可变控制来实现。RAWC 系统能对平均宽度进行控制（以一根轧件为单位进行控制），也能减少每个轧件的宽度波动（在一根轧件内进行控制）。精轧自动宽度控制（FAWC）可通过对精轧机组之间的张力可变控制来实现。以粗轧机最终宽度仪所测宽度为基础，给出前馈控制信号来修正机架张力基准值。由安装在最后一架精轧机之后和卷取机附近的宽度仪给出宽度反馈信号。

1.8.3 板形控制 AFC

板形（shape）就是板材的形状，具体指板带材横截面的几何形状和在自然状态下的表观平坦度，如图 1-101 和图 1-102 所示。板形可以用来表征板带材中波浪形或瓢曲是否存在、大小及位置。良好的变形不仅是使用的需要，而且是轧制过程保持稳定连续生产的需要。描绘板形的参数有板凸度、楔形、边部减薄量、局部高度和平坦度，而平坦度又包括平度（纤维相对长度）、波高和波浪度（陡度），见表 1-17。

1. 板形的生成过程

在轧制过程中，塑性伸长率（或加工率）若沿横向处处相等则产生平坦板形；相反，则产生不同形状的板形。其原因是延伸不同而产生内应力，在纵向压应力作用下，而且在轧件较薄时，轧件失稳而形成瓢曲或波浪形。造成轧制过程横向加工率不同的原因包括变形区辊缝的形状不同，或者来料的板形较差。板形的生成过程如图 1-103 所示。板形的表现形式主要有以下四种：

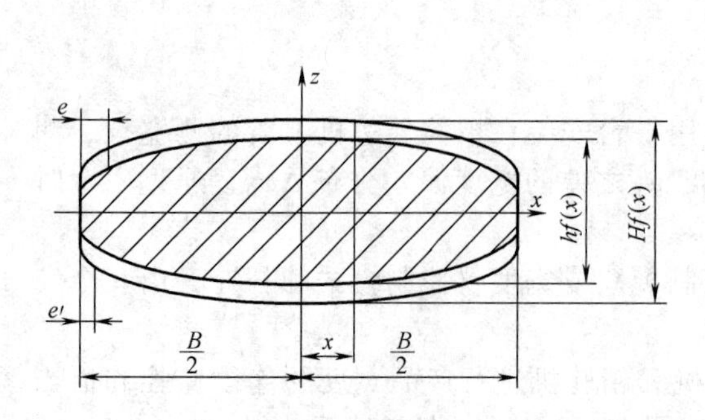

图 1-101　板带材横截面几何形状

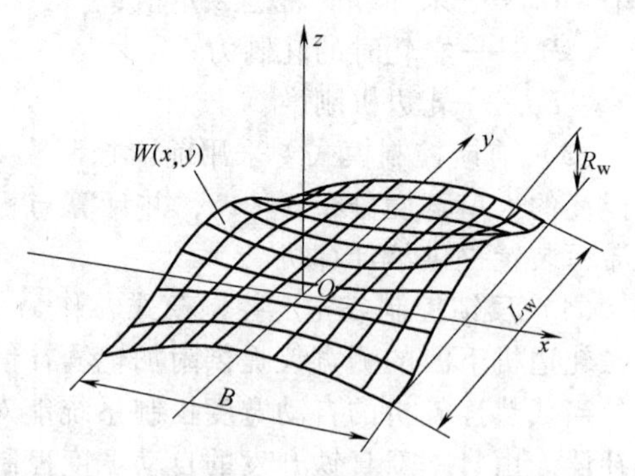

图 1-102　板带材在自然状态下表观平坦程度

表 1-17　描绘板形的参数

板形参数		计算公式
横截面的几何形状	板凸度	$CW=h_0-\frac{1}{2}(h_e+h_{e'})$
	楔形	$CW_1=h_e^E-h_e^O$
	边部减薄量	$E_0=h_e-h_{e'}$ $E_M=h'_e-h'_{e'}$
	局部高度 一次凸度 二次凸度 三次凸度	$h(x)=b_0+b_1x+b_2x+b_3x^2+b_4x^4$ $cw_1=2b_1$ $cw_2=-(b_2+b_4)$ $cw_4=-\frac{b_4}{4}$
自然状态下的表观平坦度	平度	$I=\frac{L_i-L_0}{L_0}\times10^5$
	波高 H	$H=R_w$
	波浪度	$S=\frac{H}{L}\times100\%$

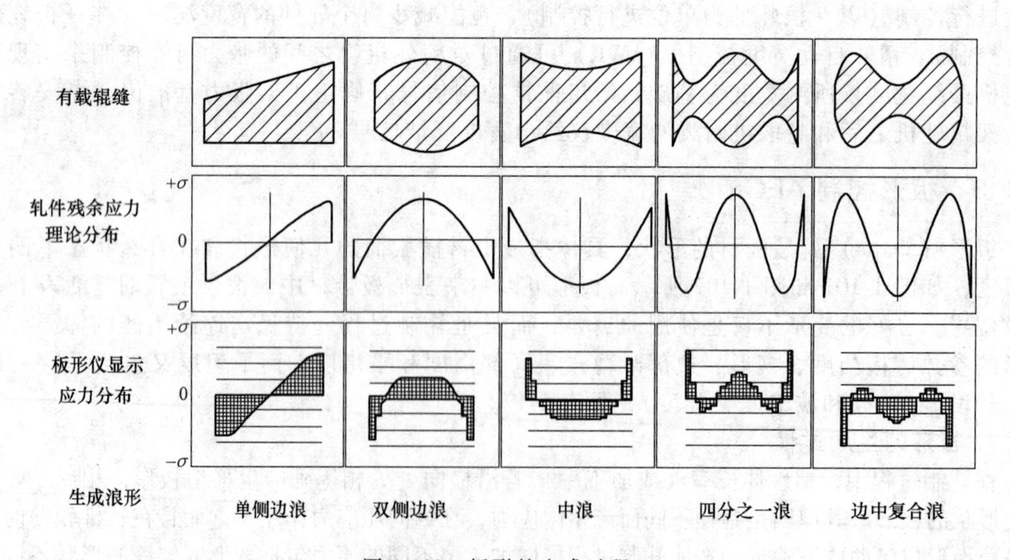

图 1-103　板形的生成过程

（1）理想板形　板带材横向内应力相等，切条后仍保持平整。

（2）潜在板形　板带材横向内应力不相等，但由于轧件较厚，刚度较大，在张力作用下仍保持平整，可是切条后内应力释放出来，形状就参差不齐了。

（3）表现板形　板带材横向内应力的差值较大，且轧件较薄，导致局部瓢曲或波浪，适当增加张力可使其减弱，甚至于转化成“潜在板形”，但切条后又表现出来。

（4）双重板形　即同时存在潜在板形，又存在表现板形。

上述四种板形的表现形式如图 1-104 所示。

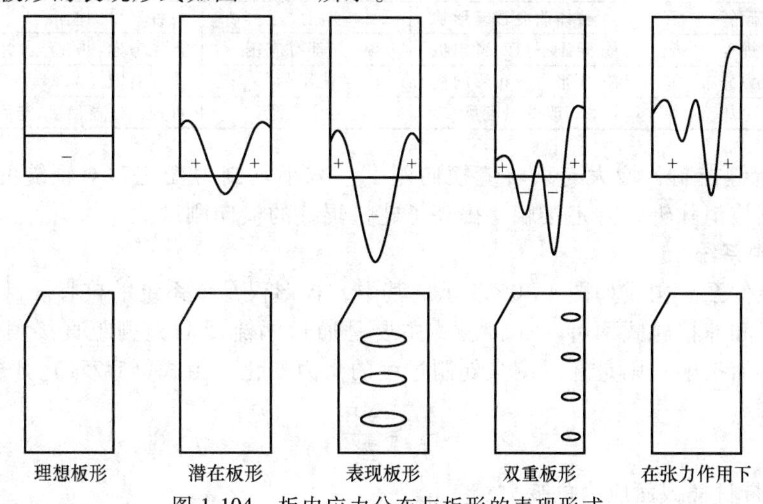

图 1-104　板内应力分布与板形的表现形式

2. 影响板形的因素

板形控制与厚度控制的实质都是对辊缝的控制，不同的是板形控制必须是沿带材宽度方向辊缝曲线的全长。除了来料的原始板形外，凡是影响辊缝的所有工艺参数如力学参数、热力学参数及几何参数等都会对板形产生影响。这些参数包括：①总轧制压力；②单位轧制压力分布；③弯辊力；④支撑辊与工作辊间接触压力；⑤初始辊形；⑥轧辊磨损；⑦热凸度；⑧变位辊形等。

3. 板形控制技术

常见的板形控制技术的基本原理、应用效果及特点，见表 1-18。其中：压下倾斜、弯辊、工作辊热辊形及工艺手段都属于传统板形控制手段，而如抽辊等为新的调控手段。但是就板形控制的实质而言，可分为两大类型：

（1）柔性辊缝控制　增大有载辊缝凸度的可调范围。如 CVC 和 PC 轧机。

表 1-18　板形控制技术特点

名称		原理	应用	特点
液压弯辊	支持辊	轧辊弯曲 有效改变辊缝形状	使用少	弯曲力大
	中间辊		使用广泛	中部作用明显,方便易行
	工作辊		使用广泛	边部作用明显,方便易行
	工作辊单侧弯曲		使用较少	非对称调节
支持辊变形	BCM,SC VBL IB-UR,IC	改变辊形或轧辊弯曲特性	使用不广泛	结构复杂,作用有限
	VCL	自动改变接触线长度	用于冷轧及热轧	简单有效,改造方便
	VC NIPCO,DSR	以外力方式无级调节支持辊辊形	用于低轧制力场合,使用少	结构复杂,密封难

（续）

名称		原理	应用	特点
轧辊移位	HC 系列 UC 系列 CVC 系列	轧辊移位直接或间接改变辊缝形状	使用广泛	灵活方便，调节能力强大
	FPC，K-WRS		用于热轧	
	PC		用于热轧	
工艺手段	初始轧辊配置	直接改变辊缝形状	一般都有应用	预先考虑，非在线作用
	压下倾斜	整体改变辊缝形状	使用广泛	只针对单侧波浪
	优化规程	分配压下量时考虑板形	一般都有应用	预先考虑，非在线作用
	改变张力分布	改变张力分布影响板形	使用少	作用有限
	分段冷却	改变温度场	使用广泛	可控制任意浪形，滞后大

（2）刚性辊缝控制　增大有载辊缝横向刚度，减小轧制力变化时对辊缝的影响。如 HC 轧机通过轴向移位消除辊间有害接触，提高了轧机辊缝的横向刚度。

4. 板形控制系统

板形控制硬件系统构成如图 1-105 所示。其中，板形仪是该系统的核心。目前采用的板形仪主要有接触式和非接触式两种。非接触式主要是通过涡流或激光测距直接测量波高，在热轧应用较广泛。而接触式则是通过测量轧制过程的张力变化，由式（1-251）计算

$$\frac{\Delta L}{L}=\frac{\Delta \sigma_i}{E_s} \tag{1-251}$$

式中　$\Delta\sigma_i$——带材横截面应力的变化；

E_s——带材的弹性模量。

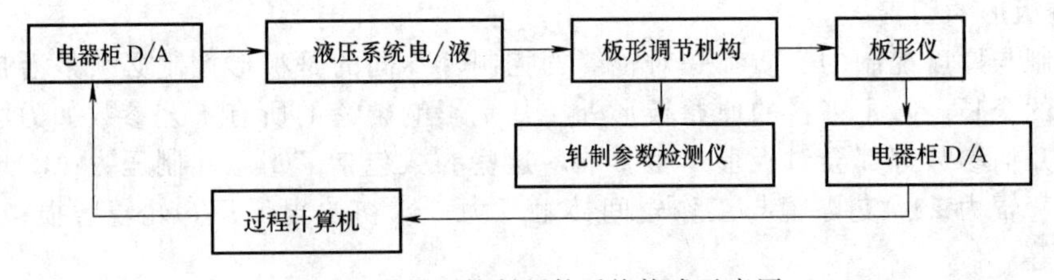

图 1-105　板形控制硬件系统构成示意图

1.8.4　智能控制技术在轧制中的应用

现代金属轧制过程特别是连轧过程的控制非常复杂，其中涉及压力、速度、流量、温度等大量物理参数，以及弹性变形、塑性变形、热-力耦合等复杂过程、工件内部组织结构与性能的变化等多方面的问题。从控制的角度来看，金属轧制过程具有典型的多边量、非线性、强耦合特征。另一方面，随着用户对钢铁产品质量、品种、性能等方面要求的日益提高，其质量指标已经达到了相当高的程度。这就为轧制过程的控制进一步增加了难度。

虽然传统的轧制理论曾经在轧制技术的发展中起到了积极的作用，但是它已经远远满足不了现代轧制技术发展的需要。例如，利用传统轧制理论推导得出的轧制力公式计算最大偏差多在 20%以上。而为了保证获得高精度的产品，现代连轧机控制系统轧制力数学模型的精度应在 10%以内，目前最高水平已达 5%。这里自适应、自学习、人工智能等起到了非常关键的作用。

由于轧制过程多变量、非线性、强耦合的特征，利用传统方法，从几条基本假设出发，按照推理演绎的方法，得到某个或某些参数的计算公式，不能满足现代化高精度轧制过程控制的要求。

过去轧机自动控制系统的缺憾和不足，是靠操作工头脑的判断、通过人工干预来弥补的。有了人工智能参与后，这部分工作有可能也通过计算机来实现。计算机从轧制生产线上所发生的过程中采集实际数据，经过利用人工智能方法处理后用于指导同一条生产线。这样操作的针对性强、可靠性高、更有利于轧制过程的优化控制。况且计算机有反应速度快、计算精度高、存储容量大等优点。

人工智能（Artificial Intelligence）控制技术包括了神经网络（Artificial Neural Network），专家系统（Expert System），模糊控制（Fuzzy Control）和遗传算法（Genetic Algorithm）等。

1. 人工神经网络

人工神经网络是由大量简单的处理单元广泛连接组成的系统，用来模拟人脑神经系统的结构和功能。人工神经网络实际上是一个超大规模非线性连续时间自适应信息处理系统。神经元模型是人工神经网络的基本处理单元，它一般是一个多输入单输出的非线性器件，结构如图 1-106 所示。

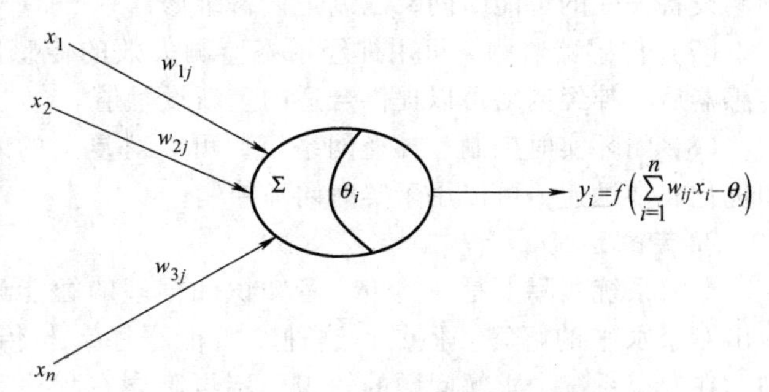

图 1-106　神经元结构模型

x_i—输入值　θ_j—第 j 个神经元的阈

w_{ij}—第 i 个神经元与第 j 个神经元的连接强度，其值为权值

函数 $f(x)$ 为传递函数或作用函数，表示神经元输入-输出关系。上述模型可以描述为：

$$s_j = \sum_{i=1}^{n} w_{ij}x_i - \theta_j \tag{1-252}$$

$$y_j = f(s_j) \tag{1-253}$$

式中　s_j——第 j 个神经元的输入总和，又称激活函数；

y_j——第 j 个神经元的输出值。

截至目前已提出了100余种人工神经网络模型，表 1-19 列举了常用的有代表性的人工神经网络。

表 1-19　常用人工神经网络模型

网络名称	标记	学习方式	结构	状态	性能与应用
感知机	Perceptron	S	FF	D	线性分类
误差反向传播网络	BP	S	FF	C	模式分类、映射、特征抽取
Hopfeild 网络	DHNN	U	FB	D	联想记忆
	CHNN	N	FB	C	组合优化问题求解
自适应共振理论网络	ART1	U	FB	D	模式识别(二进制)
	ART2	U	FB	C	模式识别、分类
波耳茨曼机	BM	S	FB、FF	C	模式识别、组合优化

注：S—有导师学习网络；U—无导师学习网络；N—强化学习网络；FF—前馈网络；FB—反馈网络；D—离散型神经网络；C—连续型神经网络

一般来说，在金属轧制过程中，有以下几个方面可以应用神经网络技术：

（1）过程模型　当积累了足够的生产过程历史数据之后，就可以利用神经网络建立精确的神经网络数学模型。

（2）过程优化　一旦建立起过程模型，就可以用来确定达到优化目的的所需要的优化的过程变量设置点。

（3）开环咨询系统　如果将神经网络模型与简单的专家系统结合起来，网络从实时数据

得到的优化结果可以显示给工厂的操作人员，操作人员可以改变操作参数以避免过程失常。

(4) 产品质量预测　一般工厂只能在产品完成一段时间后，才能从实验室里得到产品的质量检验结果，而神经网络模型可以实现在线预测产品质量，并及时调整过程参数。

(5) 可预测的多变量统计过程控制　网络模型可用来观察所有有疑问的变量对统计过程控制器（SPC）所设置的控制点的影响。采用多变量控制，可以精确预测 SPC 图上的未来几个点的位置，可以较早地预测过程失误的可能性。

(6) 预测设备维修计划　设备在连续使用中性能会降低。用神经网络可以监测设备性能，预测设备失效的可能时间，以制定设备维修计划。

(7) 传感器监测　可用神经网络监测失效的传感器，并提供失效警报，而且当重新安装传感器后，神经网络可以提供合适的重新设置值。

(8) 闭环实时控制　神经网络模型可以对复杂的闭环实时控制问题给出解决方法，预测和优化非常迅速，可以用于实时闭环控制。

2. 专家系统

专家系统实际上是一类包含着知识和推理的智能计算机程序，它能够对特定领域的问题给出专家水平的解答。但是，这种“智能程序”与传统的计算机“应用程序”有着本质区别。在专家系统中求解问题的知识已不再隐含在程序和数据结构中，而是单独构成一个知识库。它已使传统的“数据结构+算法=程序”的应用程序模式变为“知识+推理=系统”。

可以把专家系统设想为一个由一系列知识元构成的网络系统，专家系统提供了一种推理机制，可以使其能够根据不同的处理对象从知识库中选取不同的知识元构成不同的求解序列，或者生成不同的应用程序。一旦推理机制和某个专业领域的知识库建成，该系统就可以处理本领域中各种不同的问题。这好比是为每一个具体问题都准备了一个具体的程序一样。这些程序的调试和修改也只需要修改相应的知识元即可，而推理机制仍可保持不变。这样使得专家系统具有很强的适应性和灵活性。如图 1-107 所示为专家系统与常规程序系统功能结构的比较。

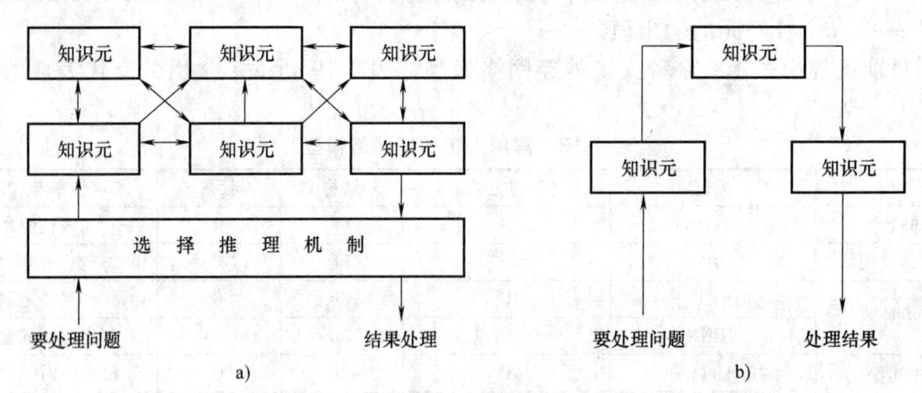

图 1-107　专家系统与常规程序系统功能结构的比较
a）专家系统　b）常规程序系统

一个以规则为基础，以问题求解为中心的专家系统主要包括以下五个组成部分：

1）知识库（knowledge base）。

2）推理机（inference engine）或推理（控制）机制。

3）综合数据库（date base）或工作存储器（work memory）。

4）解释接口（explanatory interface）或人-机界面（man-machine interface）。

5）知识获取（knowledge acguisition）或预处理程序。

以上各部分之间的相互关系如图 1-108 所示。

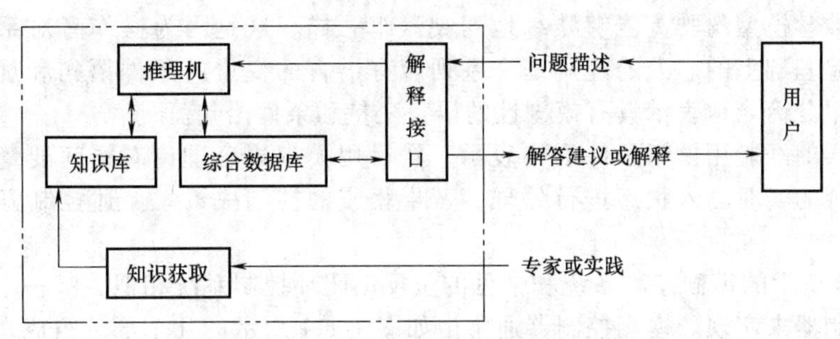

图 1-108　专家系统的一般功能结构

专家系统与板形自动控制系统联合可实现对板形的高质量在线控制功能。专家系统从AFC系统中获得实际数据，通过推理与调整，将与当时的轧制状态相适应的目标板形返回AFC系统。专家系统与AFC系统在板形控制中的相互作用如图1-109所示。

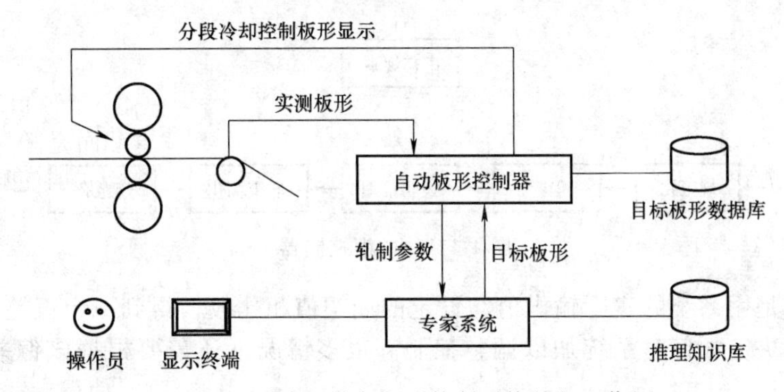

图 1-109　专家系统与板形控制系统的相互作用

该专家系统由6个单元（程序块）、3个知识库和工作存储器构成。其中，6个单元的功能如下：①数据获取单元，由操作人员读取来自AFC系统的数据；②数据分析单元，用数据分析知识对读入的数据进行分析，判定轧制状态及其确信度；③控制目标设定单元，用数据分析得到的轧制状态及控制目标设定知识来设定控制目标值；④附加动作推理单元，对于控制目标设定单元所得到的各种控制目标，运用动作推理知识并参考动作效果评价单元所得到的前期目标板形的应用效果，来决定与当前的目标板形相适应的动作；⑤目标板形生成单元，将附加动作推理单元选定的动作应用于当前的目标板形，生成新的目标板形后输入AFC系统；⑥动作效果评价单元，比较目标板形改变前后轧制状态的确信度，判断本次推理得出的动作是否有效，并作为以后附加动作的参考。

上述专家系统对轧制过程特征变化的适应性较强。在为采用板形自动控制系统时，当轧制发生问题时，熟练的操作人员根据过去的经验，采取认为对当时的状况最有效的动作，若此动作无效，再采取次好的动作，通过反复尝试直到达到动作有效为止。板形控制专家系统为实现这一点采用了特定形式的推理知识库，即按不同的控制目标将规则分类。选择控制目标时，在满足附加条件的规则中启用当前优先度最大的规则。这样，目标板形改变后，如果到达了控制目标，启用的规则的优先度增加，否则，减小其优先度，下次推理时不启用该规则，从而避免了反复出现相同失败的可能性。

3. 模糊控制系统

传统的模拟和数字控制方法在执行控制时，通常需要建立相应的数学模型，而在实际控制过程中，许多被控对象的数学模型是难以获得的，或者根本就没有精确的数学模型。尤其是对于那些变化的、非线性的复杂系统。而在实际控制中，操作者的经验十分有效，如同一

个不同汽车的数学模型驾驶员能够熟练地驾驶汽车一样。这是因为操作者对系统的控制是建立在直观的经验基础上的。人的经验是一系列含有语言的变量的条件语句和规则，而模糊集合理论则能够十分恰当地表示具有模糊性的语言变量和条件语句。

因此，把人的经验用模糊条件语句表示，然后用模糊集合理论对语言变量定量化，再用模糊推理对系统的实时输入状态进行处理，产生相应的控制决策。上述控制方法被称为模糊控制。

如图 1-110 所示的模糊控制系统和常见的负反馈闭环控制系统相似，唯一不同之处是控制装置由模糊控制器来实现。模糊控制器通常由如图 1-111 所示的几个部分组成。

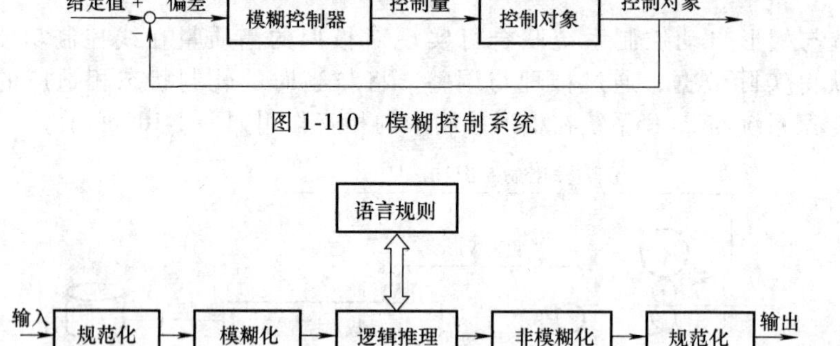

图 1-110　模糊控制系统

图 1-111　模糊控制器

通常控制总是用系统的实际输出值与设定的期望值相比较，得到一个偏差值 E，控制器根据这个偏差值来决定如何对系统加以调整控制。很多情况下还需要根据该偏差的变化率来进行综合判断。

模糊控制器的语言控制规则，简称模糊控制规则，记为 R，其形式如下

R_i：如果 x_i 为 A_{i1}，x_2 为 A_{i2}，……，x_n 为 A_{in}，

则 y 为 B_i　$i=1$，2，……，m

式中　i——规则号；

$x_i(i=1,2,\cdots\cdots,n)$——条件部分的变量；

y——结论部分的变量

A_i、B_i——分别代表各种各样的模糊子集，又称模糊变量。

例如，设 x_1、x_2 是提供控制系统情况的状态变量，y 是被控对象的输入量，下面所示的就是模糊控制器的语言控制规则：

“如果 x_1 是大的和 x_2 是小的，则 y 是大的”。

“如果 x_1 是小的和 x_2 是中等的，则 y 是中等的”。

模糊控制器由若干个控制规则的集合和模糊推理部分组成。

4. 轧制过程问题的求解机制

轧制过程，特别是现代连轧生产过程，是一个很复杂的实际过程，其求解机制按照知识表述的难易和结构化程度的强弱可分为分析机理、推理机制、搜索机制、思维机制 4 种类型，如图 1-112 所示。

（1）分析机制　轧制过程中有些规律性强，知识表述容易，利用数学、力学或热力学等原理可以描述的定解问题，本质已经为人们所掌握，解法已基本成熟，或者可以通过进一步研究，主要可利用数学分析的方法进行处理。例如轧制过程中的温度、轧制力、力矩、功率等问题，尽管有时还需要进一步提高计算精度，但是基本上属于可以用数学模型解决的问题，这类问题可以用分析机制求解。

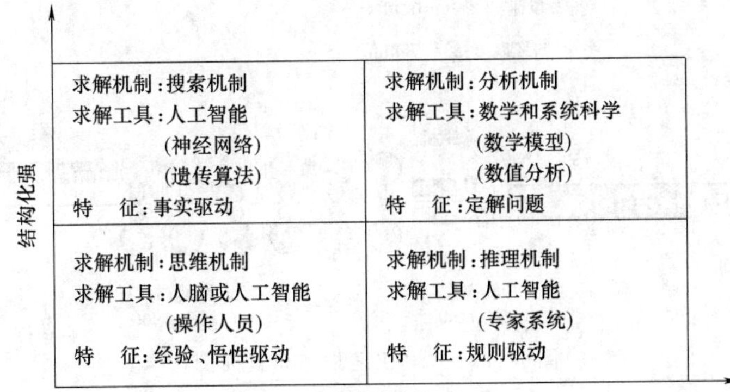

图 1-112　轧制问题的求解机制

(2) 推理机制　有些问题虽然知识表达容易，但是难以用数学方程描述。例如型钢轧制中孔型系统的选择、轧辊材质与表面状态的选择、轧制计划的编排等，通常需要由掌握专门知识的专业人员负责确定。现在则可利用专家系统或模糊逻辑通过推理机制来完成。

(3) 搜索机制　在轧钢生产和设计过程中，往往会遇到一些问题，很难讲清道理，也没有一成不变的固定规律，解决这些问题依靠的是多年实践中积累的知识。这类问题可以用对以往事实进行搜索的方式寻求答案。遗传算法是一种典型的利用搜索机制工作的智能工具，在给定了优化目标的前提下，利用遗传算法可以在无须确定函数关系的前提下寻找最佳值。

(4) 思维机制　过去轧制过程中有些突发事件的处理、异常情况的诊断、起停指令的下达等，要由人来完成，所依靠的是思维机制。近年来用计算机代替人脑工作的范围在逐渐扩大，无人操作的轧钢生产线已经成为现实。机器思维取代部分人类思维是人工智能应用的突出成果。在轧钢生产线的控制上，计算机往往比操作工工作的更好。

1.9　热轧板带工艺控制新技术

1.9.1　薄板坯连铸连轧

薄板坯连铸连轧（thin slab casting and rolling-TSCR）技术是现代钢铁制造业的一项崭新的、短流程生产技术，其中包括冶炼、连铸、均热、连轧与冷却等主要工艺环节。其工艺特点是流程紧凑，将冶炼、精炼的钢液经薄板坯连铸机以高的连铸速度（通常为 3~6m/min）生产薄板坯（通常厚度为 50~90mm），并直接进入隧道炉短时均热（约 20min）轧制成热轧板卷，全流程仅需 1.5h 左右。根据生产厂商及生产线的技术特点不同，薄板坯连铸连轧工艺主要有 CSP（compact strip production）工艺、FTSR（flexible thin slab rolling）工艺以及 ISP（inline strip production）工艺等。1989 年，世界上第一条薄板坯连铸连轧线-电炉 CSP 线在美国纽柯钢铁公司投产。

1. 薄板坯连铸连轧工艺与传统工艺的比较

到 2014 年，世界上已建成 60 多条薄板坯连铸连轧生产线，中国有 13 条。其中 CSP 线约占总数的三分之二。CSP 技术设备相对简单、流程通畅、生产比较稳定，其工艺设备布置简图如图 1-113 所示。CSP 线的铸坯厚度一般在 50~70mm（当采用动态软压下时，可将结晶器出口 90mm 左右坯厚带液芯压下成 65~70mm，或将 70mm 坯厚软压下到 55mm），精轧机组由 6~7 机架组成。由薄板坯连铸连轧工艺流程的特殊技术组成和工艺特点，决定其在连铸和轧制等主要工艺环节与传统热连轧工艺的区别，下面简要地将二者在轧制工艺特点等方面进行比较。

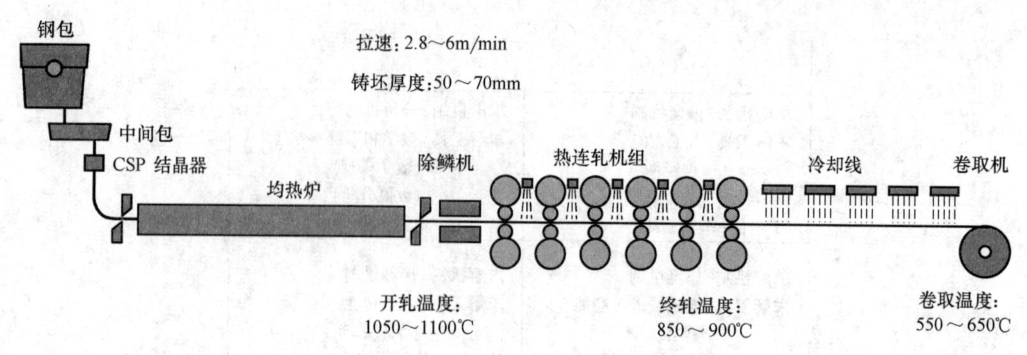

图 1-113　CSP 工艺设备布置简图

（1）轧制工艺特点及板坯热历史比较　薄板坯连铸连轧工艺过程与传统连铸连轧工艺的最大不同在于热历史不同，如图 1-114 所示为二者之间工艺流程的比较，如图 1-115 所示为二者之间热历史的比较。由图 1-114 可知，在薄板坯连铸连轧工艺过程中，从钢液冶炼到板卷成品约为 1.5h，而传统连铸连轧工艺所需时间要长得多。图 1-115 清楚地表明，在薄板坯连铸连轧工艺中，从钢液浇注到板卷成品，板坯经历了由高温到低温、由 $\gamma\rightarrow\alpha$ 转变的单向变化过程。而在传统连铸连轧工艺中，板坯的热历史为 $\gamma_{(1)}\rightarrow\alpha$，$\alpha\rightarrow\gamma_{(2)}$，$\gamma_{(2)}\rightarrow\alpha$ 过程，由于薄板坯和厚板坯连铸连轧的热历史及变形条件与过程不同，决定其再结晶、相变以及第二相粒子析出过程、状态和条件的不同，从而对板材成品的组织性能具有不同的影响。

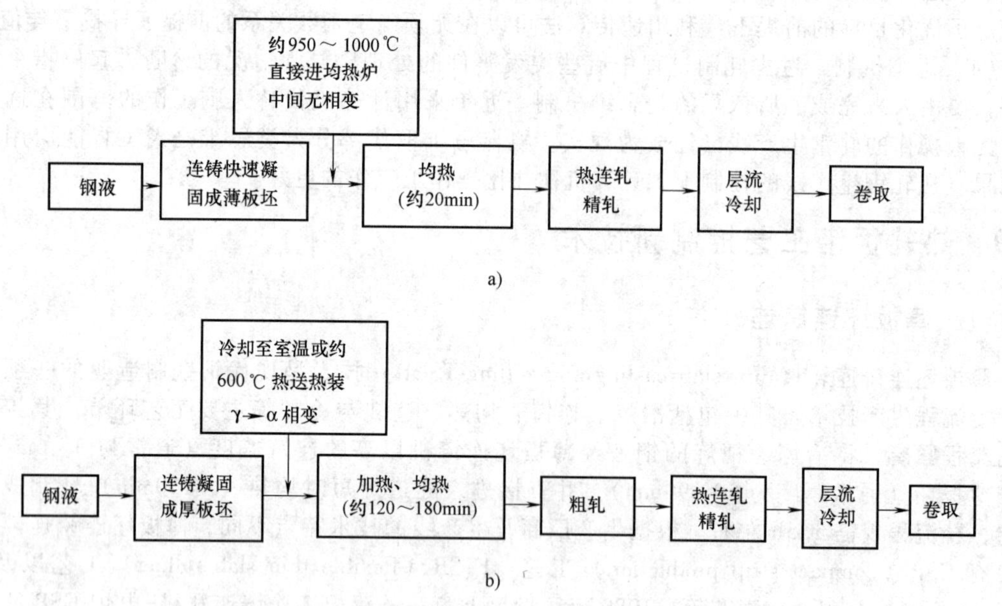

图 1-114　薄板坯连铸连轧工艺与传统连铸连轧工艺流程的比较
a）薄板坯连铸连轧工艺流程　b）传统连铸连轧工艺流程

目前，在 CSP 线连轧关键技术中，均热采用直通式辊底隧道炉，冷却采用层流快速冷却技术，而且 CSP 线轧机的布置与传统生产线不同，精轧机组与均热炉紧密衔接，大压下和高刚度轧制等，是现代薄板坯连铸连轧的工艺特点之一。直通式辊底隧道炉可以保证坯料头尾无温降差，因而不需要采用类似于带钢边部加热、提速或中间机座冷却的修正措施来均匀板坯温度；层流快速冷却可保证薄板在长度及宽度方向上温度均一，抑制微合金元素的固溶状态，实现薄板中这些元素微细弥散析出，有利于相变细化和组织强化。

（2）二相粒子的析出行为不同　在连铸连轧生产时，为了细化粗大的奥氏体晶粒，就不

得不进行多次晶粒细化过程；为了细化晶粒，必须发生完全再结晶。奥氏体的再结晶行为可以通过加入微合金元素来改善。

与传统工艺相比，薄板坯连铸连轧工艺具有独特的微合金元素行为，这是由于铸坯凝固后较高的冷却速度以及高温直装铸坯温度，使合金元素在溶解和析出过程中表现出来的行为与传统工艺不同，即可由碳、氮化合物溶解和沉淀强化的不同作用来解释。微合金元素在CSP工艺热轧开始前，在奥氏体中几乎完全溶解，不像传统生产工艺的板坯因冷却而析出，具有全部微合金优势，可用于奥氏体晶粒细化和最终组织的析出强化，所以会对最终产品的性能产生重要的影响。在传统工艺再加热前的冷却过程中，部分合金元素已经以碳化物和氮化物的形式析出，随后因有限的加热温度，仅有部分元素及化合物能够溶解，所以损失了一部分可细化奥氏体晶粒和最终沉淀强化的微量元素及二相粒子。

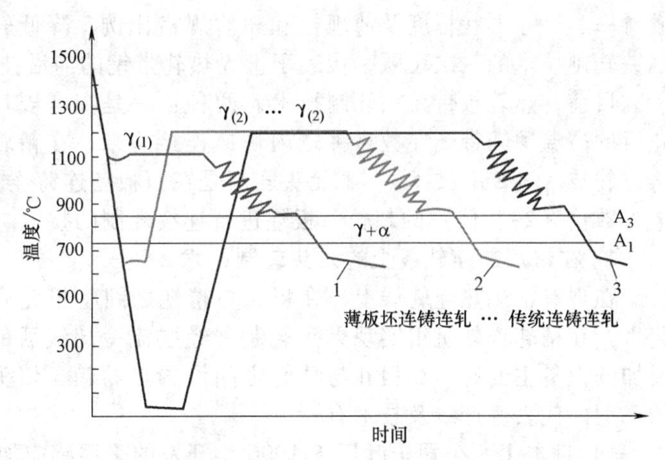

图1-115 薄板坯连铸连轧工艺与传统连铸连轧工艺热历史的比较
1—薄板坯连铸连轧 2—传统连铸连轧（热送热装）
3—传统连铸连轧（冷装）

（3）板坯在辊道上的传输速度不同 CSP线与传统热轧工艺的板带在传输辊道上的传输速度有较大差异。例如在轧制1.0mm带材时，板带在输出辊道上的极限运行速度约为12.5m/s（传统热连轧线最高可达20m/s左右）。因为传输速度的差异，随后的冷却形式和卷取温度也因之而发生变化，从而进一步影响着板带组织的结构、状态和最终性能。

基于上述原因，薄板坯连铸连轧工艺与传统热轧工艺不同，必须对最终组织，与析出物生成有直接关系的均热、压下规程，以及冷却等工艺参数给予高度重视。

（4）高效除鳞技术 薄板坯在整个轧制过程中始终处于很高的温度下，没有传统板坯温度下降到室温或降到600~700℃的过程，并且加热时间和板坯出加热炉到进入除鳞机时间很短，薄板坯温降很小，氧化皮在板坯表面薄且粘，很难去除，因此用薄板坯生产的热轧板带，表面质量一直是一个较难解决的问题。西马克公司开发的与薄板坯连铸连轧设备配套的高压小流量高效除鳞设备，压力达35~45MPa。

2. 薄板坯连铸连轧的轧机配置及板形板厚控制技术

在薄板坯连铸连轧的精轧机组上通常采用CVC轧机或PC轧机系统。为了批量生产良好的薄带钢，在轧机控制上除采用工作辊弯辊系统（WRB）、APC自动端面形状控制系统、AGC自动辊缝控制系统等技术外，还采用了在线磨辊ORG技术、保持良好板凸度的动态PC轧机、保持最佳辊面状态的WRS技术以及实现稳定轧制的无间隙装置等。其中包括：高刚度大压下轧制的优化负荷分配；高效轧制润滑技术；先进的板形板厚控制系统，保证高精度的板材质量；机架间水冷装置与自动活套控制系统等。通过灵活选用机架间冷却并与道次变形量配合，可精确控制机架间轧件的变形温度，从而对轧件的再结晶变形条件、细化组织、改善性能等进行控制。自动活套控制系统又进一步对轧制过程稳定性、轧件尺寸形状精度起到保证作用。

1.9.2 热轧板带无头轧制、半无头轧制

热轧板带无头轧制和半无头轧制的目的在于解决间断轧制问题的同时，进一步提高板带

成材率、尺寸形状精度及薄规格和超薄规格比例、降低轧辊消耗及节能降耗等。该项技术是钢铁轧制技术的一次飞跃，代表了世界热轧带钢的前沿技术。

目前，热轧板带无头轧制技术有两种：一是在常规热连轧线上，在粗轧与精轧之间将粗轧后的高温中间带坯在数秒钟之内快速连接起来，在精轧过程中实现无头轧制；二是无头连铸连轧技术（ESP 技术）。半无头轧制是在薄板坯连铸连轧线上，采用比通常短坯轧制的连铸坯长数倍（2~7 倍）的超长薄板坯进行连续轧制的技术。

1. 在常规热连轧线上的无头轧制技术

在现有常规热连轧线上，在粗轧与精轧之间将粗轧后的中间带坯在数秒钟之内快速连接起来，在精轧连轧机组实现无头轧制，经层流冷却线后的飞剪切断，由卷取机卷成热卷。其增加的设备主要有：在粗轧与精轧之间设置热卷箱、切头剪、中间板坯连接装置及卷取机前的飞剪。代表生产线及技术有：

1）日本 JFE 公司千叶厂于 1996 年开发的采用感应加热焊接作为粗轧后的带坯连接方式，该方式要求对带坯接头区进行快速加热，形成热熔区实现对焊连接。如图 1-116 所示为 JFE 无头轧制生产线示意图。该生产线投产后，在提高热轧板带生产效率、成材率及板形板厚精度、降低轧辊消耗、扩大薄宽规格品种等方面取得了显著的效果。

2）日本新日铁大分厂于 1998 年开始采用大功率激光焊接方式进行中间带坯连接。在该种方式下，为得到优质的焊接效果，要求激光焊接对带坯头部、尾部进行精确切割，以实现良好对焊质量。

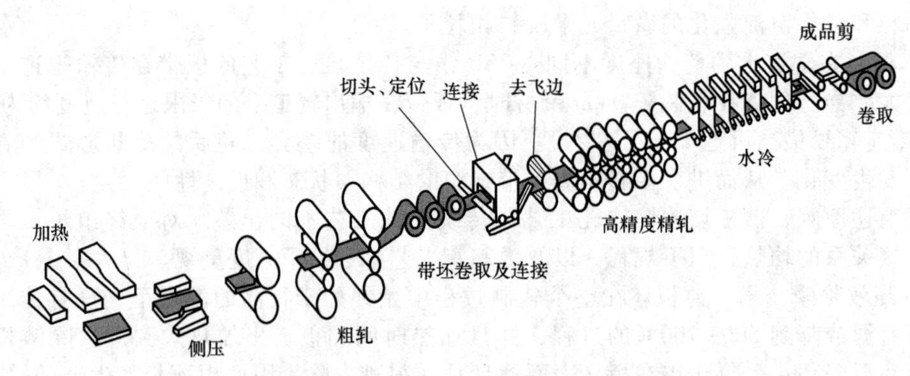

图 1-116　日本 JFE 无头轧制生产线示意图

3）韩国浦项和日立公司于 2007 年成功联合开发出热轧中间带坯的剪切连接技术，即利用特殊设计的剪切压合设备完成带坯瞬间固态连接，其生产线示意图如图 1-117 所示。通过无头轧制，不仅在薄宽规格产品尺寸精度方面得到显著提高，与通常短坯间歇式轧制比较，生产效率提高 25%~30%，充分发挥了精轧机组的能力。

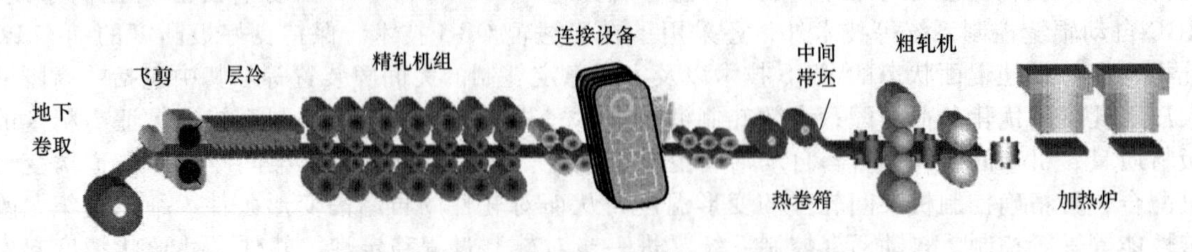

图 1-117　韩国浦项无头轧制生产线示意图

2. 无头连铸连轧技术（ESP）

无头连铸连轧技术 ESP（endless strip production）由意大利阿维迪公司开发，2009 年在阿维迪公司克莱蒙纳厂建设投产了世界上第一条无头连铸连轧生产线——ESP 线。ESP 线的最

大铸速为 7.0m/min，带钢的极限规格为 0.8mm×1600mm 和 1.5mm×2100mm，非常适合薄规格板带大批量生产。50%的带钢厚度小于或等于 2mm，钢液到热轧卷的铸件成品率达到 97%~98%，能源消耗比常规热轧工艺降低 50%以上，排放量降低 55%。如图 1-118 所示为 ESP 线布局示意图。

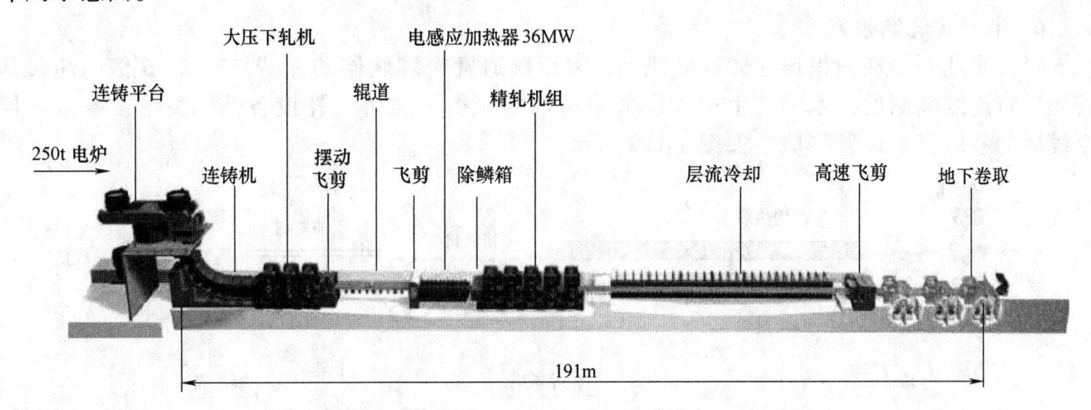

图 1-118　ESP 线布局示意图

在 2015~2016 年，我国山东日照钢铁公司从阿维迪引进的 3 条 ESP 线已陆续投产，最薄热轧宽带钢产品厚度为 0.8mm。

3. 无头轧制的优势及特点

在板带热连轧过程控制方面，无头轧制的优势和特点在于：

（1）节能节材显著　与同常规热连轧相比，采用将多块中间带坯快速连接后进行无头轧制的成材率平均提高 1%~2%，辊耗降低约 2%，生产效率提高 5%~10%（无头轧制过程中轧机无间隙空转时间）；采用无头连铸连轧的 ESP 技术与传统板带轧机相比，可使成材率提高 2%~3%，能耗减少 40%。

（2）提高穿带效率　在单块坯薄带轧制过程中穿带时产生的弯曲和蛇形，多是由于无张力产生的头尾特有现象，当无头轧制产生张力后，几乎不发生蛇形现象并可实现稳定轧制。

（3）提高质量稳定性和成材率　无头或半无头轧制使整个带卷保持恒定张力实现稳定轧制，并且不发生由轧辊热膨胀和磨损模型引起的预测误差及调整误差产生的板厚变化和板凸度变化，可显著提高板厚精度。超薄热轧板带的厚度精度可达±20μm，合格率超过 99%，1.0mm 带钢合格率甚至比 1.2mm 还要高。超薄热轧板带还显示出优良的伸长率和均匀的微观组织结构。另外，通过稳定轧制也提高了温度精度。在无头轧制中几乎不发生板带头部到达卷取机前这段约 100 多米长的板形不良或非稳定轧制引起的质量不良。

（4）提高生产率　通常，在常规热连轧线生产 1.8~1.2mm 的薄规格板带时，由于板带头部在辊道上发飘，穿带速度限制在 800m/min 左右，而在无头或半无头轧制时已不受此限制。另外，单块坯轧制中的间歇时间在无头轧制中减为零，由此可显著提高薄规格轧制效率。

（5）可生产薄而宽的薄板和超薄规格板　无头或半无头轧制的主要目的之一在于稳定生产过去热轧工艺几乎不可能生产的薄宽板和超薄规格钢板。例如，在传统连铸连轧工艺中，过去热轧最薄轧制到 1.2mm，其最宽到 1250mm。采用无头轧制时，可将非常难轧的材料夹在较容易轧制的较厚材料之间，使其头尾加上张力进行稳定轧制。因此，板厚 1.2mm 的可轧到 1600mm 宽，板宽 1250mm 以下的可轧到 0.8mm。

（6）通过稳定润滑和强制冷却轧制生产新品种　热轧时采用强制润滑轧制可生产具有优良性能的钢板，但实际上，为了防止因喷润滑油产生的带坯头部咬入打滑，所以稳定的润滑区仅限于每卷的中部区域。因此产品质量难以稳定，成材率也低。在无头轧制中，当第一块板坯的头部通过精轧机组后，直到最后部分板带通过机组的较长时间内都可实现稳定润滑，因此，在能进行稳定润滑的同时又可减少材料损耗1/6~1/10。在无头轧制时，由于可以对精轧出口处的板带施加张力，即使采用快速冷却也不存在穿带和冷却不均问题，由此可得到全长均匀的材质。

4. 半无头轧制技术

半无头轧制是在薄板坯连铸连轧线上，采用比通常短坯轧制的连铸坯长2~6倍的超长薄板坯进行连续轧制的技术。其生产线设备除通常的薄板坯连铸连轧设备外，关键设备是在层冷线后的卷取机前设置飞剪，如图1-119所示。

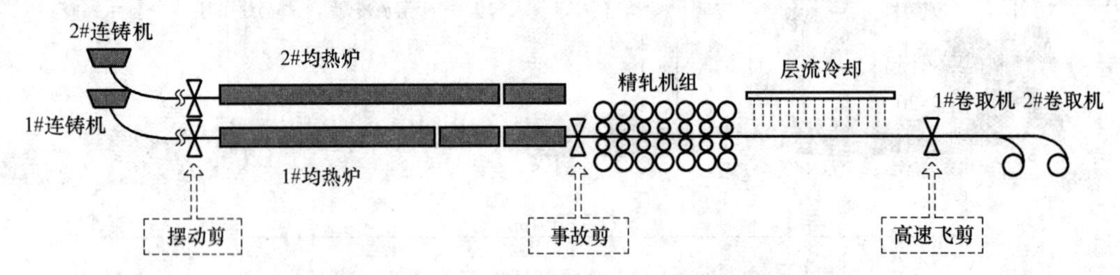

图1-119 半无头轧制生产线的设备布置图

采用半无头轧制不仅可以扩展生产线的薄规格、高强钢品种范围，实现部分“以热代冷”，而且在提高生产效率和成材率、改善板带全长组织性能稳定性、均匀性以及尺寸形状精度等方面优势明显。德国蒂森和荷兰霍哥文以及中国涟钢等的CSP线均已先后实现半无头轧制，在大批量生产高质量薄规格板带生产上取得显著效果。

目前在薄板坯连铸连轧生产线上通过采用半无头轧制工艺，热轧薄规格成品厚度最薄达到0.8mm（宽度1200mm），当厚度为1.2mm时，宽度可达1600mm。

实现半无头轧制工艺的关键技术主要有：

1）采用动态CVC轧机、动态PC轧机等连续控制工作辊热凸度和平直度，以及采用厚度自动控制（AGC）技术。

2）采用动态变规格轧制技术FGC（flying gauge control）。

3）均匀轧辊磨损专用设备和技术，如轴向串辊技术等（如CVC、F2CR、ORG技术等）。

4）在卷取机前设置一台高速滚筒式飞剪，可在带钢速度高达20m/s时切分钢卷。

5）为保证带钢顺利导入卷取机，尽可能地在靠近末架精轧机后设置一台近距离的轮盘式卷取机，或设置两台带有高速穿带装置的地下卷取机，在带钢高速运行的情况下，能在两个卷取机之间进行快速切换，连续不断地卷取带钢。

6）优化铸坯长度与拉坯速度。

7）采用工艺润滑、确定合理的衔接段长度以及采用特殊的轧机主传动系统设计等。

复习思考题

1. 当两轧辊半径不同时，$R_1 \neq R_2$，根据作用在两轧辊上力和压力平衡条件推导变形区长度。设m_1和m_2为两轧辊侧的压下量，Δh为总压下量，且$m_1+m_2=\Delta h$。
2. 在什么轧制条件下应考虑轧辊弹性压扁？为什么？
3. 试述孔型轧制与平辊轧制咬入条件的异同点。
4. 采用移位体积分析方法推导如图1-120所示的三种变形方式的变形程度。
5. 简述三种宽展类型的特征，并说明如何控制各类型宽展量的大小。
6. 平辊轧制时决定轧后轧件侧边形状的主要因素是什么？通常根据什么来判断轧后轧件的侧边形状？
7. 影响宽展的基本因素是什么？
8. 在孔型中轧制较之平辊轧制有哪些特点？

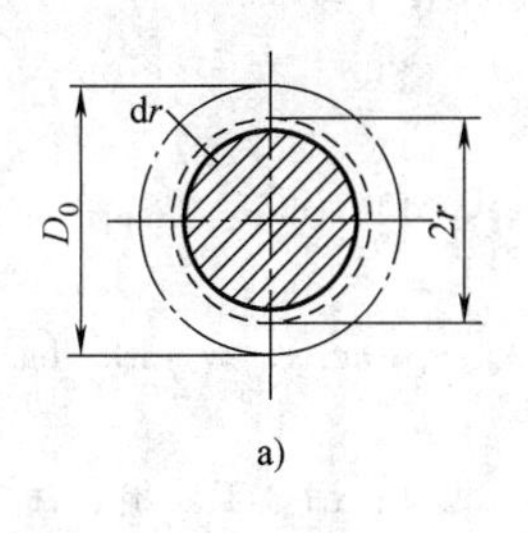

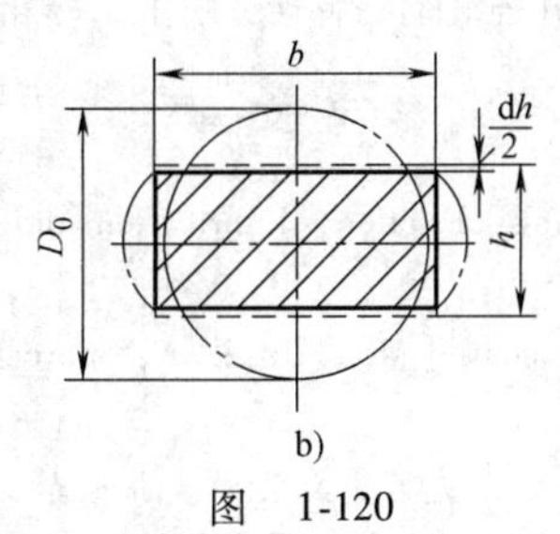

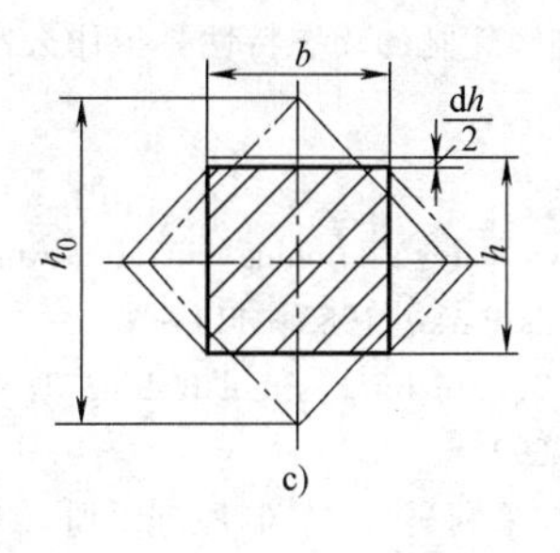

图 1-120

a）圆-圆变形 b）圆-扁变形 c）方-六角变形

9. 孔型轧制时，引起轧件不均匀变形的主要因素是什么？

10. 试利用如图1-26所示的三条曲线所对应的数据分别代入S. 艾克伦德前滑公式和D. 德里斯顿前滑公式，给出相应的曲线并比较三个前滑公式的差别。

11. 对简单理想轧制过程，假定接触面全滑动并遵守库仑干摩擦定律，单位压力沿接触弧均匀分布、轧件无宽展，按变形区内水平力平衡条件导出中性角 γ 与咬入角 α 及摩擦角 β 的关系式 $\gamma=\frac{\alpha}{2}\left(1-\frac{\alpha}{\beta}\right)$。

12. 利用前滑公式和中性角公式来说明各因素对前滑的影响趋势。

13. 简述金属成形时摩擦的影响，如何降低轧制时金属的黏结和轧辊磨损。

14. 实际轧制中常见的是哪一种摩擦类型？

15. 干摩擦、常摩擦及液体摩擦理论的应用条件是什么？

16. 热轧稳态轧制时的摩擦系数主要受哪些因素的影响？其影响趋势是什么？

17. 冷轧稳态轧制时的摩擦系数主要受哪些因素影响？其影响趋势是什么？

18. 金属材料的实际变形抗力由哪几部分组成的？

19. 说明低碳钢的 $\sigma_{0.02}$、σ_b 随温度由室温到1200℃的变化状态，并指出各峰值区形成的原因。

20. 说明轧制时平均变形抗力的概念、表示方法及一般处理方法。

21. 影响变形抗力的主要因素是什么？这些因素是怎样影响的？

22. 冷变形抗力应主要考虑哪几种因素的作用，各因素的影响趋势是怎样的。

23. 给出低碳钢、低合金钢和高强度钢的冷变形抗力随压下率的变化范围。

24. 当成分一定时，冷变形抗力与晶粒直径具有怎样的关系，为什么？

25. 热变形抗力应主要考虑哪几种因素的作用，各因素作用的趋势是怎样的？

26. 定义轧制单位压力和单位摩擦力。

27. 卡尔曼方程建立的假设条件是什么？

28. 影响轧制单位压力分布的主要因素有哪些，其作用结果是怎样的？

29. 对同一金属材料，在相同温度及速度条件下，决定轧制过程本质的主要因素是什么？

30. 什么叫轧制压力？轧制压力与单位压力及变形区几何参数的关系是怎样的？

31. 平均单位压力如何表示？确定平均单位压力的方法有哪几种？

32. 平均单位压力主要与哪些因素有关？这些因素的影响趋势是怎样的？

33. 通常轧制力矩是由哪几部分组成？

34. 轧制力臂 α 通常是怎样确定的？

35. 画出两辊不传动，靠张力辊拉拔时的轧辊受力图示，推导所需作用力大小（前张力 Q_h 和后张力 Q_H 均存在）。

36. 画出单辊传动（下辊）时的作用力图示，推导轧制力矩表达式（分不考虑轴承摩擦和考虑轴承摩擦两种情况）。

37. 确定轧制力矩的方法有哪几种？它们在处理方法上有哪些不同？

38. 何为连轧常数？试推导连轧常数。

39. 轧机出口板厚主要与什么因素有关，如何表示？

40. 连续轧制的静态特性是指什么？在连轧静态特性分析上，冷轧与热轧有什么区别？

41. 连续轧制的动态特性是指什么？在连轧动态特性分析上，冷轧与热轧有什么区别？

参考文献

[1] J. A. Schey. Tribology in Metalworking: Friction, Lubrication and Wear [M]. Ohio: American Society for Metals Park, 1983: 11-39.

[2] V. B. Ginzburg. Steel-Rolling Technology [M]. U. S. A: marcel dekker, inc. /new york. basel, 1988: 343-392.

[3] A. N 采利科夫. 轧制原理手册 [M]. 王克智，欧光辉，张维静，译. 北京：冶金工业出版社，1989.

[4] 曹乃光. 金属塑性加工原理 [M]. 北京：冶金工业出版社，1983.

[5] 赵志业. 金属塑性变形与轧制理论 [M]. 北京：冶金工业出版社，1980.

[6] 镰田正诚. 板带连续轧制 [M]. 李伏桃，陈岿，康永林，译. 北京：冶金工业出版社，2002.

[7] 康永林，孙建林. 轧制工程学 [M]. 2 版. 北京：冶金工业出版社，2014.

[8] 茹铮，余望，等. 塑性加工摩擦学 [M]. 北京：科学出版社，1992.

[9] B. Avitzur. Advanced Technology of Plasticity 1990 [M]. Proceedings of 4th ICTP, 1990: 1627-1636.

[10] 五弓勇雄. 金属塑性加工の进步 [M]. 日本：コロナ社，1978: 213-215.

[11] 曹宏德. 塑性变形力学基础与轧制原理 [M]. 北京：机械工业出版社，1987.

[12] R. Kopp, H. Wiegels. 金属塑性成形导论 [M]. 康永林，洪慧平，译. 北京：高等教育出版社，2010.

[13] 王廷溥，齐克敏. 金属塑性加工学：轧制理论与工艺 [M]. 北京：冶金工业出版社，2005.

[14] B. K. 斯米尔诺夫，B. A. 希洛夫，B. 伊纳托维奇. 轧辊孔型设计 [M]. 鹿守理，黎景全，译. 北京：冶金工业出版社，1991.

[15] 康永林，傅杰，柳得橹，等. 薄板坯连铸连轧钢的组织性能控制 [M]. 北京：冶金工业出版社，2006.

[16] 日本钢铁协会. 板带轧制理论与实践 [M]. 王国栋，吴国良，等译. 北京：中国铁道出版社，1990.

[17] Л. и 波卢欣，等. 金属与合金的塑性变形抗力 [M]. 林治平，等译. 北京：机械工业出版社，1984.

[18] 康永林. 现代汽车板工艺及成形理论与技术 [M]. 北京：冶金工业出版社，2009.

[19] 周纪华，管克智，等. 热连轧机轧制压力数学模型 [J]. 北京：钢铁，1992，27，45.

[20] 李连诗. 轧制工程学：上册 [M]. 北京：北京科技大学出版社，1988.

[21] 鹿守理. 相似理论在塑性加工过程模拟中的应用 [M]. 北京：北京科技大学出版社，1991.

[22] 李曼云，孙本荣. 钢材的控制轧制与控制冷却技术手册 [M]. 北京：冶金工业出版社，1990.

[23] 贺毓辛. 现代轧制理论 [M]. 北京：冶金工业出版社，1993.

[24] V. B. 金兹伯格. 板带轧制工艺学 [M]. 马东清，等译. 北京：冶金工业出版社，1998.

[25] V. B. 金兹伯格. 高精度板带轧制理论与实践 [M]. 姜明东，王国栋，等译. 北京：冶金工业出版社，2000.

[26] 王国栋. 板形控制和板形理论 [M]. 北京：冶金工业出版社，1986.

[27] 康永林，周明伟，刘旭辉，等. 半无头轧制薄规格带钢的组织性能与板形 [J]. 北京：钢铁，2012，47 (1)，44-50.

[28] 康永林，朱国明. 热轧板带无头轧制技术 [J]. 北京：钢铁，2012，47 (2)，1-6.

第2章 锻造原理与控制

锻造加工中坯料及锻件情况不同，成形方法也不同。本章按各典型工序所完成的成形种类进行划分，对自由锻造及锤上模锻各主要工序的变形规律和变形特点进行了分析，并从金属变形流动分析入手，探讨锻造过程中锻件缺陷产生的原因及改善质量的措施。

2.1 镦粗成形原理

使坯料高度减小而横截面增大的锻造工序称为镦粗。

镦粗的方法有平砧镦粗、垫环镦粗和局部镦粗。

镦粗目的：

1）由横截面积较小的坯料得到横截面积较大而高度较小的锻件。

2）冲孔前增大坯料横截面积和平整坯料端面。

3）提高下一步拔长时的锻造比。

4）提高锻件的力学性能和减少力学性能的异向性。

5）破碎合金工具钢中的碳化物，并使其均匀分布。

2.1.1 平砧镦粗

坯料在上下平砧间或镦粗平板间进行的镦粗称为平砧镦粗，如图 2-1 所示，其中坯料高度 H_0 与直径 D_0 之比称为高径比。

1. 圆形截面坯料镦粗

用平砧镦粗圆柱坯料时$\left(\dfrac{H_0}{D_0}=0.8\sim2\right)$，随着高度的减小，金属不断向四周流动。由于坯料和工具存在摩擦，镦粗后坯料的侧表面变成鼓形，同时造成坯料内部变形分布不均（见图 2-2）。通过采用网格的镦粗试验可以看到，根据镦粗后网格的变形程度大小，沿坯料对称面可分为三个变形区。

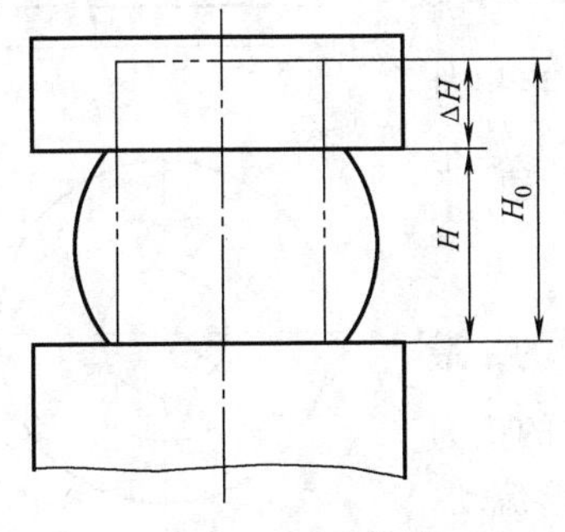

图 2-1 平砧镦粗

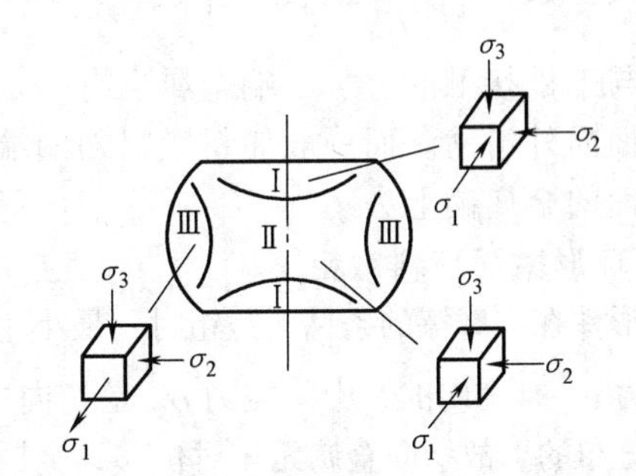

图 2-2 圆柱坯料镦粗时的变形分布

Ⅰ—难变形区 Ⅱ—大变形区 Ⅲ—小变形区

区域Ⅰ：由于摩擦影响最大，该区变形十分困难，称为“难变形区”。

区域Ⅱ：该区受摩擦的影响较小，应力状态有利于变形，因此该区变形程度最大，称为“大变形区”。

区域Ⅲ：其变形程度介于区域Ⅰ与区域Ⅱ之间，称为“小变形区”。

对不同高径比尺寸的坯料进行镦粗时，产生的鼓形特征和内部变形分布也不同。如图 2-3 所示。

镦粗较高坯料$\left(\frac{H_0}{D_0}=2\sim3\right)$时，开始时在坯料的两端先产生双鼓形，上部和下部变形大，中部变形小。在锤上、水压机上或热模锻压力机上镦粗时均可能产生双鼓形，而在锤上镦粗时更易产生。

较高坯料镦粗时与工具接触的上、下端金属由于摩擦等因素的影响，形成近似锥形的困难变形区，外力通过它作用到坯料的其他部分（见图 2-4a）。在困难变形区的外圈切一个薄环（见图 2-4b），该环受内压力作用，处于径向、轴向受压而切向受拉的应力状态（见图 2-4c）。由于受异号应力作用，上、下端外圈金属较坯料中部易于满足塑性条件，因此导致双鼓形的形成。如果继续镦粗到$\frac{H_0}{D_0}=1$，则由双鼓形变为单鼓形。

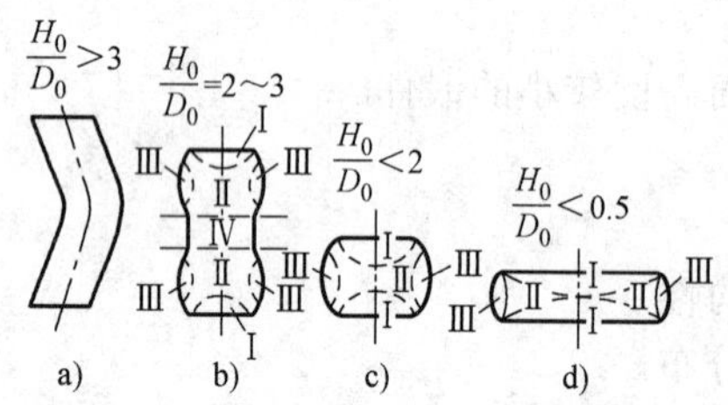

图 2-3　不同高径比坯料镦粗时鼓形情况与变形分布

Ⅰ—难变形区　Ⅱ—大变形区

Ⅲ—小变形区　Ⅳ—均匀变形区

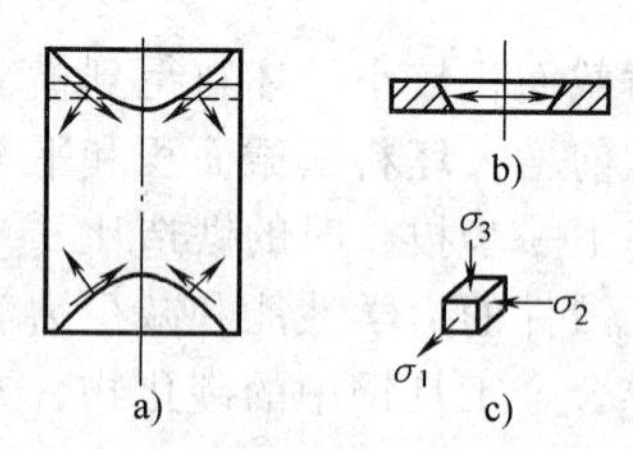

图 2-4　较高坯料镦粗时的受力情况

当坯料更高$\left(\frac{H_0}{D_0}>3\right)$时，镦粗时容易失稳而弯曲（见图 2-3a）。

当矮坯料$\left(\frac{H_0}{D_0}<0.5\right)$镦粗时，按变形程度大小也可分为三个区，但由于相对高度较小，内部各处的变形条件相差不太大，内部变形较一般坯料$\left(\frac{H_0}{D_0}=0.8\sim2\right)$镦粗时均匀些，鼓肚形也较小。这时，与工件接触的上、下端金属也有一定程度的变形，并相对工件表面向外滑动。而一般坯料镦粗初期端面尺寸的增大主要是靠侧表面的金属翻上去。

2. 环形截面坯料镦粗

环形件在有摩擦的条件下镦粗时，最小主应力 σ_3 是轴向的，最大主应力 σ_1 是径向的，中间应力 σ_2 是切向的，由于在切向的应力是均匀分布的，故切向金属无相对位移，金属在子午面上变形流动，轴向缩短，径向伸长。由于在内外侧边缘上最大主应力 $\sigma_1=0$，中间某处 σ_1 为负值，增量方向是沿径向由中间向内和向外。于是，靠近内壁的金属沿径向向内孔流动，靠近外周的金属沿径向向外流动，在环形件中出现了流动分界面，如图 2-5 中的点划线所示。

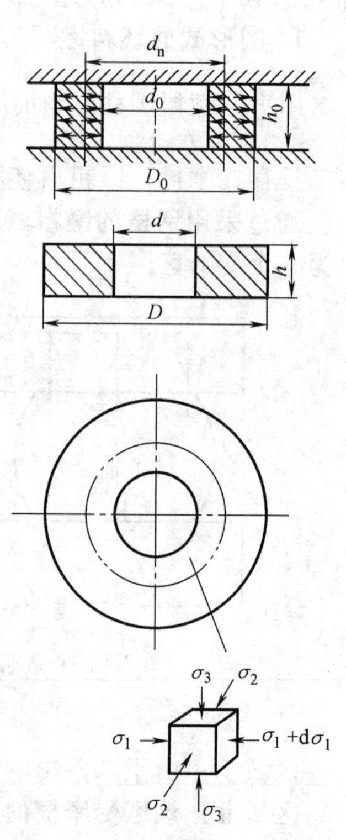

图 2-5　环形件镦粗时的主应力简图及流动分区示意图

由于金属向内孔流动时，直径缩小，沿切向受压应力，该切向压应力可以引起一个径向的压应力（见图 2-6），从而使分界

面的位置不是在圆环壁厚的中间处，而是偏于内侧。由于内孔直径缩小时要由内力引起径向向外的应力，因此，在没有摩擦的条件下镦粗环形件时，坯料外径增大，内孔直径也增大。

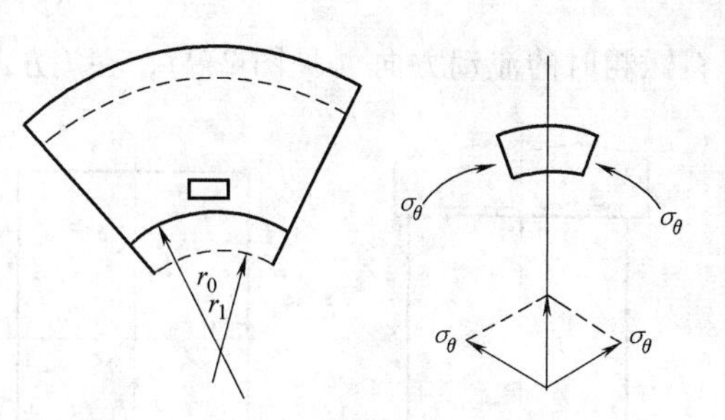

图 2-6　环形件镦粗时受力分析简图

3. 矩形截面坯料镦粗

（1）矩形截面坯料镦粗时的应力应变分析

矩形截面坯料在平砧间镦粗时（见图 2-7），由于沿 m 和 l 两个方向受到的摩擦阻力不同，变形体内各处的应变情况也是不同的。在图 2-7b 中可以分为四个区域，在Ⅰ、Ⅱ区内，m 方向（长度方向）的阻力大于 l 方向（宽度方向）的阻力。在 l 轴上，m 方向的阻力最大。三个方向应力绝对值大小的顺序为：$|\sigma_n|>|\sigma_m|>|\sigma_l|$，根据应力应变关系，坯料在高度方向被压缩后，金属沿 l 方向的伸长应变较大，m 方向则较小，如图 2-7c 所示，在对称轴（l 轴）上，伸长应变最大。在Ⅲ区和Ⅳ区内，l 方向的阻力大于 m 方向的阻力，于是镦粗时，m 方向的伸长应变较大，如图 2-7d 所示，在对称轴（m 轴）上伸长应变最大。因此，矩形坯料镦粗时，较多金属沿宽度方向流动，并趋于形成椭圆形。

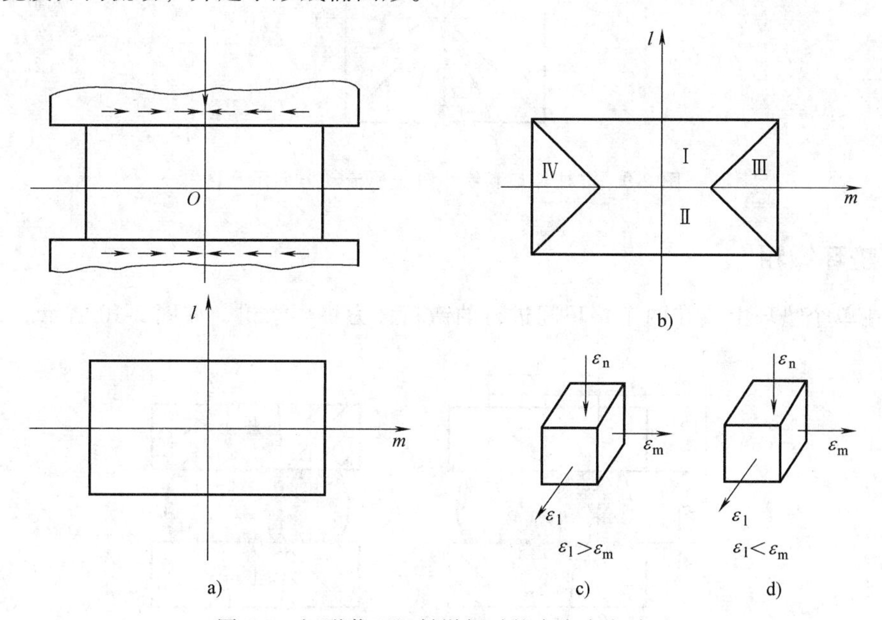

图 2-7　矩形截面坯料镦粗时的应力应变关系

（2）矩形截面坯料镦粗时的金属流动

矩形坯料在平砧间镦粗时，假设接触面上沿各个方向的摩擦系数相同。以质点 A 为例，考虑到其相邻部分的影响，其应力状态和应力顺序如图 2-8c 所示。l 方向是最大主应力方向。边上的 $\sigma_1=0$，在 $l=0$ 处，σ_1 为一负值，故增大的方向由中心向外（这也是阻力最小的方向）。由于 σ_2 的影响，金属流动方向与 l 方向有一定偏离。因为在 m 方向 σ_2 有一定的增大，故有位移，位移量的大小取决于 A 点的位置及其应变值 ε_2。

在 B 点，金属的流动方向与 l 一致，因为在 m 方向上 σ_2 无增量（两边的应力相等），故无位移。

同样，可以求出 D 点金属流动的大致方向，在角的等分线上（此处 $\sigma_1=\sigma_2$）C 点的流动方向与长边的夹角 $\alpha\approx45°$。

根据以上分析便可做出金属的流动方向图，如图 2-8d 所示。用同样方法可求出方柱体坯

料镦粗时的流动方向（见图 2-9），在 l 方向和 m 方向金属流动的数量相等。

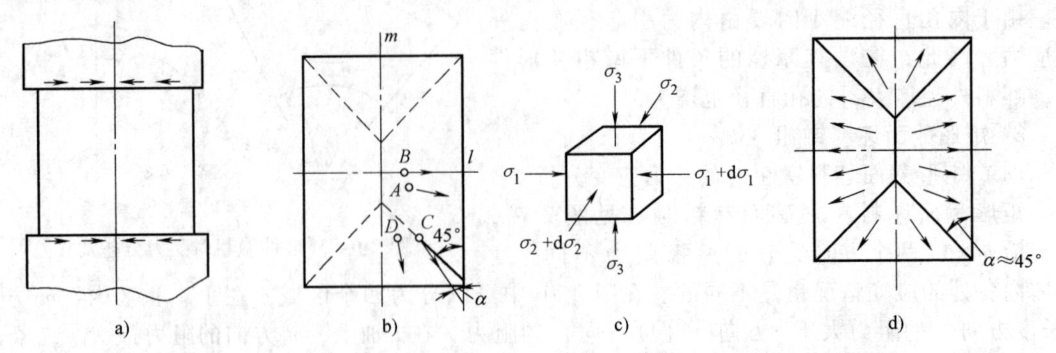

图 2-8　矩形坯料镦粗时的受力情况、主应力简图及金属流动方向示意图

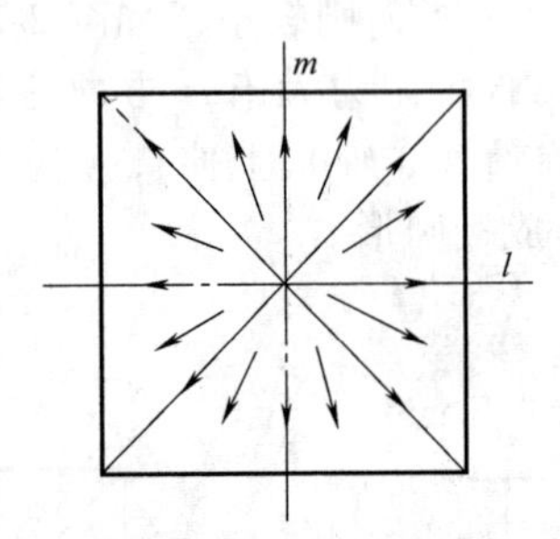

图 2-9　方柱体坯料镦粗时金属流动方向示意图

2.1.2　垫环镦粗

坯料在单个垫环上或在两个垫环间进行的镦粗称为垫环镦粗，如图 2-10 所示。

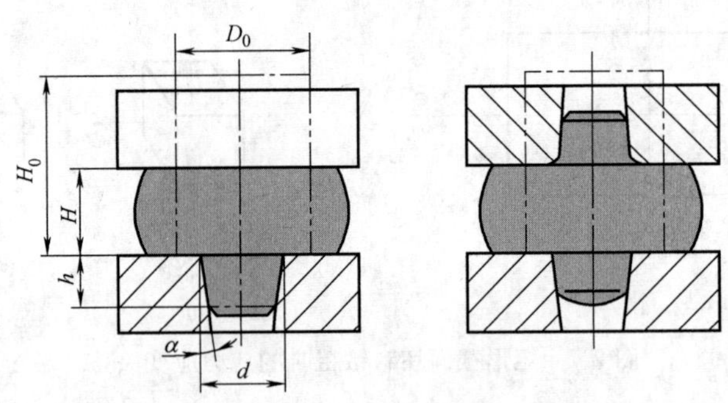

图 2-10　垫环镦粗

这种镦粗方法，用于锻造带有单边或双边凸肩的饼块锻件。由于锻件凸肩直径和高度比较小，采用的坯料直径要大于环孔直径，因此垫环镦粗变形实质属于镦挤。

坯料在进行垫环镦粗时，金属可朝两个方向流动，一部分是沿着径向流向四周，使锻件的外径增大；另一部分沿着轴向流入环孔，增大锻件凸肩高度。可以想象，在金属径向流动与轴向流动区间，存在一个不产生流动的分界面，称为分流面。分流面的位置与下列因素有关：坯料高度与直径之比（H_0/D_0）、环孔与坯料直径之比（d/D_0），变形程度（ε_H）、环孔斜度（α）及摩擦条件等。

有关坯料尺寸、垫环孔径和变形程度对金属流动的影响如图 2-11 所示。图 2-11a 表示 $H_0/D_0>1$ 的坯料镦粗开始阶段，这时分流面在环孔附近，Ⅰ区金属流向四周，Ⅱ区金属挤入环

孔，凸肩高度增量 $\Delta h=h_1+h_2$ 小于压下量 ΔH。图 2-11b 表示坯料镦粗到某一高度，分流面扩大到整个环孔范围，由于Ⅱ区得到扩大，凸肩高度增量 Δh 约等于压下量 ΔH。图 2-11c 表示坯料镦粗程度很大时，分流面已经超出了环孔直径，使得Ⅱ区更加扩大，凸肩高度增量 Δh 大于压下量 ΔH。

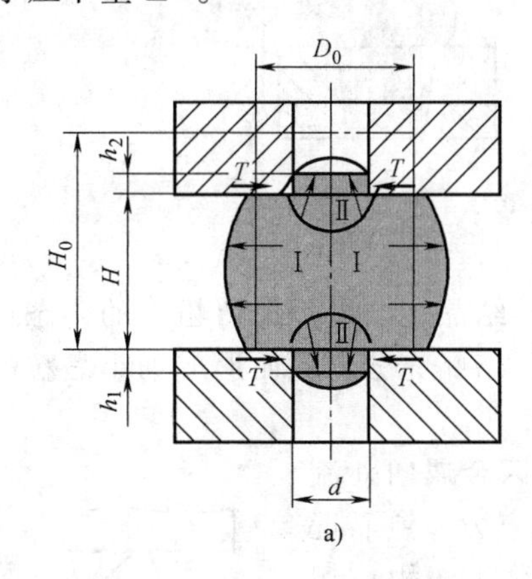

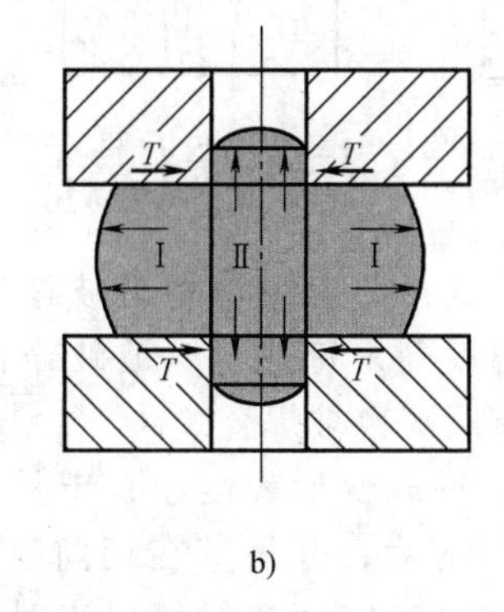

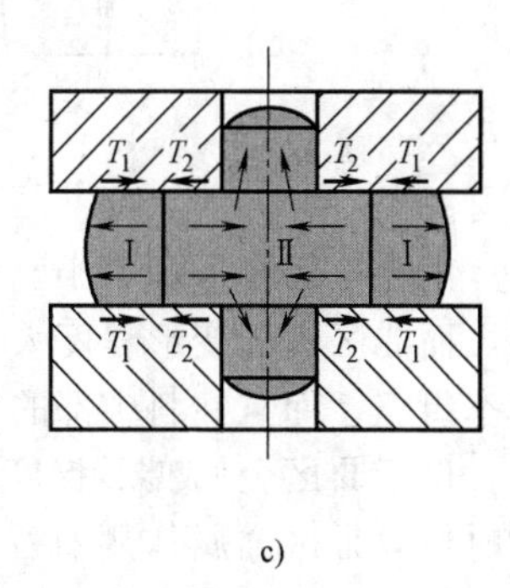

图 2-11　漏盘镦粗时的金属

环孔斜度大小对金属流动的影响表现为：当环孔无斜度时，金属向环孔中流动，仅受孔壁摩擦阻力；当环孔有斜度时，除了孔壁摩擦阻力外，还有孔壁的反作用力。斜度越大则反作用力越大，其垂直分力阻止金属向环孔中流动，水平分力则有利于焊合坯料内部缺陷。因此，对于一般锻件，为了有利凸肩成形，常采用无斜度垫环。

采用垫环镦粗锻造带凸肩的锻件时，关键是能否锻出所要求的凸肩高度。对于一定尺寸的凸肩锻件，可以参考如图 2-12 所示曲线判断。

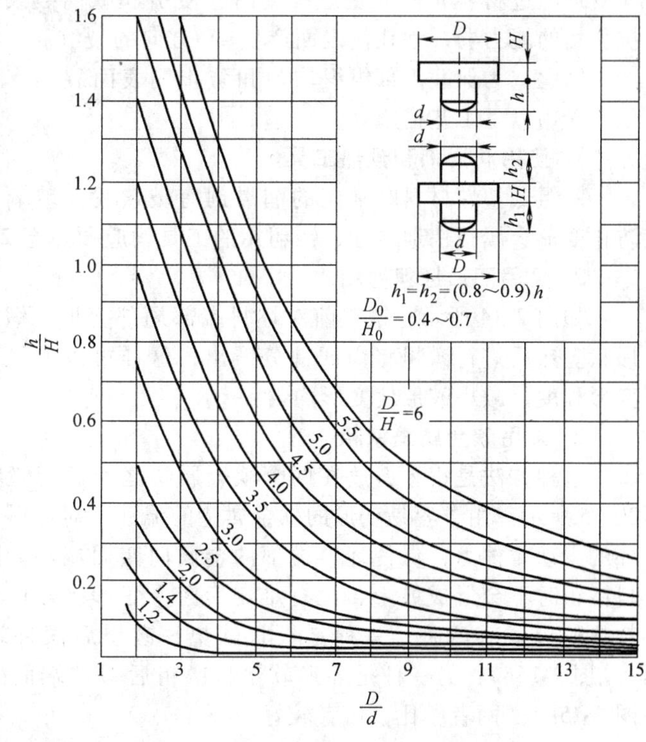

图 2-12　垫环镦粗的锻件尺寸比例

2.1.3　局部镦粗

坯料只是局部长度（端部或中间）进行镦粗称为局部镦粗，如图 2-13 所示。

这种镦粗方法可以锻造凸肩直径和高度较大的饼块锻件，也可锻造端部带有较大法兰的轴杆锻件。

局部镦粗时的金属流动特征，与平砧镦粗相似，但受不变形部分的影响，即“外端”影响。

2.1.4　镦粗工序中常见的质量问题及解决措施

平砧镦粗时的金属流动特点对锻造工艺和锻件质量都很不利。

在平板间热镦粗坯料时，产生变形不均的原因除工具与毛坯接触面的摩擦影响外，温度不均匀也是一个很重要的因素。与工具接触的上、下端金属Ⅰ区（见图 2-2）由于温度降低快，变形抗力大，故较中间处Ⅱ区的金属变形困难。

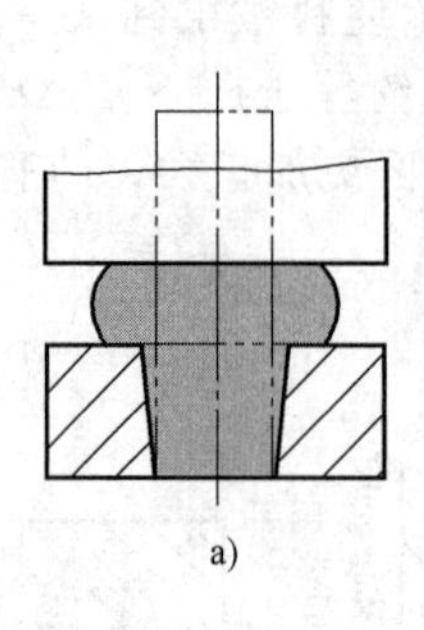
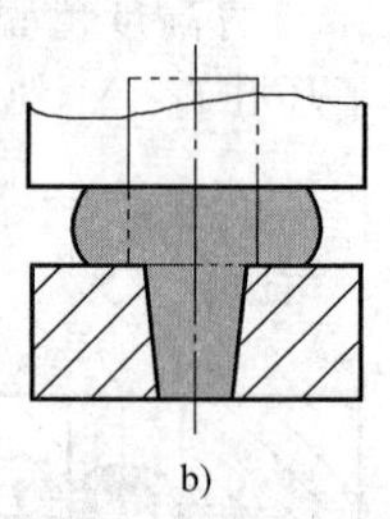
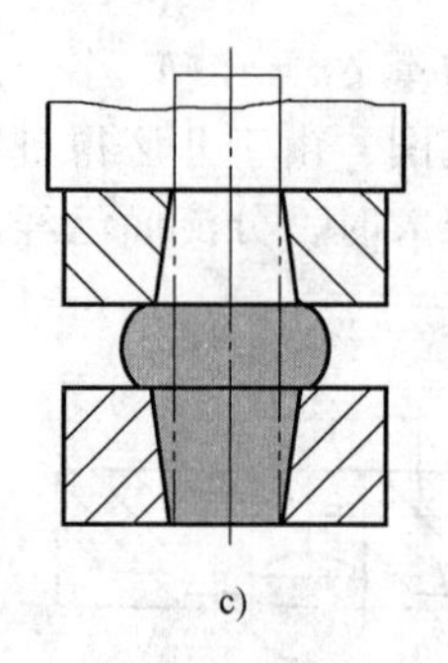

图 2-13　局部镦粗

由于Ⅰ区变形程度小、温度低，铸态组织不易破碎和再结晶，结果仍保留粗大的铸态组织。而Ⅱ区由于变形程度大、温度高，铸态组织被破碎和再结晶充分，从而形成细小晶粒的锻态组织，而且锭料中部的原有间隙也被焊合。

由于Ⅱ区金属变形程度大，Ⅲ区变形程度小，于是Ⅱ区金属向外流动时便对Ⅲ区金属作用有径向压应力，并使其在切向受拉应力。愈靠近坯料表面切向拉应力愈大。当切向拉应力超过材料当时的强度极限或切向变形超过材料允许的变形程度时，便引起纵向裂纹。低塑性材料由于抗剪切的能力弱，常在侧表面产生45°方向的裂纹。

因此，为保证内部组织均匀和防止侧表面裂纹产生，在锻造生产中可以采用以下工艺措施。

1. 使用润滑剂和预热工具

镦粗低塑性材料时常用的润滑剂有玻璃粉、玻璃棉和石墨粉等，为防止变形金属很快地冷却，镦粗用的工具均应预热至200~300℃。

2. 采用凹形坯料镦粗

如图2-14所示，镦粗前对坯料端部局部变形，锻成侧表面向内凹的形状。然后进行镦粗将内凹部分锻出，这样可以明显提高镦粗时允许的变形程度，减小鼓形使变形均匀。

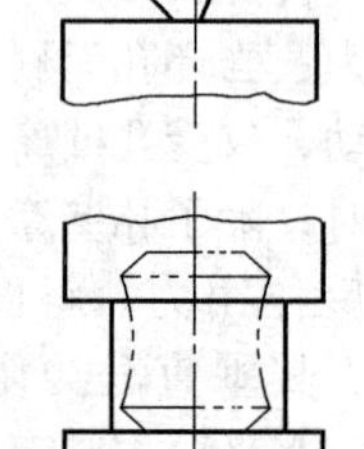

图 2-14　凹形坯料镦粗

3. 采用软金属垫镦粗

这种方法是将坯料放在两个软金属垫之间进行镦粗，如图20-15所示。由于容易变形的软金属垫的流动，对坯料产生了向外的主动摩擦力，促使坯料端部的金属向四周流动。因此，坯料镦粗时不会形成鼓形，没有难变形区，变形比较均匀。金属软垫的形式有两种，一种是板状软垫，镦粗后锻件端面内凹（见图2-15a）；另一种是环形软垫，镦粗后锻件端面外凸（见图2-15b）。两者相比，后者较好。

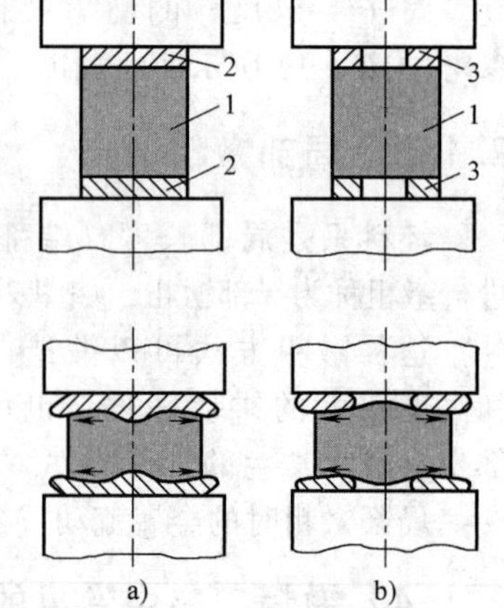

图 2-15　软金属垫镦粗
1—坯料　2—板状软垫
3—环状软垫

4. 采用铆镦、叠镦和套环内镦粗

铆镦就是预先使坯料端部局部成形，再重新镦粗把内凹部分镦出，然后镦成圆柱形。对于小坯料可先将坯料斜放、轻击，旋转倒棱成如图2-16所示的形状。对于较大的坯料可先用摔铁摔成如图2-17所示的形状。

在镦粗成形薄饼类锻件时，可将两个坯料叠起来镦粗，镦到侧面出现鼓形后，把坯料翻转180°再叠起来镦粗，镦到侧面为圆柱面为止，如图2-18所示。叠镦不仅能使变形均匀，而且能显著地降低变形抗力。

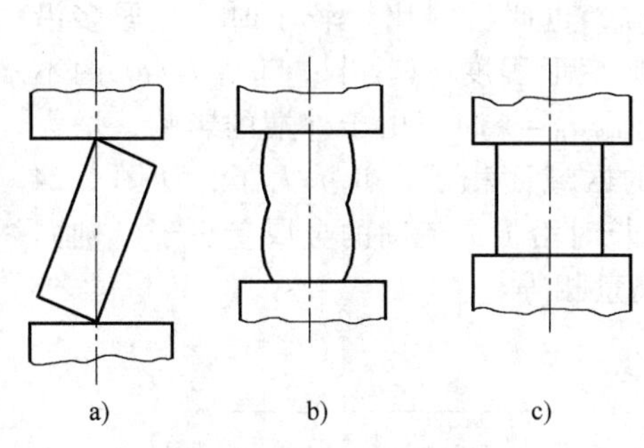

图 2-16　铆镦

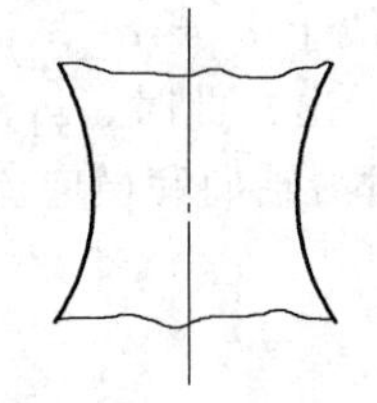

图 2-17　用擀铁成形后的毛坯

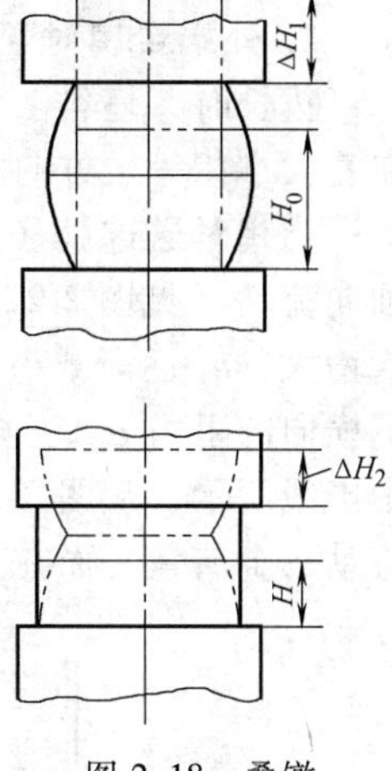

图 2-18　叠镦

在套环内镦粗是在坯料的外圈加一个碳钢外套（见图 2-19），靠套环的径向压力来减小由于变形不均而引起的附加拉应力，镦粗后将外套去掉。这种锻造方法主要用于镦粗低塑性的高合金钢。

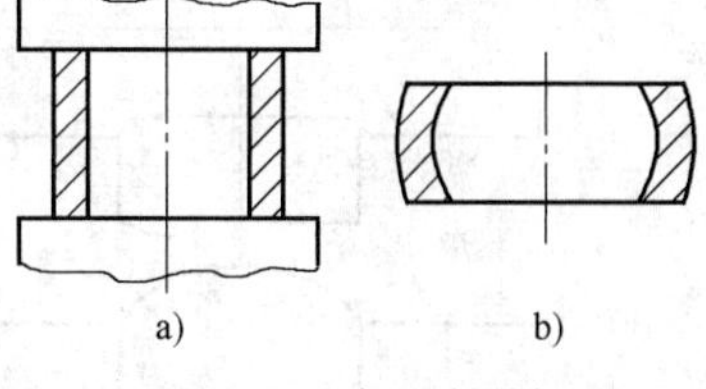

图 2-19　套环内镦粗

5. 采用反复镦粗拔长的锻造工艺

反复镦粗拔长工艺有单向（轴向）反复镦拔、十字反复镦拔、双十字反复镦拔等多种变形方法。其共同点是使镦粗时困难变形区在拔长时发生变形，使整个坯料各处变形比较均匀。这种锻造工艺在锻造高速工具钢、Cr12 型模具钢、铝合金和钛合金时应用较广。

对高径比$\frac{H_0}{D_0}>3$的坯料进行镦粗时，容易产生纵向弯曲而失去稳定性。为防止镦粗时产生纵向弯曲，圆柱体毛坯高度与直径之比不应超过 2.5~3，在 2~2.2 的范围内更好。对于平行六面体毛坯，其高度与较小基边之比应小于 3.5~4。

为了锻合坯料内部缺陷和减小镦粗的变形力，在镦粗时应将坯料加热到最高允许的加热温度。

镦粗前毛坯端面应平整，并与轴心线垂直。

镦粗前毛坯加热温度应均匀，镦粗时要把毛坯围绕着它的轴心线不断地转动，毛坯发生弯曲时必须立即校正。

2.2　拔长成形原理

使坯料横截面减小而长度增加的成形工序称为拔长。

从成形特点看，拔长是增长类成形工序，但每送进压下一次，只有部分金属变形，它属于连续地局部加载，是通过轴向正应变 ε_1 的累积而达到最终坯料增长的目的。

2.2.1　实心件拔长变形特点

拔长是在长坯料上局部进行压缩（见图 2-20），其变形区的变形和流动与镦粗相近，但又区别于镦粗，因为它是在两端带有不变形金属的镦粗。这时，变形金属的变形

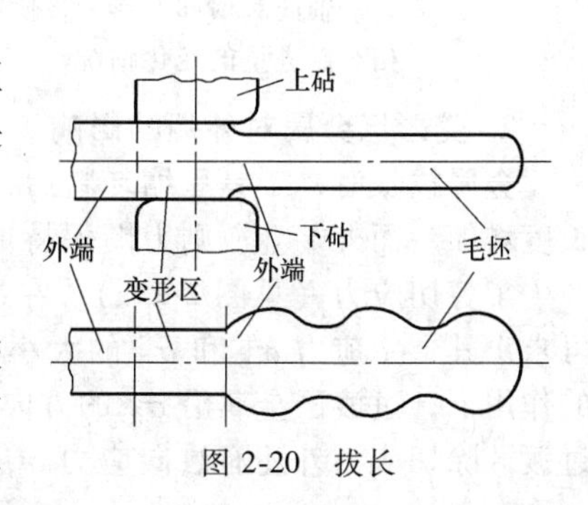

图 2-20　拔长

和流动除了受工具的影响外，还受其两端不变形金属的影响。

1. 外端金属对变形区金属流动的影响

拔长时，坯料上受力部位产生变形，而两端部位不受力也不变形，但是在相邻界面上存在着大小相等、方向相反的剪应力（见图 2-21），该剪应力阻碍金属变形的流动。

当相对送进量（进料长度 l_0 与宽度 a_0 之比，即 l_0/a_0，也叫进料比）较小时，金属多沿轴向流动（见图 2-22），轴向的变形程度 ε_1 较大，横向的变形程度 ε_a 较小；随着 l_0/a_0 的不断增大，ε_1 逐渐减小，ε_a 逐渐增大，如图 2-23 所示。当 $l_0/a_0=1$ 时，由于外端的影响，增大了横向的阻力 σ_2，这时在对角线上 $\sigma_1 \neq \sigma_2$，轴向流动的区域面积 Ⅰ、Ⅱ 扩大了，如图 2-24 中虚线所示。从图 2-23 中也可看出，此时，$\varepsilon_1>\varepsilon_a$，即拔长时沿横向流动的金属量少于沿轴向流动的金属量。而在自由镦粗时沿轴向和横向流动的金属量相等。

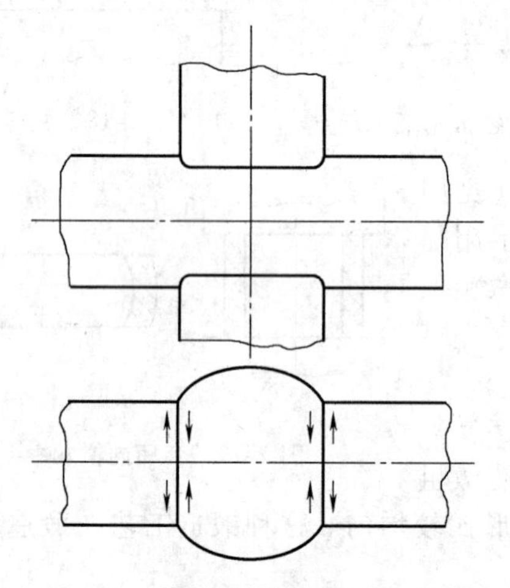

图 2-21　拔长时外端与变形区相邻界面上的剪应力

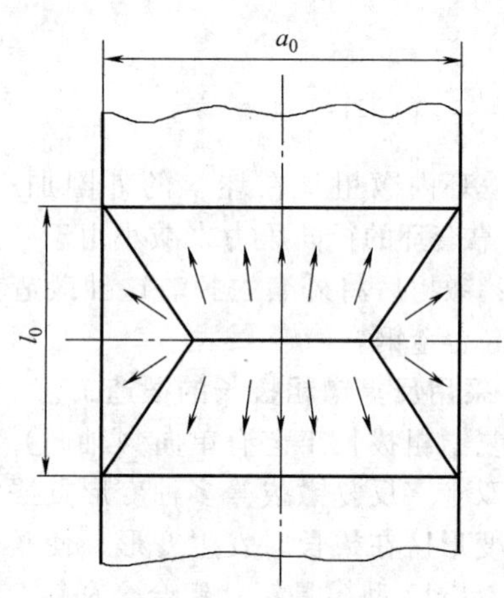

图 2-22　小送进量拔长时金属流动方向示意图

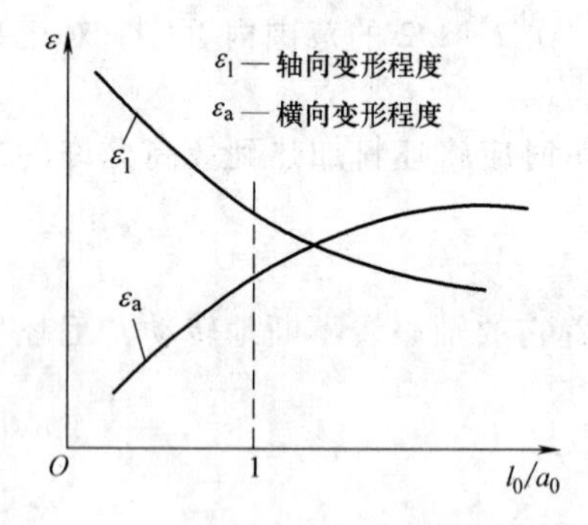

图 2-23　轴向和横向变形程度随相对送进量的变化情况

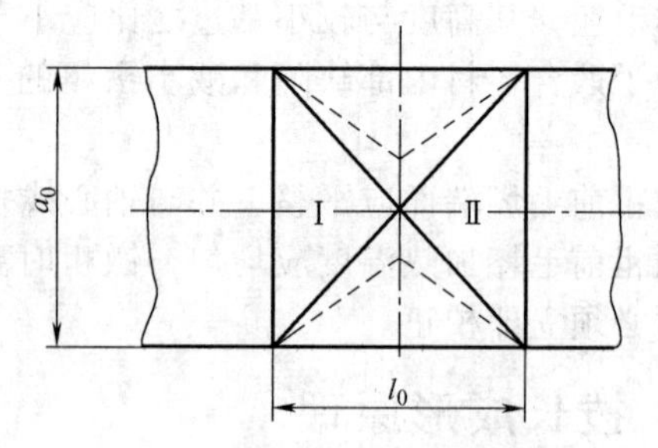

图 2-24　送进量等于坯料宽度时金属流动分区示意图

2. 变形区金属对外端的影响

金属拔长时，工具压缩坯料后，加剧了附加的应变和应力。变形区金属高度减小宽度和长度增加，而外端金属则力图保持原状，于是在两区的交界面上由于存在较大的流速差，便产生了剪切应力（见图 2-25a）。在过渡区取微体，如果其上仅有剪应力作用时，利用应力圆可求出其上主应力 σ_1 和 σ_3 的大小和方向（见图 2-25b）。在剪应力 τ（或主应力 σ_1 和 σ_3）的作用下，过渡区金属沿 σ_1 的方向被拉长，沿 σ_3 的方向缩短，即产生“拉缩”现象。如果过渡区除切应力外还有法向应力 σ_a 的作用时，主应力 σ_1、σ_3 的大小和方向如图 2-25c 所示。

由图可知：τ 愈大时，σ_1 也愈大；σ_a 的代数值愈大时，σ_1 也愈大。

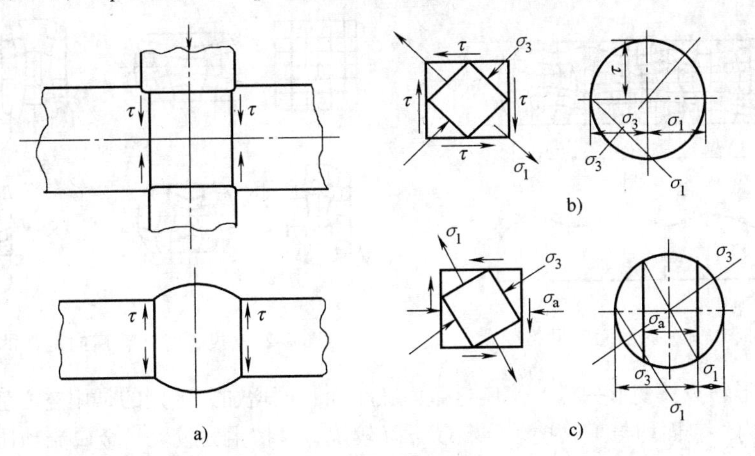

图 2-25 拔长时变形金属对外端金属影响的应力分析简图

在过渡区内，愈靠近变形区，τ 和 σ_1 愈大，σ_3 愈小，拉缩的程度也愈大；而远离变形区处，由于 τ 较小，故拉缩的程度也较小，结果在拉缩处呈一定的圆角。

在外端区被拉缩的数值与受力的大小、承受力的面积、工具的速度以及材料的性能等有关。受力愈大，承受力的面积愈小，拉缩愈严重。例如压肩时拉缩的数值与肩部的长度 L 和压肩时的工具形状等有关，工具圆角半径 R 和 β 角愈大（见图 2-26），变形区金属对外端金属作用的拉力愈大，拉缩愈严重；反之，拉缩愈小。压肩时采用的工具形状应综合考虑拉缩和避免金属流线被切断等问题，尤其对重要用途的锻件，应更多地考虑后者。

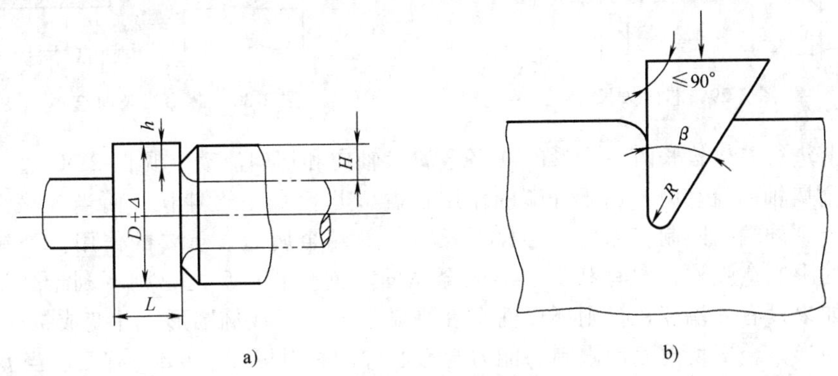

图 2-26 压肩时的拉缩

当工具速度慢时，在其他条件相同的情况下拉缩较严重；当工具速度快时，拉缩较小，后者是由于惯性的原因。

材料的韧性愈好，在其他条件相同的情况下，拉缩的程度也愈大。

在坯料沿着轴向逐次送进拔长时，变形相当于一系列镦粗工序组合。通过如图 2-27 所示网格法实验可看到，坯料侧表面同镦粗成形一样产生鼓形，内部的变形分布不均匀。但由于拔长有外端的影响，横向宽展相对减小，轴向伸长得到增加。因此，从图 2-28 网格变化可以看出，坯料各个部分都能充分变形，拔长后锻件内部组织比较均匀。

2.2.2 空心件拔长特点

芯棒拔长是一种减小空心毛坯外径（壁厚）而增加其长度的锻造工序，用于锻制长筒类锻件（见图 2-29）。

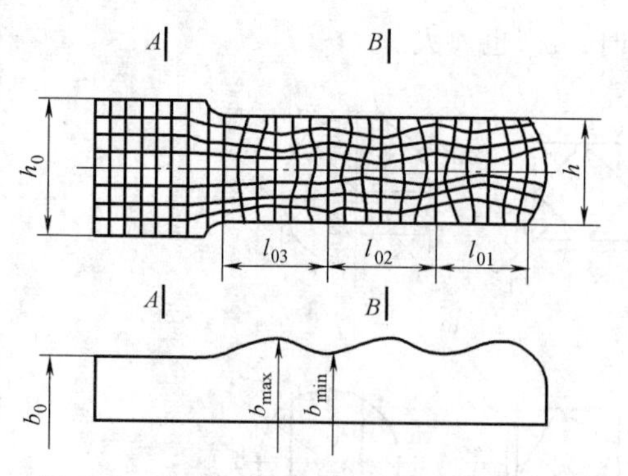

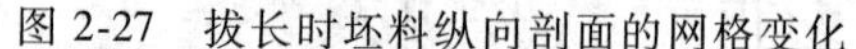
图 2-27　拔长时坯料纵向剖面的网格变化

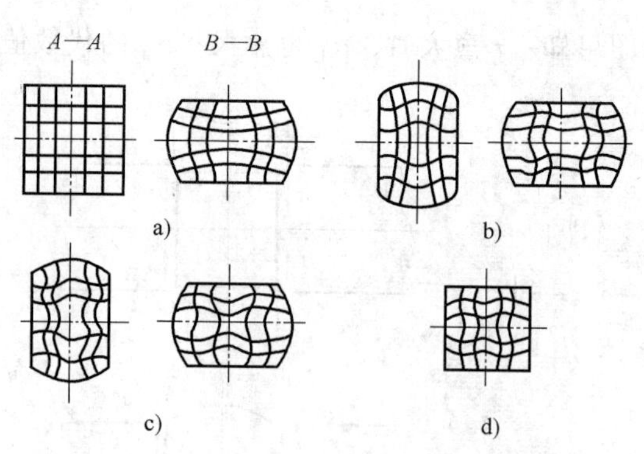

图 2-28　拔长时坯料横向剖面的网格变化

芯棒拔长变形和拔长变形一样，使坯料截面减小而长度增加，区别的是用空心坯料拔长。由于芯棒拔长时坯料内外表面均与工具接触，温度下降较快，摩擦阻力较大，金属流动比较困难。

拔长时，被上、下砧压缩的那一段金属是变形区，其左右两侧金属为外端。变形区又可分为 A、B 区（见图 2-30）。A 区是直接受力区，B 区是间接受力区。B 区的受力和变形主要是由于 A 区的变形引起的。

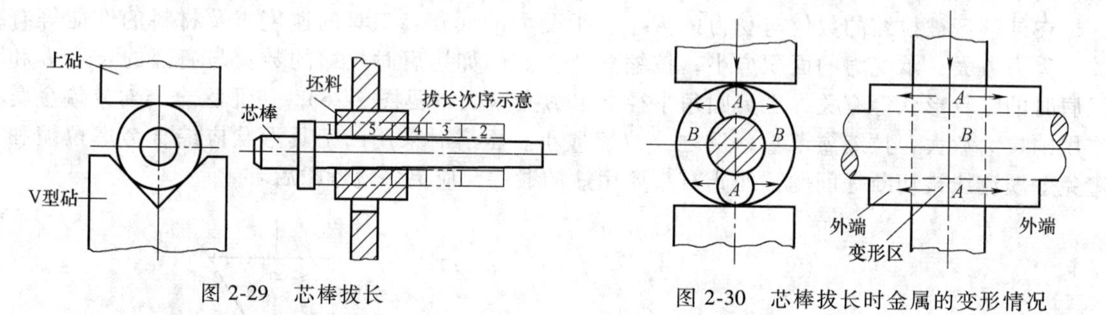

图 2-29　芯棒拔长

图 2-30　芯棒拔长时金属的变形情况

在平砧上进行芯棒拔长时，变形的 A 区金属沿轴向和切向流动（见图 2-30）。

当 A 区金属轴向流动时，由于外端的作用拉着 B 区金属一道伸长；而当 A 区金属沿切向流动时，则受到外端的限制，因此，芯棒拔长时，外端金属起着重要的作用。外端对 A 区金属切向流动的限制愈强烈，愈有利于变形区金属的轴向伸长；反之，则不利于变形区金属的轴向流动。如果没有外端存在，则环形件（在平砧上）被压成椭圆形，并变成扩孔变形。

外端对变形区金属切向流动限制的能力与空心件的相对厚度（t/d）有关。当 t/d 愈大时，限制的能力愈强；当 t/d 愈小时，限制的能力愈弱。

2.2.3　拔长工序中常见的质量问题及解决措施

拔长时的送进量、压下量、砧子形状、拔长操作等均影响拔长时的变形分布和应力状态，进而影响锻件成形质量。

1. 矩形截面坯料的拔长

在平砧上拔长锭料和低塑性材料（如高速工具钢等）的钢坯时，在坯料外部常常产生表面的横向裂纹和角裂，在内部常产生组织和性能不均匀、内部的对角线裂纹和横向裂纹等，另外，还可能产生表面折叠和端凹等。

（1）侧表面裂纹及角裂　当送进量（进料长度 l_0 与进料高度 l_0 之比）过大时，拔长变形区出现单鼓形，这时心部变形很大，得到锻透，但侧表面和角部受拉应力作用，当拉应力足够大时，便可能引起开裂。尤其在边角部分，由于冷却较快，塑性降低，更易开裂。主要措

施是适当控制压下量。对于角裂操作时需勤倒角，通过倒角变形，消除角处的附加拉应力。

（2）上、下表面横向裂纹　上、下表面横向裂纹通常发生在变形区的前后端，这是由于轴心区金属变形大，拉着上、下表层的金属轴向伸长，使上、下表层金属沿轴向受附加拉应力作用，而变形区的前、后端由于受砧面摩擦阻力的影响小，故此处的拉应力和拉应变均较大（见图 2-31），故常易在此处引起表面横向裂纹。拔长低塑性钢料或铜合金等与砧面摩擦系数大的材料时，较易产生此类裂纹。主要防止措施是改善润滑条件；加大锤砧转角处的圆角；必要时沿砧面的前后方向做成一定的凸弧或斜度（见图 2-32），以利于表层金属沿轴向流动。

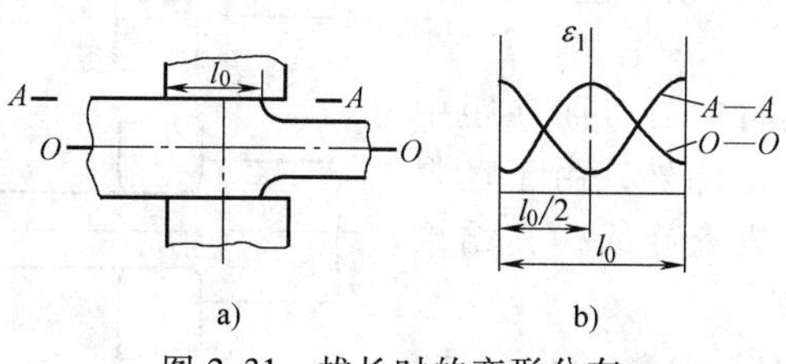

图 2-31　拔长时的变形分布

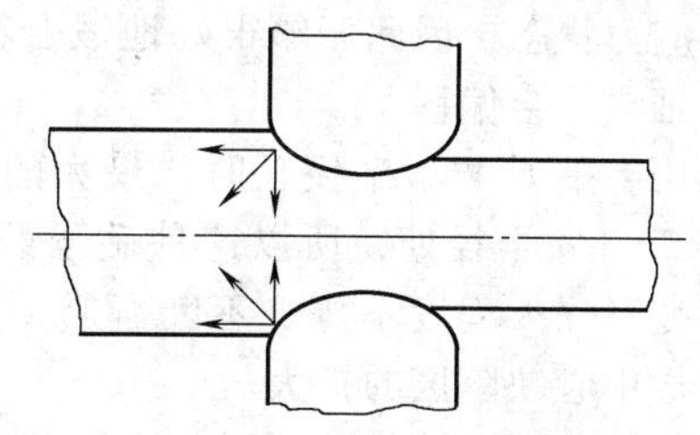

图 2-32　凸弧形砧子拔长

（3）对角线裂纹　拔长高合金工具钢时，当送进量较大，并且在坯料同一部位反复重击时，常易沿对角线产生裂纹。如图 2-33 所示，材料愈硬，变形抗力愈大（如高速工具钢、Cr12 型钢等），或坯料质量不好，锻件加热时间较短，内部温度较低，或打击过重时，由于沿对角线上金属流动过于剧烈，产生严重的加工硬化现象，这也促使金属很快地沿对角线开裂。

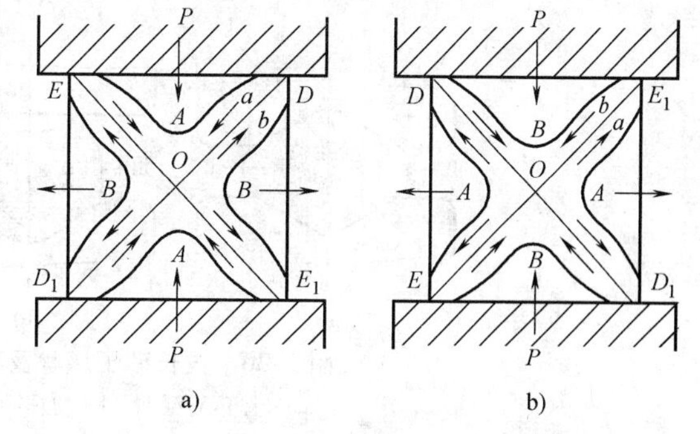

图 2-33　拔长时坯料横截面上金属流动情况

（4）内部横向裂纹　在拔长大锭料时，如果进料比很小，拔长变形区出现双鼓形。变形主要集中在上下表面层，锻件中心部分锻不透，结果上部和下部变形大，中间变形小，变形主要集中在上、下两部分，轴心部分沿轴向受附加拉应力，在拔长锭料和低塑性坯料时，容易引起内部横向裂纹（见图 2-34）。送进量如果小于单边压下量，还会在锻件表面形成折叠，如图 2-35 所示。

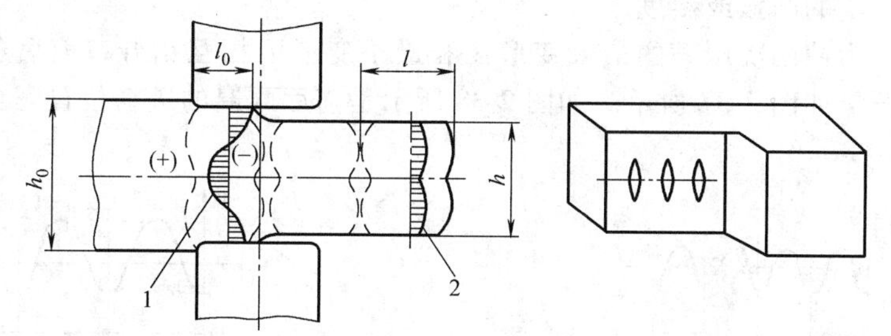

图 2-34　小送进量拔长时的变形和应力分布情况

1—轴向应力　2—轴向变形

对矩形截面坯料拔长过程中产生的缺陷，一般采取以下防止措施：

（1）正确地选择送进量　当送进量较大时，坯料可以很好地锻透，而且可以焊合坯料中心部分原有的空隙和微裂纹。但送进量过大也不好，因为 l/h 过大时，产生外部横向裂纹和内部对角线裂纹的可能性也增大。

综合考虑送进量对拔长效率和锻件质量两方面的影响，一般认为，送进量 $l/h=0.5\sim0.8$ 较为合适。绝对送进量常取 $l_0=(0.4\sim0.8)B$，式中 B 为砧宽。

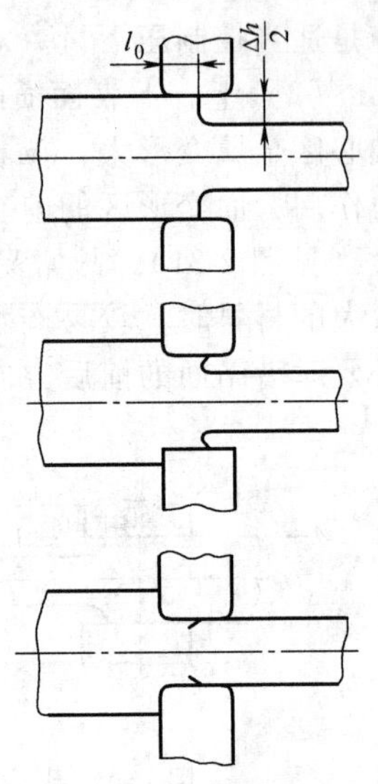

图 2-35　小送进量拔长时产生折叠过程示意图

(2) 采用适合的工具　拔长常用的砧子形状有三种，即上下 V 型砧、上平下 V 型砧和上下平砧。用不同形状的砧子拔长时，坯料内部变形区分布不相同，如图 2-36 所示。

采用上下 V 型砧拔长时，坯料中心的变形程度最大，又处于三向压应力状态，因此能够很好地锻合心部缺陷，并且拔长效率也高，坯料轴线不会偏移。

用上平下 V 型砧拔长时，最大的变形不在坯料中心，而在距中心 1/2~3/4 半径处，所以这种砧子锻透性比较差。此外，由于坯料上下变形深入程度不等，不断翻转后会使轴线变成螺旋线，其结果将造成中心缺陷区的扩大。

使用上下平砧拔长矩形截面坯料时，只要相对送进量选得合适，就能够使坯料的中心锻透。如果采用大压下量，把坯料压成扁方，则锻透效果更好。

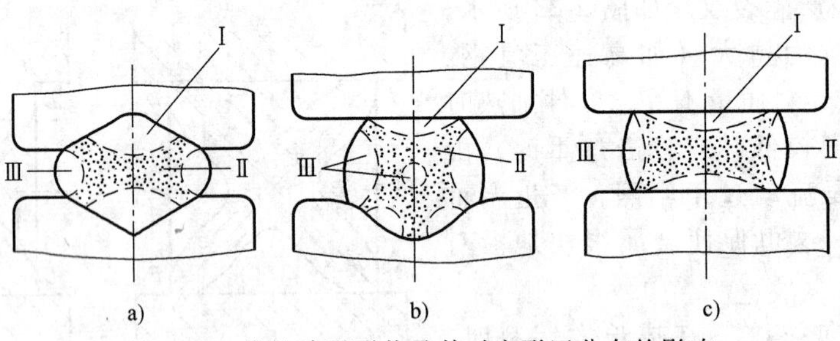

图 2-36　拔长砧子形状及其对变形区分布的影响

a) 上下 V 型砧　b) 上平下 V 型砧　c) 上下平砧

Ⅰ—难变形区　Ⅱ—大变形区　Ⅲ—小变形区

(3) 采用适当的操作方法　拔长高速工具钢时，应采用“两轻一重”的操作方法（即始锻和接近终锻温度时应轻击，在 900~1050℃时钢材塑性较好，应予重击，以打碎钢中大块的碳化物），并避免在同一处反复锤击。拔长低塑性钢材和铜合金时，锤砧应有较大的圆角，或沿送进方向做成一定的凸弧或斜度。

拔长操作时，为使两次压缩的最大变形区和最小变形区相互错开，前后各遍压缩时的进料位置应相互错开，如图 2-37 所示。如图 2-38 所示是前后两遍的进料位置完全重叠的情况。

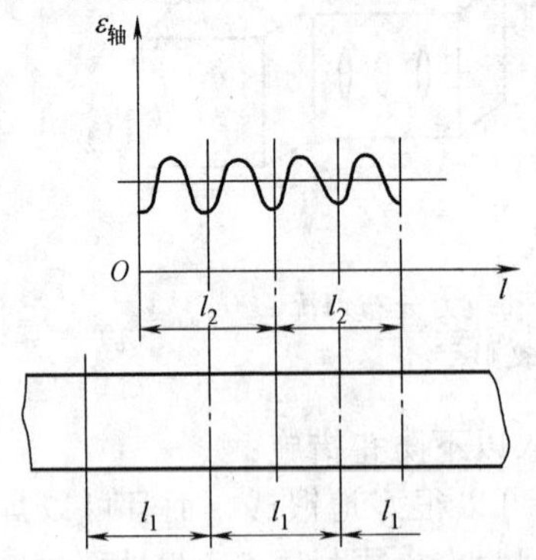

图 2-37　拔长时前后两遍进料位置相互错开时的变形分布

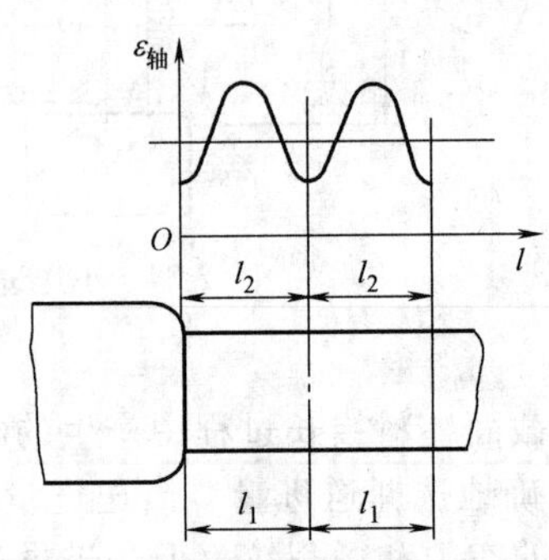

图 2-38　拔长时前后两遍进料位置完全重叠时的变形分布

拔长时坯料送进与翻转的方法有如图 2-39 所示的三种情况。第一种方法是沿螺旋线翻转 90°拔长，适用于锻造台阶轴锻件。第二种方法是反复转动 90°拔长，主要用于手工操作。第三种方法是沿整个坯料长度方向拔长一遍后再翻转 90°拔长，多用于锻造大型锻件，这种操作方法易使坯料端部产生弯曲，因此需先翻转 180°将料压平直后再翻转 90°依次拔长。

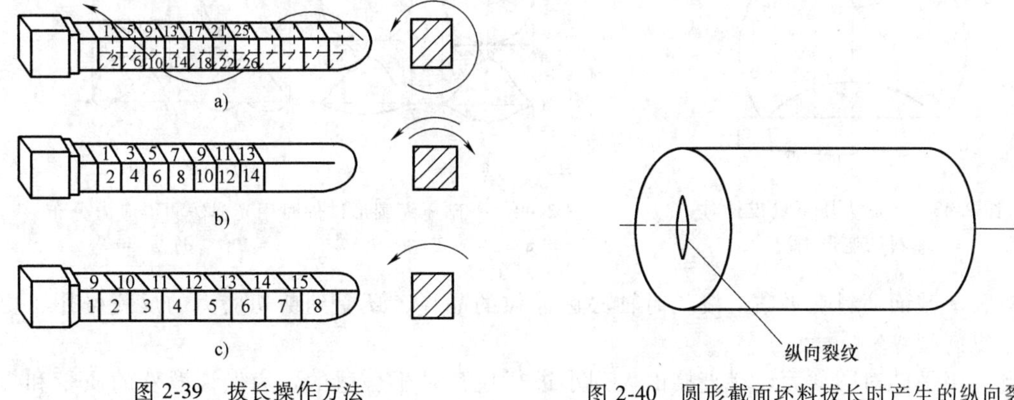

图 2-39　拔长操作方法

图 2-40　圆形截面坯料拔长时产生的纵向裂纹

2. 圆截面坯料的拔长

用平砧拔长圆截面坯料，当压下量较小时，常易在锻件内部产生纵向裂纹，如图 2-40 所示。产生纵向裂纹的原因是：

1）接触面较窄较长，金属横向流动速度大，轴向流动小，同时，由于变形集中于上下表层，故在心部产生附加拉应力，如图 2-41 所示。

2）工具与金属接触时，首先是一条线，然后逐渐扩大（见图 2-42），接触面附近的金属受到的压应力大，故这个区（*ABC* 区）首先变形，但是随着接触面的增加，工具的摩擦影响增大，而且温度降低较快，故变形抗力增加，因此，*ABC* 区很快成为难变形区，继续压缩时（但 Δh 还不太大时），通过 *AB*、*BC* 面，沿着与其垂直的方向，将外力 σ_H 传给坯料的其他部分，于是坯料中心部分便受到合力 σ_R 的作用。

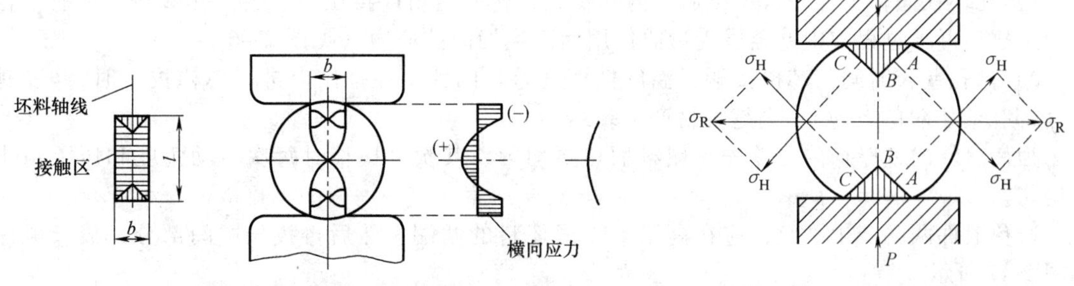

图 2-41　平砧拔长圆形截面坯料时的变形区和横向附加应力分布

图 2-42　平砧小压下量拔长时圆截面坯料的受力情况

附加拉应力和合力 σ_R 的方向是一致的。愈靠近轴心部分受到的拉应力愈大。在此拉应力的作用下，使坯料中心部分原有的孔隙、微裂纹继续发展和扩大。当拉应力的数值大于金属当时的强度极限时，金属就开始破坏，产生纵向裂纹。

拉应力的数值与相对压下量 $\Delta h/h$ 有关，当变形量较大时（$\Delta h/h > 30\%$），困难变形区的形状也改变了（见图 2-43），这时与矩形断面坯料在平砧下拔长相同，轴心部分处于三向压应力状态。

借助于光弹试验可以近似地测出圆截面坯料在平砧下拔长时金属内部的应力分布（见图

2-44)。当 $\varepsilon \approx 0$ 时（见图 2-44a）σ_1 是压应力，σ_2 是拉应力，在截面中心处 σ_2 的数值（代数值）最大。其值在该处随变形程度的增加而逐渐减小。

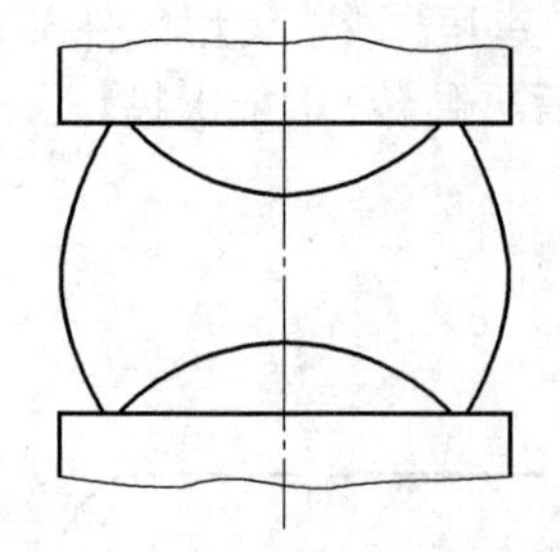

图 2-43　平砧大压下量拔长时坯料的变形情况

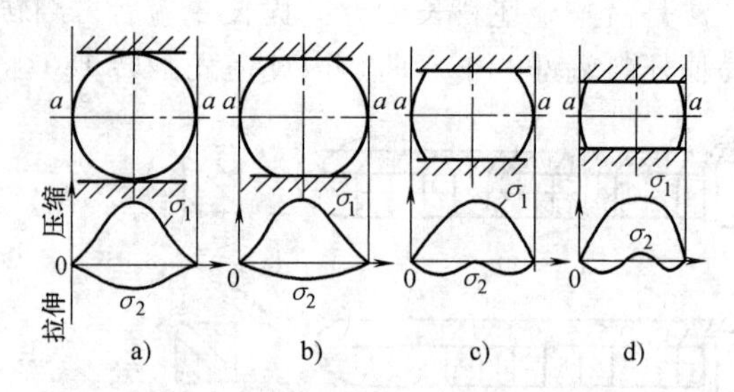

图 2-44　平砧压缩圆形试件时用光弹法测得应力分布
a）$\varepsilon=0$　b）$\varepsilon=7.5\%$　c）$\varepsilon=29\%$　d）$\varepsilon>30\%$

另外，圆截面坯料在平砧上拔长时轴心区晶粒的晶界，还受到剪切应力的反复作用，更促使产生纵向裂纹。

因此，用平砧对圆截面坯料直接由大到小进行拔长是不合适的。为保证锻件的质量和提高拔长的效率，应当采取措施限制金属的横向流动和防止径向拉应力的出现，具体措施有：

1）在平砧下拔长时，先将圆截面坯料压成矩形截面，再将矩形截面坯料拔长到一定尺寸，然后再压成八边形，最后压成圆形，其主要变形阶段是矩形截面坯料的拔长。

2）在型砧（或摔子）内进行拔长。它是利用工具的侧面压力限制金属的横向流动，迫使金属沿轴向伸长。这时的应力应变简图如图 2-45 所示。此时 $\sigma_2 \ll \sigma_1$，但 σ_2 还大于平均应力 σ_m，故横向仍有少量宽展，属于压缩类应变。

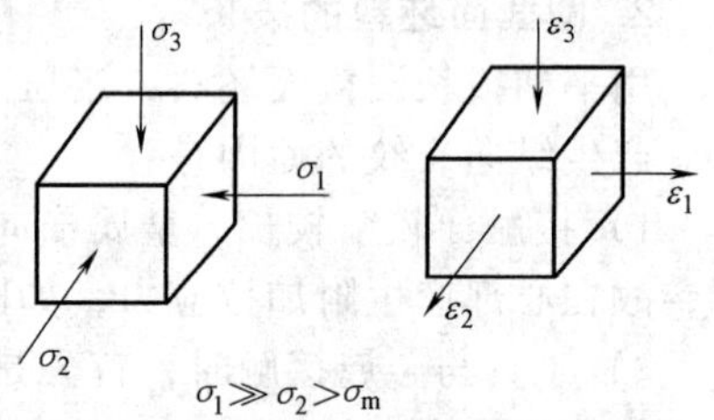

图 2-45　型砧内拔长圆截面坯料时的应力应变简图

3. 芯棒拔长

芯棒拔长的主要质量问题是锻件的壁厚不均，内壁容易产生裂纹，尤其是两端。

孔壁裂纹产生的原因是：

1）孔坯在芯棒上经一次压下后，内孔扩大，转一定角度再压时，由于孔壁与芯棒有一定间隙，故在再压过程中内壁金属受弯曲作用而产生切向拉应力（见图 2-46)。

2）内孔壁长时间与芯棒接触，温度低塑性差。因此，在平砧上进行芯棒拔长时，t/d 越小（即孔壁相对的较薄)，则越容易产生裂纹。

为使锻件的壁厚均匀，首先，坯料加热要均匀，其次，拔长时每次转动角度和压下量也要均匀。

避免锻件两端产生裂纹，应在高温下先锻坯料的两端，然后再拔长中间部分，拔长顺序如图 2-47 所示。

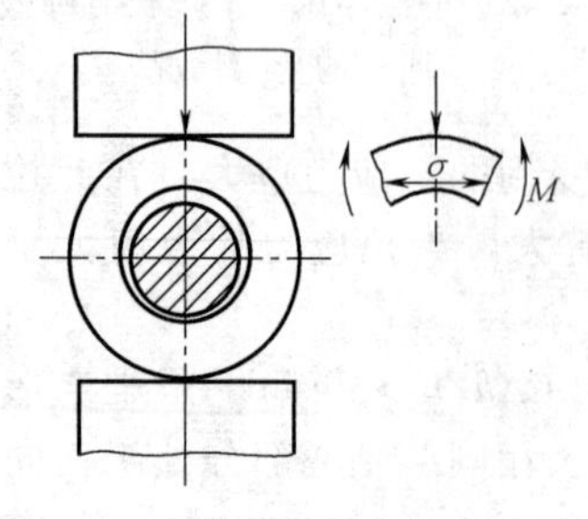

图 2-46　芯棒拔长的内壁受力情况

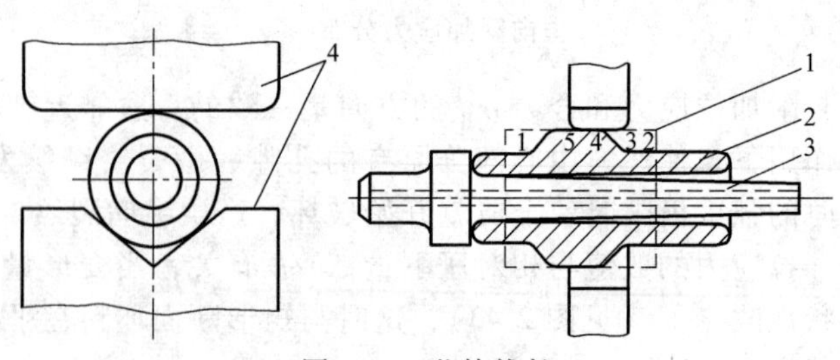

图 2-47　芯棒拔长
1—坯料　2—锻件　3—芯棒　4—砧子

为了提高拔长效率和防止孔壁产生裂纹，对于厚壁锻件（$t/d>0.5$），一般采用上平砧和下V型砧；对于薄壁锻件（$t/d\leqslant 0.5$），上、下均采用V型砧。

2.3　冲孔成形原理

采用冲子将坯料冲出透孔或不透孔的锻造工序称为冲孔。

冲孔有开式和闭式冲孔两种。

2.3.1　开式冲孔

冲孔时，坯料可以分为直接受力区（*A*区）和间接受力区（*B*区）两部分（见图2-48）。当冲头向下运动时，*A*区金属受到压缩，与镦粗近似，是压缩类变形。*B*区金属是间接受力区，随变形条件的不同则可能是伸长类、压缩类或平面变形类。

*A*区金属被压缩后高度减小，横截面积增大，向四周径向外流，但受到环壁的限制，故处于三向受压的应力状态，其应力应变简图如图2-48所示。

*B*区的受力和变形主要是由于*A*区的变形引起的，其应力应变简图如图2-48所示。

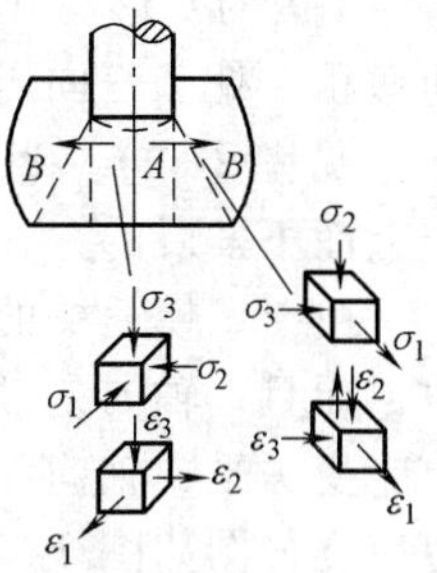

图2-48　开式冲孔时的应力应变简图

在*B*区内塑性变形也是由上向下逐渐发展的。总的变形趋势是：径向压缩变形，切向伸长变形，而轴向的应变可能是伸长，也可能是缩短，主要取决于环壁的厚度。

1）当D/d较小，即环壁较薄时，这时$|\sigma_r|$较小，$|\sigma_\theta|$较大，应力顺序（按代数值）是σ_θ、σ_z、σ_r，即σ_1、σ_2、σ_3，且这时$\sigma_z\approx\sigma_r$。根据应力与应变关系的增量理论可算得：切向为正应变，径向和轴向为负应变（见图2-49），属于压缩类应变，再加上冲孔时“拉缩”的影响，冲孔后坯料高度减小。

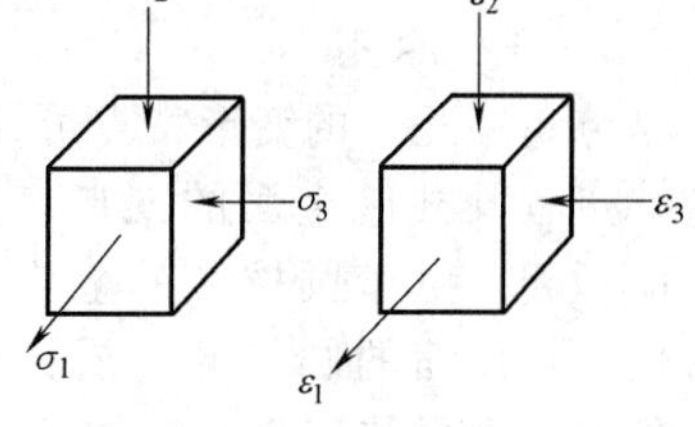

图2-49　D/d较小时环壁区的应力应变简图

2）当D/d较大（$D/d\approx 5$），即环壁较厚时，$|\sigma_r|$较大，σ_θ较第一种情况小，$\sigma_z\approx 1/2\ (\sigma_r+\sigma_\theta)$。于是轴向应变很小，冲孔后坯料高度变化不大。属于平面变形类应变。其应力应变简图如图2-50所示。

3）当D/d很大，即环壁很厚时，由于外侧的σ_θ、σ_r和σ_2均较小，可能处于弹性状态，仅内侧塑性变形。这时内侧的σ_r和σ_θ都是压应力，应力顺序是σ_z、σ_θ、σ_r即σ_1、σ_2、σ_3。根据应力应变关系可算得轴向是伸长变形，即冲孔后坏料内侧高度增加。其应力应变简图如图2-51所示。

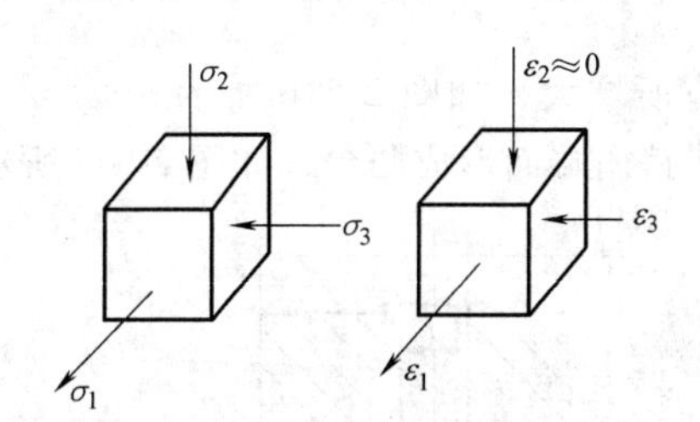

图2-50　D/d较大时环壁区的应力应变简图

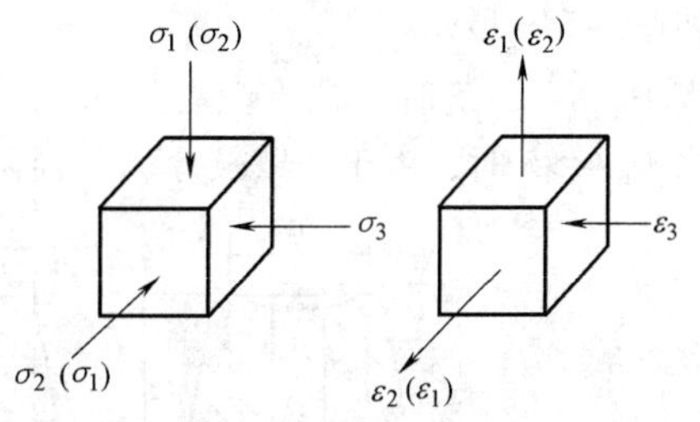

图2-51　D/d很大时环壁区的应力应变简图

综合上述*A*、*B*两区的情况可知：

1）开式冲孔时，冲头下部的*A*区金属被镦粗后径向外流，使*B*区金属也随之变形。

2）当坯料较高时，无论 A 区或 B 区，塑性变形都是由上向下逐渐发展的。

3）环壁的厚度对冲孔后坯料的高度有较大影响：环壁较薄时，冲孔后的坯料高度降低较多；环壁较厚时，高度降低较少或几乎不降低；环壁很厚时，坯料内壁高度略有增加（像测试硬度时那样）。

2.3.2 闭式冲孔（反挤）

闭式冲孔是局部加载，整体受力情况，可把坯料分为 A、B 两区（见图 2-52）。冲孔时依靠刚性的凹模筒壁和 A 区变形金属的作用，使 B 区内产生足够大的径向和切向压应力，而导致环壁金属沿轴向伸长。

A 区的变形与开式冲孔时一样，也属于环形金属包围下的镦粗，处于三向压应力状态和一向压缩两向伸长的应变状态（见图 2-52）。当坯料较高时，A 区的塑性变形也同样是由上而下发展的，在冲头的下部也同样存在困难变形区。

由于凹模筒壁的作用，B 区金属在径向和轴向都受压应力，而且，轴向是最大主应力，切向是中间主应力，根据应力应变关系，轴向和切向是伸长应变，径向是压缩应变，应力应变简图如图 2-52 所示。

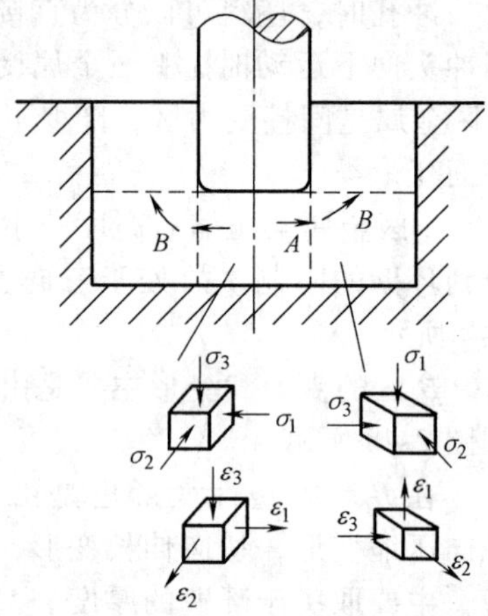

图 2-52 闭式冲孔时的应力应变简图

沿轴向流动的 B 区金属超过冲头的前端位置后便不再变形了，成为外端金属（但仍继续往前流动）。外端金属的出现将加剧轴向的附加应力，并导致零件的横向断裂等。

2.3.3 冲孔工序中常见的质量问题及解决措施

1. 开式冲孔

分析冲孔时的变形特点可知，坯料分成两部分，冲头下面为圆柱区，冲头以外为圆环区。冲孔过程圆柱区金属的变形，相当于处在环形包围下的镦粗。由于圆柱区的金属与圆环区金属是同一整体，被压缩的圆柱区金属必将拉着圆环区金属同时下移，结果使坯料产生拉缩现象，即上端面下凹，下端面突出，外径上小下大而高度减小，即所谓的“走样”，如图 2-53 所示。

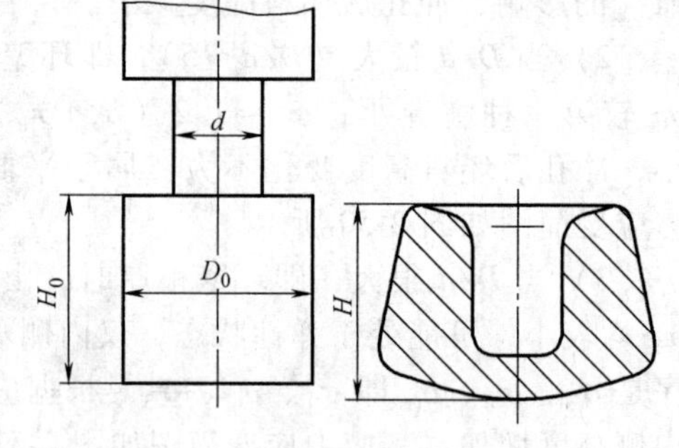

图 2-53 冲孔时的“走样”现象

冲孔时坯料的形状变化情况与坯料直径 D_0 与孔径 d 之比的关系很大，如图 2-54 所示。

当 $D_0/d \leqslant 2\sim3$ 时，拉缩现象严重，外径增大明显，如图 2-54a 所示。

当 $D_0/d=3\sim5$ 时，几乎没有拉缩现象，而外径仍有所增大，如图 2-54b 所示。

当 $D_0/d>5$ 时，由于环壁较厚，扩径困难，多余金属挤向端面形成凸台，如图 2-54c 所示。

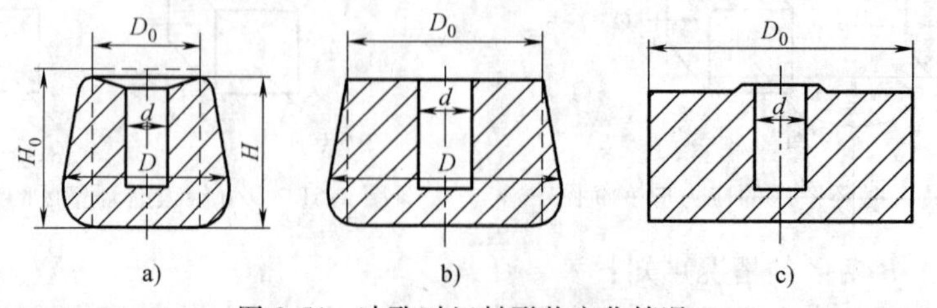

图 2-54 冲孔时坯料形状变化情况

同时，由于圆柱区金属被镦粗挤向四周，使圆环区在内压作用下发生胀形，因而引起坯料的直径增大，在圆环切向产生拉应力，造成侧表面裂纹的产生，如图2-55所示。

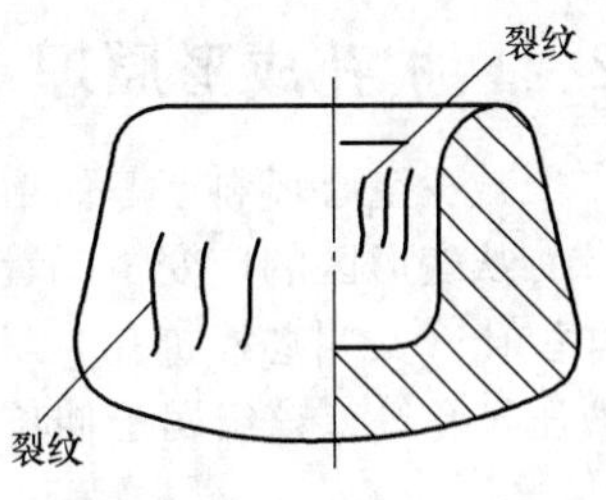

图2-55　冲孔时的纵向裂纹

此外，冲孔时内孔圆角处的裂纹是由于此处温度降低较多，塑性较低，加之冲子一般都有锥度，当冲子往下运动时，此处便被胀裂。因此，冲子的锥度不宜过大，当冲低塑性材料时，如Cr12型钢，不仅要求冲子锥度较小，而且要经过多次加热逐步冲成。

大型锻件在水压机上冲孔时，当孔径大于ϕ450mm时，一般采用空心冲头冲孔（见图2-56），这样可以减小外层金属的切向拉应力，避免产生侧表面裂纹，并能除掉锭料中心部分质量不好的金属。

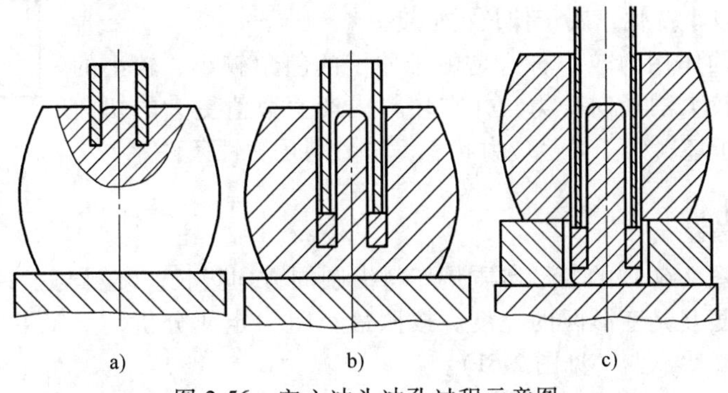

图2-56　空心冲头冲孔过程示意图

冲孔过程中的另一个问题是孔冲偏。引起孔冲偏的原因很多，如冲子放偏，环形部分金属性质不均，冲头各处的圆角、斜度不一致等，均可使孔冲偏。原坯料愈高，愈容易冲偏。因此冲孔时，坯料高度H_0一般小于直径D_0，在个别情况下，采用$H_0/D_0 \leqslant 1.5$。

冲头的形状对冲孔时金属的流动有很大影响，例如锥形冲头和椭圆形冲头均有助于减小冲孔时的“走样”，但这样的冲头很容易将孔冲歪，因此，自由锻冲孔时，冲头一般用平头的，在转角处取不太大的圆角。

2. 闭式冲孔

闭式冲孔的质量问题主要有壁厚不均、纵向裂纹和横向裂纹等。

（1）壁厚不均　引起壁厚不均的原因有两方面：冲头的导向不正；冲孔过程中由于某些原因（例如坯料性质不均、冲头各处圆角或斜度不等）引起侧向压力，使冲头偏离了正确的位置。

（2）纵向裂纹　纵向裂纹都是产生在零件上流动较快的突出部位（见图2-57）。由于该部位受流动较慢部位金属的影响，使该处受切向拉应力而引起纵向裂纹。

（3）横向裂纹　横向裂纹一般都发生在零件上流动较慢的部位（见图2-58）。由于受流动较快处的金属的影响，此处受轴向拉应力。横向裂纹就是由此轴向的附加拉应力引起的。在闭式冲孔过程中外端形成后则更增加附加拉应力的数值，并导致零件的横向开裂。

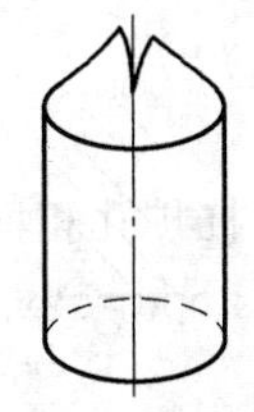
图2-57　闭式冲孔时的纵向裂纹

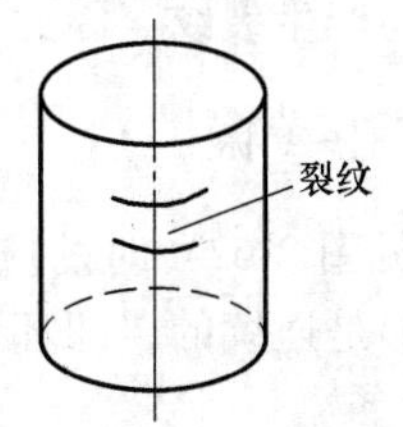

图2-58　闭式冲孔时的横向裂纹

2.4 扩孔成形原理

减少空心坯料壁厚而增加其内外径的锻造工序称为扩孔。

从变形区的应变情况看，扩孔可分为两组。第一组类似拔长的变形方式，如辗压扩孔、马杠扩孔（又叫芯棒扩孔）等，该组属于压缩类应变；第二组类似胀形的变形方式，如冲子扩孔、液压扩孔等，该组属于伸长类应变。

2.4.1 冲子扩孔

冲子扩孔（见图2-59）是用直径较大并带有锥度的冲子进行胀孔。扩孔时，坯料径向受压应力，切向受拉应力，轴向受力很小，与开式冲孔时 B 区的受力情况近似。坯料尺寸的相应变化是壁厚减薄，内、外径扩大，高度有较小变化，属于伸长类应变。

冲子扩孔所需的作用力较小，这是由于冲子的斜角较小，较小的轴向作用力可产生较大的径向分力，并在坯料内产生数值更大的切向拉应力。另外，由于坯料处于异号应力状态，较易满足塑性条件。

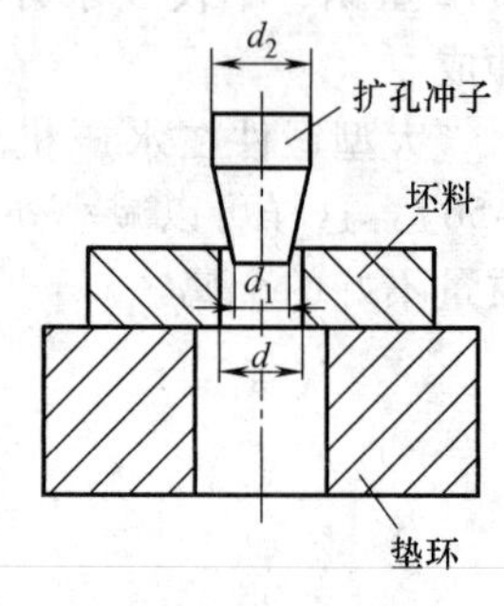

图2-59 冲子扩孔

2.4.2 马杠扩孔

马杠扩孔（见图2-60）的变形实质是坯料沿圆周方向拔长。坯料与工具接触弧长是变形区的长度，而坯料高度 H 是变形区的宽度。按照最小阻力定律分析，金属主要沿坯料切向流动，而在高度方向金属流动很少（见图2-61）。

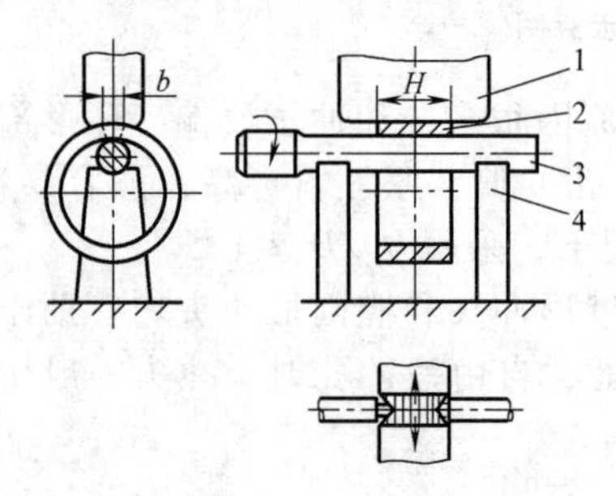

图2-60 马杠扩孔

1—锤头 2—锻件 3—芯轴 4—下支架

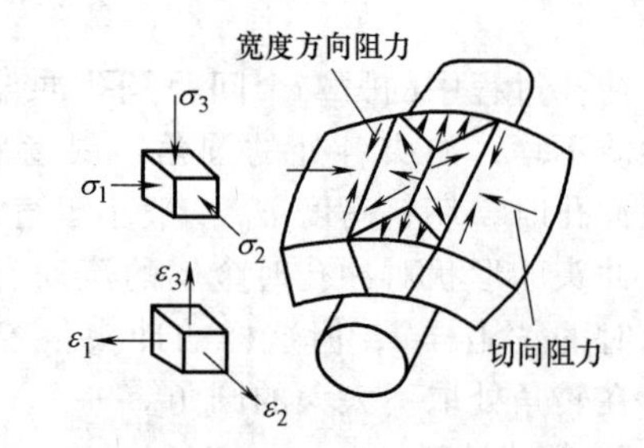

图2-61 马杠扩孔时金属的变形流动

马杠扩孔时变形区金属主要沿切向流动，并增大内、外径，其原因是：

1）变形区沿切向的长度远小于宽度（即锻件的高度）。

2）马杠扩孔的锻件一般壁较薄，故外端对变形区金属切向流动的阻力远比宽度方向的小。

3）马杠与锻件的接触面呈弧形，有利于金属沿切向流动。

因此，用马杠扩孔时，随着壁厚减薄，内、外径同时扩大，高度稍有增加。外端对变形区金属切向流动的阻力大小与相对壁厚 t/d 有关。t/d 愈大时，阻力也愈大。由于变形区金属受三向压应力，故不易产生裂纹。因此，马杠扩孔可以锻制薄壁的锻件。

2.4.3 辗压扩孔（辗扩）

辗压扩孔（见图2-62）时的应力、应变、变形和流动情况与马杠扩孔相同。其特点是：工具是旋转的，变形是连续的，即环形坯料的轧制。辗压扩孔时一般压下量较小，故具有表面变形的特征。

在辗环机（又称扩孔机）上，可以辗扩火车轮箍、齿圈、法兰和各种轴承套圈等环形件。

如图 2-63 所示是辗扩工作原理图。环形坯料 1 套在芯辊 2 上，在气缸压力 P 作用下，旋转的辗压轮压下，坯料壁厚减小，金属沿切线方向伸长（轴向也有少量展宽），环的内、外径尺寸增大。在摩擦力 F 的作用下，辗压轮带动坯料和芯辊一起旋转，因此，坯料的变形是一个连续的过程。当环的外径增大与导向辊 4 接触时，使环在外径增大的同时产生弯曲变形，环的几何中心向机床中心线的左方偏移。另外，导向辊在辗压过程中使环转动平稳以及环的中心不产生左右摆动。当环的外围与信号辊 5 接触时，辗压轮停止压下并开始回程。锻件的外径尺寸由辗压终了时的辗压轮、导向辊和信号辊三者的位置决定。

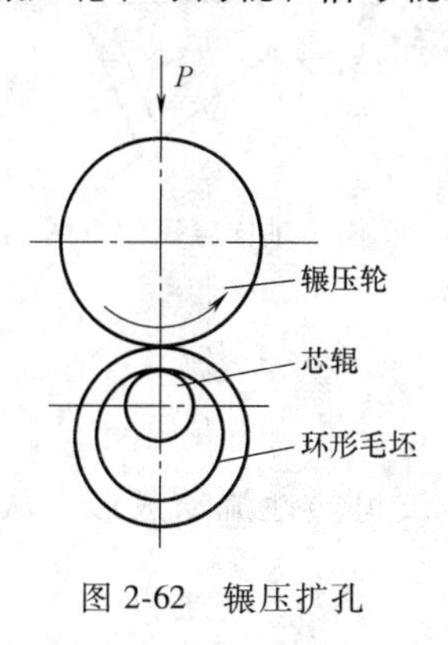

图 2-62　辗压扩孔

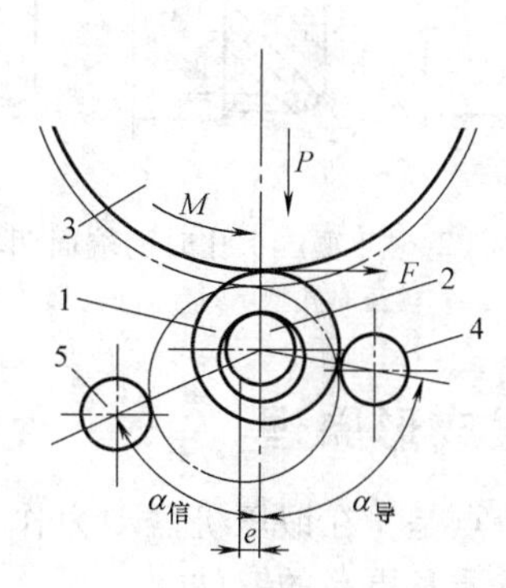

图 2-63　辗扩工作原理

1—环形坯料　2—芯辊　3—辗压轮　4—导向辊　5—信号辊

2.4.4　扩孔工序中常见的质量问题及解决措施

1. 冲子扩孔

冲子扩孔时的主要缺陷是裂纹和壁厚不均。

冲子扩孔时由于坯料是沿径向扩孔，因此坯料在切向受拉应力，容易胀裂。为了防止锻件胀裂，首先要求每次扩孔变形量不宜过大。其次，应避免扩孔时温度过低，即每火扩孔次数不宜多。如果坯料壁厚不等，可以在壁薄处先变形；如果原始壁厚相等，但坯料各处温度不同，则首先在温度较高处变形；如果坯料上某处有微裂纹等缺陷，则将在此处引起开裂。总之，在用冲子扩孔时，变形首先在薄弱处发生，因此如果控制不当可能引起壁厚差较大。但是如果正确利用上述因素的影响规律也可能获得良好的效果。例如，扩孔前将坯料薄壁处蘸水冷却一下，以提高此处的变形抗力，将有助于减小扩孔后的壁厚差。

2. 液压扩孔

液压扩孔时的主要缺陷是锻件外形呈喇叭口畸形、胀裂和尺寸超差等。防止喇叭口畸形的主要措施是要保证在液压胀形时，及时充分建立并维持胀形所需的高压强。避免胀裂的主要措施是使环坯的组织性能良好、均匀和使环坯的壁厚均匀。

3. 辗压扩孔

辗压扩孔过程中的主要缺陷是尺寸超差和锻件端面内凹等。

坯料体积、辗压变形量、辗扩前预成形坯的尺寸等对辗扩件的尺寸精度有较大影响。锻件的外径尺寸由辗压终了时辗压轮、导向辊和信号辊三者的位置决定，应予以准确控制。为了保证辗压件的质量，根据生产实践经验，导向辊与机床中心线夹角应大于 65°，信号辊与机床中心线夹角应大于 55°。

在径向辗扩机上扩孔时，由于金属变形具有表面变形特点常易产生锻件端面内凹（见图 2-64），用小压下量辗压厚壁环形件时内凹更明显。因此，最后一道次辗压时应有足够的变形量。若采用径向—轴向辗环机则可以较好地解决内凹缺陷，其特点是用一对径向辗压轧辊和一对轴向辗压轧辊分别辗压环的壁厚和高度（见图 2-65），可以得到端面平直的锻件并可减少模具更换的次数。

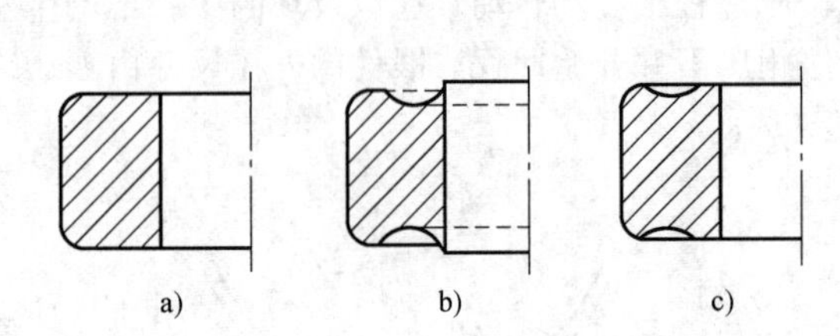

图 2-64　辗压扩孔时的端面凹坑

a）坯料　b）辗压时孔型不封闭　c）辗压时孔型封闭

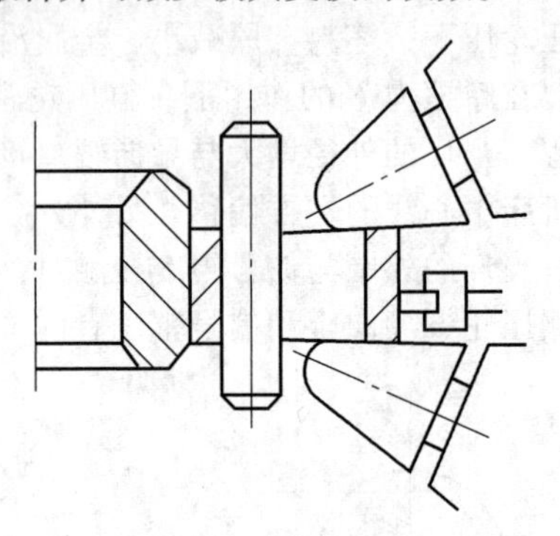

图 2-65　径向—轴向辗压示意图

2.5　模锻成形原理

模锻的特点是，在锻压机器动力作用下，毛坯在锻模型槽中被迫塑性流动成形，从而获得比自由锻造质量更高的锻件。

2.5.1　开式模锻

开式模锻时，金属变形流动的过程如图 2-66 所示，由图中可看出模锻变形过程可以分为四个阶段。

1. 开式模锻各阶段的应力应变分析

（1）第Ⅰ阶段　自由镦粗至接触模壁。

这阶段犹如孔板间镦粗。假设模孔无斜度（见图 2-67）。第Ⅰ阶段属于局部加载，整体受力，整体变形。金属可分为 A、B 两区。A 区为直接受力区，B 区的受力主要是由 A 区的变形引起的。A 区的受力情况如同环形件镦粗，故又可分为内外两区，即 $A_{内}$ 和 $A_{外}$，其间有一个流动分界面。

B 区内金属的变形类似于在圆形砧内拔长。

各区的应力应变情况如图 2-67。各区金属主要沿最大主应力的增量方向流动（如图中箭头所示），即 $A_{内}$ 区和 B 区的金属往内流动，流入模孔内；$A_{外}$ 区的金属向外流动。在坯料内每一瞬间都有一个流动的分界面，界面的位置取决于两个方向金属流动的阻力大小。此阶段金属处于不明显的三向压应力状态，变形抗力较小。

（2）第Ⅱ阶段　金属流向模膛深处和圆角处，开始产生飞边。

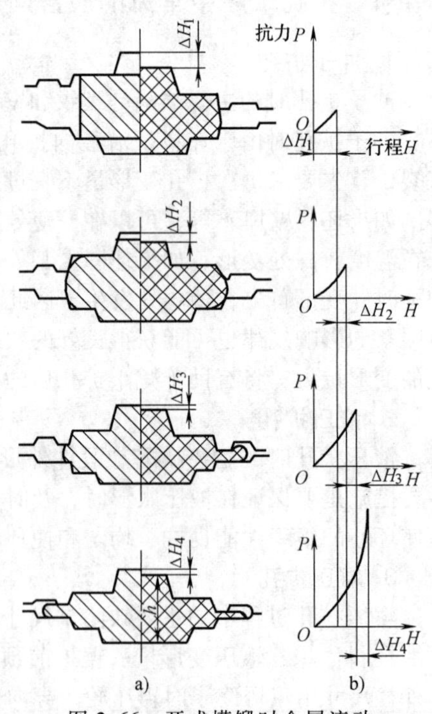

图 2-66　开式模锻时金属流动过程的四个阶段

第Ⅱ阶段金属也有两个流动的方向，金属一方面充填模膛，一方面由桥口处流出形成飞边。这时由于模壁阻力，特别是飞边桥口部分的阻力（当阻力足够大时）作用，迫使金属充满模膛。

这阶段凹圆角充满后变形金属可分为五个区（见图 2-68）。A 区内金属的变形犹如一般环形件镦粗，$A_{外}$ 为外区，$A_{内}$ 为内区。B 区内金属的变形犹如在圆型砧内摔圆。C 区为弹性变

形区，D 区内金属的变形犹如外径受限制的环形件镦粗。各区的应力应变简图和金属流动方向如图 2-68 所示。

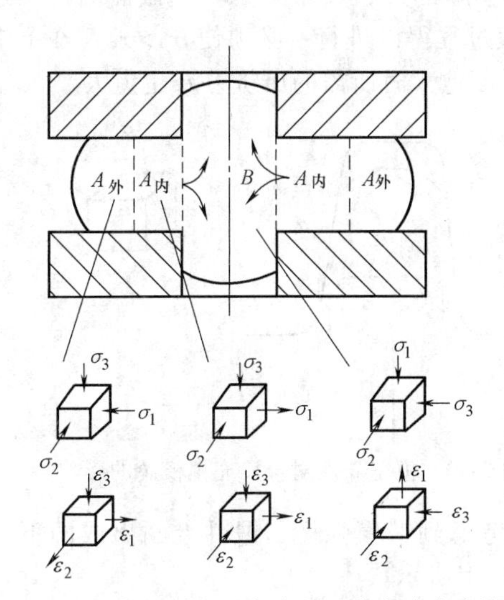

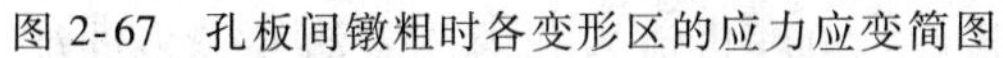

图 2-67　孔板间镦粗时各变形区的应力应变简图

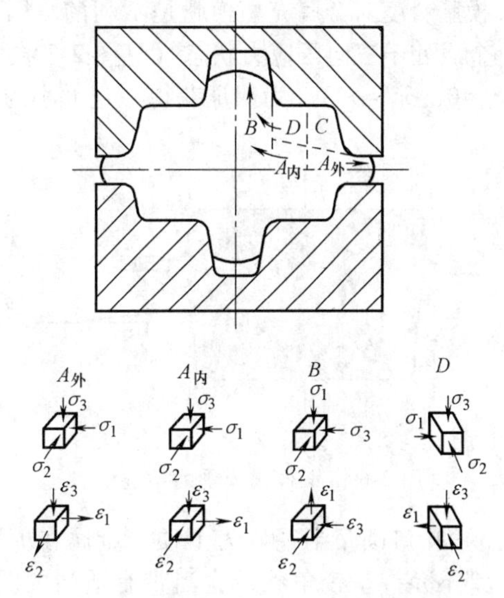

图 2-68　开式模锻时各变形区的应力应变简图

(3) 第Ⅲ阶段　飞边压薄至模膛充满。

飞边形成后，随着变形的继续进行，飞边逐渐减薄，金属流入飞边的阻力急剧增大，形成一个阻力圈。当这个阻力大于金属充填模膛深处和圆角处的阻力时，迫使金属继续流向模膛深处和圆角处，直到整个模膛完全充满为止。这时金属处于明显的三向压应力状态，变形抗力急剧增大。

(4) 第Ⅳ阶段　上下模闭合，多余金属完全挤出。

通常坯料体积略大于模膛体积，因此当模膛充满后，尚需继续压缩至上下模闭合，将多余金属完全挤出，以保证锻件高度尺寸符合要求。此阶段变形抗力急剧上升，因此应尽量缩短第四阶段，图 2-66 中的 ΔH_4 愈小愈好，对减小模锻变形功有重大意义。

2. 开式模锻时影响金属成形的主要因素

(1) 模膛（模锻件）的具体尺寸和形状的影响　一般地说，金属以镦粗的方式比以压入方式充填模膛容易，锻件上具有窄的高筋处，由于以压入方式充填的阻力大，常常是最后充满的地方。模膛各部分的阻力与下列因素有关：

1) 变形金属与模壁的摩擦系数。当孔壁的加工表面粗糙度高、润滑较好时，摩擦阻力较小，金属易于充满模膛。

2) 模锻斜度。在锻件上与分模面相垂直的平面或曲面所附加的斜度或固有的斜度称为模锻斜度。

模锻斜度的作用是使锻件成形后能从模膛内顺利取出，但是加上模锻斜度后会增加金属损耗和机械加工工时，因此应尽量选用最小的模锻斜度。

锻件外壁上的斜度称为外模锻斜度。当锻件终锻成形后，温度继续下降，外模锻斜度上的金属由于冷缩而有助于锻件出模。锻件内壁上的斜度称为内模锻斜度，内模锻斜度的金属因冷缩反而将模膛中突起部分夹得更紧，阻碍锻件出模。如图 2-69 所示可看出，锻件在模膛内受到模壁脱模分力 $P\sin\alpha$，模壁对锻件的摩擦阻力为 $T\cos\alpha$，根据力的平衡条件，则取出锻件所需的外力 P_Z 为

$$P_Z = T\cos\alpha - P\sin\alpha$$

当外模锻斜度 α 愈大时，所需外力 P_z 就愈小。当 α 达到一定角度后，锻件不需任何外力将自行从模膛中脱出。

模膛斜度对金属充填模膛是不利的。因为金属充填模膛的过程实质上是一变截面的挤压过程，金属处于三向压应力状态（见图 2-70）。为了使充填过程得以进行，必须使 $\sigma_3>\sigma_S$（在上端面 $\sigma_1=0$，$\sigma_3=\sigma_S$）。为保证获得一定大小的 σ_3，模壁斜度愈大时所需的压挤力 P 也愈大。

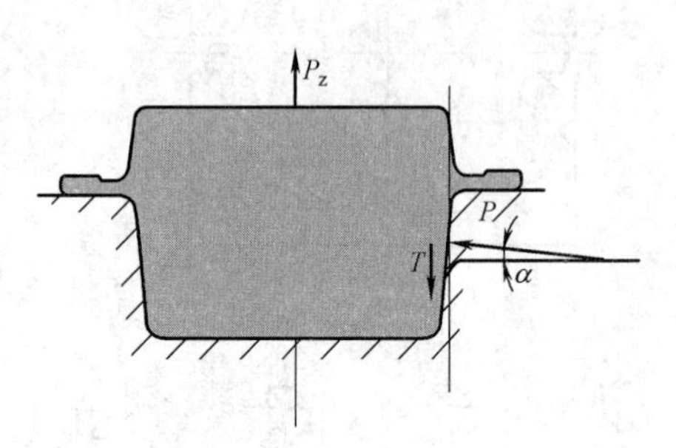

图 2-69　锻件出模受力情况

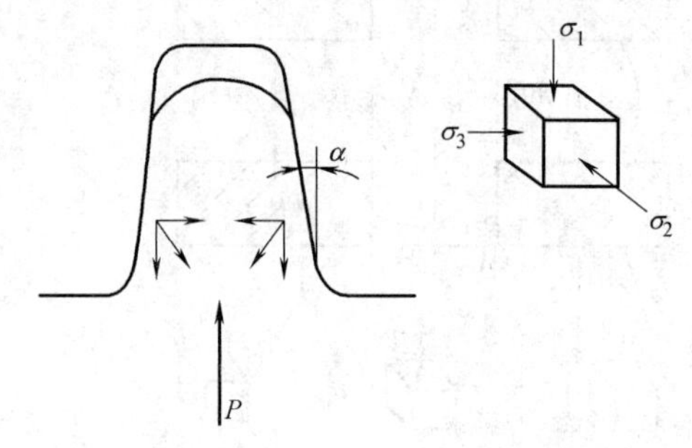

图 2-70　模壁斜度对金属充填模膛的影响

3）孔口圆角半径。为了便于金属在模膛内流动和考虑到锻模强度，锻件上凸出或凹下的部位都不允许呈锐角状，应当带有适当的圆角，如图 2-71 所示。

如果外圆角半径 R 很小，则金属质点要拐一个很大的角度再流入孔内，需消耗较多的能量，故不易充满模膛，同时锻模在热处理和模锻过程中因应力集中导致开裂（见图 2-72）。如果锻件的凹圆角半径太小时，对某些锻件可能产生折叠和切断金属纤维（见图 2-73），导致力学性能下降。由于压塌变形，结果使锻件卡在模膛内取不出来。所以圆角半径宜适当加大，对锻件质量、锻件出模及提高模具寿命都有利。但 R 大了要增加金属消耗和机械加工量。

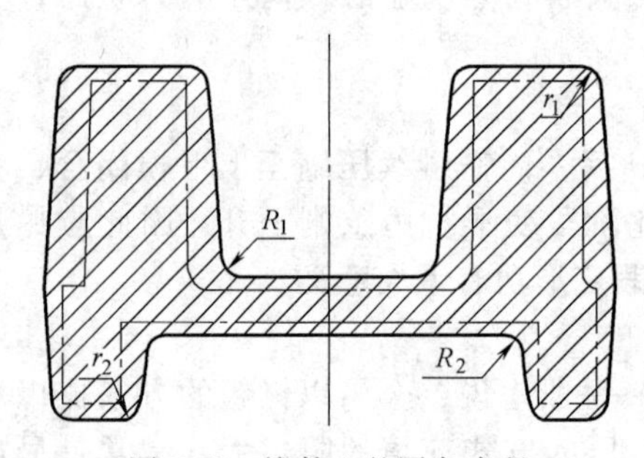

图 2-71　锻件上的圆角半径

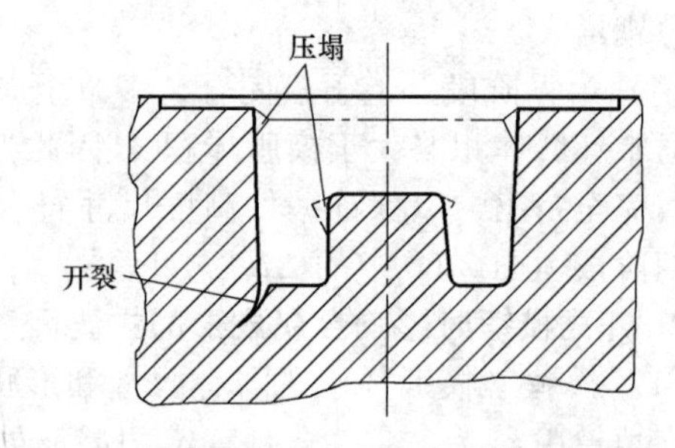

图 2-72　圆角半径过小引起的开裂和压塌现象

4）模膛的高度与深度。模膛愈窄，在其他条件相同的情况下，金属向孔内流动时的阻力将愈大，孔内金属温度的降低也愈严重，故充满模膛愈困难。模膛愈深，在其他条件相同的情况下，充满也愈困难。

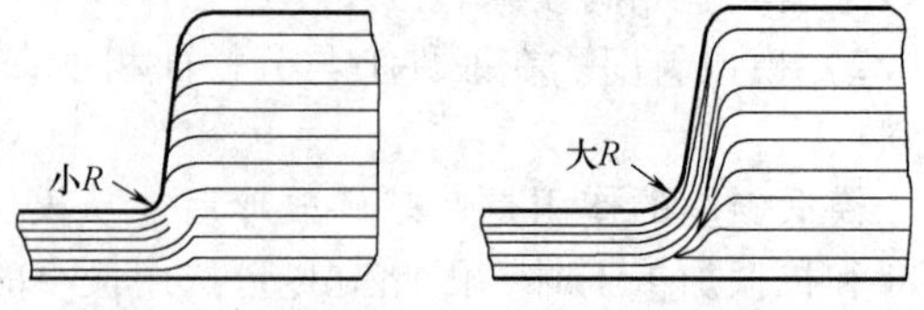

图 2-73　圆角半径对纤维的影响

5）模具温度。当模具温度较低时，金属流入孔后温度降低很快，变形抗力增大，使充满模膛困难。但是，模具温度过高也是不适宜的，它会降低模具寿命。

（2）飞边槽的影响　飞边槽的作用是锻造时造成足够大的水平方向的阻力，促使模膛得以充满；在第三阶段，模膛已充满的情况下，能容纳多余金属；在终锻过程中，飞边如同垫片，能缓冲上下模块相击，从而防止分模面过早压塌或崩裂。

常见的飞边槽形式如图 2-74 所示。除形式Ⅳ外，其他形式都是由桥部和仓部组成。桥部

的主要作用是阻止金属外流，迫使金属充满模膛，还可使飞边厚度减薄，以便于切除。桥口阻力的大小与 b 和 $h_{飞}$ 有关。桥口愈宽，高度愈小，即 $b/h_{飞}$ 愈大，阻力愈大。从保证金属充满模膛出发，希望桥口阻力大一些，但过大会造成变形抗力增大，可能造成上下模不能打靠，锻件在高度上锻不足等问题。应当根据模膛充满的难易程度来确定，当模膛较易充满时，$b/h_{飞}$ 取小一些，反之取大一些。

仓部的作用是用以容纳多余的金属，以免金属流到分模面上，影响上下模打靠。

Ⅰ型是最常用的形式。其优点是桥部设在上模块，因而受热小，不易磨损或压塌。

Ⅱ型用于高度方向形状不对称的锻件。锻造时复杂形状部分设置在上模，可便于充填成形。但切边时要求锻件出模后翻转180°。

Ⅲ型适用于形状复杂和坯料体积难免偏多的锻件，在这样的情况下，不得不增大仓部的容积，以便容纳更多金属。

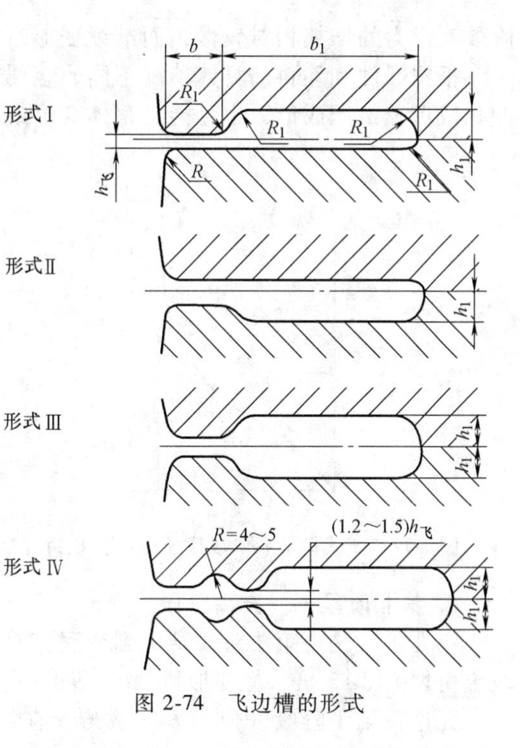

图 2-74　飞边槽的形式

Ⅳ型是在Ⅲ型的基础上为增大水平面方向的阻力，在桥部增设阻力沟。这种形式一般用于难充满的局部地方。

（3）终锻前坯料的具体形状和尺寸

（4）坯料本身性质的影响　主要指由于温度不均引起的各部分金属流动极限 σ_s 的不均匀情况。

（5）设备工作速度　在高速锤上模锻时，只有在流动惯性与需要充填的方向一致时，才有利于金属充填模膛。例如，如果在第一、第二锤上打击过猛，大量金属便流出模膛，进入飞边槽，导致最终模膛不能充满。因此，在高速锤上模锻时，一般的飞边槽很少用，尤其当沿模膛周边有较窄、较深的型腔时（见图 2-75a）。如果采用无飞边或小飞边模可以依靠模膛侧壁的阻力，迫使金属改变流动方向（流向型腔），使流动方向与需要充填的方向一致（见图 2-75b）。

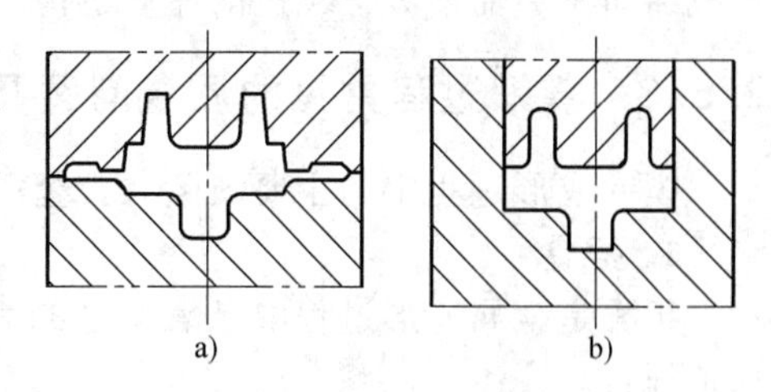

图 2-75　周边有较窄、较深型腔的模膛

2.5.2　闭式模锻

闭式模锻亦称无飞边模锻。

闭式模锻较适用于轴对称变形或近似轴对称变形的模锻，目前应用最多的是短轴线类的回转体锻件。

闭式模锻的变形过程如图 2-76 所示，各阶段模压力的变化情况如图 2-77 所示。

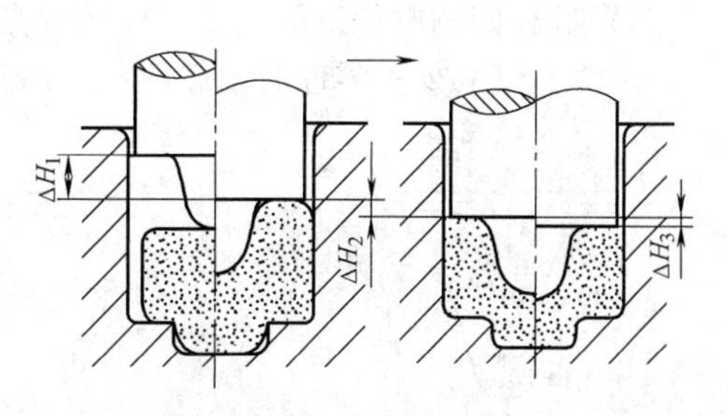

图 2-76　闭式模锻变形过程

1. 第Ⅰ阶段——基本成形阶段

第Ⅰ阶段由开始变形至金属基本充满模膛，此

阶段变形力的增加相对较慢，而继续变形时变形抗力将急剧增大。

根据锻件和坯料的具体情况不同，金属在此阶段的变形流动可能是镦粗成形、压入成形、冲孔成形及挤压成形，也可能是整体变形或局部变形。

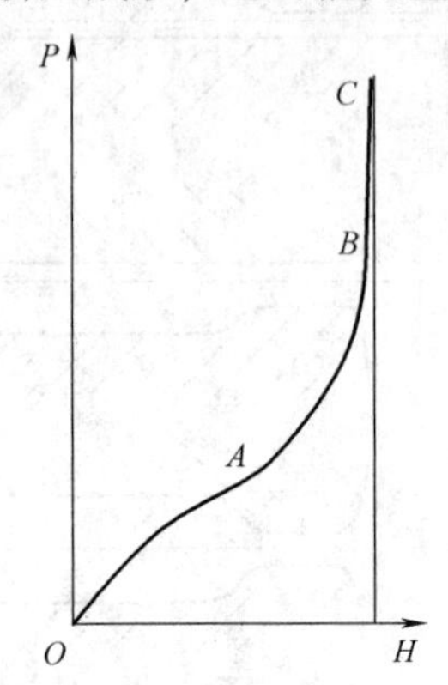

图 2-77 闭式模锻各阶段模压力的变化情况

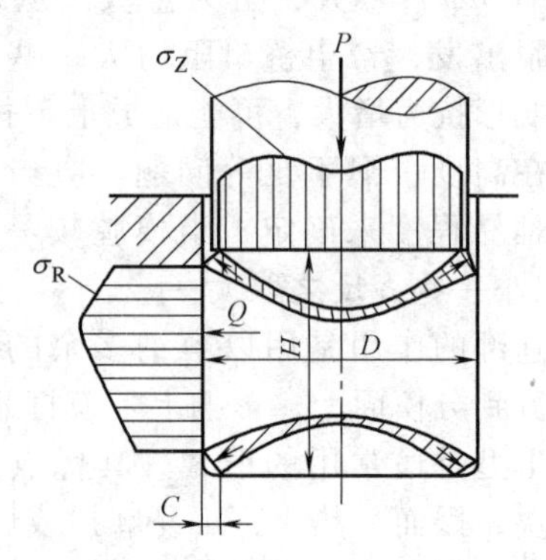

图 2-78 充满阶段变形特点

2. 第Ⅱ阶段——充满阶段

第Ⅱ阶段是由第Ⅰ阶段结束到金属完全充满模膛为止。此阶段结束时的变形力比第Ⅰ阶段末可增大 2~3 倍，但变形量 ΔH_2 却很小。

无论在第Ⅰ阶段以什么方式成形，在第Ⅱ阶段的变形情况都是类似的，此阶段开始时，坯料端部的锥形区和坯料中心区都处于三向等（或接近等）压应力状态（见图 2-78）。坯料的变形区位于未充满处附近的两个刚性区之间，也处于差值较小的三向不等压应力状态，并且随着变形过程的进行逐渐缩小，最后消失。

3. 第Ⅲ阶段——形成纵向飞边阶段

此时，坯料基本已成为不变形的刚性体，只有在极大的模压力作用下，或在足够的打击能量作用下，才能使端部表面层的金属变形流动，形成纵向飞边。模膛侧壁的压应力 σ_R 由于形成纵向飞边而增大，飞边的厚度越薄、高度越大，σ_R 也越大。

2.5.3 模锻过程常见的质量问题及措施

模锻成形过程中的主要缺陷有折叠、充不满、错移、欠压和轴线弯曲等。

1. 折叠

折叠是金属变形过程中已氧化过的表层金属汇合到一起而形成的。锻件折叠一般具有下列特征：

1）折叠与其周围金属流线方向一致（见图 2-79）。

2）折叠尾端一般呈小圆角（见图 2-80）。有时，在折叠之前先有折皱，这时尾端一般呈枝杈形（或鸡爪形，见图 2-81）。

3）折叠两侧有较重的氧化、脱碳现象。

折叠不仅减少了零件的承载面积，而且在工作时由于此处的应力集中往往成为疲劳源。

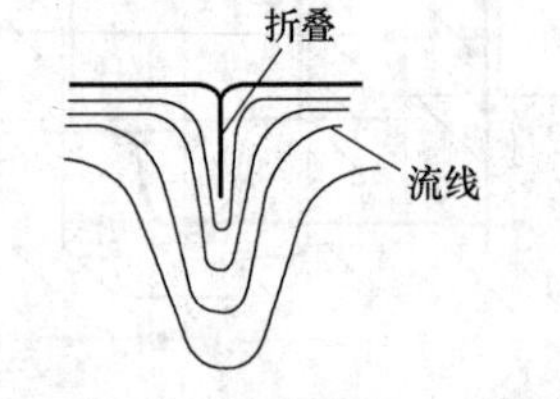

图 2-79 折叠与金属流线方向一致

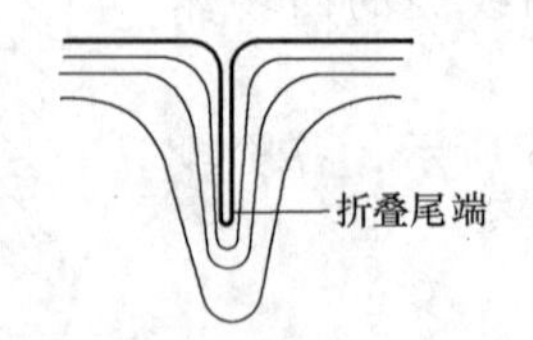

图 2-80 折叠尾端呈小圆角

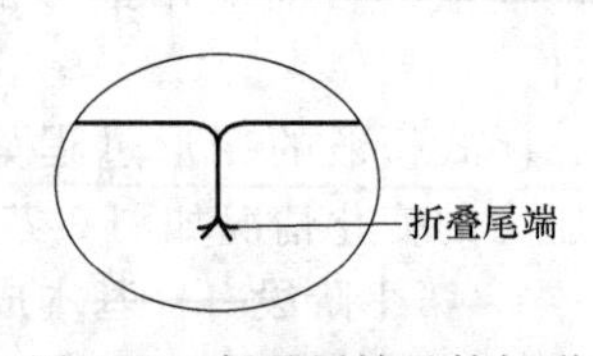

图 2-81 折叠尾端呈枝杈形

模锻过程中折叠的类型和形成原因有以下几种：

1）可能是两股（或多股）流动金属对流汇合而形成的。对于这种情况可采取以下措施：①模锻前坯料拐角处应有较大的圆角，例如采用预锻模膛，预锻模膛此处应做成较大的圆角；②保证此部分有足够的金属量，使模锻时折叠的起始点被挤进飞边部分，因此应保证坯料尺寸合适，操作时将坯料放正，初击时轻一些。

2）由一股金属的急速大量流动将邻近部分的表层金属带着流动，两者汇合而形成的。对于这种情况可采取以下措施：①使中间部分金属在终锻时的变形量小一些，即由中间部分排出的金属量尽量少一些；②创造条件，使终锻时由中间部分排出的金属尽可能向上、下型腔中流动，继续充满模腔。

3）由于变形金属发生弯曲、回流而形成。对于细长锻件先被压弯后发展成折叠，应采取的措施是减小每次的压下量和适当增加滚挤模膛的横断面积和宽度。对于由于金属回流形成弯曲，继续模锻时发展成折叠应采取的措施是，应当使镦粗后的坯料直径超过轮缘宽度的一半，最好接近于轮缘宽度的三分之二，圆角 R 应适当大些，模锻时第一、二锤应轻些。

4）部分金属局部变形，被压入另一部分金属内。这类形式的折叠在生产中很常见，例如拔长时，当送进量很小、压下量很大时，上、下两端金属局部变形并形成折叠。避免产生这种折叠的措施是增大送进量，使每次送进量与单边压缩量之比大于1~1.5。模锻时，上、下模错移时在锻件上啃掉一块金属，再压入本体内便成为折叠。

2. 模锻时充不满

模锻时引起充不满的原因可能是：

1）在模膛深而窄的部分由于阻力大不易充满。为使肋部充满，一方面应设法减小金属流入肋部的阻力，另一方面应加大桥口部分的阻力，迫使金属向肋部流动。

如果难充填的部分较大，B（见图2-82）较小，预锻模膛的模锻斜度不宜过大，否则预锻后 B_1 很小，冷却快，终锻时反而不易充满模膛。这时可设计成如图2-82b所示的形状。

2）在模膛的某些部分，由于金属很难流动而不易充满。为避免这种缺陷，终锻前制坯时应当先将杈形部分劈开。这样终锻时就会改善金属的流动情况，以保证内端角处充满。

3）带枝芽的锻件模锻时，常常在枝芽处充不满。该类锻件模锻时在枝芽处充不满的原因通常是由于此处金属量不足。因此，预锻时应在该处聚集足够的金属量。为便于金属流入枝芽处，预锻模膛的枝芽形状应适当简化，与枝芽连接处的圆角半径适当增大，必要时可在分模面上设阻力沟，加大预锻时流向飞边的阻力，如图2-83所示。

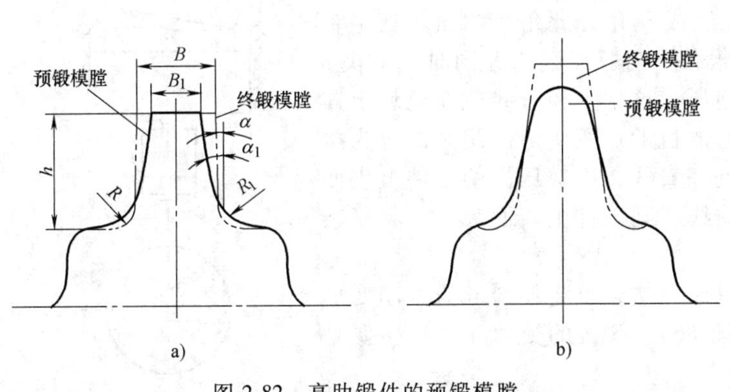

图2-82　高肋锻件的预锻模膛

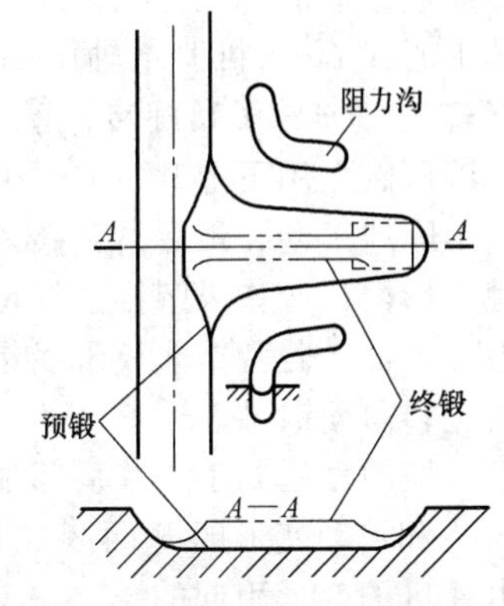

图2-83　带枝芽锻件的预锻模膛

锻件上形状复杂且较高的部分如因特殊情况需放在下模时，由于下模较深处易积聚氧化皮，致使锻件在该处“缺肉”，如图2-84所示的曲轴，模具该处应加深2mm。对某些具

有高肋的锻件，其终锻模膛在相应部位应该有气孔，以保证肋部充满。

加深2mm

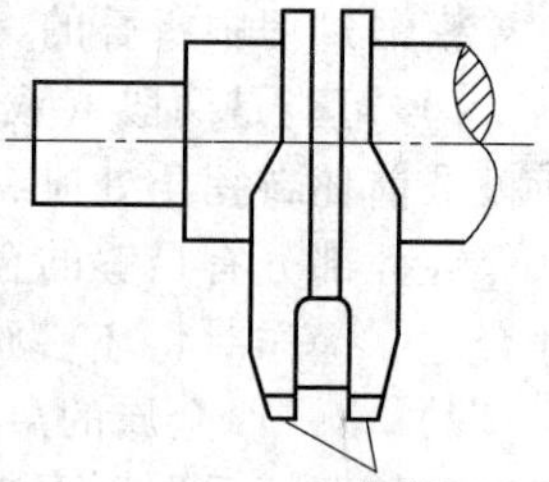

图 2-84 曲柄锻件的局部加厚

3. 欠压

欠压指垂直于分模面方向的尺寸普遍增大，产生的原因可能是：①锻造温度低；②设备吨位不足，锤击力不足或锤击次数不足。

4. 错移

错移是锻件沿分模面的上半部相对于下半部产生位移。产生的原因可能是：①滑块与导轨之间的间隙过大；②锻模设计不合理，缺少消除错移力的锁口或导柱；③模具安装不良。

5. 轴线弯曲

轴线弯曲，与平面的几何位置有误差。产生的原因可能是：①锻件出模时不注意；②切边时受力不均；③锻件冷却时各部分降温速度不一；④清理与热处理不当。

2.6 回转成形原理

回转成形具有两个基本特征：①工件在回转中成形，做回转运动的既可以是工具，也可以是工件，或者是工具加工件；②工件为连续局部成形。

回转成形具有如下优点：

1）由于是连续局部成形，所以工作载荷小。

2）由于工作载荷小，所以设备重量轻、体积小、投资省。

3）生产率高，产品尺寸精度高，表面粗糙度值低。

4）易于实现机械化、自动化生产，工作环境好。

回转成形的缺点是：通用性差，需要专门的设备和模具，而多数模具的设计、制造及工艺调整比较复杂。

2.6.1 摆动辗压

1. 摆动辗压变形特点

摆动辗压属于增粗类，适用于盘类、饼类和带法兰的轴类零件的成形，特别适用于较薄工件的成形。

摆动辗压是利用一个带圆锥形的上模对毛坯局部加压，并绕中心连续滚动的加工方法。工作原理如图 2-85 所示，带锥形的上模，其中心线 Oz 与机器主轴中心线相交成 γ 角，此角称摆角。当主轴旋转时，Oz 绕 OM 旋转，于是上模便产生摆动。与此同时，滑块 3 在液压缸作用下上升，并对毛坯施压，这样上模母线就在毛坯上连续不断地滚动，最后达到整体成形的目的。图中下部阴影部分为接触投影面积。如果圆锥上模母线是一直线，则辗压出的工件上表面为一平面，若圆锥上模母线是一曲线，则工件上表面为一形状复杂的旋转曲面锻件。

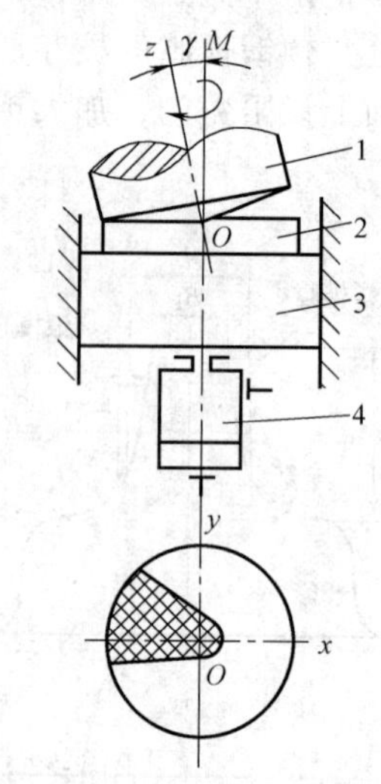

图 2-85 摆动辗压工作原理

1—摆头（上模） 2—坯料

3—滑块 4—进给缸

摆动辗压属于连续局部加载成形方法，可将坯料分为主动变形区 A 和被动变形区 B 两区（见图 2-86），B 区的受力和变形主要是由 A 区的变形引起的。

A 区受力后金属产生塑性变形，一部分以径向流动为主，另一部分以切向流动为主（见图 2-87）。如果将工件表面刻上正交网格，经辗压后，网格线变成了 S 形，如图 2-88 所示。由于在这两个方向

上受到 B 区的限制，故处于三向压应力状态（见图 2-86）。

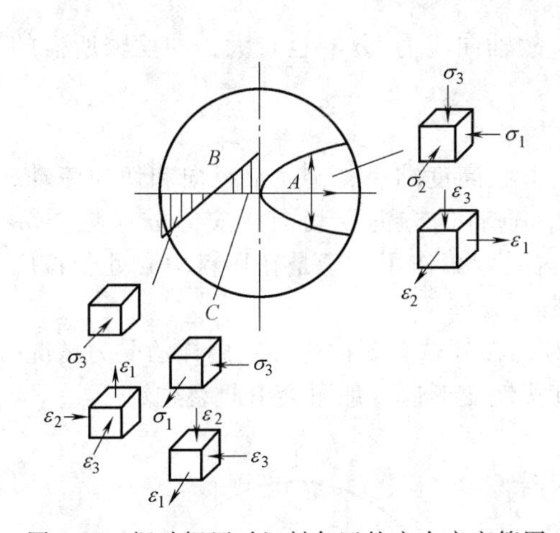

图 2-86　摆动辗压时坯料各区的应力应变简图

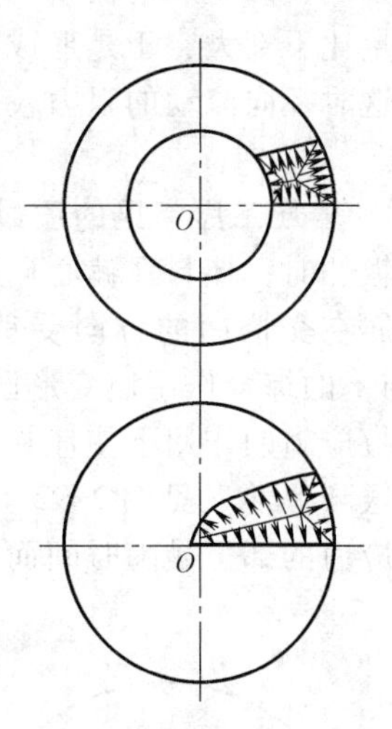

图 2-87　摆辗自由镦粗时接触区金属的流动示意图

B 区金属由于 A 区的变形而受力，但各处的应力大小是不一样的。与变形区相对应的一边受弯曲应力作用，内侧受拉应力，外侧受压应力。由于各处的受力情况不一样，因此有的地方容易满足塑性条件，有的地方不易满足。在 B 区内 C 处金属受拉应力最大，最易产生塑性变形。

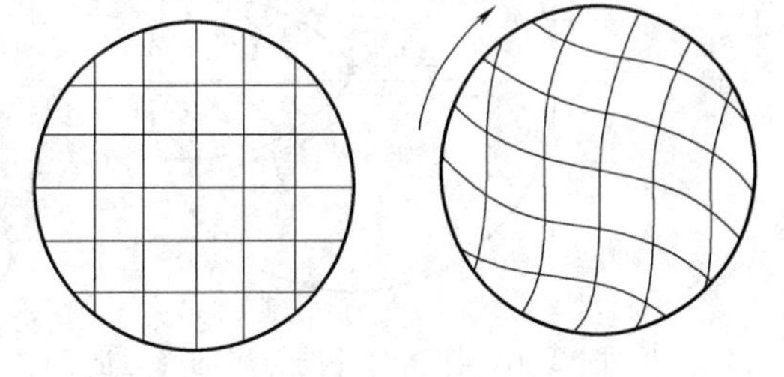

图 2-88　工件加工表面的网格变形

当坯料较薄时，整个 A 区金属受力情况相近，都能进行塑性变形；而当坯料较高时，由于在作用力方向受力面积逐渐扩大，A 区上部由于轴向应力 $|\sigma_3|$ 较大，易满足塑性条件，而下部由于 $|\sigma_3|$ 较小，常常不易满足塑性条件，因此，在分析 A 区的变形和流动问题时应分两种情况考虑。

（1）坯料较薄时（见图 2-89）　这时 A 区金属全部产生塑性变形，沿径向和切向两个方向流动。由于坯料较薄，A 区金属沿两个方向流动时受到的 B 区的阻力较小，故轴向应力 $|\sigma_3|$ 也较小，亦即摆辗时所需的压力较小。

（2）坯料较厚时（见图 2-90）　这时 A 区金属仅上部产生塑性变形，下部不变形。它强

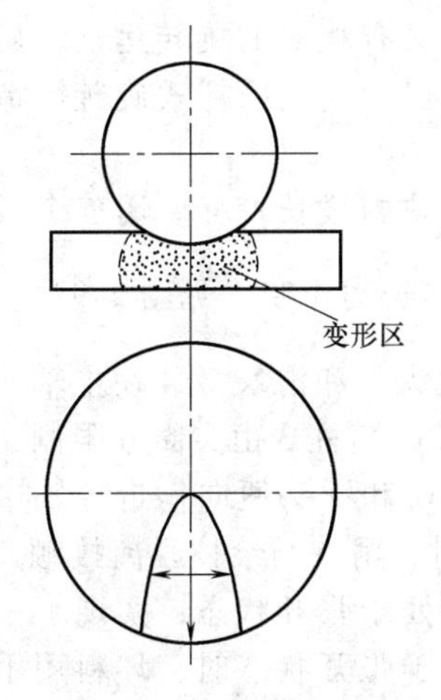

图 2-89　薄件摆辗时金属的变形和流动情况

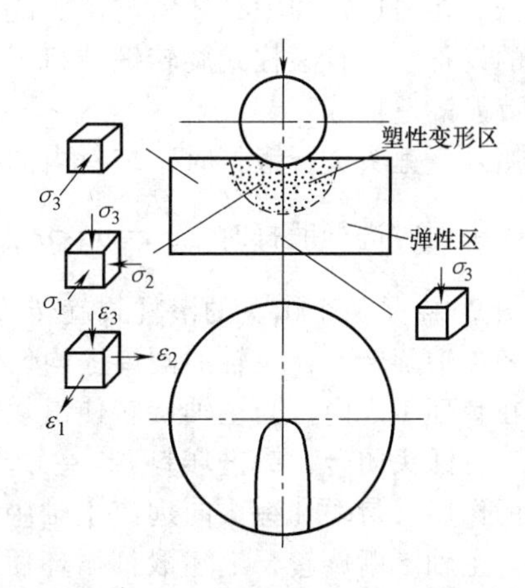

图 2-90　厚件摆辗时的变形区及各区的应力应变简图

烈地阻碍 *A* 区变形金属的流动，切向流动几乎被限制。*A* 区金属主要沿径向流动，而且上部的径向外流量比下部大，于是形成喇叭形。

由于这时径向流动的阻力较大（即 $|\sigma_1|$ 较大），故轴向应力 $|\sigma_3|$ 也较大，即摆辗所需的压力要大。

2. 摆动辗压工序常见的质量问题及解决措施

摆动辗轧时，坯料在偏心局部加载的作用下，变形区高度缩小，金属沿径向和切向流动，使外端金属在交接面的方向受剪应力 τ，在与交接面垂直的方向受切向压应力 σ（见图 2-91）。σ 与 τ 的综合作用使变形区对称的外端金属 *B* 区受弯矩作用，于是在坯料中心处受拉应力，在此拉应力的作用下使坯料心部拉薄，甚至拉裂。

在摆辗环形件（见图 2-92）或在扩孔机上辗环时，在外端金属内也存在同样的受力情况，但是受拉应力的部位是随时间而周期变化的，故虽有塑性变形但一般不会引起裂纹。

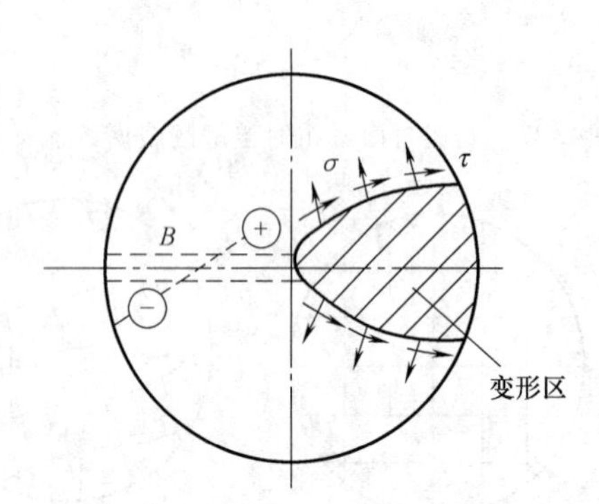

图 2-91　摆辗时外端金属的受力情况

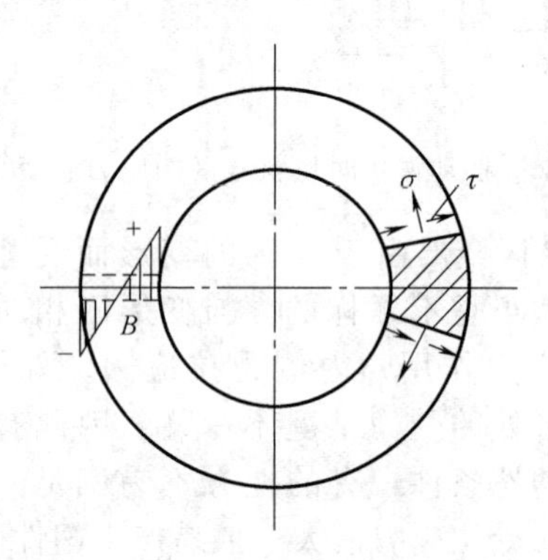

图 2-92　摆辗环形件时外端金属的受力情况

为防止薄件中心开裂，可采用工件中间局部加厚的办法，以增大断面系数，然后加工去掉加厚部分。对于辗压铣刀片、盘形弹簧片，可增大进给量，使接触面积增大，进而减小拉应力的产生，防止中心裂纹的出现。

2.6.2　旋转锻造

旋转锻造是增长类工序。它是在自由锻型砧拔长的基础上发展起来的一种新工艺。

旋转锻造是利用分布于坯料横截面周围的两个以上的锤头，对坯料进行高度、同步、对称锻击。在锻造过程中，坯料与锤头既有相对的轴向移动，又有相对的旋转运动。旋转锻造使用的设备主要有滚柱式旋转锻造机、曲柄连杆式旋转锻造机、曲柄摇杆式旋转锻造机和液动的万能锻造机等。

用两个锤头进行锻打时，坯料内的应力应变情况和与型砧内拔长一样。用三个或三个以上的锤头同时进行锻打时，$\sigma_2=\sigma_3<\sigma_m$，$\varepsilon_2=\varepsilon_3=-\dfrac{1}{2}\varepsilon_1$，为伸长类应变（见图 2-93）。

图 2-94 是两个锤头的滚柱式旋转锻造机传动原理图。锤头 4 和滑块 2 装在主轴 7 的导轨内并随主轴旋转。在主轴的圆周上均匀分布有成偶数的滚柱 3，滚柱 3 由夹圈 6 限制于一定位置并在套环 1 之内。当主轴旋转使滑块受到滚柱作用时，滑块和锤头便向靠近主轴中心的方向移动，锤头闭合，锻击坯料 8。主轴继续旋转至某一角度时，滑块与滚柱脱离接触，由于离心力的作用，滑块和锤头向远离主轴中心的方向移动，锤头处于张开状态，实现了一次锻打循环。主轴不断旋转，上述锻打循环便重复进行。在锤头处于张开状态时，坯料用手工或机械方式沿轴向送进。

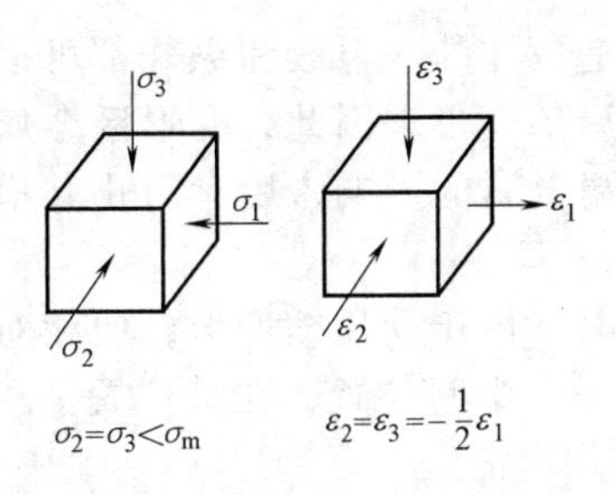

图 2-93 旋转锻造时的应力应变简图

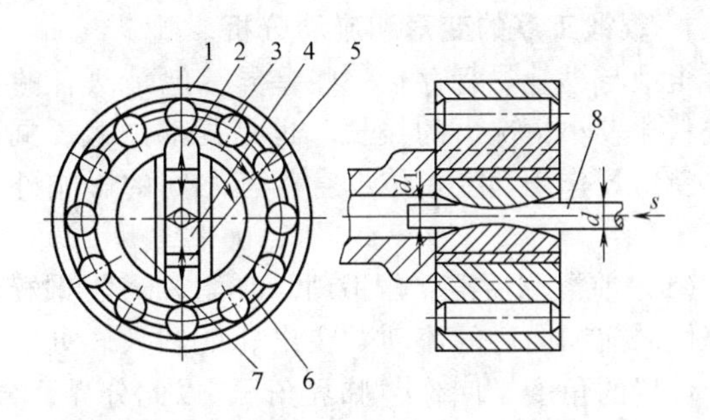

图 2-94 滚柱式旋转锻造机原理图

1—套环 2—滑块 3—滚柱 4—锤头 5—调整垫片 6—夹圈 7—主轴 8—坯料

旋转锻造的变形特点：

1）旋转锻造是多向同时锻打，可以有效地限制金属的横向流动，提高轴向的伸长率。

2）旋转锻造是多向锻打，能够减少和消除坯料横断面内的径向拉应力，可以锻造低塑性的材料。

3）旋转锻造机的“脉冲加载”频率很高，每分钟在数百次甚至上千次以上，这种加载方式可以使金属的内外摩擦系数降低，使变形更均匀，更易深入内部，有利于提高金属的塑性。

4）旋转锻造时每次锻打的变形量很小，变形区域小，金属移动的体积也很小。因此，可以减小变形力，减小设备吨位和提高工具的使用寿命。

2.6.3 辊锻

辊锻是增长类工序。它既可作模锻前的制坯工序，亦可将坯料直接辊锻成形。

辊锻不同于一般轧制，后者的孔型直接刻在轧辊上，而辊锻的扇形模块可以从轧辊上装拆更换；轧制送进的是长坯料，而辊锻的坯料一般都比较短。

辊锻是使坯料在装有扇形模块的一对旋转的轧辊中通过时产生塑性变形（见图 2-95），从而获得所需的锻件和锻坯。辊锻近似于小送进量情况下的拔长（在这一点上与轧制相同），即轴向的伸长应变较大，横向的宽展较小。辊锻工艺按用途可分为制坯辊锻与成形辊锻两大类。制坯辊锻是用于辊锻锻坯，是作为模锻（终锻）前或成形辊锻前的制坯工序。

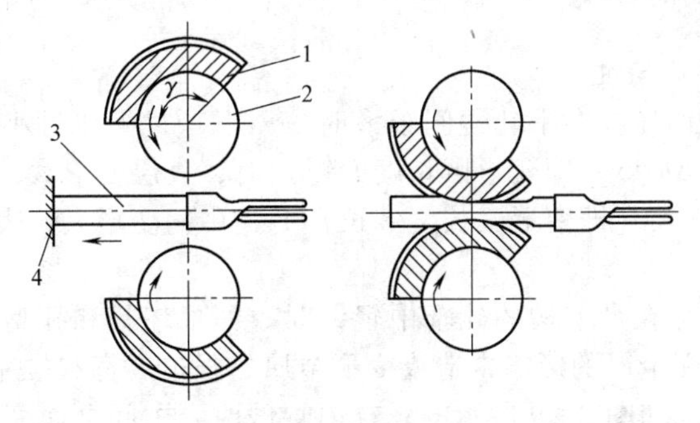

图 2-95 辊锻工作过程

1—扇形模块 2—轧辊 3—坯料 4—挡板

辊锻与一般模锻不同。一般模锻时模具的工作行程是直线运动，而辊锻是旋转运动。

与一般锻造相比，辊锻也有其局限性，它主要用于长轴类锻件。对于截面变化复杂的锻件，辊锻成形后还需要在压力机上整形。

1. 辊锻工序的变形和流动分析

辊锻与纵轧尽管存在一些差异，但是两者的变形特点是一样的。辊锻和纵轧都可以看作是进料比较小情况下的拔长。也是局部加载、局部受力、局部变形。因此，变形区金属的变形除受工具作用和变形体本身相互之间的影响外，还受外端金属的影响，后者阻止其横向的流动。

（1）前滑和后滑　辊锻时，坯料随着辊锻模运动的同时，由于受压缩变形，便相对于辊锻模做向前和向后的流动。在出轧处和入轧处之间必然有一个中间位置，在该位置 $v_{坯}=v_{辊}$，这个位置的角度 γ 叫作“临界角”，以此分界，分为前滑区和后滑区。

考虑前滑的影响时，辊锻的结果，坯料的长度大于型槽的长度。为保证辊坯不致过长，应有意将型槽做短些。

（2）辊锻时的变形和提高延伸系数的措施　与拔长一样，辊锻时坯料在轴向伸长的同时，宽度也有所增加，流到宽度方向上的金属与流到长度方向上的金属量的比例主要取决于变形区的长与宽之比，变形区长度 L 短，轴向流动的金属量增多。反之，则流到宽度方向的金属量增多（见图 2-96）。

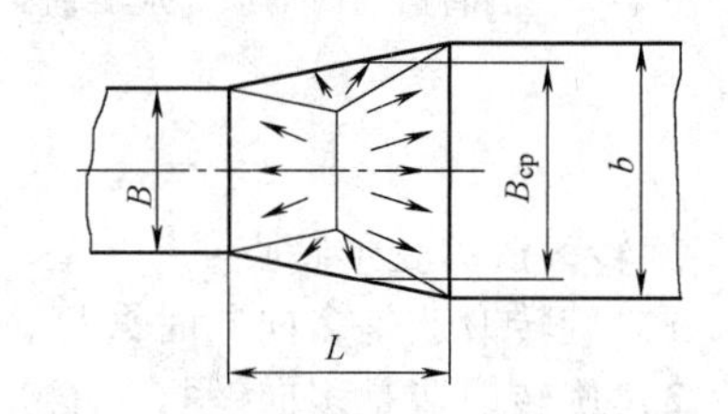

图 2-96　辊锻时金属的变形流动情况

轧辊孔型的形状对辊锻时金属的变形有重要影响。例如，如图 2-97 所示的轧辊有利于金属宽展而不利于轴向流动，而如图 2-98 所示的轧辊则相反。因此辊锻时提高延伸系数的有效措施也与拔长时为提高拔长效率采用型砧一样，可以在凹模槽内辊锻，利用型槽壁的横向阻力限制金属的横向流动。

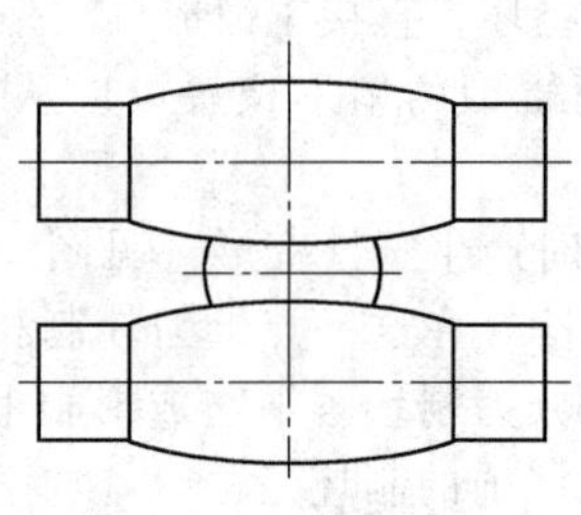
图 2-97　凸肚形轧辊辊锻

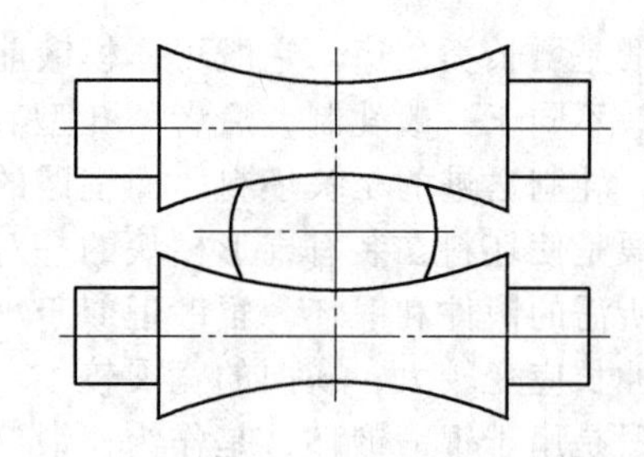
图 2-98　凹肚形轧辊辊锻

2. 辊锻时的变形不均匀性

（1）平辊　矩形截面坯料在平轧辊间辊锻时，压下量过大或过小，在厚度方向的变形都是不均匀的。当压下量 Δh 小（即变形区长度 L 短）时，表层变形大，中间变形小，中间金属受附加拉应力，而当 Δh 大（即变形区长度 L 长）时，中间变形大，表层变形小，表层金属受附加拉应力。

（2）带型槽的轧辊　在带型槽的轧辊中辊锻时，如果坯料和孔型设计不当，变形的不均匀性更为严重，加上外端金属的影响常造成变形金属的强迫展宽和拉缩等。

例如矩形截面坯料在如图 2-99 所示的轧辊内辊锻时，中间金属变形小，而两侧金属变形大，两侧金属的轴向流动受到中间金属的限制，于是便大量地往宽度方向流动，即产生所谓的展宽现象。

在如图 2-100 所示的辊锻过程中，两侧金属变形时的轴向流动量大，而中间部分金属的变形小，轴向流动得也少，于是两侧的金属便拉着中间部分的金属伸长（即所谓的强制伸长），结果使轧件中心部分的高度和宽度尺寸均可能比型槽的尺寸小。因此，在设计辊锻型槽

和坯料时，应使各部分变形尽可能均匀些。

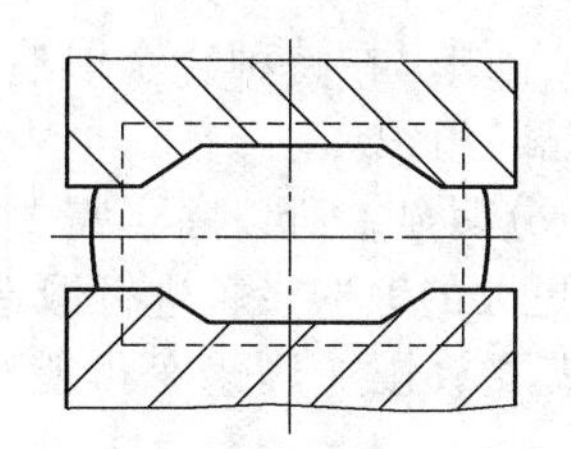
图 2-99 具有强制展宽的辊锻

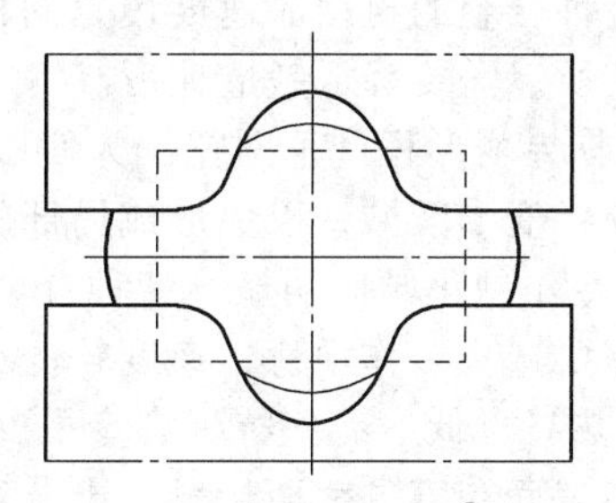
图 2-100 具有强制伸长的辊锻

2.7 特种合金及其锻造

特种合金是指除碳素钢和合金结构钢以外的、使用性能特殊的金属结构材料。所谓使用性能特殊是指：①能够在高温、腐蚀气氛中及复杂应力条件下长期工作；②具有高比强度和高比刚度；③具有耐磨、阻尼减振、低膨胀和记忆功能。

2.7.1 特种合金的锻造特点及其对策

1. 特种合金锻造特点

（1）塑性低 特种合金合金化程度高，铸锭和锻材宏观偏析严重，塑性低，设备一次行程允许的变形程度只有普通钢的50%或更低，锻造过程中容易开裂，对于变形温度、变形程度和变形速度需要严格控制，以及尽量避免在拉应力状态下变形。

（2）变形抗力高、流动性差 特种合金的变形抗力往往为普通钢的3倍以上，且流动性差、难于充满模膛，与一般合金结构钢同样几何尺寸的锻件相比，需要选择能量或载荷更大的设备进行锻造。

（3）锻造温度范围窄 由于特种合金的初熔温度低，且再结晶温度高，因此锻造温度范围窄（为碳钢的1/3~1/2），所以需要增加锻造火次和将工夹模具预热至更高的温度。

（4）对应变速率敏感 特种合金对应变速率敏感，允许应变速率比普通钢低1~2个数量级，所以需要选择工作速度平稳和速度较低的锻造设备（如液压机）进行锻造，使设备的选择余地减小。

（5）对应力状态敏感 有些特种合金对应力状态敏感。为防止锻裂，需要在挤压和封闭模锻等的压应力状态下进行锻造。

（6）表面容易形成合金元素贫化层和脆化层或吸收有害气体 特种合金的合金化程度高，因而在加热过程中表面容易造成合金元素贫化，从而和炉气化合形成脆性化合物，降低锻件表面的塑性等性能；有些合金还容易吸收有害气体造成表面污染层，因而需要采用保护气氛加热炉进行加热，或者在毛坯表面涂覆防护润滑剂。

（7）不能采用热处理调整锻件晶粒度 许多特种合金为单相组织，亦即从锻造温度到室温不发生相变，所以不能采用热处理方法调整锻件晶粒度，只能依靠锻造工艺保证。当锻件出现粗晶或混晶组织时，往往只能降级使用或报废。

（8）对加热和锻造温度要求严格 特种合金的锻造温度范围窄，对加热和锻造温度敏感，所以需要在能够精确控制温度的加热炉内进行加热。在锻造过程中应避免剧烈变形，以免温升过高而影响锻件组织和性能。同时还需要严格控制终锻温度，并尽量减少模具对锻件的激冷作用。

（9）再结晶温度高、速度慢 特种合金的再结晶温度比较高，在锻造过程中容易产生再结晶晶粒与加工硬化晶粒混合的晶粒组织，因此需要提高终锻温度。

由于特种合金的再结晶速度慢，同样容易造成再结晶晶粒与加工硬化晶粒混合的不均匀晶粒组织，所以需要降低锻造速度。

(10) 临界变形程度范围宽　为使锻件获得均匀的晶粒组织，在特种合金锻造时，需要避开较宽的临界变形区域，以免形成局部的粗大和不均匀的晶粒组织。

(11) 冷作硬化倾向明显　特种合金的冷作硬化倾向十分明显，所以除了需要提高终锻温度外，还需要选择工作平稳、速度较低和能量（或载荷）更大的锻造设备进行锻造。

(12) 热导率低　有些特种合金的热导率较低，所以需要放慢加热速度和延长保温时间。模锻时毛坯表面和模具表面接触，十分容易产生激冷现象。

2. 特种合金锻造的技术措施

(1) 合理选择毛坯入炉温度、加热速度和保温时间　对于热导率低的特种合金（尤其是大尺寸的坯料）应随炉低速升温或在800~850℃先入炉预热并保温一段时间，而不能在始锻温度入炉直接加热，然后升温至始锻温度或转入始锻温度的高温炉中加热；始锻温度的保温时间视合金而定，一般要比合金结构钢长数倍。

一些导热率比钢高的铝、镁和铜及其合金的毛坯则可直接入高温炉，加热速度可以加快且保温时间可适当缩短。

(2) 恰当选择变形程度　针对特种合金合金化程度高、铸锭和锻材宏观偏析严重、塑性低，以及临界变形范围宽的特点，在锻造过程中要严格控制每一火次，甚至设备每一行程的变形程度；变形程度过大可能锻裂，变形程度过小可能落入临界变形区，导致局部晶粒长大、组织不均。

(3) 严格控制终锻温度　针对特种合金再结晶温度高和冷作硬化倾向明显的特点，需要提高或大幅度提高终锻温度。

(4) 合理选择锻造设备　对于某些对应变速率敏感和再结晶速度慢的特种合金，应尽量选择加载速度较低的液压机、机械压力机和螺旋压力机进行锻造；而对于网状碳化物严重的高速工具钢，为彻底破碎网状碳化物，则应选择工作速度高、冲击力强的锻锤进行锻造。

(5) 对毛坯进行防护　针对特种合金加热过程中表面容易形成合金元素贫化层和脆化层或吸收有害气体的特点，在可能条件下，应在保护气氛中加热或采用防护涂层对毛坯进行防护，例如，给毛坯涂覆玻璃防护润滑剂。

(6) 对毛坯和模具进行双重润滑　针对特种合金变形抗力高、需要设备能量（载荷）大和锻造温度范围窄等特点，除按照常规对模具润滑外，还应对毛坯进行防护润滑，尽量减少摩擦和毛坯温降，以减少需要的设备吨位。

(7) 尽可能选择在压应力状态下锻造的工艺　应尽可能选择挤压、闭式模锻以及平锻机上闭式镦粗和挤压等在压应力状态下锻造的工艺。

(8) 严格执行工具和模具的预热制度

2.7.2　特种工艺方法及其对锻件质量的影响

1. 超塑性锻造

超塑性锻造（superplastic forging）是利用锻件材料在超塑性状态下具有工艺塑性高、变形抗力低和流动性好的特点，采用细晶组织的毛坯，在很窄的变形温度区间内以很低的应变速率生产优质锻件的工艺方法。该工艺特别适于生产低塑性难变形合金锻件。

该工艺方法的特点是：在真空或惰性气体保护室内使用高熔点的钼合金模具，以极低的应变速率（$<0.01s^{-1}$），在模具和坯料处于同一恒定温度（允许在±20℃范围内波动）状态对细晶（<10μm）组织的粉末冶金毛坯进行锻造。该工艺方法的优点之一是生产相同尺寸的复

杂精密锻件只需常规锻造载荷的20%～30%。由于金属流动平稳和均匀，并且容易充满模膛，因而获得的锻件不但尺寸精密，而且组织均匀、晶粒细小、力学性能高而稳定。但是超塑性锻造的锻造工艺条件极其苛刻，故成本较高，只有在极其特殊的情况下才有应用价值。

2. 等温锻造

等温锻造（isothermal forging）是在模具和坯料处于同一恒定温度下，以极低的应变速率锻造的工艺方法，对毛坯的要求不像超塑性锻造那样苛刻。该工艺由于减少或消除了模具对坯料的激冷作用和使材料应变硬化的影响，不仅坯料的变形抗力小，能够以较小的锻造设备生产较大尺寸的锻件，而且金属流动平稳和均匀，容易充满模膛，能够以较少的工序生产形状复杂、组织和性能均匀的精密锻件。该工艺还特别适于锻造工艺塑性低、锻造温度范围窄和要求低速变形的高温合金和钛合金等难变形合金。等温锻造锻件的材料利用率高、机械加工费用低。但是，等温锻造的模具材料昂贵且加工困难，模具的加热装置复杂、昂贵且锻造生产率低，故只有在锻件材料塑性低、锻造温度范围窄、对应变速率敏感，以及缺少大型设备等特殊情况下才有应用价值。目前，等温锻造主要用于生产航空发动机钛合金压气机盘、大型叶片、飞机结构件和粉末高温合金涡轮盘。等温锻造的工艺装备示意图如图2-101所示。

3. 热模锻造

所谓热模锻造是锻坯温度与模具温度差较小的一种锻造方法。在常规锻造中，锻坯与模具的温度差达650～800℃，超塑性锻造和等温锻造的锻坯与模具的温差接近零，而热模锻造的锻坯与模具的温差介于两者之间，且偏下限，根据具体情况可取200～400℃。显然，热模锻造与超塑性锻造和等温锻造相比，可以提高模具寿命和降低模具费用。与常规模锻相比，可以降低变形抗力和要求的锻压设备吨位。同时又能使低塑性材料在低变形速度条件下成形，从而获得均匀的组织。但是，热模锻造在变形的均匀性、设备吨位的降低和在发挥难变形合金塑性等方面不如超塑性锻造和等温锻造。

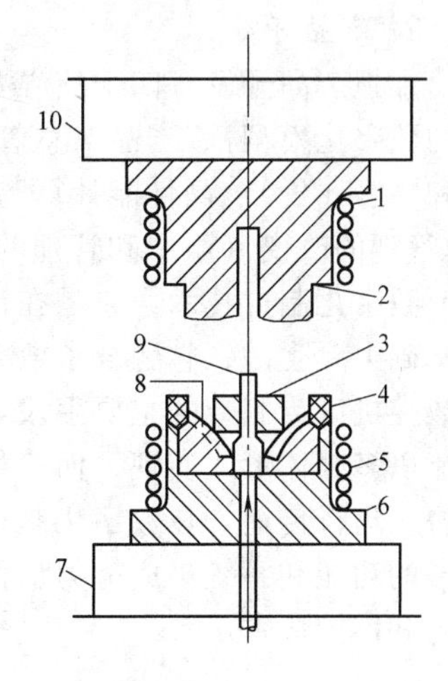

图2-101　等温锻造的工艺装备示意图

1、5—感应圈　2—上模　3—坯料　4—定位环　6—下模及模座　7、10—隔热板　8—镶块模　9—顶杆

4. 形变热处理工艺

形变热处理又称热机械处理，它是锻造和热处理相结合的特种工艺方法。通常是利用锻件在大变形程度终锻的余热进行直接淬火（实质上是终锻后不再进行常规淬火或固溶处理），将塑性变形的组织效应保留在锻件中（没有常规淬火或固溶处理的再结晶过程），从而得以在不牺牲锻件塑性指标的条件下获得高强度的优质锻件。

5. β锻造

β锻造是钛合金独有的锻造工艺方法。它是利用α型和α+β型钛合金在相变温度以上的β区塑性高和变形抗力低的优点在β区进行锻造的工艺方法。目前，β锻造主要用于在后续工序还要在相变温度以下进行较大变形量变形的铸锭开坯、坯料改锻和制坯，亦用于锻造对性能要求不高的大型钛合金锻件或对冲击韧度和断裂韧度有特殊要求的锻件。

2.8　锻造成形的数字化与智能化控制及应用

2.8.1　数字化制造技术

数字化制造技术主要有以下几个关键技术：

1. 制造过程的建模与仿真

制造过程的建模与仿真是在一台计算机上用解析或数值的方法表达或建模制造过程，建模通常基于制造工艺本身的物理和化学知识，并为实验所验证。今天，仿真与建模已成为推进制造过程设计、优化和控制的有效手段，并已有一些成功运用的例子，如：喷气发动机部件的“高温锻制”，在开发和设计制造工艺时，仿真开始代替全规模的工艺试验，使得花费的时间与成本大大降低，航空叶片零件的加工前仿真，使叶片零件的制造质量和效率得以大大提高。

建模与仿真技术将不仅是一种支持技术，而且会成为企业运行的一种新方法，使得虚拟生产成为现实。所有的生产决策都将基于建模与仿真工具而不是试制测试方法，建模与仿真工具将不再只是技术人员的领域，而是成为企业中的产品从实现生产到商务过程中各个环节的工具。

建模与仿真方法的优点是减少硬件原型，提高新产品的上市速度，有效优化产品与生产，它与试制测试方法相比降低了资源消耗与成本。建模与仿真方法的关键技术包括建立国家模型库、改进建模与仿真工具界面、发展制造工程物理学模型、发展模型集成方法与标准、发展混合模型技术等，其中基本单元工艺和装备的模型是研究的基础。

2. 产品开发

虚拟产品开发有四个核心要素：数字化产品和过程模型（一个在真实产品上实现之前存在的数字化模型）、产品信息管理（关联的数字化模型要求管理并行设计与分析，供应伙伴通信和顾客评价）、高性能计算与通信（使得分布在不同地点的人们能够及时获得各种信息和组织/管理的改变（组织和管理的改变使之适应数字化开发方式）。

数字化制造技术，它是在计算机技术、网络技术和制造技术不断融合、发展和广泛应用的基础上诞生的，它融合了数字化技术和制造技术，它以CAD/CAM/CAE为设计的技术主体，以数控机床为制造的主要手段。数字化制造技术实际上就是制造信息的数字化，使得人机交互能以多媒体形式实现，而符号化了的制造信息则可在不同软件平台上进行存储、处理并通过协议进行传递。在数字化制造技术中，设备的数字化代表设备的发展方向，它不仅增强了设备的功能和系统集成能力，而且显著地提高了系统的可操作性、可维护性，降低了设备的运行和维护成本。

2.8.2 智能化的材料制备与成形加工技术

智能化的材料制备与成形加工技术具有两个重要特点：

1）按照使用要求设计材料实现性能设计与制备加工工艺设计的一体化。

2）在材料设计制备与成形加工的全过程中，对组织性能与形状尺寸实现精确控制，实现材料智能化制备与成形加工技术。潜在的应用领域几乎包括所有的材料技术领域，但根据具体的应用对象及其控制的主要目标不同，以及所要研究解决的重点科学问题和技术关键不同，建立精确的过程模型，并能对产品的形状与尺寸、微观结构和性能进行在线精确检测与控制的先进传感器技术，是实现材料制备与成形加工技术智能化的关键与难点。

复习思考题

1. 试述各种镦粗方式的变形特点。
2. 分析镦粗过程中产生的质量问题及解决措施。
3. 锻件在加热过程中会出现哪些质量问题？
4. 矩形截面坯料拔长过程中存在的质量问题是什么？
5. 分析圆截面坯料拔长时的变形特点及质量问题。

6. 冲孔属于局部加载还是整体加载？分析开式冲孔过程中的应力、应变特点。
7. 分析空心件拔长过程中金属的流动规律。
8. 分析扩孔工序中常见的质量问题及解决措施。
9. 分析开式模锻各阶段变形特点。
10. 分析模壁斜度对金属成形的影响。
11. 分析飞边槽的形式及作用。
12. 分析模锻过程常见的质量问题及解决措施。
13. 分析摆动辗压的变形特点及质量问题。
14. 分析辊锻成形特点。

参考文献

[1] 张志文. 锻造工艺学［M］. 北京：机械工业出版社，1983.
[2] M.B. 斯德洛日夫，E.A. 波波夫. 金属压力加工原理［M］. 北京：机械工业出版社，1980.
[3] 吕炎. 锻压成形理论与工艺［M］. 北京：机械工业出版社，1980.
[4] 杜忠权. 锻件质量控制［M］. 北京：航空工业出版社，1988.
[5] 吕炎. 锻件缺陷分析与对策.［M］. 北京：机械工业出版社，1999.
[6] 胡亚民，华林. 锻造工艺过程及模具设计［M］. 北京：中国林业出版社，2006.
[7] 姚泽坤. 锻造工艺学［M］. 西安：西北工业大学出版社，1998.
[8] 中国机械工程学会锻压学会. 锻压手册：锻造［M］. 北京：机械工业出版社，2002.
[9] 孙大涌，屈贤明，张松滨. 先进制造技术［M］. 北京：机械工业出版社，2002.
[10] 谢建新，刘雪峰，周成，等. 材料制备与成形加工技术的智能化［J］. 机械工程学报，2005，41（11）：8-13.
[11] 张胜文. 船用柴油机复杂零件 CAD/CAPP/CAM 集成关键技术研究［D］. 镇江：江苏大学，2013.
[12] 潘万米. 数字化制造设备集成技术研究［D］. 天津：河北工业大学，2008.
[13] 谭波. 10MN 全自动快锻机车轴锻造成形工艺研究及软件开发［D］. 长沙：中南大学，2014.

第3章　板料成形原理与控制

板料成形是塑性加工的基本方法之一，它主要用于加工板料零件，所以有时也叫板料冲压。板料成形的应用范围十分广泛，不仅可以加工金属板材，还可以加工非金属板材。板料成形时，板材在模具的作用下，于内部产生使之变形的力。当内力的作用达到一定的数值时，板材毛坯或毛坯的某个部分便会产生与内力的作用性质相对应的变形，从而获得一定形状、尺寸和性能的零件。

板料成形件靠模具与设备完成加工过程，所以它的生产效率高，而且由于操作简便，也便于实现机械化与自动化。一般冲压加工每分钟一台冲压设备可生产零件的数目是几件到几十件，目前已有相当数量的高速压力机的生产效率达到每分钟数百件甚至数千件以上。

板料成形通常不需要加热，也不像切削加工那样在把金属切成大量碎屑的同时要消耗很大的能量，所以它是一种省能的加工方法；其产品的尺寸精度是由模具保证的，所以质量稳定，一般不需要再经机械加工即可使用；成形件的表面质量较好，用的原材料是冶金厂大量生产的廉价轧制钢板或钢带，在成形过程中材料表面不易受破坏，能够把表面质量好、重量轻和成本低等各种优点集中在一起，这是任何加工方法所不能与之竞争的。因此板料成形在现代汽车、拖拉机、电动机、电器、仪表以及日常生活用品的生产方面占据十分重要的地位。另一方面，在国防工业生产中板料成形也是一个重要的加工方法，例如在飞机、导弹、各种枪弹与炮弹的生产中板料成形件的比例也是相当大的。

3.1　板料成形的基本变形方式

3.1.1　板料成形过程中金属的流动特点

在板料成形过程中，成形毛坯的各个部分在同一模具的作用下，有可能发生不同形式的变形，即具有不同的变形趋向性。这时候毛坯的各个部分是否变形和以什么方式变形，以我们能不能通过借助正确地设计冲压工艺和模具等措施来保证。在进行和完成预期变形的同时，排除其他一切不必要的和有害的变形等，则是获得合格的高质量成形件的根本保证，也是对于成形过程中变形趋向性及其控制方法进行研究的目的所在。可见，对各种板料成形方法所进行的变形趋向性及其控制的研究，可以作为确定该种成形方式的各种工艺参数、制定工艺过程、设计冲模和分析成形过程中出现的某些产品质量问题的依据，具有十分重要的意义。

一般情况下，可以把毛坯划分成变形区和传力区。冲压设备给出的变形力，通过冲头和凹模，并且进一步通过传力区而施加于毛坯的变形区，使其发生塑性变形。例如，如图 3-1 所示缩口加工中的毛坯 *A* 部分是变形区，而 *B* 部分则是传力区。

在成形过程中，变形区和传力区并不是固定不变的，相反，它们的尺寸在不断地变化，而且也是在相互转化的。在如图 3-1a 所示的缩口变形过程开始时，随着凹模的下降变形区在不断地扩大，传力区在不断地减小，金属则由传力区转移到变形区。而在拉深过程中，情况恰好相反，变形区的尺寸在不断地减小，而金属则不断地由变形区转移到传力区去，成为零件的侧壁。

当缩口发展到如图 3-1b 所示的阶段时，变形区的尺寸大小不再发生变化，由传力区进入变形区的金属体积和由变形区转移出去的金属体积相等。通常称这种状态为稳定变形过程。在稳定变形过程中，传力区 *B* 在不断地减小，已变形区 *C* 不断地增大（指缩口时），而变形区的尺寸大小和变形区内应力的数值与分布规律都不变，所以每一个瞬间的情况都可以代表全

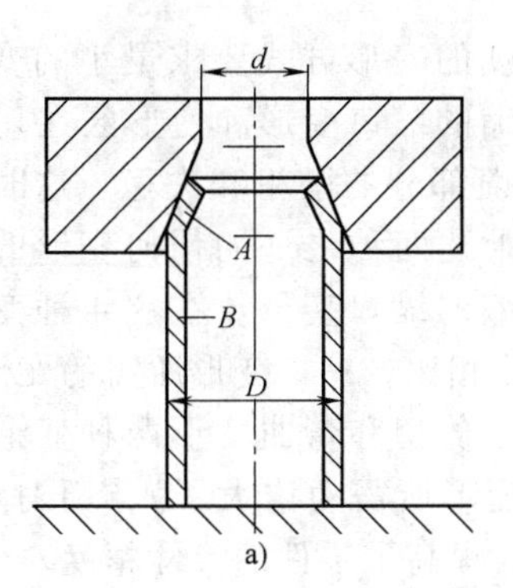

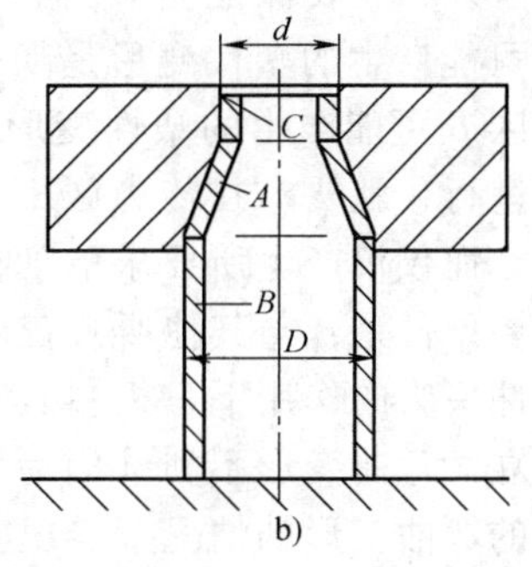

图 3-1　缩口变形坯料各部分的划分

A—变形区　B—传力区　C—已变形

部的变形过程。

变形区发生塑性变形所必需的力，是由模具通过传力区获得的。而同一个毛坯的变形区和传力区都是相连的，所以在变形区与传力区的分界面上作用的内力的性质与大小一定是完全相同的。在这样同一个内力的作用下，变形区和传力区都有可能产生塑性变形，但是，由于它们可能产生的塑性变形的方式不同，而且也由于变形区和传力区之间的尺寸关系不同，通常总是有一个区需要比较小的塑性变形力，并首先进入塑性状态，产生塑性变形。因此可以认为这个区是相对的弱区。为了保证冲压过程的顺利进行，必须保证在该道冲压工序中应该变形的部分——变形区为弱区，以便在把塑性变形局限于变形区的同时，排除传力区产生的不必要的塑性变形的可能。根据上述的分析，可以得出一个重要的结论：在冲压过程中，需要最小变形力的区是相对的弱区，而且弱区必须先变形，因此变形区应为弱区。

“弱区必先变形，变形区应为弱区”的结论，在冲压生产中具有很重要的实用意义，例如有些冲压工艺的极限变形参数（拉深系数、缩口系数等）的确定，复杂形状零件的冲压工艺过程设计等，都是以这个道理作为分析和计算的依据。

下面举一个简单的实例来说明这个道理。在如图 3-1 所示的缩口过程中，于变形区 A 和传力区 B 交界面上作用有数值相等的压应力 σ，传力区产生塑性变性的方式是墩粗，其变形所需要的压应力为 σ_s，所以传力区不致产生墩粗变形的条件是：$\sigma<\sigma_s$。变形区产生的塑性变形方式为切向收缩的缩口，所需要的轴向压应力为 σ_k，所以变形区产生缩口变形的条件是：$\sigma \geqslant \sigma_k$。由此可以得出在保证传力区不致产生塑性变形的条件下能够进行缩口加工的条件是：$\sigma_k<\sigma_s$。

因为 σ_k 的数值决定于缩口系数 d/D，所以 $\sigma_k<\sigma_s$ 就成为确定极限缩口系数的依据。极限拉深系数的确定方法也与此相类似，就是以“弱区必先变形，变形区应为弱区”的结论为基础，来确定极限变形参数的。

在设计工艺过程、选定工艺方案、确定工序和工序间尺寸时，也必须遵循“弱区必先变形，变形区应为弱区”的道理。如图 3-2 所示的零件，当 $D-d$ 较大，h 较小时，可用带孔的环形毛坯用翻边方法加工；但是，当 $D-d$ 较小，h 较大时，如用翻边方法加工，则不能保证毛坯外环是需要变形力较大的强区，以及翻边部分是变形力较小的弱区的条件。所以在翻边时，毛坯的外径必然收缩，使翻边加工成为不可能实现的工艺方法。在这种情况下，就必须改变原工艺过程为拉深后切底和切外缘的工艺方法，或者采用加大外径的环形毛坯，经翻边成形后再冲切外圆的工艺过程（如图 3-2 虚线所示）。

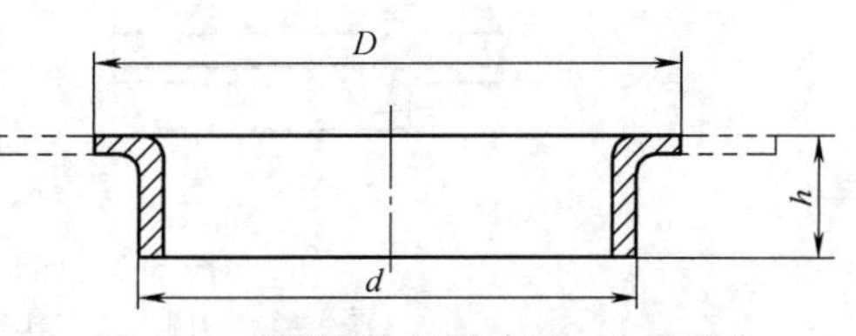

图 3-2　变形驱向性对冲压工艺的影响

当变形区或传力区有两种以上的变形方式时，则首先实现的变形方式所需要的变形力最小。因此，在工艺过程设计和模具设计时，除

要保证变形区为弱区外，还要保证变形区必须实现的变形方式要求最小的变形力。例如，在缩口时，变形区 A 可能产生的塑性变形是切向收缩的缩口变形和变形区在切向压应力作用下的失稳起皱；传力区 B 可能产生的塑性变形是直筒部分的墩粗和失稳。这时，为了使缩口成形工艺能够正常地进行，就要求在传力区不产生上述两种之一的任何变形的同时，变形区也不要发生失稳起皱，而仅仅产生所要求的切向收缩的缩口变形。在这 4 种变形趋势中，只能实现缩口变形的必要条件是：与其他所有变形方式相比，缩口变形所需的变形力最小。

在冲裁时，在冲头力的作用下，板料具有产生剪切和弯曲变形两种变形趋向。如采用较小的冲裁间隙，建立对弯曲变形不利（因为弯曲变形所需力增大了），而对剪切有利的条件，便可以在发生很小的弯曲变形的情况下实现剪切，提高了零件的尺寸精度。

在冲压生产当中，对毛坯变形趋向性的控制，是保证冲压过程顺利进行和获得高质量冲压件的根本保证。毛坯的变形区和传力区并不是固定不变的，而是在一定的条件下可以相互转化的。因此，改变这些条件，就可以实现对变形趋向性的控制。

在实际生产中，用来控制毛坯的变形趋向性的措施有多种，例如：

1）变形毛坯各部分的相对尺寸关系，是决定变形趋向性的最为重要的因素，所以在设计工艺过程时，一定要合理地确定初始毛坯的尺寸和中间毛坯的尺寸，保证变形的趋向符合工艺的要求。

如图 3-3a 所示的毛坯，由于其尺寸 D_0 和 d_p 的相对关系不同，就有三种可能的变形趋向：拉深、翻边与胀形。这三种变形的结果形成三种形状完全不同的零件。因此，在生产中必须根据冲压件的形状合理地确定毛坯的尺寸，用以控制变形的趋向，并得到所要求的零件形状和尺寸精度。

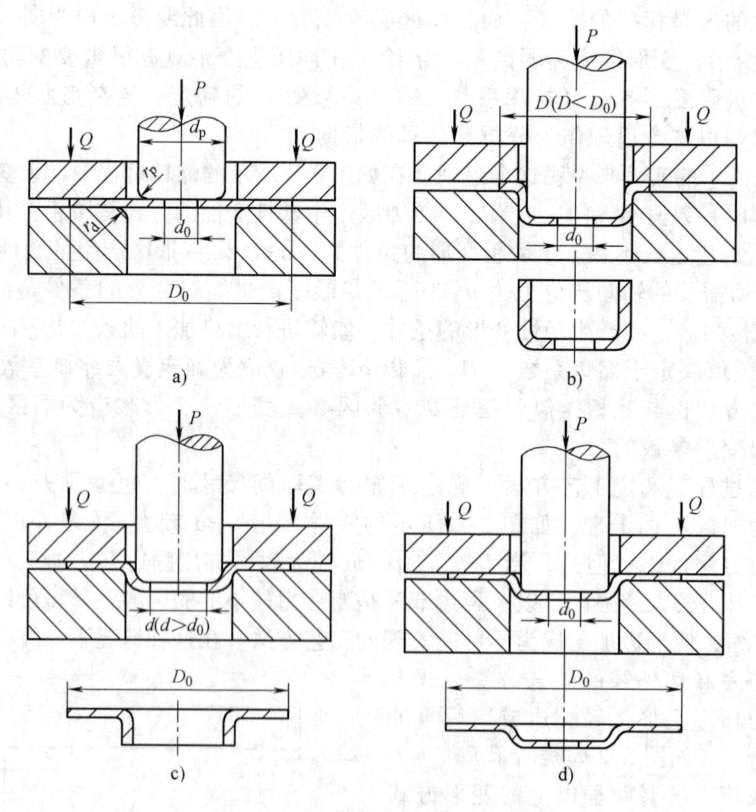

图 3-3　圆形板坯的变形趋向

a）变形前的圆坯与工具　b）拉深　c）翻边　d）胀形

改变毛坯的尺寸，可以得到上述三种变形中的一种形式。当 D_0/d_p 与 d_0/d_p 都较小时，宽度为 D_0-d_p 的环形部分成为弱区，于是得到毛坯的外径收缩的拉深变形（见图 3-3b）；当 D_0/d_p 与 d_0/d_p 都比较大时，宽度为 d_p-d_0 的环形部分成为弱区，于是得到毛坯内孔扩大的翻边变形（见图 3-3c）；当 D_0/d_p 很大，而 d_0/d_p 很小或等于零时（不带内孔的毛坯），虽然毛坯外环的拉深变形与内部的翻边变形的变形阻力都增大了，但是毛坯的内部仍是相对的弱区，产生的变形是内部的胀形（见图 3-3d）。胀形时，毛坯的外径和内孔的尺寸都不发生变化，或者变化很小，成形仅靠毛坯厚度的变薄实现。图 3-3 中所示毛坯的相对尺寸与变形趋向之间的关系见表 3-1。

表 3-1　平板环形毛坯的变形趋向

尺寸关系	成形方式(变形趋向)	备　注
$\frac{D_0}{d_p}<1.5\sim2$；$\frac{d_0}{d_p}<0.15$	拉深	
$\frac{D_0}{d_p}>2.5$；　$\frac{d_0}{d_p}>0.2\sim0.3$	翻边	得到如图 3-3c 所示的零件，d_0/d_p 的值必须加大，否则内孔会开裂
$\frac{D_0}{d_p}>2.5$；　$\frac{d_0}{d_p}<0.15$	胀形	当 $d_0/d_p=0$ 时，是完全胀形

以毛坯的尺寸关系对变形趋向性的控制作用为基础，进行冲压工艺过程设计的实例很多，这里仅以钢球活座套的冲压加工为例，做如下说明。如图 3-4 所示是钢球活座套的冲压工艺过程，共包括有冲裁下料、拉深、冲孔、翻边四道冲压工序。在第二道工序——拉深时，毛坯的外环是弱区，所以塑性变形发生在毛坯的外环部位，并使其外径由 $\phi59$ 减到 $\phi52$，但是，当冲成 $\phi24$ 的内孔以后，毛坯的中间部分由强区变为弱区，并使原来是弱区的外缘部分转变成为相对的强区，其结果使变形区由毛坯的外部转移到毛坯的中间部分，从而保证了第四道工序——内孔扩大的翻边变形的进行。

2）改变模具工作部分的几何形状和尺寸也能对毛坯的变形趋向性起控制作用。例如，增大冲头的圆角半径 R_p，减小凹模的圆角半径 R_d（见图 3-4a），可以使拉深变形的阻力增大，并使翻边的阻力减小，所以有利于翻边变形的实现。反之，假如增大凹模圆角半径 R_d 和减小冲头的圆角半径 R_p，则有利于实现拉深变形，而不利于实现翻边变形。利用模具工作部分的圆角半径控制毛坯变形趋向的情况，在生产中是经常见到的，在新模具试冲调整时，时常要经过多次反复地修磨圆角才能冲成合格的零件。

3）改变毛坯与模具接触表面之间的摩擦阻力，借以控制毛坯变形的趋向，这也是生产中时常采用的一种方法。例如，加大如图 3-3 所示的压边力 Q 的作用使毛坯和压边圈及凹模端面之间的摩擦阻力加大，结果不利于拉深变形，而有利于翻边和胀形变形的实现。反之，增加毛坯与冲头表面的摩擦阻力，减小毛坯与凹模表面的摩擦阻力，都有利于拉深变形。所以，对变形毛坯的润滑以及对润滑部位的选择，都是对毛坯变形趋向起相当重要作用的因素，例如拉深毛坯的单面润滑就是这个道理。

4）采用局部加热或局部深冷的办法，降低变形区的变形抗力或提高传力区的强度，都能达到控制变形趋向性的目的，可使一次变形的极限变形程度加大，提高生产效率。例如，在拉深和缩口时采用局部加热变形区的工艺方法，就是基于这个道理。又如在不锈钢零件拉深时所采用的局部深冷传力区以达到增大变形程度目的的工艺方法，也是这个道理。另外，在材料的屈强比 $R_{p0.2}/R_m$ 较小的温度区间，对镁合金、钛合金或碳钢进行的拉深加工，也可以提高极限变形程度。

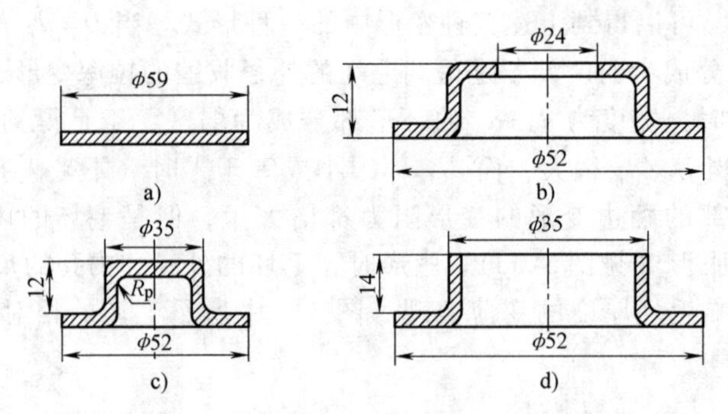

图 3-4 钢球活座套的冲压工艺过程变形趋向性的控制

a）冲裁下料 b）拉深 c）冲孔 d）翻边

3.1.2 板料成形中的应力应变分析

了解板料各种成形过程的应力应变状态，是非常重要的，只有这样，才能更好地说明变形情况和采取有效措施，以改善成形条件，使材料的成形性能得到充分发挥，使成形过程能更顺利地进行。

工程应变，或叫假象应变，其主应变为

$$e_1=\frac{l_1-l_0}{l_0}$$

$$e_2=\frac{l_2-l_0}{l_0}$$

$$e_3=\frac{t-t_0}{t_0}$$

式中 l_0、t_0——分别为原来长度和厚度；

l_1、l_2、t——变形后的长度和厚度。

工程应变在弹性范围内仍近似于实际应变，但在塑性变形中误差就大了。在塑性变形中，一般用对数应变（或称实际应变），即

$$\varepsilon=\int_{l_0}^{l}\frac{\mathrm{d}l}{l}=\ln\left(\frac{l}{l_0}\right)$$

板内最大的实际应变为

$$\varepsilon_1=\int_{l_0}^{l_1}\frac{\mathrm{d}l}{l}=\ln\left(\frac{l_1}{l_0}\right)$$

板内最小的实际应变为

$$\varepsilon_2=\int_{l_0}^{l_2}\frac{\mathrm{d}l}{l}=\ln\left(\frac{l_2}{l_0}\right)$$

厚度方向的应变为

$$\varepsilon_3=\int_{t_0}^{t}\frac{\mathrm{d}t}{l}=\ln\left(\frac{t}{t_0}\right)$$

这里 $\varepsilon_2<\varepsilon_1$。

实际应变与工程应变有以下关系

$$\varepsilon_1=\ln(1+e_1)$$

$$\varepsilon_2=\ln(1+e_2)$$

$$\varepsilon_3=\ln(1+e_3)$$

工程应变不能叠加，而实际应变可以叠加。如由原长 l_0 经历 l_a、l_b 变为 l_c，即最后的总应变为

$$\varepsilon=\ln\left(\frac{l_a}{l_0}\right)+\ln\left(\frac{l_b}{l_a}\right)+\ln\left(\frac{l_c}{l_b}\right)=\ln\left(\frac{l_c}{l_0}\right)$$

体积不变的条件为

$$\varepsilon_1+\varepsilon_2+\varepsilon_3=0$$

1. 变形板中一点的应变或应力状态的几何表示方法

变形物体中的某一点的应变状态，需用 9 个应变分量（3 个法向应变，6 个切应变）来描述（确定）。但如果采用主轴，可减少为只要 3 个主应变分量（因切应变都为零）ε_1、ε_2、ε_3。由塑性变形体积不变条件，有 $\varepsilon_1+\varepsilon_2+\varepsilon_3=0$，即 3 个主应变中只有两个是独立的。一般规定把板面内代数值较大的那个主应变叫 ε_1，较小的叫 ε_2，板厚方向的主应变叫 ε_3。则在以 ε_1 和 ε_2 为坐标轴的直角坐标系上，变形板料内一点的应变状态，可用 A（见图 3-5）来表示。连线 OA 与 ε_1 轴的夹角 $\tan\varphi=\varepsilon_2/\varepsilon_1$，故

$$\phi=\arctan\frac{\varepsilon_2}{\varepsilon_1}=\arctan\beta$$

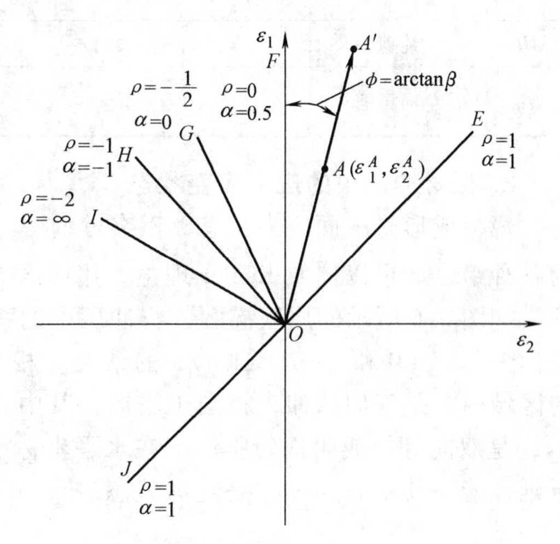

图 3-5 一点应力应变状态的几何表示方法

$\varepsilon_2/\varepsilon_1$ 为 A 点的应变状态参数，表示为 β，即：$\beta=\varepsilon_2/\varepsilon_1$。在简单加载的情况下（实际生产中，一次冲压成形时，一般近似于简单加载），β 为常数。随着变形过程的进行，A 点的应变状态将是沿着直线 OA 向箭头所示方向移动。OA 愈长表明 A 点的应变强度愈大，达到 A' 点时材料将破裂，A'点就是此种板料在 ρ_A 这种应变状态下的成形极限点。

变形物体中某一点的应力状态，也需要用 9 个应力分量（3 个法向应力，6 个剪应力）来描述。但如果采用主轴，可减少只要 3 个主应力分量 σ_1、σ_2、σ_3。板料成形中一般可设垂直于板面的主应力 $\sigma_3=0$，因此只要板面内两个主应力为 σ_1（代数值较大的一个）、σ_2 就可描述。设 $\sigma_2/\sigma_1=\alpha$，则 α 称为该点的应力状态参数。在简单加载情况下，α 值也为常数。

变形板料中一点的应变状态和应力状态，是完全对应的。如已知某点的应变状态，用以下关系式（未考虑各向异性，如要考虑各向异性，可用 r 值对各式进行修正），就能求得该点的应力状态，对于平面应力，有

$$\sigma_1=\frac{2}{3}\frac{\sigma_i}{\varepsilon_i}(\varepsilon_1-\varepsilon_3)$$

$$\sigma_2=\frac{2}{3}\frac{\sigma_i}{\varepsilon_i}(\varepsilon_2-\varepsilon_3)$$

$$\varepsilon_i=\sqrt{\frac{2}{3}(\varepsilon_1^2+\varepsilon_2^2+\varepsilon_3^2)}$$

$$\sigma_i=K\varepsilon_i^n$$

$$\alpha=\frac{\sigma_2}{\sigma_1}=\frac{2\beta+1}{2+\beta}$$

式中 σ_i——等效应力；

ε_i——等效应变；

K——应变强化系数；

n——应变硬化指数。

常用变形方式中，对应于图 3-5，其应力应变状态的特点和对应关系见表 3-2。

表 3-2 常用变形方式的应力应变状态

线段	习惯称呼	应变状态特点	ρ 值	应力状态特点	α 值
OE	平面等拉	$\varepsilon_1=\varepsilon_2>0;\varepsilon_3=-2\varepsilon_1<0$	1	$\sigma_1=\sigma_2>0$	1
OF	平面应变	$\varepsilon_2=0;\varepsilon_1=-\varepsilon_3>0$	0	$\sigma_2=\sigma_1/2$	0.5
OG	单向拉伸	$\varepsilon_1>0;\varepsilon_2=\varepsilon_3=-\dfrac{\varepsilon_1}{2}<0$	−0.5	$\sigma_1>0;\sigma_2=0$	0
OH	纯剪	$\varepsilon_1=-\varepsilon_2;\varepsilon_3=0$	−1	$\sigma_1=-\sigma_2$	−1
OI	单向压缩	$\varepsilon_2<0;\varepsilon_1=\varepsilon_3=\dfrac{-\varepsilon_2}{2}>0$	−2	$\sigma_1=0;\sigma_2<0$	∞

2. 板材冲压中的应力应变状态

薄板成形是平面应力状态，其各个体积元素的应力状态，不外是正负号变化时 σ_1 与 σ_2 的各种组合。可以按照 Keeler 理论，用图 3-6 来表示各种可能的情况。

如图 3-6 所示的屈服椭圆，将冲压中的弹性区（圆内）与塑性区（圆外）分开。在水平坐标上，$\sigma_2=0$ 和 $|e_1|>|e_2|$ 的情况，相当于单轴向拉伸。在水平坐标上面 $\sigma_1>0$ 和 $\sigma_2>0$ 的区域内，是双向拉伸，相当于胀形，其中 $\sigma_2=\sigma_1/2$ 是平面应变。这个第一区的平分线 $\sigma_1=\sigma_2$，是双向等拉或叫均匀胀形。在水平坐标下面，$\sigma_1>0$ 和 $\sigma_2<0$ 的部分，是拉压变形区，即压延性能，其中 $\sigma_2=-\sigma_1$ 是纯剪状态。

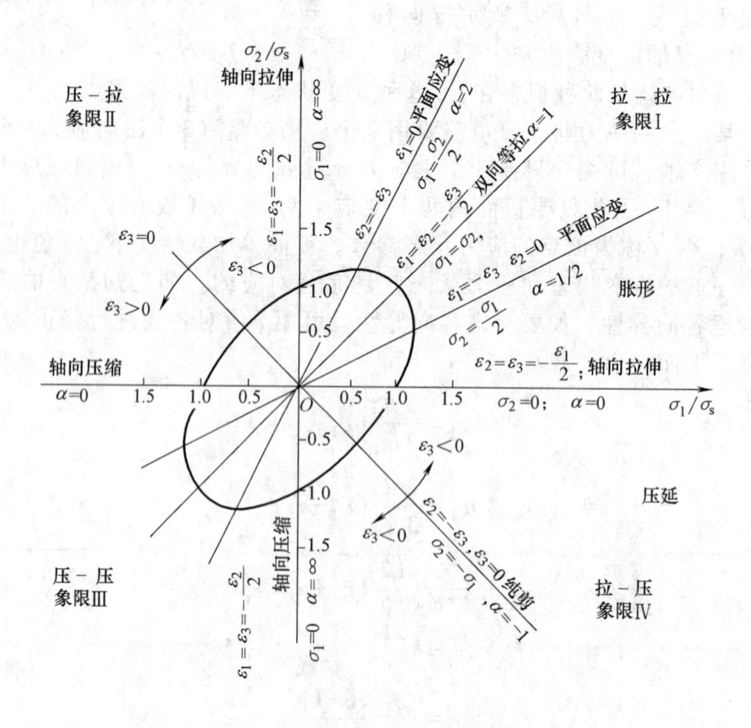

图 3-6 各向同性板料的各种主应力

图 3-6 中有些 σ_1、σ_2 和 e_1、e_2 的组合，在冲压中是不可能发生的。又对于板料变形，无法测得板内应力，都是用坐标网格的变形来测量应变，不论其方位如何，由圆网格变形后的椭圆大轴方向测出 e_1，由小轴方向测出 e_2，故实际上也不存在 $\sigma_2>\sigma_1$ 和 $e_2>e_1$ 的情况，这样我们所考虑的，只有如图 3-7、图 3-8 所示的无阴影部分了。

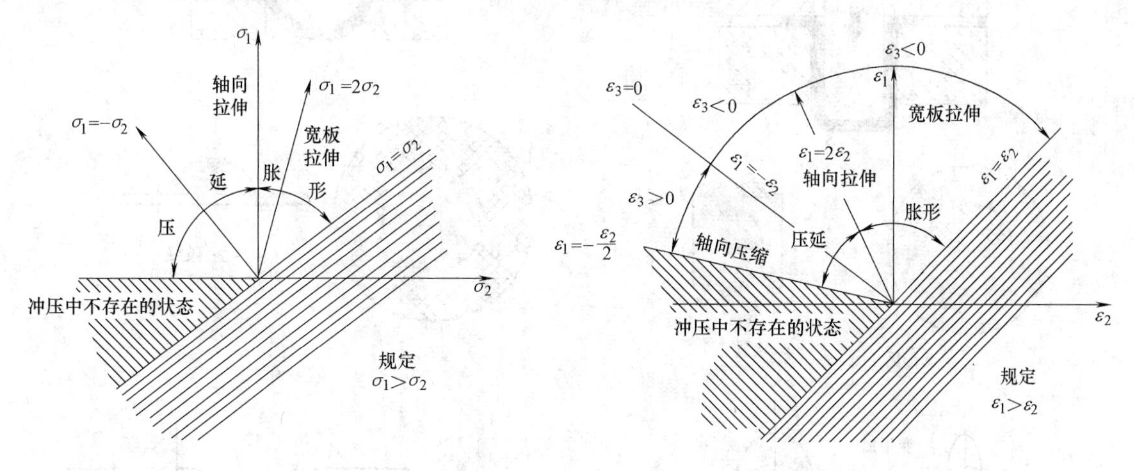

图 3-7　在冲压中所遇到的平面应力状

图 3-8　在冲压中所遇到的应变状态

在图 3-7 中，由纵坐标，即单轴向拉伸，将胀形（双拉）与压延（拉压）两个区域分开。拉压区的极限状态是水平坐标所示的单轴向压缩（$\sigma_1=0$，$\sigma_2<0$）。

在图 3-8 中，直线 $\varepsilon_1=\varepsilon_2$ 是对称轴，所有变形情况都位于该对称轴以上；都是 $\varepsilon_1>\varepsilon_2$，也就是网格测得的全部情况。对于各向同性材料，直线 $\varepsilon_1=-\frac{\varepsilon_2}{2}$（$\varepsilon_1>0$）相当于单轴向压缩。在此直线以下，是双轴向压缩，这是在实际冲压中不可能存在的情况。压延变形区介于直线$\varepsilon_1=-\frac{\varepsilon_2}{2}$和 $\varepsilon_1=-2\varepsilon_2$ 之间（$\varepsilon_1>0$），相当于一个轴向压缩和另一个轴向拉伸的情况；在该区域内，直线 $\varepsilon_1=-\varepsilon_2$（$\varepsilon_1>0$）相当于 $\varepsilon_3=0$ 的情况，即厚度没有变化的纯剪状态。可以看到，在压延区，是厚度不会变薄的变形。

胀形变形区介于相当于轴向拉伸 $\varepsilon_1=-2\varepsilon_2$ 和相当于均匀胀形的对称直线 $\varepsilon_1=\varepsilon_2$ 之间。可以看到，存在 $\varepsilon_2<0$ 的胀形。在胀形区，直线 $\varepsilon_2=0$（$\varepsilon_1>0$）相当于无限宽的板料单轴向拉伸，可叫作“宽板拉伸状态”，这在应力图中相当于 $\sigma_1=2\sigma_2$ 的情况。

由以上所述，板料成形不外乎胀形与压延两种形式。实际上这两种形式都可以用对变形有控制的压延试验来体现，如图 3-9a、b 所示。如图 3-9a 所示的普通深压延件，凸缘是压延，亦即拉压变形区，直壁部分是宽板拉伸区，底部是变形程度不大的双拉即胀形区，如图 3-9b 所示。如果用圆头凸模压延时，凸模仍是压延变形区，内部则是显著的胀形变形区。如果将压边压紧，不使其流动，则零件的成形就由压延完全转化为如图 3-10a所示的胀形了。

如图 3-10b、c 所示，一个是胀形中的双拉状态。一个是板面受压，使应变状态达到与胀形同样效果的变形方式。胀形会发生缩颈破裂，这在压延和胀形中都是会发生的，而在板面加压力使其变薄，就不会有破裂的危险。不过在板面加压使其扩展，在现代化生产中是看不到的，但在铜银匠手工艺生产中，却主要利用这种加工方式，由平板打出形状复杂的空心件皿器和工艺品来。即使在现代生产中，为了校平毛料或钣金件的某些部位，也常采用敲打的方法，使局部扩展，达到消除翘曲和鼓动的效果。

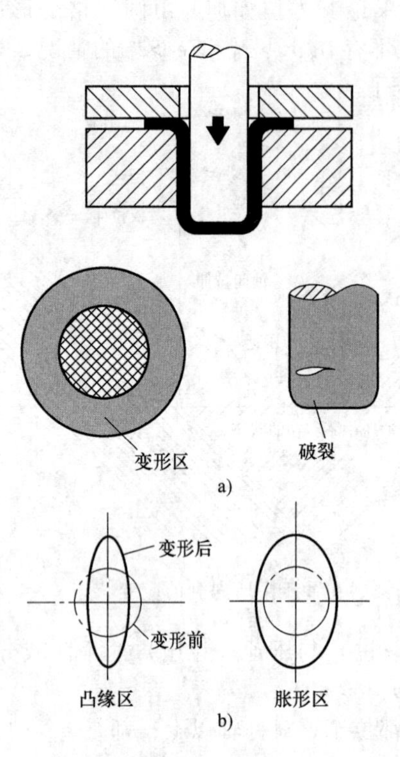

图 3-9 板料压延成形试验

a) 压延 b) 应变状态

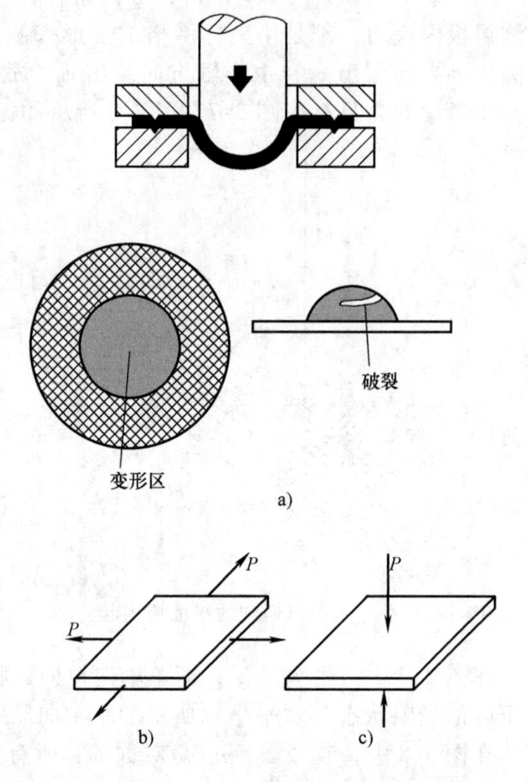

图 3-10 板料胀形成形试验

a) 胀形 b) 双拉 c) 两面

3.1.3 板料成形的基本变形方式

根据板料成形中的应力应变特点，可将板料成形时的变形方式归纳为以下两种基本类型。

1. 以拉为主的变形方式——“放”（stretching）

在这种变形方式下，$\sigma_{max}>0$，$\varepsilon_{max}>0$，板材的成形主要是依靠板料纤维的伸长与厚度的减薄来实现的。拉应力的成分愈多，数值愈大，板料纤维的伸长与厚度的减薄愈严重。

2. 以压为主的变形方式——“收”（shrinking）

在这种变形方式下，$\sigma_{max}<0$，$\varepsilon_{max}<0$，板材的成形主要是依靠板料纤维的缩短与厚度的增加来实现的。压应力的成分愈多，数值愈大，板料纤维的缩短与厚度的增加愈严重。

厚向异性板塑性变形时的屈服轨迹，可用应力强度函数 $f(\sigma_1,\sigma_2)=\sigma_i$ 及应变强度函数 $\varphi(\varepsilon_1,\varepsilon_2)=\varepsilon_i$ 表示。这两个函数的图形为长、短轴相互垂直的两个椭圆（见图 3-11），其参数方程为

$$\begin{cases}\sigma_1=\sigma_i\dfrac{\cos(\omega-\theta)}{\sin2\theta}\\\sigma_2=\sigma_i\dfrac{\cos(\omega+\theta)}{\sin2\theta}\end{cases}$$

$$
\begin{cases}
\varepsilon_1 = \varepsilon_i \sin(\omega+\theta) \\
\varepsilon_2 = -\varepsilon_i \sin(\omega-\theta)
\end{cases}
$$

式中　ω——参数角；

　　θ——厚向异性参数角，$\tan\theta=\dfrac{1}{\sqrt{1+2r}}$。

$\omega=0$ 或 π 时，$m=\rho=1$，为双向等应力状态；

$\omega=\pm\dfrac{\pi}{2}$时，$m=\rho=-1$，为纯剪应力状态；

$\omega=\pm\theta$ 或 $\pi\pm\theta$ 时，$m=\dfrac{r}{1+r}$，$\rho=0$，为平面应变状态；

$\omega=\dfrac{\pi}{2}-\theta$ 或$-\left(\dfrac{\pi}{2}+\theta\right)$时，$m=0$，$\rho=\dfrac{-r}{1+r}$，为单向应力状态。

变形区的变形方式可以结合如图 3-11 所示的塑性变形轨迹明确加以表示。

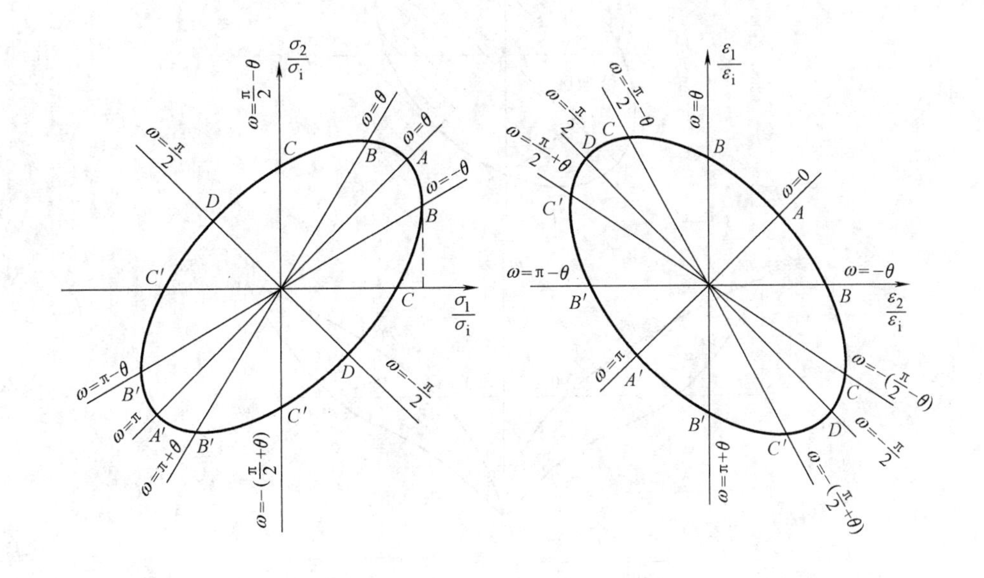

图 3-11　变形区的变形方式以塑性变形轨迹表示

拉-拉区：位于第Ⅰ象限；

拉-压区：以 DD 为界，位于第Ⅱ、Ⅳ象限的右上方；

压-拉区：以 DD 为界，位于第Ⅱ、Ⅳ象限的左下方；

压-压区：位于第Ⅲ象限。

总体看来，DD 右上方的变形方式为“放”，左下方的变形方式为“收”。

如将板料变形区应力应变状态的特点概括在一起，可以得到如图 3-12 所示的图形。图中，A、B、C、D、A′、B′、C′为板料成形时应力应变状态的特殊点。

以上分析，有助于我们概括认识板料的一般变形规律与成形性能。总的来说，板料成形过程能否顺利进行到底，首先取决于传力区是否有足够的抗拉强度。其次，要分析变形区可能出现的障碍是什么。在以压为主的变形方式中，板料变形的主要障碍是起皱；在以拉为主的变形方式中，板料变形主要取决于材料应变均化的能力。这些障碍和限制，实质上都是板料变形不能稳定进行的结果。

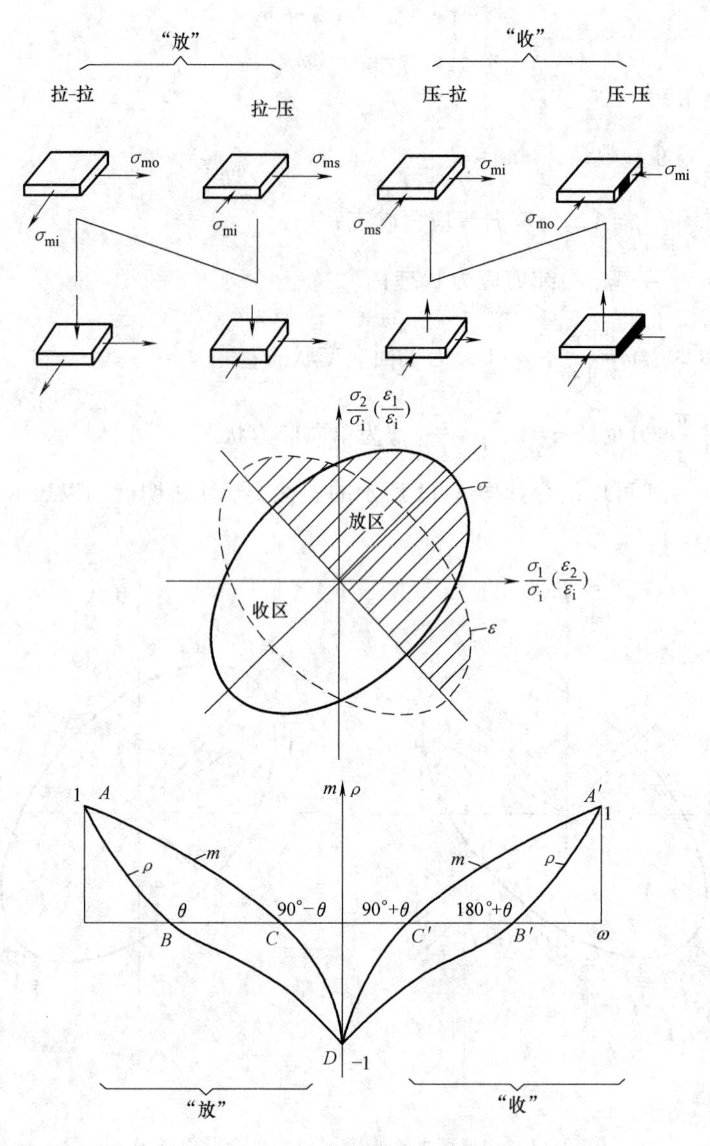

图 3-12　应力应变状态图形表示

3.2　板料成形性的基本概念

绝大多数的金属材料都要经过加工才能制成零件或商品。因此，材料除具备必要的使用性能（如强度、耐腐蚀能力）外，还需具有良好的加工性能（如焊接性、可加工性、可成形性)。加工性能和使用性能一样，都是对材料最基本的要求。实践证明，改善材料的加工性能，常常比改进加工方法本身能得到更大的经济效益。

钢板在加工阶段所需要的加工性能，可以叫作冲压性，一般包括冲剪性、成形性和定形性三个方面。冲剪性是指钢板适应冲裁与剪切加工的能力，80%~90%钢板的毛坯是经冲剪提供的；成形性是指钢板适应各种成形加工的能力，大多数钢板零件都需经成形工序，使平板毛坯变成具有一定形状的零件；定形性是指在成形外力卸去后，板料保持其已得形状的能力。由于在塑性变形时总伴有弹性变形，外力卸除后，已成形的板料会产生一定的回弹。由于回弹的互相牵制，还会出现残余应力，零件在贮存和使用期间，这些残余应力还可能引起零件

变形和开裂。在上述三方面中，成形性在国外研究的最早、最多，也最有实际效果，故我们首先进行成形性能的研究。

所谓钢板的成形性，一般是指板料对弯曲成形、压延、胀形、拉深变形这四类成形方法的适应能力。据统计，形状复杂、成形难度大的钢板件，绝大多数属于压延或胀形，或者两者不同比例的复合成形。板料的成形性能通常使用厚向异性系数（r 值，也称塑性应变比）、平面各向异性系数（Δr 值）和应变硬化指数（n 值，也称应变强化指数）等来进行描述，本节分别对这 3 个基本概念进行分析。

3.2.1　厚向异性系数 r 值

板料的成形性能，目前的主要研究范围限于压延与胀形两种变形方式，对这两种变形方式有影响的参数，分别为厚向异性系数 r 值与应变硬化指数 n 值。板料的各向异性系数，又分为厚向异性系数 r 值与平面各向异性系数 Δr。

1. 厚向异性系数 r 值的定义与意义

厚向异性系数 r 值是以单向拉伸中，宽度方向的应变 e_2 和厚度方向的应变 e_3 之比来表示，即

$$r=\frac{e_2}{e_3} \tag{3-1}$$

在板料试样的简单拉伸中，根据宽度和厚度变化，r 值可用式（3-2）表示

$$r=\log\frac{w_0}{w_f}/\log\frac{t_0}{t_f} \tag{3-2}$$

式中　w_0——原始宽度；

t_0——原始厚度；

w_f——最终宽度；

t_f——最终厚度。

由于板厚不均匀及拉伸后粗糙度增加，影响测量精度，可根据体积不变条件，即

$$w_0 l_0 t_0 = w_f l_f t_f$$

用式（3-3）求 r 值

$$r=\log\frac{w_0}{w_f}/\log\frac{w_f l_f}{w_0 l_0} \tag{3-3}$$

式中　l_0——原始测量长度；

l_f——最终测量长度。

用式（3-3）可避免直接测量厚度。

也可以用工程应变 e 来代替 l_0 和 l_f，即

$$e=\frac{l_f-l_0}{l_0}$$

或

$$\frac{l_f}{l_0}=1+e$$

故式（3-3）可写成

$$r=\log\frac{w_0}{w_f}/\log\frac{w_f}{w_0}(1+e) \tag{3-4}$$

由式（3-1）可知，当 $r>1$ 时，板料在宽度方向上收缩比厚度方向上变薄更容易些；当 $r<$

1 时，板料在厚度方向变薄比宽度方向收缩更容易些。

在压延成形中，我们把拉压兼有的凸缘部分也就是压延性质的区域，当作是主要变形区，但真正确定变形区能有多大的变形程度，关键在于有宽板拉伸性质的侧壁危险截面的强度。凸缘受压失稳的有害性质可以用有效的压边措施予以制止，但危险截面的强度只决定于板料本身的性质，即板料固有的成形性能，在这里起决定作用的是 r 值。r 值愈大，板料抵抗失稳变薄的能力愈大，愈能发挥拉伸失稳前的最大强度，拉动凸缘部分，形成更深的拉延件。

根据 Mises 屈服椭圆，在平面应力情况下

$$\sigma_1^2+\sigma_2^2-\sigma_1\sigma_2=\sigma_s^2 \tag{3-5}$$

当有厚向异性系数 r 值存在时，式（3-5）应写成

$$\sigma_1^2-\frac{2r}{1+r}\sigma_1\sigma_2+\sigma_2^2=\sigma_s^2 \tag{3-6}$$

可以看出，对于各向同性材料，$r=1$，式（3-6）即简化成式（3-5）。

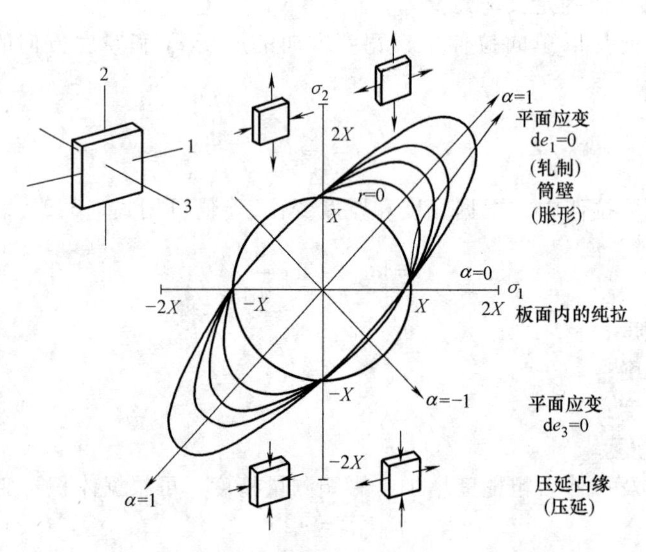

图 3-13 Mises 屈服椭圆与厚向异性 r 值的关系

对于不同的 r 值，所做的屈服椭圆如图 3-13 所示。各椭圆在坐标轴上有相同的交点，其偏心率随 r 值增加。在压延中的危险截面，其变形属胀形性质，由于 r 值的增加而提高了屈服强度，也就是说，其变形抗力增加了。在凸缘部分，即拉压结合的压延变形区，其屈服应力反而由于 r 值的增加而减小了。这两种效果都有助于压延过程的顺利进行。

各向同性材料（$r=1$），在单向拉伸中，根据体积不变条件，有以下关系

$$e_2=e_3=-\frac{e_1}{2} \tag{3-7}$$

对于有厚向异性的材料（$r\neq1$），根据体积不变条件，有以下关系

$$e_2=re_3=-\frac{r}{r+1}e_1 \tag{3-8}$$

有厚向异性时，应力应变状态如图 3-14a、b 所示。该图所示各种应力与应变情况，见表 3-3。这里根据我们所研究的范围，σ_1 和 e_1 都是正的，不同区域的特点，仅在于 σ_2 和 e_2 有正负号变化，及其所占比重大小不同而已。为了防止起皱及提高浅压延精度，在边缘加拉力的拉伸压延，或简称拉延，在汽车工业中应用甚广，有的直接在边缘加夹持力，有的加拉深筋来施加拉力。

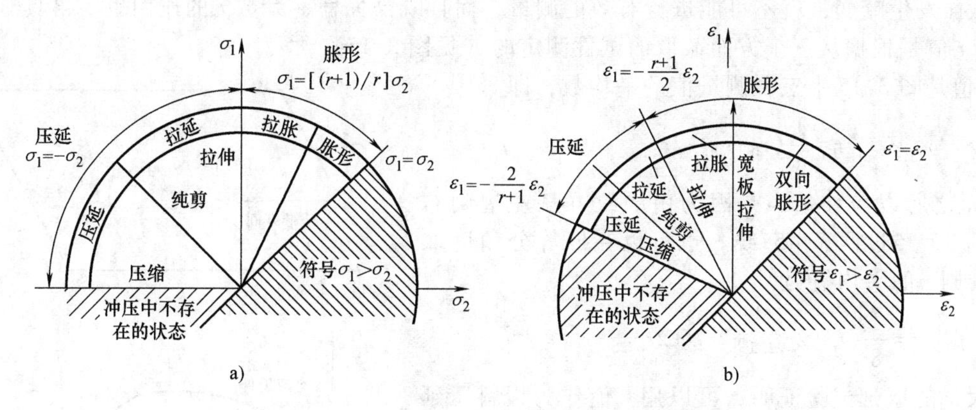

图 3-14　有厚向异性时的应力应变状态

a）在成形中所遇到的平面应力状态　b）在成形中所遇到的应变状态

表 3-3　图 3-14a、b 中各区的应力应变状态

胀　　形		$\sigma_1>0$	$-\frac{r}{r+1}e_1<e_2<e_1$
双向胀形	外边紧固	$\sigma_2>\frac{r}{r+1}\sigma_1$	$e_2>0$
拉　　胀	外边自由锥形压延的壁部	$0<\sigma_2<\frac{r}{r+1}\sigma_1$	$-\frac{r}{r+1}e_1<e_2<0$
单向拉伸	两边自由	$\sigma_2=0$	$e_2=-\frac{r}{r+1}e_1$
压延		$\sigma_2<0$	$-\frac{r+1}{r}e_1<e_2<-\frac{r}{r+1}e_1$
拉伸压延（拉延）	加阻力梗的压延	$-\sigma_1>\sigma_2$	$-e_1<e_2<-\frac{r+1}{r}e_1$
纯剪	厚度无变化的部分	$\sigma_2=-\sigma_1$	$e_2=-e_1$
单向压缩	两端自由	$\sigma_1=0$	$e_2=-\frac{r+1}{r}e_1$

2. *r* 值的测定与作为判据的验证

r 值的测定，一般不是根据计算好的 e_2 与 e_3 值，而是根据试件尺寸或坐标网格的变形。而且由于板料轧制方向不同，从不同方向取试件的测量数据也不一样，只能取其平均值作为判据，再用冲压实验来验证这种判据的有效性。

设板状试件的原始尺寸长度为 l_0，宽度为 b_0，厚度为 t_0，变形后分别为 l，b 和 t。则

$$e_1=\ln\frac{l}{l_0},e_2=\ln\frac{b}{b_0},e_3=\ln\frac{t}{t_0}$$

由体积不变条件，$l_0b_0t_0=lbt$，有

$$e_1+e_2+e_3=0$$

因而

$$r=\frac{e_2}{e_3}=-\frac{e_2}{e_1+e_2}=-\frac{\ln\frac{b}{b_0}}{\ln\frac{l}{l_0}+\ln\frac{b}{b_0}} \tag{3-9}$$

用拉伸试件的尺寸变化测量 r 值时，只能在缩颈以前的均匀塑性延伸阶段进行。缩颈后，

由于截面发生畸变，就不可能进行有效的测量，而且既已失稳，系数 r 的作用也不再具有实用价值。r 值是根据从三个方面截取的试件测定的（见图 3-15）。

r 值是图 3-15 中三种测量值的平均数，即

$$r=\frac{1}{4}(r_0+r_{90}+2r_{45})$$

这里 r_{45} 之所以应加倍，是因为由顺纹 0 从左边到右边回到 0，经过两条 45°线。也可以在四等分角度取试件，则 r 的平均值为

$$r=\frac{1}{8}(r_0+2r_{22.5}+2r_{45}+2r_{67.5}+r_{90})$$

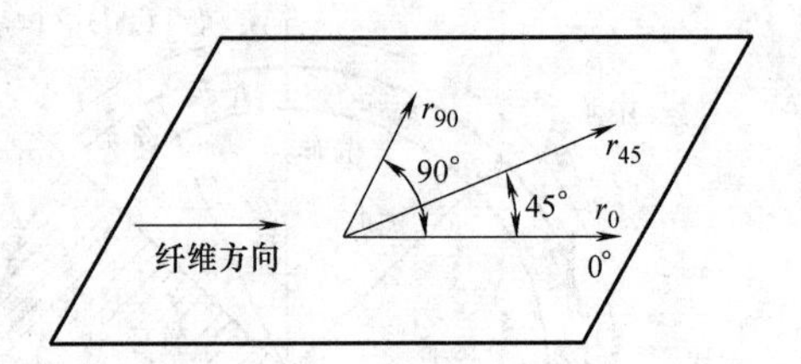

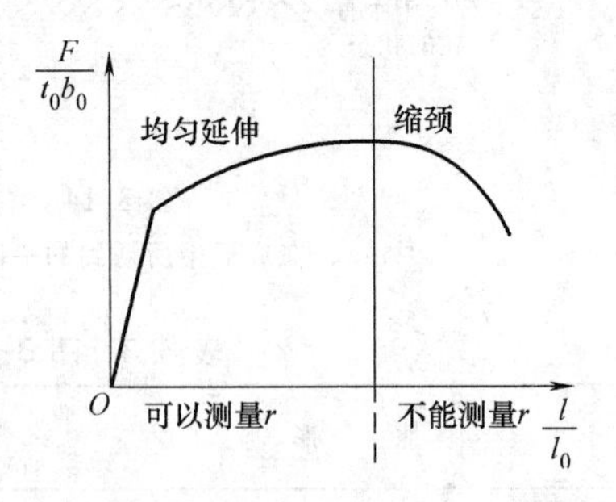

图 3-15　厚向异性 r 值的确定

r_0—轧制方向　r_{45}—与轧制方向成 45°

r_{90}—与轧制方向成 90°

大量的压延试验证明，可以用 r 值作为板料压延性能的主要判据。如图 3-16a 所示，是材料的极限压延比 β_k 与 r 值的关系。如图 3-16b 所示是一般钢的 β_k 与 r 值的关系。对于钢，r 由 1 增加到 2，可使 β_k 约增加 10%。β_k 随 r 的增加，基本上是一种线性关系。这里

$$\beta_k=D/d=1/m$$

式中　D——杯形压延件的毛料直径；

d——杯形件的直径；

β_k——与 m 互为倒数，前者叫压延比，后者叫压延系数。

根据对钛、铜、黄铜、奥氏体不锈钢、铁素体不锈钢和铝的压延试验，极限压延比 β_k 与 r 值的关系曲线，可用式（3-10）近似表示

$$8\log\beta_k=\log r+3 \tag{3-10a}$$

或

$$\beta_k^8=1.000r \tag{3-10b}$$

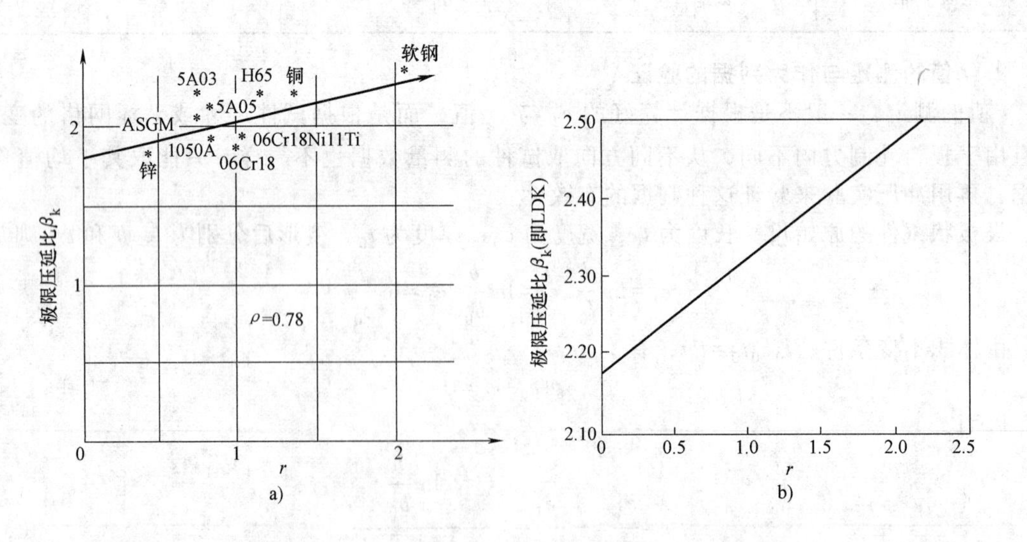

图 3-16　r 值与极限压延比 β_k（即 LDR）的关系（图中 ρ 是相关系数）

a）材料的极限压延比 β_k 与 r 值的关系　b）一般钢的 β_k 与 r 值的关系

注：H65 没有对应的新牌号。

为了使厚向异性系数对每种材料有一个固定的标志，它在变形中应不发生变化，这样就可以在任选的伸长率下将其确定，对于大多数金属都是这样的。如图 3-17 所示的结果与其他学者所得到的也是一致的，经证明，对于钛合金，r 值是随伸长率而变化的，对于纯钛，r 值是个常数。由图可以看出，只有时效软钢与钛合金（TC4）是例外，钴基合金（HS25）也稍有变化，其余都是常数。

有人提出这样的意见：不是厚向异性系数 r 的平均值，而是其最小值 r_{min}，即 r_0、r_{45} 与 r_{90} 之中的最小值，对压延性能起作用。这是有一定道理的。r 值最小值的方向，应当是板料抵抗变薄能力最弱的方向，在压延中首先在此方向出现缩颈和破裂，故此方向是危险剖面中的一个最危险的方向。如图 3-18 所示为极限压延比 β_k 与 r_{min} 的实验点，两者更接近线性的关系，其中以铝镁合金和铁素体不锈钢尤为明显。r_{min} 处虽容易变薄，但在其余 r 值大的部分不继续变薄前，r_{min} 处不可能单独继续变薄，故一般情况仍采用平均值 r 为宜。对大多数金属，r 值在成形过程中保持常数。

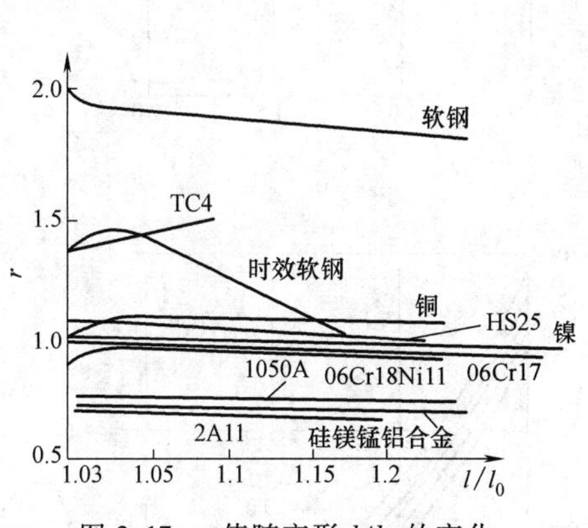

图 3-17　r 值随变形 l/l_0 的变化

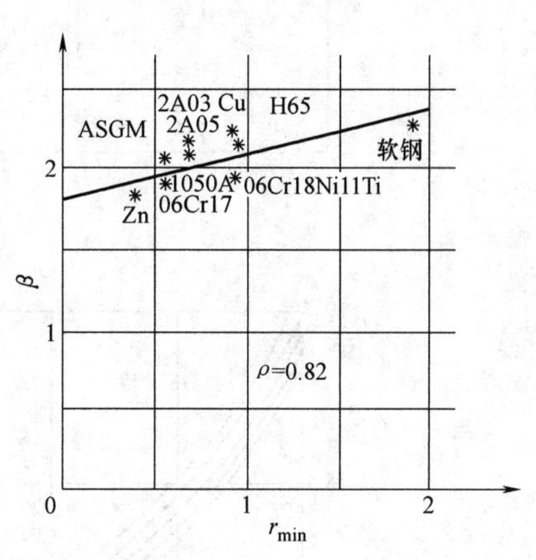

图 3-18　极限压延比 β_k 与 r_{min} 的关系

（图中 ρ 是相关系数）

3. 确定 r 值的试件、试验与线图

这里介绍一个确定软钢板 r 值用的试件、试验规程，以及根据变形后的宽度 b 与变形 l/l_0 直接由线图查出 r 值的方法。b_0 和 l_0 为原始测量宽度与长度，b 和 l 为变形后的宽度与长度。该方法对其他材料亦有参考和使用价值。

对厚度为 0.5～3mm 的软钢板，按以下要求取样和进行试验。

1）在板料上按与轧制方向成 0°、45°、90°的方向，各取至少 3 个试样，打上方向标记。试件尺寸为 20mm×250mm。

2）在润滑油中磨或铣去每边一个留量 Δb，使形状公差达±0.02mm 的精度。应整修的厚度 Δt 值视下料方法而定，如图 3-19 所示。

3）将试件夹在拉伸试验机上，夹紧后，钳口间的距离为 160mm；试件中段的测量基长 l_0 为 50mm±0.1mm；拉伸速度为 10mm/min±0.1mm/min；要求精度为载荷的 0.5%，伸长率为 1%。

4）测量数据。原始宽度 b_0，当变形到 15%～20% 时，精确测量长度 l 与相应的宽度 b_0 对于其他材料，主要差别

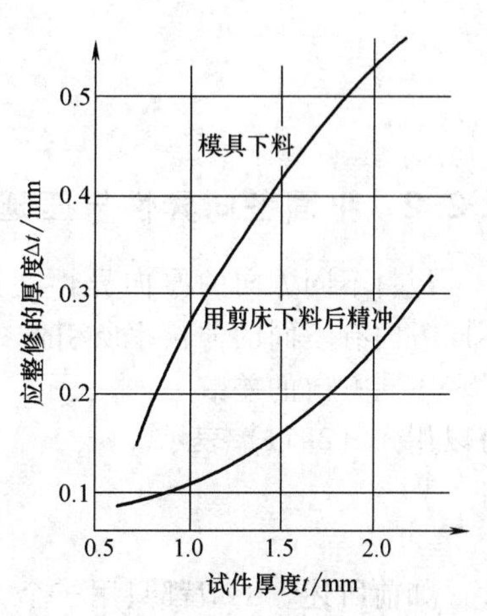

图 3-19　试件每边的修磨量

在于对变形程度应根据其可能伸长率，做出相应规定。

5）根据测量的 b_0、b 与比值 l/l_0，直接由图 3-20a、b、c、d 查出所求的塑性应变比 r 值的平均值，必要时用插补法求得。

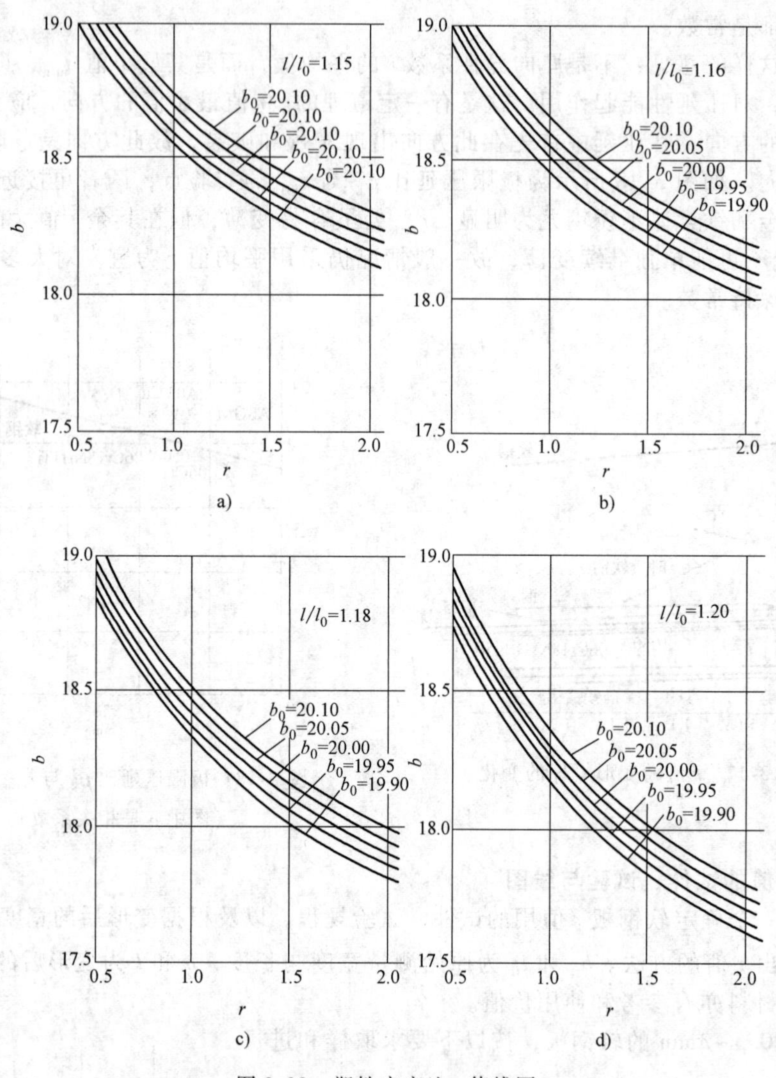

图 3-20　塑性应变比 r 值线图

3.2.2　平面各向异性与压延凸耳

板料不同方向的厚向异性之所以有差别，其原因是在板料平面内，在同样应力作用下，不同方向有不同的伸长率所引起的。故板料平面各向异性与其厚向异性有密切的关系，并以后者不同方向的差数 Δr 来表示。设与轧向成 α 角方向的厚向异性为 $r(\alpha)$，更精确的平均值 r 可以用式（3-11）表示

$$r = \frac{1}{2\pi}\int_0^{2\pi} r(\alpha)\,\mathrm{d}\alpha \tag{3-11}$$

如前所述，一般都只用三个方向来确定 r 值。

平面各向异性 Δr 多用式（3-12）表示

$$\Delta r=\frac{r_0+r_{90}-2r_{45}}{2} \tag{3-12}$$

也有用下式表示的

$$\Delta r=r_{\max}-r_{\min}$$

或

$$\frac{\Delta r}{r}=\frac{r_0+r_{90}-2r_{45}}{r}$$

而以式（3-12）表示最为常见。

和厚向异性一样，平面各向异性 Δr 也主要反映在压延成形上，其表现为杯形压延件上边凸耳的形成，而且其位置和数目与 Δr 的正负和 r（α）的变化情形有关。

$\Delta r>0$，凸耳在 0 与 90°方向；

$\Delta r<0$，凸耳在 45°方向（见图 3-21）。

如图 3-22 所示为黄铜由于不同方向上 $r(\alpha)$ 的变化所产生凸耳的情况。

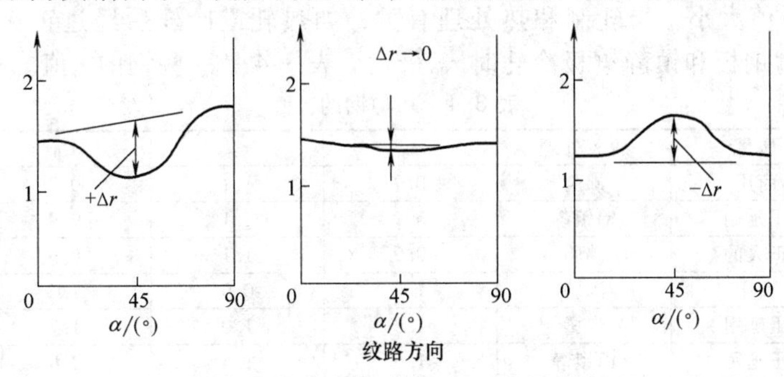

图 3-21　Δr 的正负

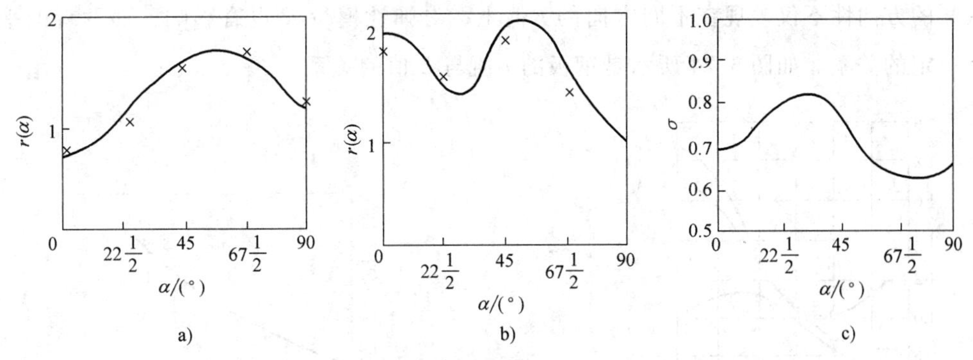

图 3-22　黄铜在不同方向上 r（α）变化与凸耳的关系

a）有 4 个凸耳，位于 50°方向　b）有 6 个凸耳，位于 0 和 58°方向　c）有 6 个凸耳（理论上屈服应力随方向的变化）

$r(\alpha)$ 的变化情形，再以三种压延用软钢为例，如图 3-23 所示。图中 1、2、3 表示三种软钢。$r(\alpha)$ 的变化有三种情况。

1）一般情况，$r(\alpha)$ 曲线经过一个最低点，在 0 与 90°方向将形成 4 个凸耳。

2）$r(\alpha)$ 曲线经过一个最高点，凸耳在 45°方向有 4 个。

3）$r(\alpha)$ 曲线在 0 与 90°之间，r 值是随着 α 增加的，90°方向有两个凸耳。

凸耳的位置和高低，是可以通过理论分析来预估的，其最高峰总是位于 r 值最大的方向。这是由于 r 值小的凸缘部分在压延中变厚程度大，因而高度低，使 r 值大的方向成为凸耳顶峰。

除内部组织和纹路方向的影响外，凸耳还受变形程度和模具几何关系的影响，即：①变形程度越大，即压延系数越小时，凸耳越显著；②间隙小于板料厚度的部分，会提高该部分成形后的凸耳高度；③凸模圆角半径不均匀时，圆角半径大的部分凸耳增高；④压边力与润滑也有一定影响，即变形受到阻碍的部分，将来由该部分形成的凸耳也高。合理地利用这些几何关系，可以减小凸耳高度。

高温退火可以消除凸耳，如铝镁合金。对于纯铝板，可采用工序间低温退火。对于商业纯铝，其中含铁与硅的比值应介于1~1/2之间，热轧在500~600℃之间进行，以免形成凸耳。化学成分不仅会影响凸耳的大小，还会影响凸耳的方位，因此影响再结晶与显微组织。

平面各向异性系数Δr只影响压延件上边的平整度，不影响成形性能。凸耳是不希望产生的缺陷，但越是压延性能好的材料，往往有较为显著的凸耳。

板料相对于各向异性的方向，对矩形压延件有重要作用，最好是将r值大的方向，指向矩形四角，因四角是要求r值大的真正压延性质的成形。

对于冷轧和退火钢板，可以在一定限度内通过改变成分和热处理的方法，改变r值。但对于热轧钢板，r值的改变则是微不足道的。

各个方向的r值大小，与轧制和热处理有关，如热轧或冷轧后经过正火处理的钢板，r_{45}值最大。一般沸腾钢板和镇静钢板冷轧时r_{90}最大。表3-4是一些钢的r值。

表3-4 几种钢的r值

轧制	质量	脱氧处理	r_0	r_{45}	r_{90}	$\bar{r}$
热轧	商用	沸腾	0.9	1.1	0.9	1.0
	压延用	铝镇静	0.9	1.1	0.9	1.0
冷轧	正火的	沸腾	0.9	1.1	0.9	1.0
	商用	沸腾	1.0	0.9	1.2	1.0
	压延用	沸腾	1.3	1.0	1.7	1.2
	压延用	铝镇静	1.6	1.4	2.0	1.6
	无间隙原子	铝镇静	1.8	1.9	2.2	1.9

板料的方向性不仅表现在不同方向的r值上，对弹性模量E也有影响，而两者的平均值之间有一定的关系。如图3-24所示是钢板的r值与$\overline{E}$值的关系。

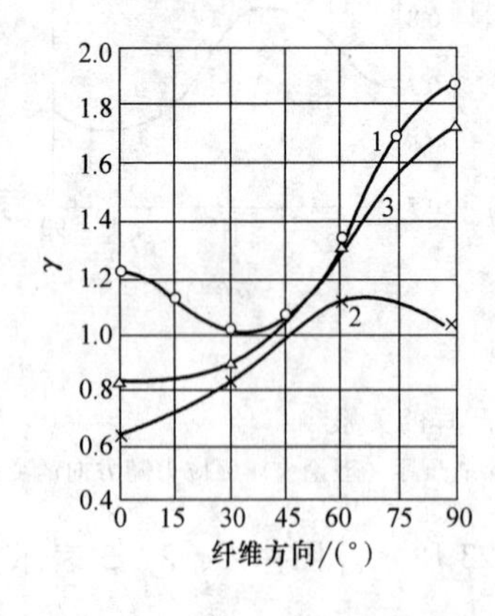

图3-23 三维软钢$r(\alpha)$随纤维方向的变化曲线

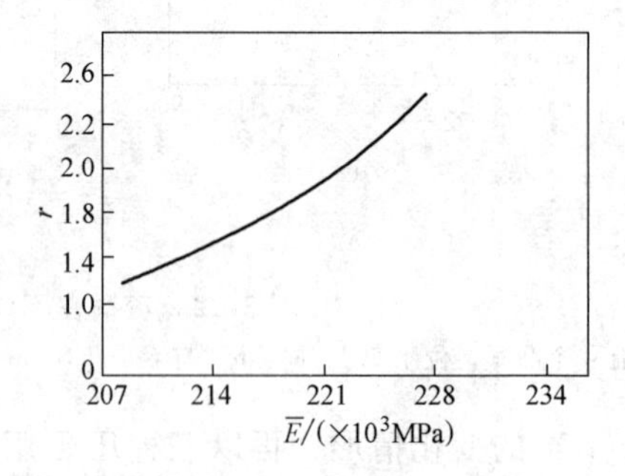

图3-24 钢板r值与弹性模量$\overline{E}$值的关系

3.2.3 应变硬化指数n值

1. 定义

作为板料胀形性能主要判据的应变硬化指数n，是比r更为重要的参数。它除作为一个成

形性能判据外，还可用以表示应力应变关系。作为一个重要的物理参数，n 值在塑性理论中，得到广泛的应用。

在塑性变形中，几乎全部金属，其变形抵抗力都有随应变的增加而强化的趋势，所谓理想塑性，只不过是为了达到简化计算的一种合理设想而已。这是在金属不改变组织，只是由于应变所引起的强化，与渗碳、渗氮及淬火等因组织变化而引起的硬化相比性质完全不同。不仅冷作变形有这样强化性质，热作变形也有这种性质。应力应变曲线高的金属，不管其曲线斜率如何，硬度总是大于曲线低的金属。可以用公式表示，即

$$\sigma = K\varepsilon^n$$

逼近实际应力曲线（或叫应变硬化曲线）的情况，K 可叫作应变硬化系数，或简称硬化系数，n 值叫作应变硬化指数。对于弹性变形，$K=E$，$n=1$；对于理想塑性，$K=R_{p0.2}$，$n=0$。n 值只表示应力应变曲线斜率，不表示曲线位置的高低。这里以应变硬化指数表示金属因应变而强化的性质，比“冷作硬化”更为确切些。

将上式写成以下形式

$$\log\sigma = \log K + n\log\varepsilon$$

将其作图，得一斜线如图 3-25 所示，n 是斜线的斜率，K 等于实际应变 ε 为 1.0 时的实际应力 σ。

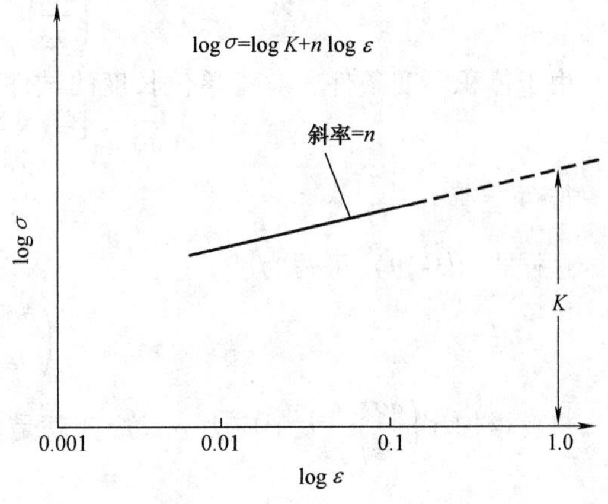

图 3-25　应力应变图

应变硬化（一般指应变硬化指数）在成形中的作用是：当板料某点应力较其邻近部分大时，其较大的应变由于应变强化，增加了抵抗进一步变形的能力，故有将变形转移到邻近部分的作用，延缓了该点缩颈的到来，使较大的板面有更为均布的应变。就延缓缩颈这一点来说，n 值与 r 值是相同的，不同的是在压延中，危险断面是不能转移的特定几何部分，故 n 值不能像 r 值那样，在压延中起显著的作用。

一些学者已建立了不少公式来描述不同金属的拉伸曲线。

描述抛物线型的有

$$\sigma = K\varepsilon^{\frac{1}{2}} \quad \text{（Taylor 公式）} \tag{3-13}$$

$$\sigma = K\varepsilon^{n} \quad \text{（Hollomon 公式）} \tag{3-14}$$

$$\sigma = \sigma_0 + K\varepsilon^{n} \quad \text{（Ludwik 公式）} \tag{3-15}$$

$$\sigma = C(D+\varepsilon)^{q} \quad \text{（Swift 公式）} \tag{3-16}$$

$$\left.\begin{aligned} \sigma &= \sigma_0 + K\varepsilon^{m}, \varepsilon<\varepsilon_p \\ \sigma &= \sigma_0 + K'\varepsilon^{m}, \varepsilon>\varepsilon_p \end{aligned}\right\} \quad \text{（Crussard 和 Jaoul 公式）} \tag{3-17}$$

式（3-17）中 ε_p 相当于两个抛物线的过渡点，视材料而定。

描述渐近线型的有

$$\sigma = a+(b-a)(1-\varepsilon^{-m\varepsilon}) \tag{3-18}$$

以上所有指数$\frac{1}{2}$、n 与 m 等，都可以叫作应变强化指数，而以式（3-14）最为常见，因其最简单，在数学运算上，也较易处理，一般 n 值即指该式的指数。它除了作为指数外，还有另一种物理意义，即 $n=\varepsilon_B$，这里 ε_B 是缩颈刚要出现前的实际应变，即叫缩颈点应变。

设一个拉伸试件在载荷作用下，有了小的局部几何变化，由于局部应变 $\mathrm{d}\varepsilon$ 产生了剖面收缩 $\mathrm{d}S$，原来的剖面 S 则由于收缩，使应力增加为

$$\mathrm{d}\sigma=\frac{S\sigma}{S-\mathrm{d}S}-\sigma\approx\sigma\frac{\mathrm{d}S}{S}$$

由于变形，变形抵抗力的增加值（由于应变硬化）为

$$\mathrm{d}\sigma=\left(\frac{\partial\sigma}{\partial\varepsilon}\right)_{\varepsilon}\mathrm{d}\varepsilon$$

$\left(\frac{\partial\sigma}{\partial\varepsilon}\right)_{\varepsilon}$ 是实际拉伸曲线的斜率。

如果所加的应力超过变形抵抗力，则弱点即将发生破坏；反过来，如果弱化被阻止，则试件可以继续变形，为了能够均匀变形，应有

$$\left(\frac{\partial\sigma}{\partial\varepsilon}\right)_{\varepsilon}\mathrm{d}\varepsilon>\sigma\frac{\mathrm{d}S}{S} \tag{3-19}$$

由于体积不变条件，对于单位长度的试件，有

$$S\cdot 1=(S-\mathrm{d}S)(1+\mathrm{d}\varepsilon)$$

得

$$\frac{\mathrm{d}S}{S}=\mathrm{d}\varepsilon$$

这样式（3-19）可写为

$$\left(\frac{\partial\sigma}{\partial\varepsilon}\right)_{\varepsilon}>\sigma \tag{3-20}$$

只要增加率$\left(\frac{\partial\sigma}{\partial\varepsilon}\right)_{\varepsilon}$大于应力 σ，应变就是均匀的，所以等式即

$$\sigma=\left(\frac{\partial\sigma}{\partial\varepsilon}\right)_{\varepsilon} \tag{3-21}$$

是均匀应变的最高极限。

对于 $\sigma=K\varepsilon^n$ 的拉伸曲线，式（3-20）可写为

$$\varepsilon<n \tag{3-22}$$

在极限情况下，即缩颈刚开始的时刻，以 ε_{B} 表示这时的最大均匀应变，或叫缩颈点应变，这时由式（3-21）可得

$$n=\varepsilon_{\mathrm{B}}$$

这说明在简式 $\sigma=K\varepsilon^n$ 中，指数 n 被赋有特殊的物理意义。

对于铁素体钢（软钢，铬钢），以及商业纯铝，简式 $\sigma=K\varepsilon^n$ 很适用。如工业中冲压成形常用的软钢，一般 $\varepsilon>0.05$，只用 K 和 n 这两个参数，就足以确定应变强化规律。但该简式对合金钢、奥氏体钢和一些轻合金，却不适用。

和 r 值的测定一样，由于试件在板料上所取方向不同时，n 值也有所不同，其平均值为

$$n=\frac{1}{4}(n_0+n_{90}+2n_{45}) \tag{3-23}$$

试件所取的方向很多时，其平均值可写成

$$n=\frac{1}{2\pi}\int_0^{2\pi}n_\alpha\mathrm{d}\alpha \tag{3-24}$$

2. 作为成形性能判据的 *n* 值

n 值作为金属应变强化即变形强化性能的指标，对不同金属有不同的精度，可分为三种情况：

1）应变硬化指数 n 完全反映材料的强化性质（忽略 5%以下的小变形）和均匀应变性质，这是软钢、铁素体不锈钢、铝合金 ASTM、锌和纯铝的情况。

2）指数 n 只部分地说明（在大变形区域）材料的强化和均匀变形，铜、镍、钴合金 HS25 和不锈钢 0Cr18Ni10 就是这样。

3）指数 n 是一个很粗略的近似值，这是铝合金 2A11、2A03 和铜合金 H64 的情况。一般来说，对于这些合金是不能很好地用 $\sigma=K\varepsilon^n$ 来说明其性质的。

对于 2A11 铝合金，用公式 $\sigma=\sigma_0+K\varepsilon^n$ 时，可得到一个能很好说明应变强化性质的 n 值，对于缩颈前的应变（n_1，ε_B），是一个很好的判据。

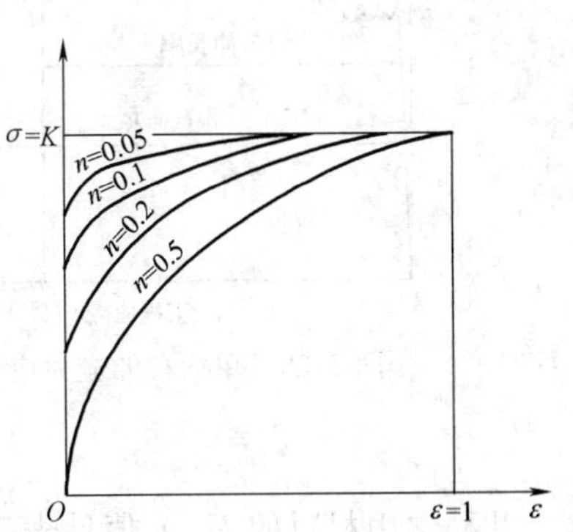

图 3-26　指数 n 对拉伸曲线形状的影响

两种金属可以有相同的 n_2 值，但有不同的 n_1 值；n_1 值大的金属更适于胀形。不能说这两种金属的 n_1 和 n_2 值都不同。

在公式 $\sigma=K\varepsilon^n$ 中，n 值大小的影响，可以用图 3-26 来说明。这里应变 ε 最大为 1.0，应力最大为 K。当应变 ε 相同时，n 值愈小，应力愈大，即需要更大的外力来成形。当应力即外力相同时，n 值愈大，所得到的应变愈大。两者都说明当 n 值大时，材料更容易成形。

由于 n 值可以近似地确定应力曲线形状，因而对整个成形性能都具有影响。除双向拉伸（胀形）外，n 值对于压拉应力状态（压延），也是除 r 值以外的一个重要参数。当两种拉伸应力曲线相似，即 K 值不同而 n 值相同时，其冲压成形性能相同，只是所需载荷不一样。对于大多数常用金属，都可以用 n 值推算出极限压缩比 β_K 的数值。这是由于 n 值可以描绘应力应变关系曲线，而 β_K 值也是由这些关系所决定的一个参数，因而 n 值与 β_K 也有一定的关系。只是 n 值不像 r 值那样，与 β_K 值几乎有直线性的关系，而是呈某种曲线性关系（见图 3-27）。

但应注意到，n 值虽然等于缩颈点伸长率 ε_B，但它是包括缩颈前后整个实际应力曲线的指数，作为指数来说，它并不能说明板料的缩颈失稳性质。再者，n 值与 r 值本身都只是些近似的判据，还有一些目前在理论上没有搞得很清楚的因素，如用 ε_1 和 ε_2 之间互相消长的关系，来概括更全面的成形性能，即所谓成形极限图。这在后面再做详细的讨论。

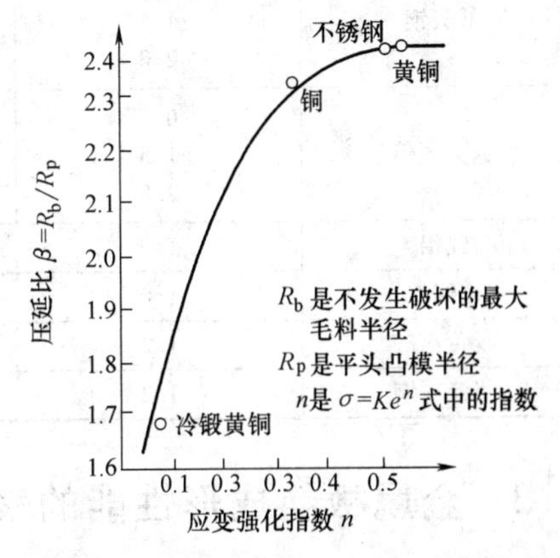

图 3-27　极限压缩比 β_K 与 n 值的关系

用 n 值作为成形性能判据的主要根据，是由于它能反映应力曲线的特性。故只有理论曲线与实际应力曲线重合或近似重合的部分，才能够用 n 值表示这部分变形的情况。一般在开始的弹塑性小变形部分，理论曲线与实际曲线有很大的偏离。

一般在理论曲线与试验曲线不重合或不接近的小塑性变形区，实际应力应变曲线有两种形式：一种是只有一个无显著屈服强度的弹塑性过渡区，另一种是有一个显著的屈服强度和屈服平台（见图 3-28）。对于后一种情况，在载荷不增加的情况下，应变继续进行一小段后，才显示出应变强化性能。这种性质对成形往往造成不利后果，如拉形板面出现滑移线问题，就与这种性质有关。软钢和一些铝合金，就有这种情况。这个缺点，往往可以在成形前不久，用轻度轧压的方法加以克服，使材料产生略高于屈服强度的均匀应变，消除屈服平台。这两种曲线性质，对弯曲也有影响。以屈服强度不显著的铜与屈服强度显著

的软钢为例，在弯曲中，铜板条可以弯出一个光滑曲度，而软钢板条则往往会形成突然折弯点，如图 3-29 所示。

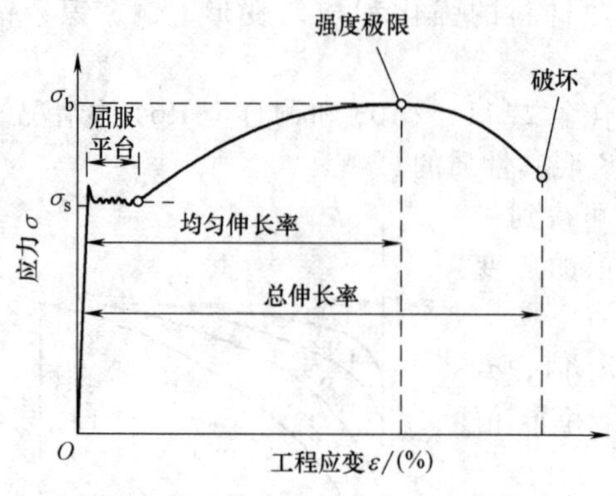

图 3-28　单向拉伸应力应变曲线

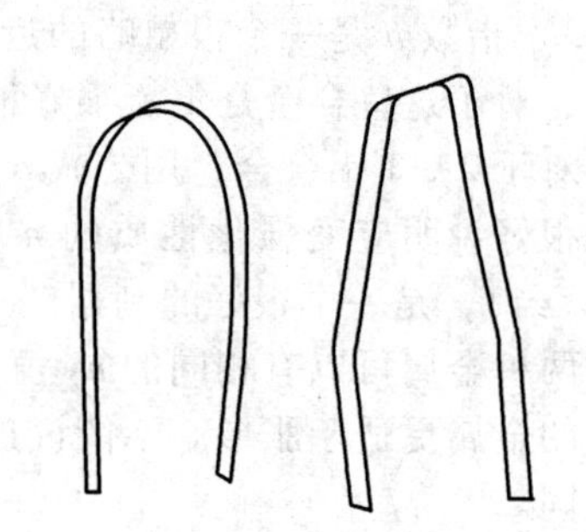

图 3-29　铜（左）与软钢（右）板条的弯曲形状

几种常用材料的 K、n 值见表 3-5。

表 3-5　几种常用材料的 K、n 值

材料种类	厚度/mm	屈服强度/MPa	K 值	n 值
不锈钢	0.5	290	—	—
	1.0	290	105	0.28
	1.5	320	110	0.28
软合金铝	0.5	90	21.1	0.165
	1.0	100	21.6	0.165
	1.5	100	19.9	0.15
低碳钢	0.5	320	67.7	0.2
	1.5	300	63.5	0.15
	2.0	270	67.7	0.2
退火硬铝	0.5	110	23.8	0.15
	1.5	150	30.6	0.15
	2.5	150	30.6	0.15
纯铝	1.0	57	13.1	0.22
铜	1.0	135	50	0.43
黄铜	1.2	125	70	0.5
铬锰硅钢	1.2	545	110	0.15

3.3　金属板料成形性能的表征和成形极限图

金属板料的加工性，如焊接性、可加工性、可成形性等，是产品选材时不容忽视的重要根据，它往往成为一种板料生命力的决定性因素。改善板料的加工性常常比改进加工方法本身具有更大的经济效益。

金属板料的加工性包括冲剪性、成形性和定形性三个方面：冲剪性是指板料适应各种分离加工的能力；成形性是指板料适应各种成形加工过程的能力；定形性是指板料成形加工终了，外载卸去以后，保持其已获得形状的能力。其中，成形性又是研究板料加工性的中心环节。

板料零件形形色色，成形方法多种多样，新工艺方法层出不穷，再加上工艺影响因素繁

多，要想对板料适应各种程序加工的能力逐一加以研究或用一个同样指标全面评定板料成形性能好坏是不现实的，只能采取概括类比结合典型模拟的分析试验法加以研究。其中鉴定板料成形性能的基本试验、模拟试验和绘制板料成形极限图是最常用的手段。

3.3.1　鉴定板料成形性能的基本试验

板料在成形过程中变形力通过传力区作用于变形区。变形区的基本变形方式不外“收”和“放”两种类型，起皱和破裂是“收”、“放”过程不稳定进行而出现的两种障碍。在起皱或破裂之前，板料所能取得的最大变形程度——成形极限，是研究板料成形性的中心内容。薄板受压极易失稳起皱，对应于不起皱的极限变形程度很小，不能反映板料的极限变形能力。板料在以压为主的变形方式下成形时，往往采取预防起皱的措施（如压边），使变形过程得以稳定进行下去，以发挥板料固有的塑性变形能力。因此，真正反映板料极限变形能力的，是板料在以拉为主的变形方式下的破裂。破裂是拉伸失稳过程的终结，破裂前的极限变形程度又取决于板料所处的应力应变状态。在板料成形所有可能的变形方式中，除掉以压为主的变形方式外，包含单向拉伸（$m=0$）、平面拉应变（$p=0$）、双向等拉（$m=p=1$）和纯剪（$m=p=-1$）4种特殊的应力应变状态。通过试验，了解在这四种特殊状态下的变形行为对于全面认识和评估板料在以拉为主的变形方式下的成形性能很有必要。这些试验在板料成形中称为板料成形性能的基本试验。下面仅介绍通过单向拉伸试验可以取得到的板料强度、刚度、塑性等方面的力学性能指标。

1. 强度指标

屈服强度，分为上屈服强度 R_{eH} 和下屈服强度 R_{eL}，而没有明显屈服现象的材料则用试样产生0.2%非比例伸长率的应力值为该材料的条件屈服强度，符号为 $R_{p0.2}$；强度极限，对于单向拉伸为抗拉强度 $R_m\left(R_m=\dfrac{P_{max}}{A_0}\right)$；缩颈点应力为 $\sigma_j\left(\sigma_j=\dfrac{P_{max}}{A_j}\right)$。

2. 刚度指标

弹性模量 E；应变硬化指数 n（其值为缩颈点应变 ε_j）。

3. 塑性指标

缩颈点应变 $\varepsilon_j\left(\varepsilon_j=\dfrac{A_0}{A_j}\right)$；总伸长率 δ_{10} 或 δ_5（δ_{10} 或 $\delta_s=\dfrac{l_f-l_0}{l_0}$，$l_f$ 为试件拉断后的拼合长度，l_0 为试件原始长度），δ_{10} 为长试件的总延伸率、δ_5 为短试件的总伸长率，一般 $\delta_5>\delta_{10}$；断面收缩率 $\psi\left(\psi=\dfrac{A_0-A_f}{A_0}\right)$，其中 A_f 为拉断后试件的剖面积）。

上述力学性能指标主要是从产品设计的角度出发直接为设计服务的。利用这些指标可以定性地评估板料的成形性能。例如，强度指标越高，产生相同变形量所需的外力就越大；塑性指标越高，成形时的极限变形量就越大；弹性模量 E 越大，应变强化模数 D 越小，成形后零件的回弹量就越小等。但是，从产品制造的角度出发，究竟什么指标对板料的成形性能影响最为显著、最为直接呢？通常用应变硬化指数 n 值（单向拉伸时材料均匀变形的大小，即所谓缩颈点应变）和塑性应变比 r 值（宽度方向的应变与厚度方向的应变的比值）来表示。r 值越大，表示板料越不易在厚向发展变形，换句话说，越不易变薄或者变厚；r 值越小，表示板料厚向变形越容易，即越易变薄或增厚；$r=1$，表示板料不存在厚向异性。关于试验确定 n 值和 r 值的方法，可参看国家标准 GB/T 5027—2016 和 GB/T 5028—2008。

由拉伸试验所得到的各种参数与成形性能的关系，见表3-6。

表 3-6 材料拉伸试验参数及其与成形性能的关系

材料特性	符号	与成形性的关系
弹性模量	E	此值越大,定形性越好
抗拉强度	R_m	此值越大,成形力越大;当与成形性能有关的其他性能大致相同时,抗拉强度大的成型性能好
屈强比	$R_{p0.2}/R_m$	此值越小,成形性、定形性越好
极限变形能	W_f	绝对值越大,翻边性能和弯曲性能越好
n 值	n_1(单向),n_2(双向)	此值越大,胀形性能、压延性能、翻边性能和弯曲性能越好,抗起皱性能也好
强度系数	K_1(单向),K_2(双向)	此值越大,成形力越大
r 值	r_0(轧制方向)平均 $r=\frac{r_0+r_{90}+2r_{45}}{4}$	在同类材料中,此值越大,压延性能越好,抗起皱性能也好
Δr 值	$\Delta r=\frac{r_0+r_{90}-2r_{45}}{4}$	此值越大,压延件的凸耳越大
线膨胀系数	$K_e=\left(\frac{最大胀形高度}{凹模半径}\right)^2$	此值越大,膨胀性能越好
再结晶结构	主方向	与压延性能有关

3.3.2 鉴定板料成形性能的模拟试验

基本成形性试验所提供的参数，显然可以作为定性评估板料成形性能的依据，但是板料在这些试验中的变形方式要比现实成形工序中单纯得多。因此，其评估板料在总体上对某类工序的变形能力时不够直接。然而，现实工序极其复杂多样，难以一一考察研究，只能选择一些典型的成形工序，用小尺寸的典型零件，通过试验求得板料在这类工序中的极限变形程度，并以此作为指标评估板料对这类工序的适应能力。这种方法称为模拟试验。应当注意：一方面模拟试验与实际生产之间，在变形条件、变形历史、应变梯度、尺寸效应、边缘状况等方面，不能保证完全相似，所以它所求得的极限程序参数用作板料对某类工序适应性（成形性好坏）的评估是可以的，但要用作指导生产的具体数据则尚需修正。另一方面，要把模拟试验的指标，作为公认的评估依据，还必须对取得这些指标的试验规范做出统一的规定，制定相应的试验标准。我国航空工业部颁布的航标 HB 6140.1-1987~ HB 6140.7-1987 对弯曲等模拟试验做了规定，简介如下。

1. 弯曲试验

板料弯曲试验如图 3-30 所示，其性能指标是最小相对弯曲半径$\frac{R_{min}}{t}$。用一系列不同圆角半径 R 的凸模将长方板料弯至 90°或 180°，用 20 倍工具显微镜检查时，弯曲区无裂纹或显著凹陷时的相对弯曲半径，即为板料的最小相对弯曲半径$\frac{R_{min}}{t}$。

2. 拉深试验

板料拉深试验如图 3 -31 所示，其成形性能指标是极限拉深比 LDR，即$\frac{1}{m_{min}}$。LDR 与 r 值有很好的相关性。求得 LDR 的方法有两种。

（1）渐进拉深试验法（Swift 试验法） 用不同直径的圆板板料，在规定的拉深模中成形为平底杯形件，求得破裂时的板料外径 D_{max}，并计算 LDR 值。

（2）最大载荷法（Engelhardt 试验法） 此法可比渐进法减少试压次数，它可提供以下两个拉深性能指标。

1）拉深裕度 T。用最大拉伸力 P_{max} 与筒壁拉断力 P_{ab} 的差值，作为拉深裕度，用无量纲值表示为 $T=\frac{P_{ab}-P_{max}}{P_{ab}}\times100\%$

2）极限拉深比 LDR（T）。因为最大拉伸力 P_{max} 与板料外径 D_0 呈近似线性关系。确定 D_0-P_{max} 的直线关系后，即可进而确定 P_{ab} 下的 D_{max} 与 LDR（T）值。

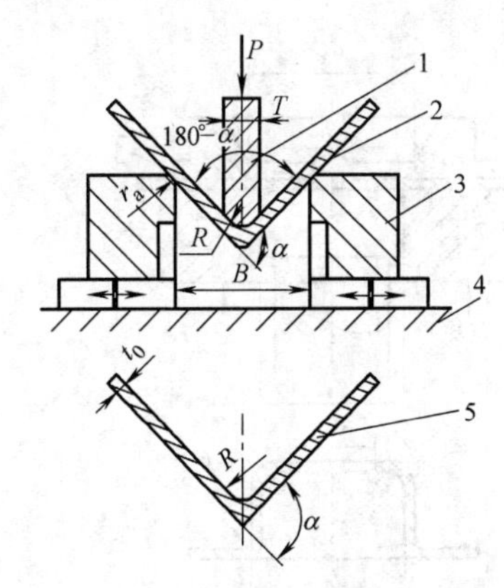

图 3-30 板料弯曲试验原理图

1—凸模 2—板料 3—凹模块 4—底座 5—试件

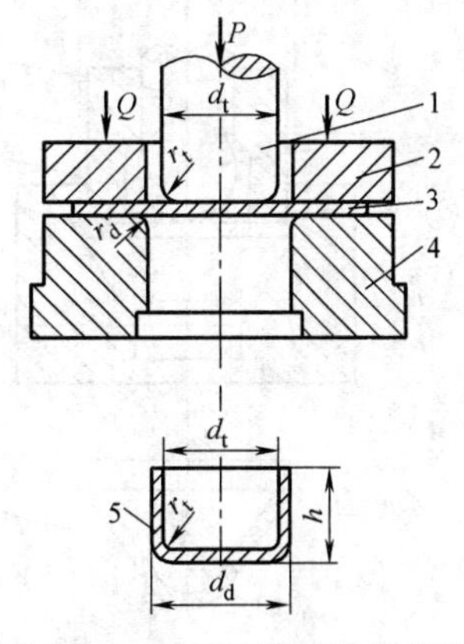

图 3-31 板料拉深试验原理图

1—凸模 2—压边圈 3—板料 4—凹模 5—试件

3. 杯突试验（Erichgen 试验）

杯突试验如图 3-32 所示，主要用于评估板料的拉胀性能。其试验指标称为 IE 值（杯突值）。试验时，用 ϕ20mm 的球形凸模，压入夹紧在凹模与压边圈间的板料，使之成形为半球鼓包，直到板料底部出现能透光的裂缝为止。以此时凸模的压入深度作为指标，称为 IE 值（杯突值）。IE 值与 n 值有很好的相关性。

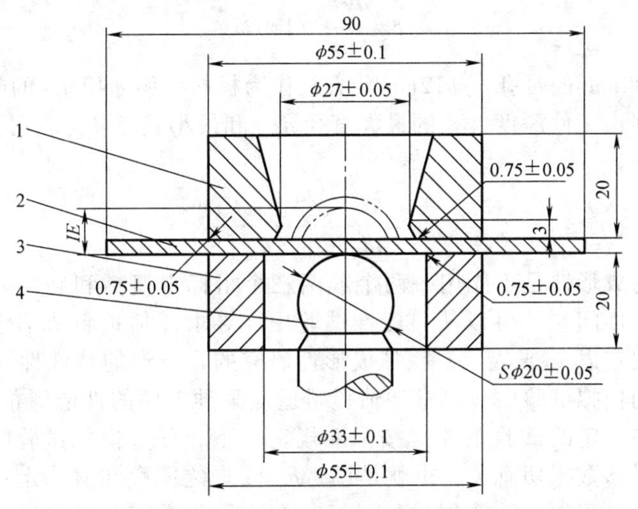

图 3-32 板料杯突试验原理图

1—上压边圈 2—板料 3—下压边圈 4—球形凸模

4. 锥杯试验（福井实验）

锥杯试验如图 3-33 所示，用以测试评估板料拉深与胀形的综合性能。其评估指标为 CCV 值（锥杯值）。

用规定直径的钢球凸模，将规定外径 D_0 的板料压入一个有 60°圆锥角的凹模内，使之成

为一球底锥杯件，用锥杯底破裂后杯口的外径 D 作为锥杯值 CCV。

CCV 值同时反映了拉深与胀形的综合性能，所以与 n、r 值的乘积相关性很好。

5. 扩孔试验（Silbel-Pomp 实验）

扩孔试验如图 3-34 所示，用以评估板料的扩孔翻边性能。

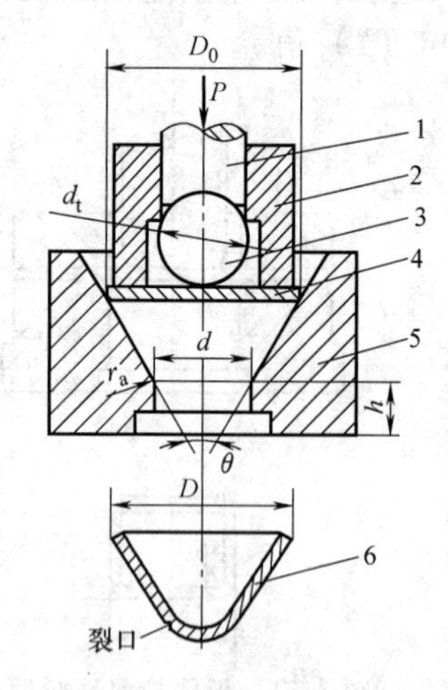

图 3-33　板料锥杯试验原理图

1—压球杆　2—凸模　3—压球　4—板料　5—凹模　6—试件

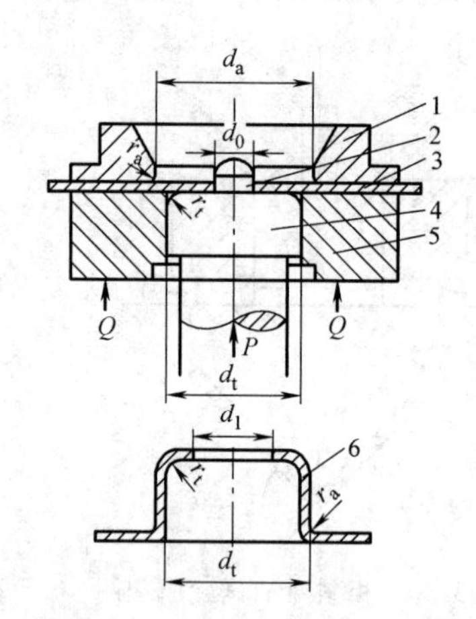

图 3-34　板料扩孔试验原理图

1—凹模　2—定位销　3—板料　4—凸模　5—下压边圈　6—试件

凸模将带孔板料压人凹模，板料中心孔扩大，当孔的边缘出现缩颈和裂纹时，停止压入，测定此时的孔径，以其扩大量与原始孔径的比值作为板料扩孔性能的评估指标，称为扩孔值 δ（或 KWI 值），即

$$\delta=\frac{d-d_0}{d_0}\times100\%$$

也有以 90mm×90mm 的带孔（ϕ12mm）方板作为板料，用 ϕ40mm 的凸模压入，测量孔开始拉裂时的相关数据：试件深度、孔的最大直径 d_{max} 和最小直径 d_{min}。用 g 值作为综合评估板料成形性能的指标。

$$g=\frac{h(d_{max}+d_{min})^2}{4d_0(d_{max}-d_{min})}$$

实际上，板料的成形性是不能用一两个或两三个指标来概括和确切表征的。基本成形性研究的是成形性的共性问题，可以从一般性试验中，寻求评估板料成形性的合适指标——材料参数，这些参数假定以 x_i 来表示。模拟成形性研究的是成形的特殊性（即个性）问题，可以从典型成形工序的模拟试验中，寻求评估板料适应某种工序的性能评估指标，假定以 F_i 来表示。一般而言，在一定的试验条件（按标准规定）下，任一模拟试验的性能指标，只与基本成形性的某些材料参数密切有关，也就是说，F_i 与 x_i 之间存在着一定的函数关系。建立这种函数关系是多年来各国学者孜孜以求的目标。在这种关系正确确定以后，一种材料，只需通过少数一般性性能试验求得的基本材料参数，就可进而确定各种模拟性能参数。例如，使用数理统计法建立极限拉深比 LDR 与材料 n 值和 r 值的经验关系，并表示为

$$LDR=1.93+0.00216n+0.226r$$

揭示金属板料基本成形性和模拟成形性的相关性具有重要的理论和实际意义，通常需要将数理统计与解析计算法结合起来，目前这方面的工作还有待进一步深入研究。

表 3-7 给出了各种成形性能、成形性能试验及成形性能指数。

表 3-7　成形性能、成形性能试验及成形性能指数归类

成形性能	试验方法	成形性能指数
拉胀性能	单向拉伸试验	n 值
	液压胀形试验	n 值 破裂处的厚向应变 ε_{tf} 胀形系数 K 最大胀形高度
	埃利克森试验	埃利克森值 IE(mm)
	纯拉胀试验	极限胀出高度(mm)
压延性能	单向拉伸试验	r 值
	压延试验	极限 S 延比 LDR 值(用平底凸模),G 值
压延胀形复合成形性能	单向拉伸试验	n 值,r 值 n 值
	锥杯试验	锥杯值 CCV(mm) LDR 值(用球底凸模)
	压延试验	极限成形高度 A_{max}(mm)
扩孔性能	单向拉伸试验	极限变形能 w_f n 值
	液压胀形试验	n 值 破裂处厚向应变 ε_{tf}
	扩孔试验	KWI 值
弯曲性能	弯曲试验	R_{min}/t 值
板面内各向异性	单向拉伸试验	Δr 值
	凸耳试验	平均耳高
	锥杯试验	外径的比较
定形性	单向拉伸试验	弹性模量 E 屈强比 $R_{p0.2}/R_m$,r 值
	实物试验	成锻件尺寸差等
抗起皱性	单向拉伸试验	r 值,n 值
二次成形性	多次压延试验	极限再压延比

3.3.3　板料成形极限图

利用基本试验只能对板料的成形性能做出定性的综合性评价，而模拟试验又是针对少数典型工序，在比较单纯、典型的条件下进行的，所得结果很难对复杂零件的成形性能做出确切判断，对于处理冲压生产中的各种具体的问题，也很难提供直接的帮助。

1965年基勒（Keeler）和古德文（Goodwin）着眼于复杂零件的每一变形局部，利用网格技术提出了成形极限图（FLD，forming limit diagram）（见图3-35）和应变分析法。

这种方法的实质是：在板料表面预先做出一定形式的密集网格，观察测定网格的变形 δ_1、δ_2，作为纵轴和横轴的坐标数据在成形极限图上标出，以与图中的成形极限曲线（FLC，forming limit curve）对比。如果变形在如图3-35所示的曲线临界区的下方，零件能顺利压出；在临界区的上方，零件将会破裂。一种材料，有一种FLC，一般由试验取得。由于影响因素很多，判据不一，试验FLC数据分散，形成一定宽度的条带，称为临界区。变形如果位于临界区，表明此处的板料有濒临破裂的危险。由此可见，成形极限图是判断和评定板料成形的最为简便和直观的方法，是解决板料冲压问题的一个非常有效的工具。

1. 网格的形式和印刷方法

网格的基本形式有如图3-36所示的四种。使用圆圈的理由是使变形的主向可以在变形后的椭圆上定出。如图3-36b和图3-36d所示是叠合圆的形式，裂纹通过网格中央的机会增多，

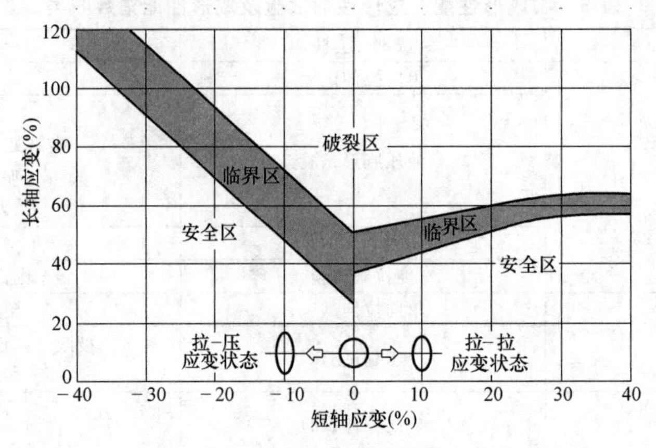

图 3-35　成形极限图

对测量裂纹处的应变值有利。图 3-36c 中的邻接圆形式和图 3-36a 中相比可以减少应变梯度的误差，但线条重叠，测量结果反而不精确。对将缩颈外的应变值作为成形极限曲线的情况，以圆圈外带方格的形式（见图 3-36a）的网格最为实用，因为根据变形后方格线条的形状，还可以判断材料的流动方向。在生产中常选用圆圈为 ϕ5mm 的网格，对试验工作来说，因为试件尺寸较小，一般以 ϕ2mm 和 ϕ2.5mm 的网格较为适宜。

印刷网格可以采用晒相法、电化学侵蚀法和混合法。

1）晒相法是在脱脂的板料上涂上一层感光树脂，待干燥后放上网格底片（根据不同的感光层材料，分别选用正像底片和负像底片），用真空装置压紧，利用紫外线感光，最后进行显影、定影和染色。晒相法印刷的线条精度高，但在压制过程中，板料沿凹模工作面滑动时，网格容易被擦掉。

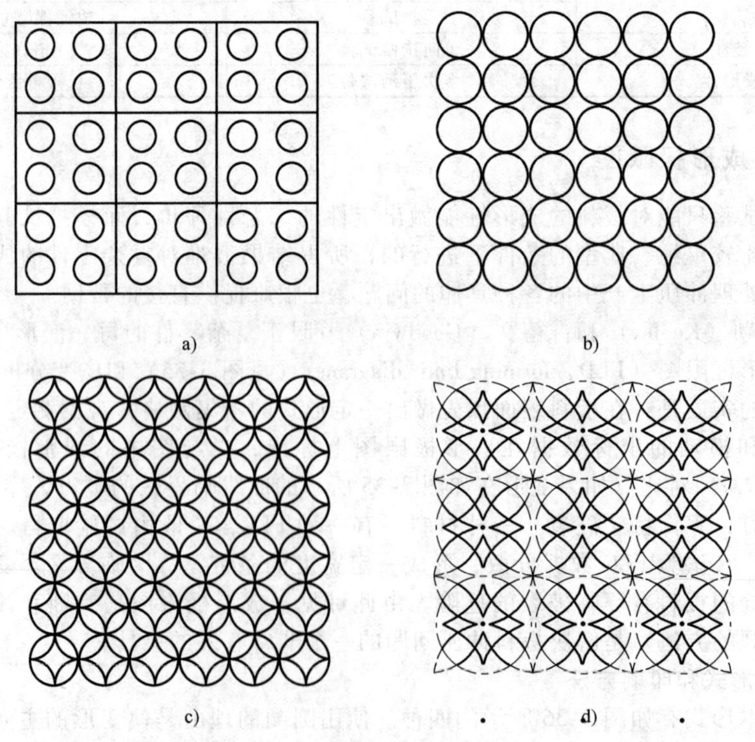

图 3-36　网格的四种基本形式

2）电化学浸蚀法（见图3-37）是将去油的板料1放在厚铝板上作为电极之一，在板料上放上一张网格模板2，模板一般用尼龙织物制成，在网格线条处可以导电，其他部分则留有绝缘涂层。模板上覆盖浸有电解液的毛毡3，毛毡上再加金属板4作为另一电极。通过木板5把1、2、3、4压紧接触，通电几秒钟，板料表面即被电蚀出网格图案。电蚀完后，板料用中和液洗净，对钢毛坯需要立即喷涂极化油防锈。

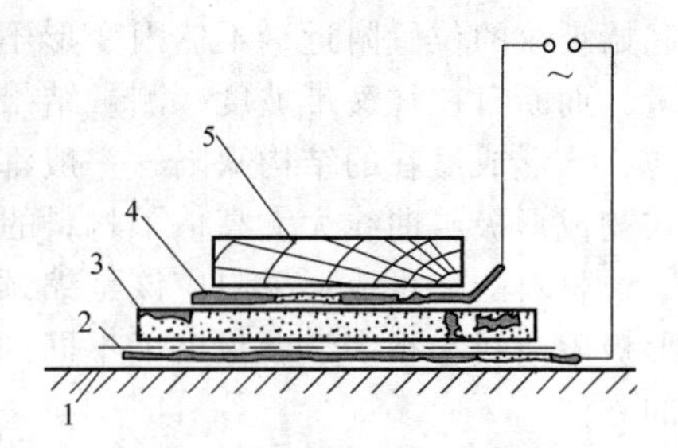

图3-37　电化学侵蚀法原理图

1—板料　2—网格模板　3—毛毡　4—金属板　5—木板

3）混合法是先用晒相法，利用正像底片在板料表面得到负像的网格线条——即板料表面被曝光固化的感光层覆盖，而网格线条的地方，板料表面是裸露的。此时用腐蚀液擦拭板料表面，因曝光固化后的感光层有很强的抗腐蚀能力，只有裸露的地方会被刻蚀。因此，在板料表面也能刻蚀出与模板上的图案相同的网格线条来。上述三种印制坐标网的方法的优缺点见表3-8。

表3-8　三种印刷坐标网方法的比较

方法	晒相	电化学侵蚀	混合
线条宽度/mm	0.11	0.25	0.08
线条精度	好	差	好
粘附性	差	好	好
表面状态的变化	好	差	中
印刷时间	长	短	长
应变测量数据	精确	粗糙	较好

2. 成形极限曲线的制作

成形极限曲线可以用试验方法制作，也可以根据生产中积累的对破裂零件或濒于破裂零件的测量数据得出。

用试验方法制作成形极限曲线时，一般采用纳卡西马（Nakazima）法：试件在带凸埂的压边圈和凹模上牢固夹紧，凹模孔径为ϕ100mm，凹模圆角半径大于5倍的试件厚度，然后用刚性半球形凸模将试件胀形至破裂或出现缩颈时为止。利用不同的试件宽度和润滑方式，使试验结果尽可能覆盖较大的变形范围（见图3-38）。在拉-拉区，增加短轴拉应变是靠改善润滑作用来达到的。在试件和凸模之间加垫厚约0.08mm的聚乙烯、四氟乙烯等薄膜，或厚度为1~2mm的聚氨酯薄板，并涂润滑油润滑，可以达到无摩擦作用的效果。在拉-压区，增加短轴压应变则需采用较窄的试件，利于试件拉胀时产生横向收缩。上述方法简单易行，试验数据也能在整个变形范围内散布。不同的应变测量准则，得到不同的成形极限曲线，因此有破裂型、缩颈型和普通型三种。如图3-35所示的上极限曲线属于前者，下极限曲线属于后者。

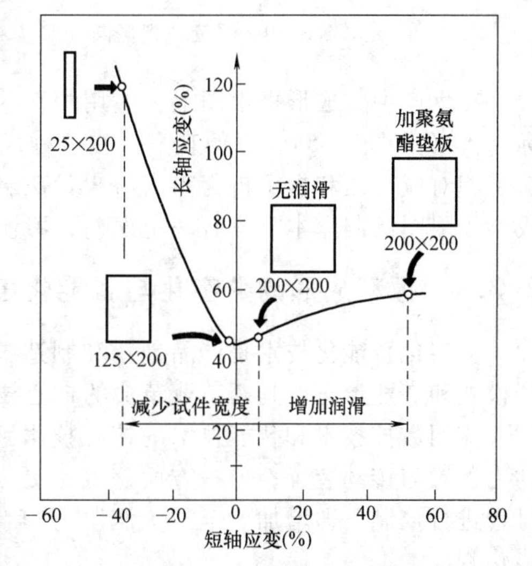

图3-38　成形极限曲线的制作

做破裂型成形极限曲线时，要求测量的变形椭圆，最好是裂纹贯穿它的中间，并要处在起始裂纹的位置附近，不然因变形不匀或受撕裂的影响会产生误差。裂开的椭圆本身很难测量，而断口往往又带坡度，测量结果不会很精确；而且零件在开裂前产生的缩颈或集中性变薄，已形成潜在的结构缺陷，一般都认为这种压制件属于残次品或废品了。很明显，这种形式的成形极限曲线大大高估了材料的实际成形极限，在生产中使用价值不大。

材料的许可成形极限应该是缩颈形成瞬间的应变值。为了捕捉这一时刻，建立缩颈型成形极限曲线，很多学者提出了不同的试验技术，但都还没有成为一种精确、省时和行之有效的方法。

普通型成形极限曲线是通过测量破裂起始部位（裂纹中央），与裂纹最接近，但不包含缩颈的椭圆应变求得的（见图 3-39）。普通型成形极限曲线比缩颈型的纵座标要低，如果网格基圆较小，圆圈采用交错斜排，二者差别不大。成形极限曲线的试验点比较散乱，生产因素比较复杂，而应用普通型曲线制作简单、测量工作量小，在生产中更为实用。

近年来，哈夫拉尼克（Havranek）等人提出在成形极限图中添加起皱极限曲线（见图 3-40），使其作用日趋完善。零件起皱和拉裂是冲压过程顺利进行的主要障碍之一。但是，起皱可以采用大压边力或增设防皱埂等多种工艺措施来防止，因此起皱极限自已有一个变动范围。

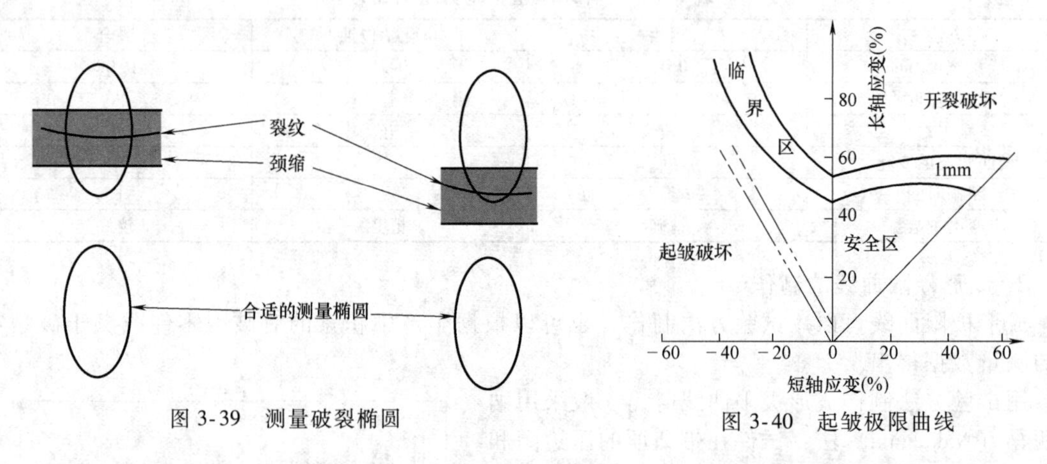

图 3-39　测量破裂椭圆

图 3-40　起皱极限曲线

在生产中，成形极限图上一般用相对应变作为坐标轴，并将横坐标的比例尺取得比纵坐标的大（见图 3-35），以便观察。在这种成形极限图上，应变路径不可能仍旧保持直线，而且三个相对应变之和也不再为零（$\delta_1+\delta_2+\delta_3\neq0$）。因此，从概念上来说不如实际应变严格。但成形极限图的制作本身具有一定误差，习惯上常用相对应变，以便于使用。

3.3.4　板料成形的数字化与智能化控制及应用

数字化智能化技术是产品创新和制造技术创新的共性使能技术，并深刻改革制造业的生产模式和产业形态，是新工业革命的核心技术。

应用数控技术和智能技术的核心技术路线是：用伺服电动机驱动系统取代传统机械中的动力装置与传动装置；另一方面，也是更为重要的，采用计算机控制系统对机械运动与工作过程进行控制，即增加一个“大脑”，然后在此基础上进一步应用智能技术不断提高产品的智能化程度。

1. 板料成形数字化技术

金属板料成形应用广泛，但是传统工艺的模具制造设计周期长、费用高。随着产品定制化的需求越来越高，采用传统工艺已经不能满足小批量多品种的定制化产品生产需求。在 20 世纪 90 年代提出了板料数字化成形法。板料数字化成形法不需要制作模具，不是利用传统的

金属模具的上下模膛冲压成形，仅是一种根据工件形状的几何信息，用3轴数控设备控制一个成形工具头的运动，沿其运动轨迹逐层对板料进行局部的塑性加工，使板料逐步成形为所需工件的新型加工工艺。板料数字化成形技术可以直接加工任意形状复杂的薄壳类工件。

（1）板料数字化成形技术的原理　板料数字化成形技术，又称板料数字化渐进成形技术，是引入快速原型制造技术（rapid prototyping）的分层制造（layered manufacturing）思想，将复杂的三维数字模型沿高度方向离散成许多断面层（即分解成一系列等高线层），并生成各等高线层面上的加工轨迹，成形工具在计算机控制下沿该等高线层面上的加工轨迹运动，使板料沿成形工具轨迹包络面逐次变形，即以工具头的运动所形成的包络面来代替模具的型面，以对板料进行逐次局部变形代替整体成形，最终将板料成形为所需的工件，其成形过程如图3-41所示。首先将被成形板料置于一个顶支撑模型上在板料四周用压板和托板夹紧板料，托板可沿导柱自由上下滑动。成形时，工具头先走到指定位置，并对板料设定压下量，然后根据控制系统的指令，按照第一层截面轮廓的成形轨迹要求，以走等高线的方式对板料实行渐进塑性加工；形成所需的第一层截面轮廓后，工具头压下设定高度，再按第二层截面轮廓轨迹要求运动，并形成第二层轮廓；如此重复，使板料逐次进行局部变形最终成形为所需要的工件。在成形简单形状零件时，只需在板料底部进行简单支撑；在成形复杂曲面形状的工件时，需要一个类似工件形状的支撑。

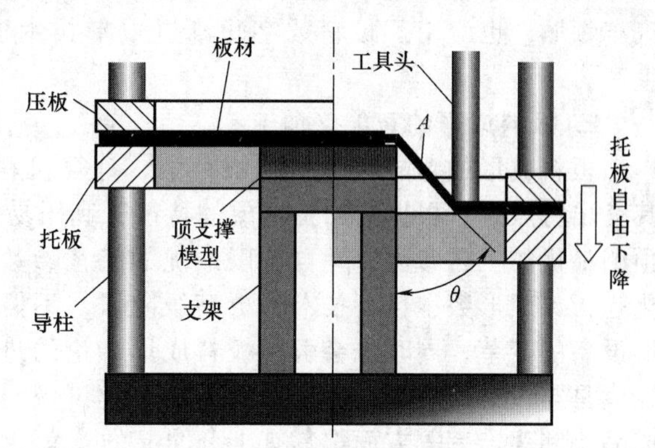

图3-41　金属板料渐进成形原理图

数字化渐进成形包括正向成形（有模成形）和反向成形（无模成形）两种方式。正向渐进成形如图3-42a所示，正向渐进成形工具头沿着模型的外表面成形，板料的边缘随着工具头的下降而下降，直至成形完成；反向渐进成形如图3-42b所示，通常不需要模具，板料的边缘固定而不下降，工具头由边缘向心部逐层辗压板料，直至成形完成。

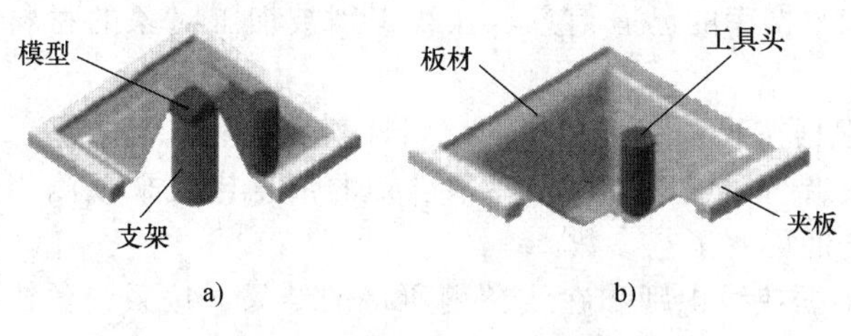

图3-42　渐进成形方式示意图

a）正向成形　b）反向成形

（2）数字化渐进成形工艺过程　金属板料数字化渐进成形的整个工艺过程如图3-43所示。其过程如下：①首先在计算机上用三维CAD软件建立工件的三维数字模型；②进行成形工艺分析、工艺规划，制造工艺辅助装置；③用专用的切片软件对三维模型进行分层（切片）处理，并进行成形路径规划；④生成成形轨迹文件，进行成形速度规划，最终对加工轨迹源文件进行处理并产生NC代码；⑤将NC代码输入控制用计算机，控制板料成形机成形出所需工件形状；⑥对成形件进行后续处理，形成最终产品。

（3）数字化渐进成形工艺存在的问题　金属板料数字化渐进成形过程中存在着回弹变形问题。板料经历从回弹前与工具头保持接触时的内应力平衡状态过渡到工具头卸载、接触外

力去除之后内应力重新平衡的过程，工具头从接触点移开后坯料立刻产生回弹，表现为随着工具头的运动，工件已成形部分会产生鼓凸，因此，渐进成形工件的最后形状是其整个成形和局部回弹历史的累积效应的结果，从而使成形工件与其设计目标形状之间产生差异，工件的形状和尺寸将达不到所需要的精度，而成形精度也成为制约数字化渐进成形工艺推广的关键问题。

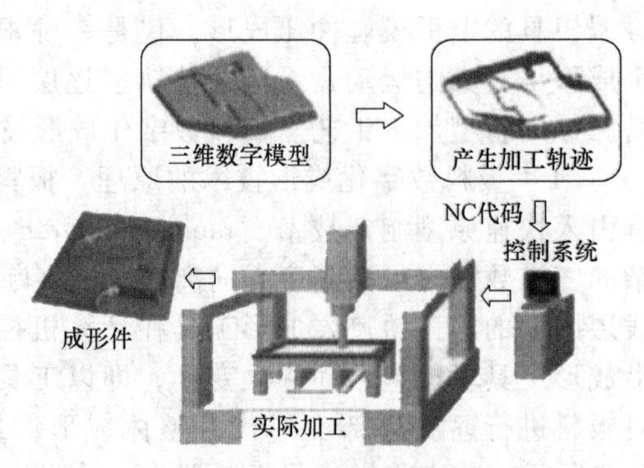

图 3-43　金属板料数字化渐进成形工艺过程

目前，金属板料数字化渐进成形技术已经得到了比较广泛的应用。在医疗领域，颅骨修补术中，已经采用板料数字化渐进成形技术针对各不相同的颅骨形状定制修复体；同时还利用该技术个性化定制了义齿基托、踝足矫正器等。在汽车领域，也应用了板料数字化渐进成形技术进行新车型的快速开发和小批量概念车型的生产。

2. 板料成形的智能化加工

板料成形的智能化，是控制科学、计算机科学与板料成形理论有机结合的综合性技术。其突出特点是，根据被加工对象的特征，利用易于监测的物理量，在线识别材料的性能参数，预测最优的工艺参数，并自动以最优的工艺参数完成板料成形过程。因此，板料成形的智能化是板料成形数字化新技术的更高级阶段，不但可以改变板料生产工艺的面貌，还将促进成形设备的变革，同时也会引起板料成形理论的进步与分析精度的提高，在降低板料级别、消除模具与设备调整的技术难度、缩短调模试模时间、以最佳的成形参数完成加工过程、提高成品率和生产率等方面都具有十分明显的意义。

典型的板料成形智能化控制系统如图 3-44 所示，由以下四个基本要素构成：

(1) 实时监测　采用有效的测试手段，在线实时监测能够反映被加工对象特征的宏观力学参数和几何参数。

(2) 在线识别　控制系统的识别软件对在线监测所获得的被加工对象的特征信息进行分析处理，结合知识库和数据库的已有信息，在线识别被加工对象的材料性能参数和工况参数（如摩擦系数等）。

(3) 在线预测　根据在线识别所获得的材料性能参数和工况参数，以板料成形理论和经验为依据，通过计算或者与知识库和数据库中已知的信息比较来预测当前的被加工对象能否顺利成形，并给出最佳的可变工艺参数。

(4) 实时控制　根据在线识别和在线预测所得的结果，按系统给出的最佳工艺参数自动完成板料成形过程。

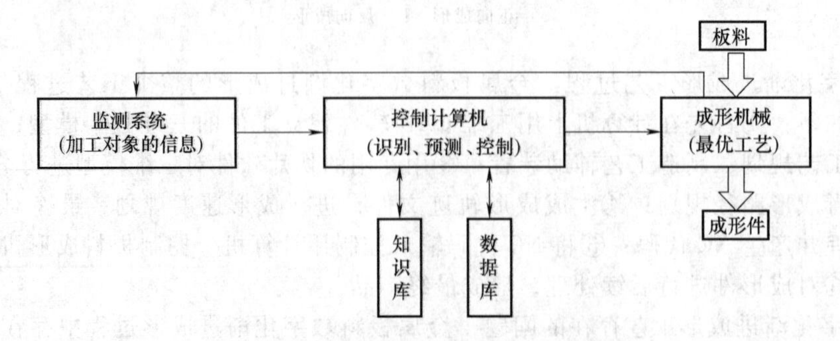

图 3-44　板料成形智能化控制系统示意图

由此可见，板料成形智能化是塑性成形技术、控制技术及计算机技术的多学科交叉的产物。近年来，科学技术突飞猛进，特别是计算机技术日新月异，无论是硬件的计算速度还是软件的功能都有了长足的进步。这些相关学科的迅速发展已为传统的加工业实现更为先进的智能化控制创造了先决条件。将板料成形理论与控制技术和计算机技术有机地相结合，就能够实现板料成形的智能化控制。

下面以板料弯曲成形为例介绍板料成形智能化控制的原理和发展。

用压力机进行板料的弯曲加工时，为了获得高精度的弯曲角，必须精确地确定冲头的最终行程，因此，必须对冲头行程进行预测。板料弯曲成形智能化主要应用了数值模拟、数据库、神经网络等技术，来对冲头的行程进行控制，从而达到控制弯曲角的目的。

由于不同板料的宏观力学参数和几何参数都有一定的差别，因此要批量加工出质量精度稳定的产品需要针对板料的特征差别进行在线调整。而实际生产中又不可能针对每块板料进行力学参数和几何参数的检测。最初解决这个问题的是反馈控制法，基本上属于人工尝试法的自动化过程。成形过程中使冲头反复加载和卸载，根据卸载后角度传感器测得的实际板形调整下次加载的冲头位置，从而获得高的尺寸和形状精度。该种方法已被实验证明是非常精确可靠的。但是，为了完成尝试过程，必须以牺牲生产率为代价，对每一个被加工的板坯反复进行加载和卸载，所需的加工时间长。并且每套模具都要装设角度监测传感器，模具的加工费用高，适应范围窄。因为同一台设备可使用多套不同的模具，所以，推广使用这种方法将耗资巨大。

后来有人提出了一种混合型控制的方法，该方法利用弯曲成形的初始阶段测定冲头的载荷-行程曲线（监测），将此信息用于计算板料的厚度和材料性能参数（识别），如弹性模量E、屈服强度$R_{p0.2}$等。在弯曲过程的这个阶段中，弯曲设备被当作了材料试验机。随后再将材料性能参数用于计算冲头最终的正确位置（预测）。这种方法把材料参数的识别和成形过程结合在一起，避免了反复加载和角度监测的麻烦，而且成功地适应了被弯曲板坯性能有波动的情况。这种方法可以控制加工精度误差在4%~5%以内。

由于上述方法没有考虑弹性阶段之后，塑性变形过程中材料的刚度随应变的变化，以及随着加工的进行工件和冲头之间摩擦力的改变，这类复杂非线性问题又难以用解析法获得足够精确的解。于是采用有限元方法和数据库技术，先用模型模拟法进行数值计算，建立无量纲数据库，在弯曲加工时再输入坯料和模具的尺寸形状参数，然后根据该数据库建立检索文件。检索文件可以根据传感器在线监测的弯曲角和冲头行程所对应的硬化指数n、塑性系数B等，预测出变形之后的弯曲角。

并且，为了描述更多材料参数、几何参数以及冲头动力参数与弯曲角的非线性关系，可以在上述方法的基础上采用神经网络算法来进行实时控制与预测，而不需要建立这些参数与弯曲角之间的数学模型。具体来说，就是由各种参数作为输入量，通过上述有限元方法预测弯曲角后再与所需的弯曲角进行输出量的误差校正，再将误差返回上一级网络分配到各个参数当中，这种控制算法就是神经网络算法。神经网络算法不关注具体的数学模型，在通过大量数据学习后可以非常精确的校正变形误差，在各种智能加工过程中都被广泛采用为控制算法。

采用上述方法极大地提高了变形的精度，使得误差小于0.05%，并且能够预测变形后的应力应变分布和缺陷分布等，在工业生产中有比较好的应用前景。

总之，板料智能化加工在板料数字化加工基础上，综合数值模拟技术、数据库技术、算法学、控制科学等，实现了板料加工过程的智能化控制，在提高生产效率的同时提高了加工精度，极大地提高了生产力。目前，板料智能化加工技术已经应用于手机、家电、汽车覆盖件等形状复杂、精度要求高的生产场合。

3.4 金属板料成形的计算机模拟

有限元法是一种求解控制方程下微分方程解的数值方法。它将连续体离散（称为单元），获得自由度减少的具有联系的离散体，将他们放到物理场中分别进行求解。有限元法可以求解一些解析解很难得到的问题。

在金属板料成形过程中，材料的塑性变形、摩擦、温度和微观组织的变化及影响等，都是十分复杂的问题。由于这种复杂性，因此对金属板料的成形过程缺少系统的、精确的理论分析手段。利用有限元来分析金属板料成形的方法就应运而生了。

根据众多的研究实践，可用于冲压成形有限元仿真分析的单元有三类：基于薄膜理论的薄膜单元、基于板壳理论的壳单元和基于连续介质理论的实体（块）单元。

薄膜单元构造简单、对内存的要求小。但是，薄膜单元忽略了弯曲效应，认为应变沿厚度也是均匀分布的。

实体单元考虑了弯曲效应和剪切效应，格式比薄膜单元还要简洁。但是采用实体单元进行板料成形分析，计算时间太长，尤其是像处理车身覆盖件冲压成形这样的复杂三维成形问题时，其效率过于低下。因此除非板料厚度很大必须要用实体单元外，一般不采用实体单元。

基于板壳理论的壳单元既能处理弯曲和剪切效应，又不像实体单元那样需要很长的计算时间，而且板壳理论本身就是研究薄板三维变形行为的理论工具。因此，壳单元常常用于板料成形的计算仿真。

板料成形过程是一个大变形的非线性力学过程，其数值模拟方法以增量法为主。并且其变形过程是一个准静力过程，因此速度和加速度的影响可以忽略。由于静力隐式格式和静力显式格式的计算效率很差，因此一般采用动力显式格式来处理板料成形的准静力过程。虽然动力显式格式处理准静力过程有一定误差，但是经过大量实践证明，这样得到的解是合理的。

利用计算机模拟技术可以进行各种类型的物理实验模拟，可以在一定程度上替代物理实验帮助分析工程问题。下面将用商业软件 Dynaform 分别模拟仿真 SPCC 板料的埃里克森杯突试验与扩孔试验，请读者对照体会计算机模拟与物理实验的异同。

3.4.1 杯突试验计算机模拟

模拟采用 SPCC 作为研究对象。SPCC 是一种加工用冷轧深冲板，具有良好的塑性加工性能和冲压成形性能并且价格低廉。其基本化学组成和基本材料参数见表 3-9 和表 3-10。

表 3-9 SPCC 的基本化学成分（质量分数） （%）

牌号	C	Si	Mn	P	S
SPCC	≤0.12	≤0.05	≤0.50	≤0.035	≤0.025

表 3-10 SPCC 的基本材料参数

牌号	弹性模量/Pa	泊松比	质量密度/(kg/m³)	Barlat 参数	各向异性参数		
					r_0	r_{45}	r_{90}
SPCC	207e9	0.28	7850	6	1.13	0.95	1.35

用 CAE 软件建立埃里克森杯突试验的三维模型后导入 Dynaform 中进行网格模型的建立，形成离散的网格模型，如图 3-45 所示。

计算模拟假设的 SPCC 板的规格为直径 90mm 的圆形式样，厚度为 1mm，摩擦系数为 0.125，冲压虚拟速度为 1000mm/s，压边力为 10kN。凸模在行进过程中与板料接触，接触后板料的曲率半径逐渐变为凸模的曲率半径，这就相当于是一个弯曲过程，此时变形量非常大，相应的此处的等效应变就非常大，同时等效应变大的地方减薄率就大，也就是裂纹最先出现

的地方。

在 Dynaform 模拟过程中将杯突成形过程中压边圈的闭合和凸模的冲压划分为两个工序来完成，每一个工序又分为若干工步来完成，在后处理中可以通过点击每一个工步来查看当前工步下的板料的变形情况以及应力、应变、厚度等的分布情况。

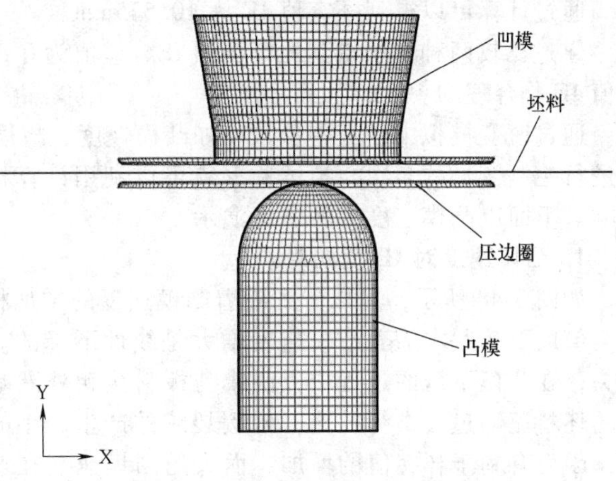

图 3-45　埃里克森杯突试验网格模型

因此，凸模的冲压过程只要将工步划分的足够多，最终得到的结果中每两个工步之间的差值就可以达到允许的误差范围。

观察每一个工步确定出现破裂的一帧，这一帧就代表试验结束时板料的应变分布情况。如图 3-46a 所示为俯视实体图，应变最大部分在离中心有一定距离的圆环区域上，在圆环上由于变形过大出现了裂纹。在如图 3-46b 所示的正视图中可以直接读出凸模的最大成形位移 10.068mm，即杯突值 IE 为 10.068mm。

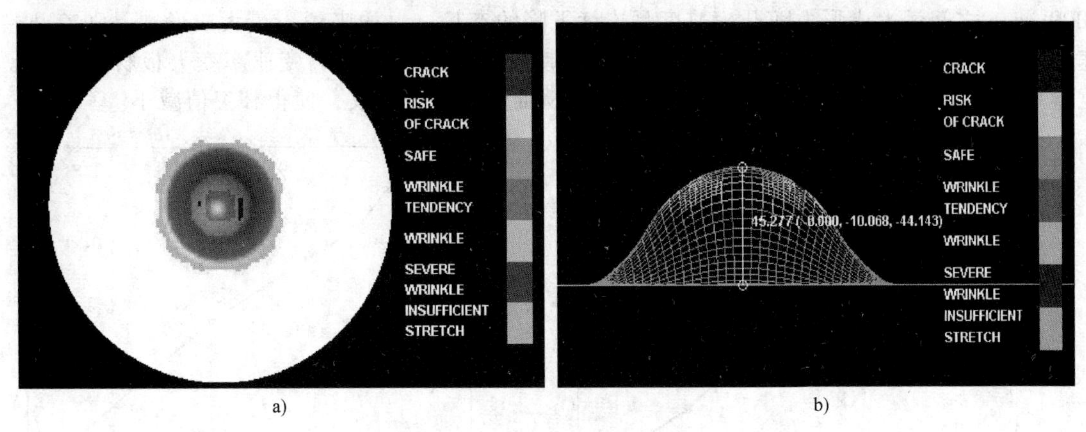

图 3-46　杯突试验应变分布图

a）俯视实体图　b）正视网格图

在杯突变形过程中，由于板料的应变硬化作用使得成形力逐渐增大，直到达到最大值时，板料产生裂纹，成形力出现了下降。如图 3-47 所示为 SPCC 杯突试验的时间-成形力曲线。在大约 0.002s 之前凸模还未与板料接触，此时成形力为 0；在 0.002～0.013s 之间凸模与板料接触并变形越来越大，因此成形力逐渐增大达到了最大值；在 0.013s 之后板料产生了裂纹，成形力不再增加反而出现了下降。

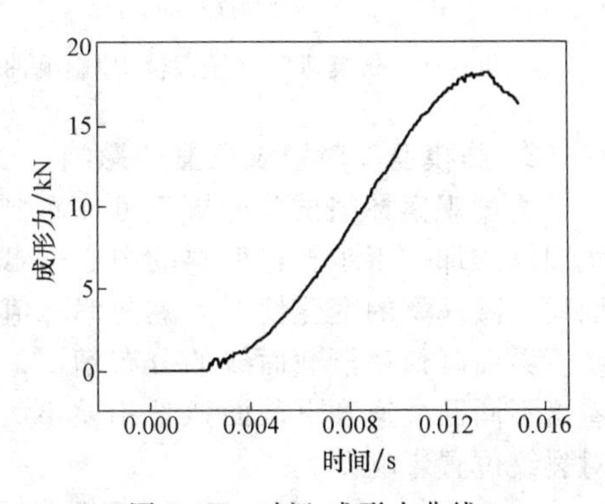

图 3-47　时间-成形力曲线

模拟过程中凸模的运动速度是固定值，只要求得凸模从与板料接触到产生裂纹所用的时间就可以求得板料的杯突值。即：IE =（最大成形力的时刻-成形力增大的时刻）×凸模速度通过计算可以得到杯突值 IE 为 10.575mm。

通过比较两种方法得到的杯突值 IE，差值为 0.507mm，小于 5%。可以认为模拟获得的杯突值 IE 是合理的。

通过改变模拟中的一些参数，如凸模速度、板厚、压边力、摩擦系数及部分材料性能等，并进行控制变量的多次模拟试验，就可以利用计算机仿真来研究这些参数对杯突变形过程的影响。下面以凸模速度为例进行演示。

1. 凸模速度对 IE 值的影响

如图 3-48 所示，可以看到随着凸模速度的增加杯突值 IE 呈现下降的趋势，而且可以看到杯突值的下降基本随着凸模速度增大是线性下降的。这是因为杯突值的大小跟板料的流动性有关，在凸模下压的过程中，凸模与板料接触外圈减薄最严重的地方得到板料中心和法兰部分的坯料流动过去进行补充，延缓裂纹的产生，小的凸模速度可以使补充过程进行的更加充分，因而有利于杯突值的增加，而大的凸模速度在坯料还没有来得及充分流动到减薄严重区时，已经产生了裂纹，相对而言杯突值就要小。为了充分发挥板料的胀形成形性能应当采用尽可能小的凸模速度，但是速度过小影响生产效率，因此要综合考虑材料性能和生产效率选择合适的凸模速度。

2. 凸模速度对最大成形力的影响

如图 3-49 所示，在 100mm/s 到 500mm/s 之间最大成形力出现了增长，而在 500mm/s 到 5000mm/s 之间最大成形力随凸模速度是连续下降的态势。总的来说，最大成形力是随着凸模速度的增大而减小的。这是因为大的凸模速度使应变速率变大，应变速率变大板材在应变硬化作用下产生的应变硬化得不到充分的释放，从而更早产生裂纹，使得杯突值减小。

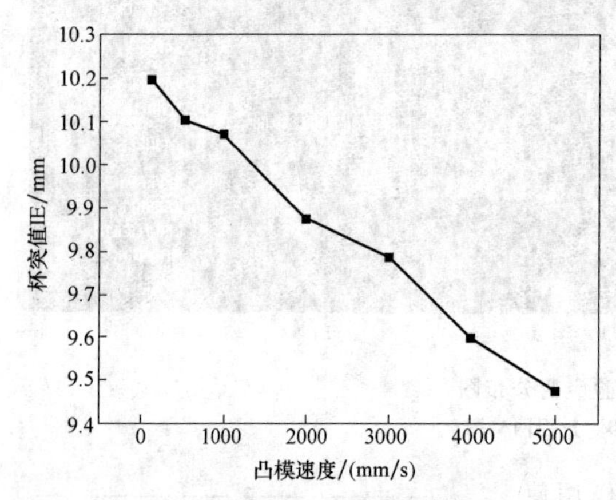

图 3-48 凸模速度对杯突值 IE 影响曲线

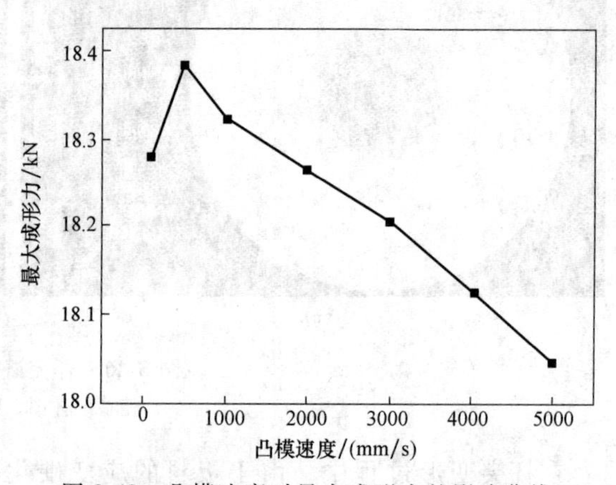

图 3-49 凸模速度对最大成形力的影响曲线

3. 凸模速度对裂纹位置的影响

通过观察杯突试验的模型可以看到该模型是一个对称的模型，可以选择模拟过程中刚产生裂纹的那一工步，过坯料的中心做截面，然后选取截面与坯料的截面线为研究对象分析截面线上减薄率的变化情况。减薄率峰值处就表示了裂纹的位置。如图 3-50 所示为不同凸模速度下界面减薄率沿截面线的分布情况。而不同凸模速度下截面弧长的情况，见表 3-11。可以看出不同凸模速度下截面弧长相差不大，同时裂纹出现处的位置相差也不大，说明凸模速度对裂纹位置影响不大。

表 3-11 不同凸模速度下截面线弧长

凸模速度/(mm/s)	100	500	1000	2000	3000	4000	5000
截面线弧长/mm	97.94	97.92	97.89	97.73	97.75	97.51	97.55

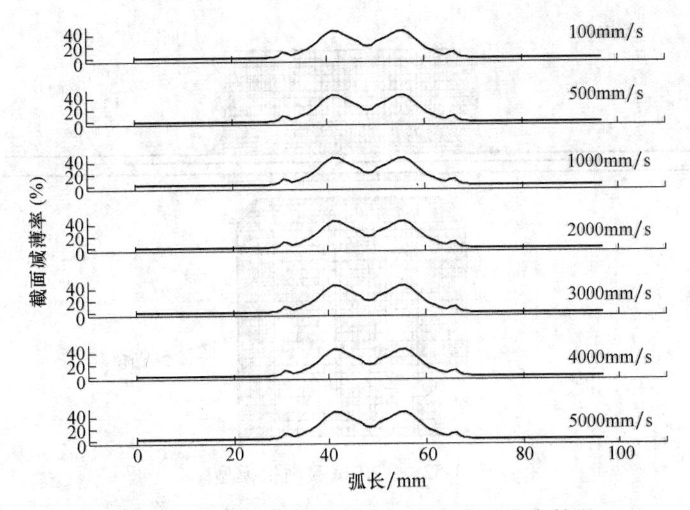

图 3-50　不同凸模速度下界面减薄率的分布情况

4. 凸模速度对板料中心减薄率的影响

通过分析板料中心减薄率的变化情况可以进一步说明凸模速度对坯料变形的影响。选取板料出现破裂时刻的工步，通过截面线上减薄率的分布情况可以得到坯料中心的减薄率。以凸模速度为横坐标，中心减薄率为纵坐标做出凸模速度对中心减薄率影响的曲线，如图 3-51 所示。板料的中心减薄率是随着凸模速度的增大而呈现减小的趋势，减小的过程平滑没有出现剧烈的下降，这一变化过程与不同凸模速度下杯突值和最大成形力的变化趋势是相似的。中心减薄率的大小与材料的胀形变形发挥的程度有关系，板料的胀形变形进行的越充分则中心的坯料越能流向减薄严重的部位，因此产生裂纹时中心减薄率小，相反变形不充分则中心减薄率小。凸模速度大，与板料接触后板料的应变速率就大，板料发生应变硬化变形严重，还没有来得及充分地发挥板料的成形性能，而凸模施加的应力已经超过了极限应力，产生了破裂。这就造成了中心减薄率随着凸模速度的增大而减小。

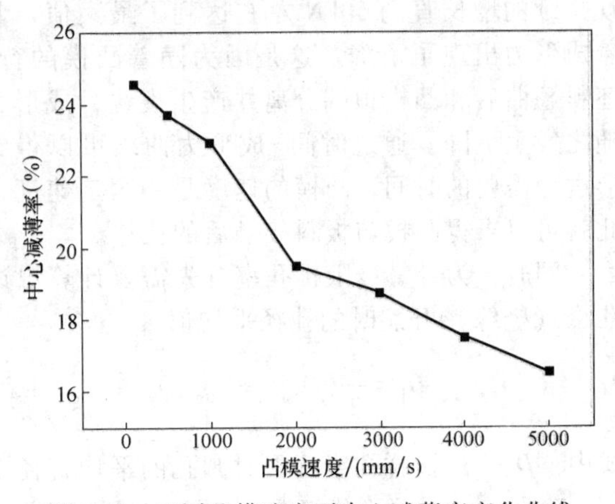

图 3-51　不同凸模速度下中心减薄率变化曲线

3.4.2　扩孔试验计算机模拟

模拟仍然采用 SPCC 板作为研究对象，其化学组成和基本材料参数同上。建模时建立扩孔试验的板料、凸模、凹模和压边圈各部分的三维模型，并加以组装获得扩孔试验的总体模型。之后同样进行导入和网格划分，获得网格模型，如图 3-52 所示。

模拟使用圆柱凸模的扩孔试验为研究对象，采用的 SPCC 板规格为直径 90mm 的圆形式样，预制圆孔的直径为 10mm，厚度为 1mm，摩擦系数为 0.125，冲压虚拟速度为 1000mm/s，压边力为 10kN。模拟过程包括压边圈的闭合和凸模扩孔两个过程。

随着凸模的运动，凸模与板料发生接触，由于变形开始阶段板料与凸模外缘接触的部分发生变形最大，因此该部分应变和减薄率是最严重的。随着变形的继续，凸模顶部的坯料在外侧坯料拉应力的作用下发生翘曲，翘曲使得预制圆孔附近部位的板料不再与凸模的顶端接

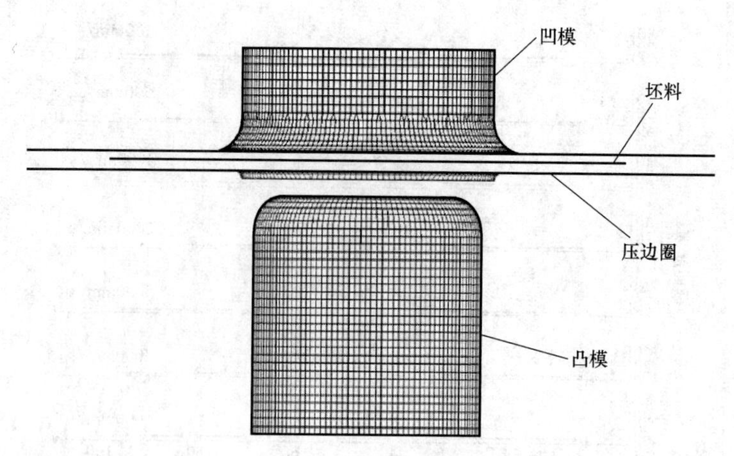

图 3-52 扩孔试验网格模型

触，拉应力的逐渐增大使得预制圆孔附近的坯料产生裂纹，模拟结束。

读取时间-成形力曲线，如图 3-53 所示。可以看出成形力在凸模与板料刚开始接触时出现升高，在达到 10kN 左右时又出现了下降，接着成形力出现持续的增长直到 50kN 左右达到了最大值，紧接着成形力出现了下降。这是因为随着凸模的行程，坯料翘曲后和凸模顶端分离并产生裂纹，成形力也随之发生下降。通过时间-成形力曲线可以得到变形过程需要的时间，凸模的速度是一固定速度，因此就可以求得凸模与板料接触后的位移。

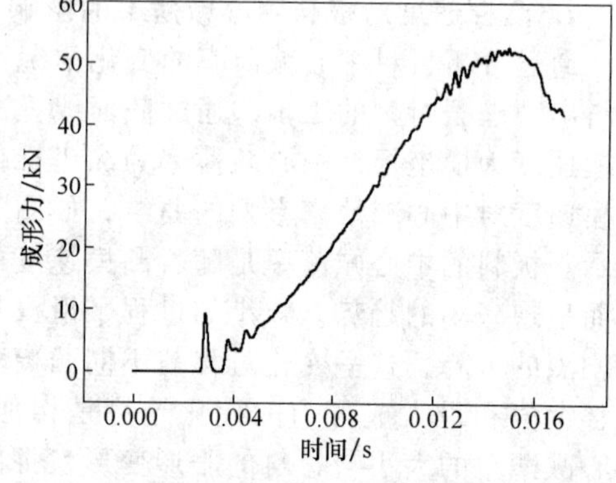

图 3-53 时间-成形力曲线

同时，为计算极限扩孔率首先需要计算出试样孔缘（竖缘）开裂时的孔径平均值

$$\overline{D}_{h}=\frac{1}{2}(D_{hmax}+D_{hmin})$$

式中 $\overline{D}_{h}$——试样孔缘开裂时圆孔的平均直径（mm）；

D_{hmax}——试样孔缘开裂时圆孔的最大直径（mm）；

D_{hmin}——试样孔缘开裂时圆孔的最小直径（mm）。

极限扩孔率：

$$\lambda=\frac{\overline{D}_{h}-D_{0}}{D_{0}}\times100\%$$

式中 λ——极限扩孔率（%）；

D_0——试样上预制圆孔的直径（mm）。

通过分析上述的极限扩孔率的计算公式可以发现，要计算极限扩孔率仅需知道 D_{hmax} 和 D_{hmin} 即可。

经过对比可以发现杯突试验的模拟结果中圆孔在横向的直径是最大的，纵向的直径是最小的，因此只需要测出横向和纵向的圆孔的直径就可以求得板料的极限扩孔率。分别做出板料经过圆心的横向截面和纵向截面，如图 3-54a）、b）所示。从图中可以测得 D_{hmax} = 16.090mm，D_{hmin} = 15.999mm。已知预制圆孔直径，通过计算可以得到极限扩孔率 λ = 60.45%。

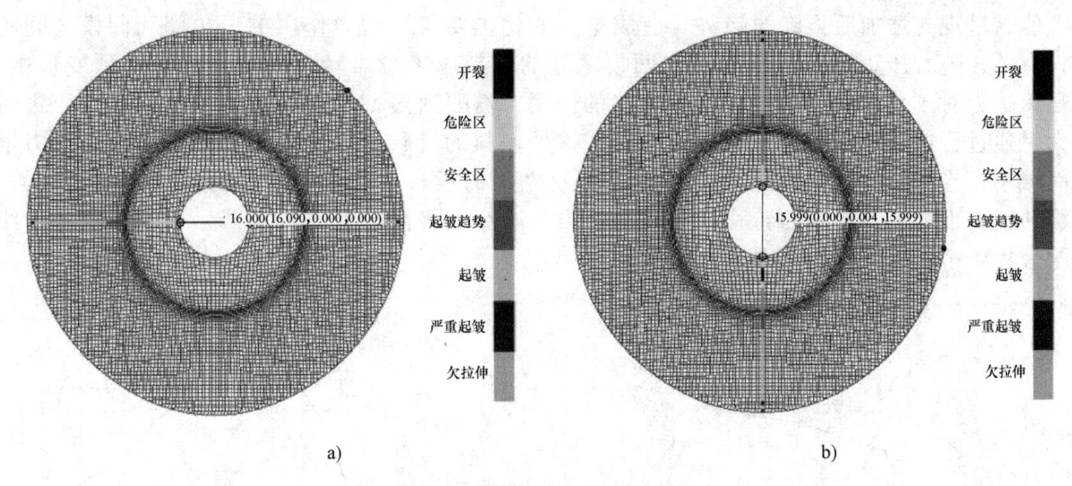

图 3-54　扩孔试验孔径的测量
a）横向　b）纵向

针对影响极限扩孔率的相关参数，可以利用计算机模拟来获得它们的关系。下面演示分析摩擦系数、板厚、压边力、凹模圆角等参数对极限扩孔率影响的模拟结果。

1. 摩擦力对极限扩孔率的影响

进行多个摩擦系数下的模拟计算，通过上述极限扩孔率的计算方法分别计算出不同摩擦系数下的极限扩孔率。以摩擦系数为横坐标，极限扩孔率为纵坐标做出不同摩擦系数下极限扩孔率的变化曲线，如图 3-55 所示。可知极限扩孔率在摩擦系数为 0 时取得最大值在 64.5%左右，随着摩擦系数的增大极限扩孔率出现下降的趋势，在摩擦系数为 0~0.05 之间时下降比较缓慢，在 0.05~0.175 之间下降较快，之后在 0.175~0.2 之间出现下降速率减缓。总的来说，极限扩孔率是随着摩擦系数的增大而减小的。这是因为摩擦系数的增大会引起板料受到的拉应力变大，因此随着摩擦系数的增大，拉应力变大，板料出现裂纹的时间提前，也就造成了极限扩孔率的减小。

图 3-55　摩擦系数-极限扩孔率关系曲线

2. 板厚对极限扩孔率的影响

以板厚为横坐标，极限扩孔率为纵坐标做出不同板厚下极限扩孔率的变化曲线，如图 3-56 所示。随着板厚的增加，板料的极限扩孔率逐渐地增长，板料为 1.2mm 时极限扩孔率为 60.5%，最终在板料为 2.0mm 时极限扩孔率增加到了 62.5%。板料的破裂主要是由于材料的局部伸长率不足而产生的，那么板厚的增加也就意味着板料参与变形的部分增多，而板料基本是达到一定减薄率时发生破裂，参与的体积变多达到相同减薄率时面积可以更大，那么扩孔试验的孔径就要变大，也就是板料的塑性变形性能变大，因此相应的板料的扩孔成形性能也是增大的。

3. 压边力对极限扩孔率的影响

求出不同压边力下的极限扩孔率，制成如图 3-57 所示的不同压边力下的极限扩孔率的变化曲线。通过曲线可以得出板料的极限扩孔率在压边力为 4kN 时为 58.0%，随着压边力增大，极限扩孔率呈增加趋势直到压边力为 10kN 时达到最大，在 60.5%左右，接着压边力的增长会引发极限扩孔率的下降，下降至 58.7%左右。可见在压边力的变化过程中极限扩孔率有一个极大值，呈现先增加后下降的趋势。造成这一变化主要与压边力作用的压边圈和凹模之间的板料有关，随着压边力增大压边圈和凹模之间的板料越来越难转移到变形区参与到变形中，但是压边力对于孔缘裂纹的出现没有直接的作用，需要通过凹模侧面的坯料作用。当压边力过大时通过压边圈和凹模作用于板料抑制了该处坯料的转移，因此极限扩孔率随着压边力增大而减小；当压边力过小时，则压边圈与凹模之间的板料在凹模的拉应力作用下发生起皱，起皱的坯料也抑制了板料的转移，造成压边力的减小和极限扩孔率的下降。这就造成了曲线先增大后减小，在某一压边力下取得最大值。

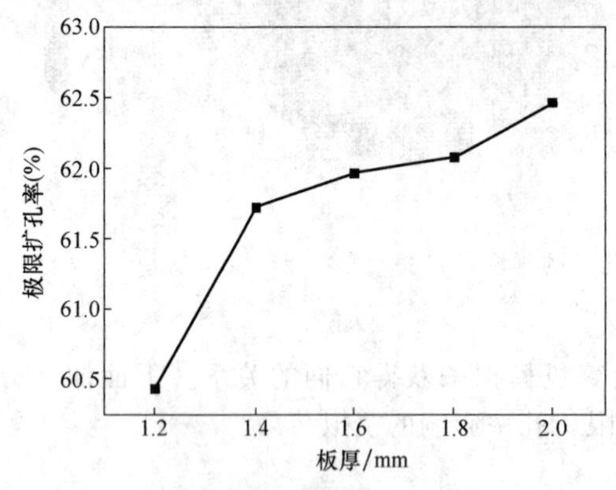

图 3-56　板厚-极限扩孔率关系曲线

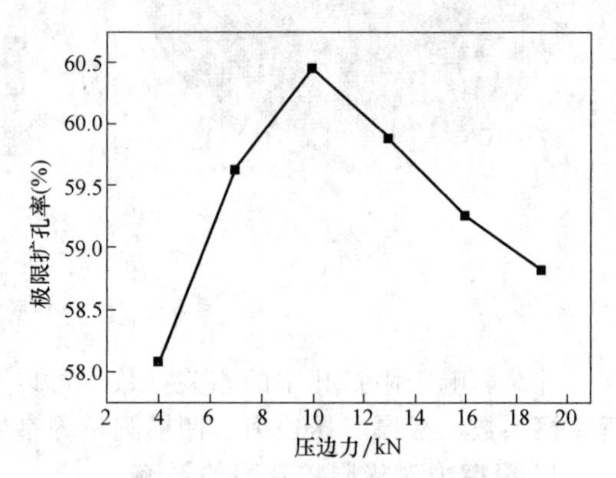

图 3-57　压边力-极限扩孔率关系曲线

4. 凹模圆角半径对极限扩孔率的影响

将不同凹模圆角半径下得到的极限扩孔率标注在以凹模圆角半径为横坐标，以极限扩孔率为纵坐标的坐标系中，然后将各点用直线连接起来得到如图 3-58 所示的凹模圆角半径-极限扩孔率关系曲线。当凹模圆角半径为 2mm 时，极限扩孔率为 68.4%，之后极限扩孔率随着凹模圆角半径增大而逐渐减小，当凹模圆角半径为 8mm 时极限扩孔率出现最小值 57.5%，随后极限扩孔率随着凹模圆角半径增大出现增长，直到凹模圆角半径为 14mm 时的 65%。

图中曲线的变化趋势为先减小后增加的趋势，其中在凹模圆角半径为 8mm 时取得最小值。凹模圆角半径的增大影响了压边圈和凹模作用的坯料的面积大小，半径增大承受压边圈作用的坯料减少。同时凹模圆角半径的变大，该处变形的坯料的曲率变大，而该处曲率的变化对于凸模顶端所受到的径向拉应力有重要影响进而影响到了孔缘处切向拉应力的大小。上述两方面的共同作用使得板料的极限扩孔率产生变化。

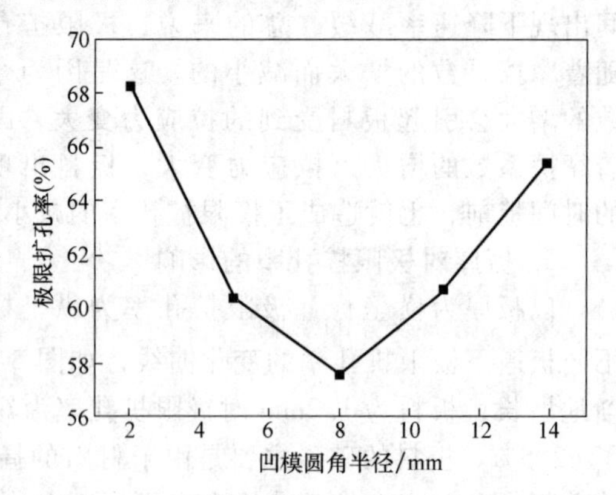

图 3-58　凹模圆角半径-极限扩孔率关系曲线

当凹模圆角半径较小时，该处变形曲率大，压边圈和凹模之间的坯料不容易向凸模侧翼转移，同时压边圈作用的坯料面积较大进一步抑制了该处坯料的转移，但是此时凸模侧翼传递到凸模顶端的径向拉应力较小，此时拉应力传递小起主要作用，因此此时得到的极限扩孔率是较大的。当凹模圆角半径增大时，该处的曲率半径增大，使得凸模侧翼坯料所受的拉应力更容易传递到预制圆孔孔缘处，使得孔缘变形处的径向拉应力和切向拉应力增大，因此当凹模圆角半径增大时，极限扩孔率出现下降。随着半径继续变大，压边圈作用的坯料的面积减小，参与变形的坯料面积增加，而曲率变化的影响不及补充的参与变形的材料的作用，因此极限扩孔率出现了上升。

3.4.3　小结

本节演示了计算机模拟技术在板料成形中的分析实例。计算机模拟技术对板料成形的模拟仿真基本符合实际，在一定程度上可以替代物理实验。并且相比于物理实验，可以方便地进行多变量的分析模拟计算，而成本增加很少，节约人力、物力、时间成本。在变量控制方面可以轻松地约束参数使其严格不变，这在物理实验中是做不到的。鉴于这些优点，计算机模拟技术在板料成形乃至其他各种成形过程中都得到了广泛的应用，是十分重要的工程、科学分析工具。因此，掌握基本的计算机模拟技术是十分有必要的。

3.5　影响板料成形性能的主要因素

钢板按脱氧方式分为沸腾钢、镇静钢和半镇静钢。按钢种与合金成分分为低碳钢、低合金高强度钢、加磷钢、超低碳无间隙原子钢（IF 钢）。沸腾钢为第一代，铝镇静钢为第二代，无间隙原子钢为第三代。第一代产品产生和广泛使用在 20 世纪 50 年代 ~60 年代，第二代产品在 20 世纪 60 年代 ~80 年代，第三代产品则是 20 世纪 80 年代以后才广泛生产和使用的产品，三代冲压用钢板的性能比较见表 3-12。

表 3-12　三代冲压用钢板的性能比较

钢　种	$R_{p0.2}$/MPa	R_m/MPa	A(%)	r 值	n 值
沸腾钢	180~190	290~310	44~48	1.0~1.2	0~0.22
铝镇静钢	160~180	290~300	44~50	1.4~1.8	0~0.22
IF 钢	100~150	250~300	45~55	1.8~2.8	0.23~0.28

金属板料的成形性能可以理解为板料在冲压成形过程中发生破裂前，可以得到的最大变形程度。其成形性能不仅和材料的金属及合金元素成分、微观组织、变形方式、变形条件、变形历史、附近材料的应变梯度等有关，而且和具体的冲压生产条件有关，这些生产条件包括：尺寸效应（因尺寸的增大或缩小而引起的成形性差别）、边缘状况、模具参数、机床工作参数、摩擦润滑情况、工人操作情况等。这说明同一牌号的薄板采用不同的成形方式，会具有不同的成形性能。而因具体生产条件不同，同一牌号的薄板，即使是同一成形方式，其成形性能也可能不同。本节主要讲述材料特性和加工条件等对板料成形性能的影响规律。

3.5.1　材料特性对成形性能的影响

1. 化学成分的影响

（1）碳含量　碳含量对应变硬化指数有决定性的影响。如图 3-59 所示是 n 值随溶解碳含量的变化关系。

（2）铜含量　如图 3-60 和图 3-61 所示，随着铜含量的增加，r 值的增加没有 n 值的减小那么强烈。当铜的质量分数超过 0.2%时，平面各向异性有所抵消。可以用低氢湿度的脱碳和退氮退火改进 n 值。

（3）磷含量　当低合金钢的含磷量低时，其力学性能要好些。当磷的质量分数为 0.02%时可以使钢有较好的厚向异性，对于有压延性质的成形，可保证有较好的性能。

可在氢湿气状态下进行碳化和退氮退火改善力学性能，而不改变其厚向异性数值。

（4）钛含量　钛会大大提高厚向异性系数 r 值，而对应变硬化指数的影响则很小。

（5）铝含量　常用铝作为镇静剂来稳定钢的性能，因为在退火中氮化铝的形成会同时提高 r 值和 n 值。如图 3-62 所示，当铝的质量分数超过 0.04%时，r 值几乎不再变化。

（6）铌含量　厚向异性系数 r 值随铌含量的增加而增加（见图 3-63）。如图 3-64 所示为钢的 r_0、r_{45} 和 r_{90} 与化学成分的关系。

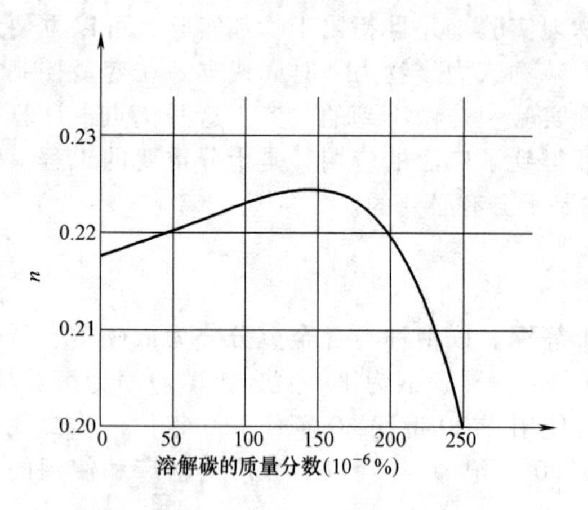

图 3-59　n 值随溶解碳含量的变化

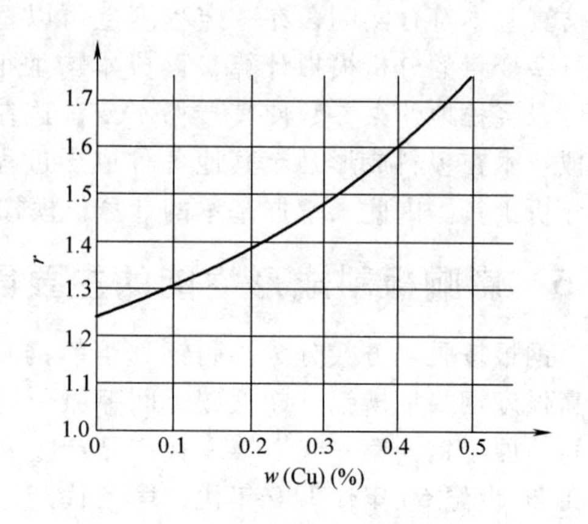

图 3-60　r 值随铜含量的变化

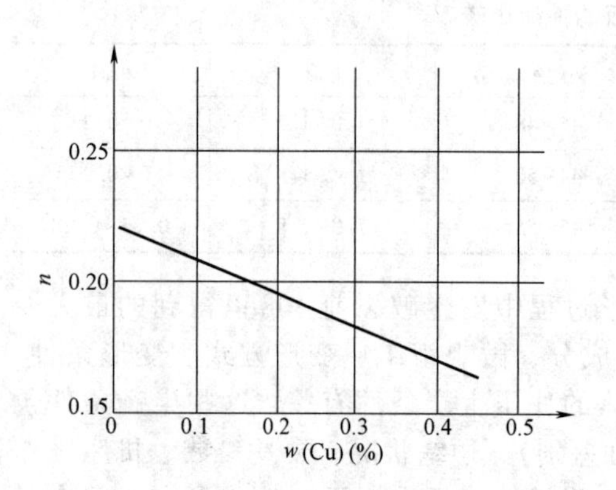

图 3-61　n 值随铜含量的变化

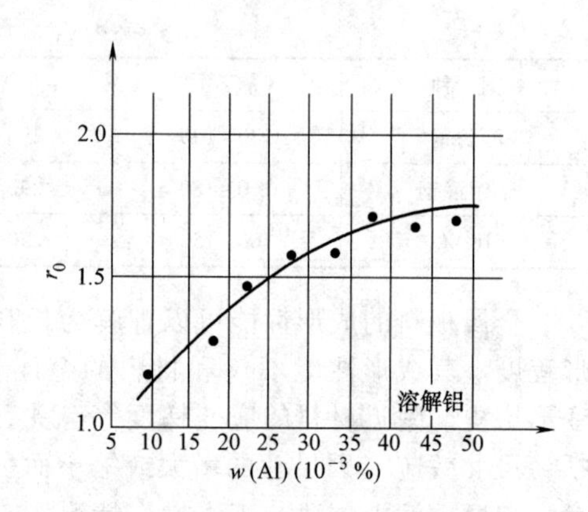

图 3-62　铝含量对厚向异性的影响

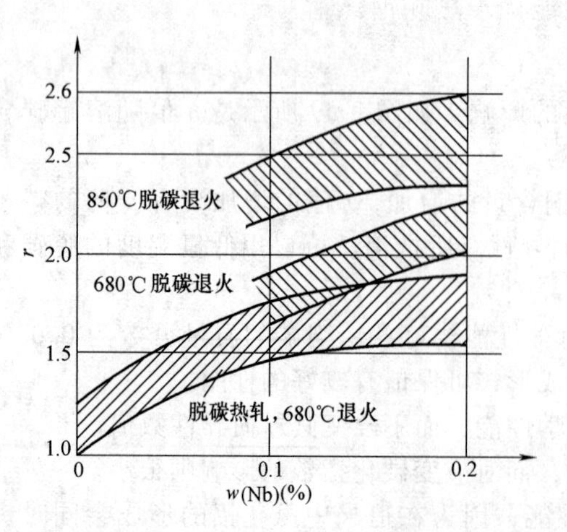

图 3-63　铌含量对厚向异性的影响

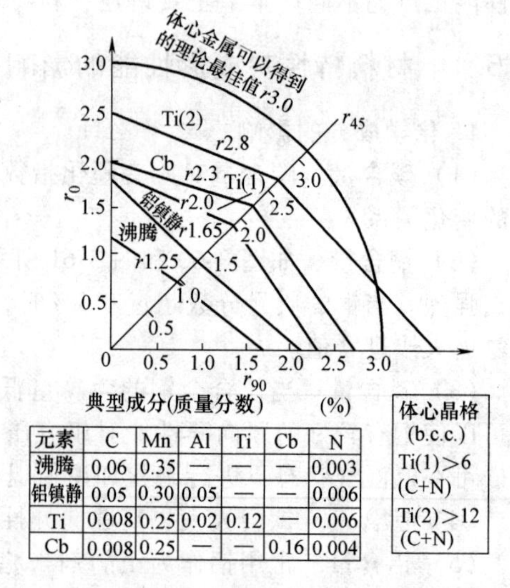

元素	C	Mn	Al	Ti	Cb	N
沸腾	0.06	0.35	—	—	—	0.003
铝镇静	0.05	0.30	0.05	—	—	0.006
Ti	0.008	0.25	0.02	0.12	—	0.006
Cb	0.008	0.25	—	—	0.16	0.004

图 3-64　钢的 r_0、r_{45} 和 r_{90} 与化学成分的关系

（7）时效的影响　当铝镇静的双相钢对硫化物杂质有控制时，成形性能最好。未用铝镇静的沸腾低碳钢，经过几个星期后，会时效硬化。因而当对这种钢做初次试验时认为有相当好的成形性能，并不能保证几个星期后有相同的性能。

钢的时效，是由于碳和氮向位错地点和晶界面游离的结果。由于碳的时效作用，可以在退火后用回火轧压的方法予以控制，用这种处理可以防止碳的游离，但要保证不使其再加热到125℃以上。

（8）化学成分对板料一般成形性能的影响　上面主要谈到化学成分对 n 值与 r 值的影响，这里是根据美国钢材分类及其化学成分对一般成形性能的影响，结论主要来自汽车工业的实践经验，但具有一般性指导意义。

所有钢都含有少量非金属夹杂物，其中主要是硫化物、硅化物和氧化物。硫化物最不利于成形，因其在轧制过程中被轧成条带，降低了钢板的横向韧性；这对韧性本来就不高的高强度钢更为不利。为了减少这些不利因素，可在钢内加少量元素，如锆、钛、钙或稀土金属，使其与硫结合，形成在轧制中不会延伸的球状夹杂物。这种处理即叫作硫化物形状控制（SSC）。现代炼钢工业致力于这种技术，用来减少甚至基本消除硫化夹杂物。

钢板按冲压级别分为：商用级（CQ，commercial quality）、普通冲压级（DQ，drawing quality），深冲压级（DDQ，deep drawing quality）和超深冲压级（EDDQ，extra deep drawing quality）。无间隙钢（IF，intersitial free）是铝镇静钢中的特种钢，其氮和碳含量特别低，而含有少量元素，如铌、钛或锆，用于将高的成形性能作为主要要求，将强度要求作为次要要求的场合。在汽车生产中，一般不用碳的质量分数高于0.15%的钢板。如果还要求高的强度，就需要采取其他化学处理手段。四类钢的化学成分见表3-13。

表3-13　四类钢材的典型化学成分（质量分数）　　（%）

品种	化学成分				
	碳	锰	磷	硫	其他
CQ	0.06	0.40	0.015	0.025	
DQ	0.06	0.35	0.010	0.018	
DDQ	0.05	0.30	0.010	0.018	铝0.050
IF	0.003	0.27	0.010	0.018	少量铌、钛

热轧钢在轧制中迅速冷却，故其强度高于冷轧的和冷轧后又退火的钢，但成形性能较差。热轧钢由于表面粗糙度大，多用于内部非外观性结构。

当要求厚度小于1.8mm且对表面粗糙度和成形性能有要求时，一般用冷轧钢。表3-14所列为冷轧退火钢的典型力学性能。冷轧钢板成形性能优于热轧钢，尤其是无间隙铝镇静钢的冷轧钢板，其成形性能更为优异。

表3-14　连续退火、热浸镀层钢的力学性能

品种	屈服强度/MPa	拉伸强度/MPa	伸长率 A(%)	n	r	硬度HRB
CQ	262	345	34	0.18	1.1	60
DQ	234	331	40	0.19	1.1	47
DDQ	241	338	42	0.19	1.1	49
EDDQ	186	310	45	0.20	1.6	45
IF	172	296	42	0.21	1.8	40

冷轧钢板成形的问题，是由于有屈服平台或叫屈服伸长（$e_{Y,p}$），会在有拉胀性质的成形中出现滑移线（见图3-65），这是由于不均匀屈服形成的。钢板在退火后进行回火轻轧（轻度轧压），可消除 $e_{Y,p}$；但轧制过量，会提高屈服强度，也会降低 n 值。n 值随屈服强度的增加而降低的趋势，如图3-66所示。由图可以看到，当屈服强度超过345MPa时，n 随强度的增加

而降低；当屈服强度小于 345MPa 时，n 值基本不变。铝镇静钢就属于这种情况。

n 值、$e_{Y,p}$ 和抗拉强度与屈服强度的比值 $R_m/R_{p0.2}$ 之间的关系，如图 3-67 所示。对于一定的 n 值，随 $e_{Y,p}$ 的增加而降低，这是因为抗拉强度几乎没有变化而屈服强度增加所致。

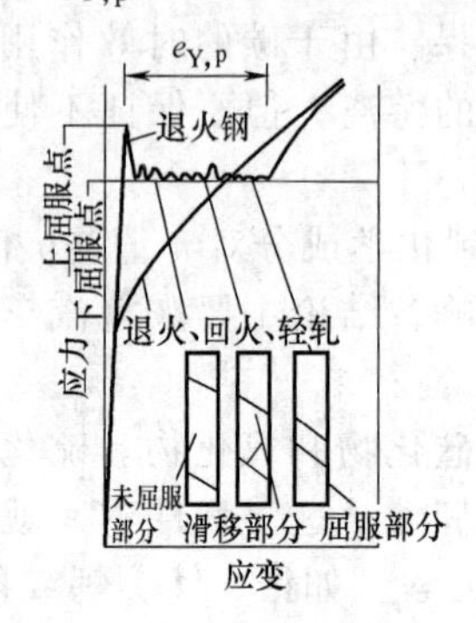

图 3-65 有屈服延伸（$e_{Y,p}$）的钢屈服应力与滑移的关系

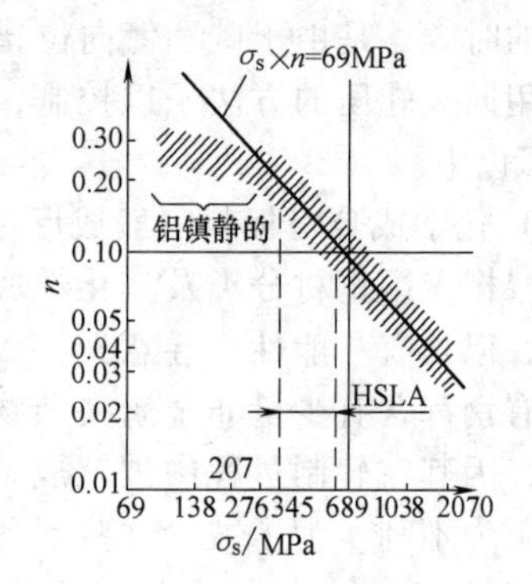

图 3-66 n 值与屈服强度的关系

上面所谈到用回火轧制消除屈服延伸 $e_{Y,p}$ 和滑移线的方法，对沸腾钢也是适用的。但沸腾钢有应变时效性质，时间久了，又会恢复 $e_{Y,p}$。故对于沸腾钢，最好在车间于成形前不久用校平辊床消除 $e_{Y,p}$。铝镇静压延品质的钢在室温下没有应变时效性质，经回火光轧后，就不再会在成形中出现滑移线。

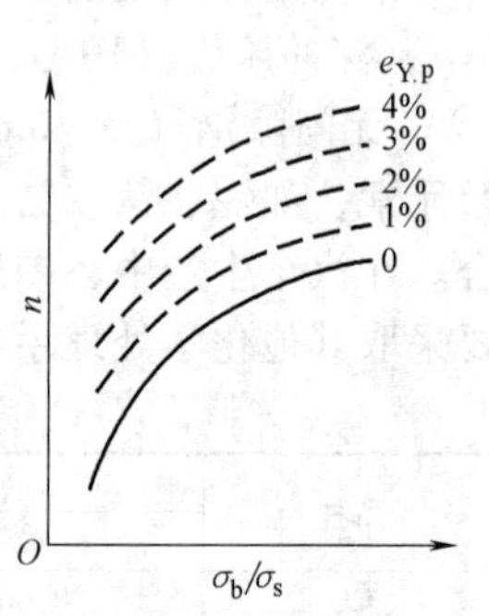

图 3-67 n 值、$R_m/R_{p0.2}$ 和 $e_{Y,p}$ 之间的关系

钢板为防腐，用锌铬镀层时，常须在 230~260℃ 的温度进行固化，CQ 和 DQ 沸腾钢在此温度下的应变时效，会提高强度，降低韧性，由于恢复 $e_{Y,p}$，在成形中会出现滑移线，这样就不能用于成形外观零件。即使是镇静钢板，在 260℃ 的温度下也会发生应变时效。为此，在其用锌铬镀层前，应加重回火轻轧，以避免产生滑移线，但这会使强度略有提高，降低韧性。此外，有涂层的钢板在成形中，应注意对润滑剂、压边力和材料的选择，以避免在成形中涂层破裂和剥落。电镀则不会改变钢板的力学性能。

热浸镀层由于迅速加热和迅速冷却，一般会提高强度，降低成形性能。涂层后退火，可以改进韧性。

双相钢是汽车工业近年来受到特别重视的一类钢，其一般质量分数为 $w_C=0.10\%$，$w_{Mn}=1.5\%$，$w_{Si}=1.3\%$。铝镇静钢的基本成分，还有少量为具有必要的硬化性能所需要的钒、铬或钼。表 3-15 所列为析出强化型双相钢的成分和性能。

表 3-15 析出强化型双相钢的成分和性能

强度/MPa	化学成分（质量分数）(%)				板厚/mm	$R_{p0.2}$/MPa	R_m/MPa	A(%)	扩孔率 λ(%)
	C	Si	Mn	Ti					
690	0.06	1.25	1.46	0.076	2.9~3.2	516	688	25	64
780	0.08	1.49	1.75	0.097		558	828	21	41

2. 显微组织的影响

晶粒度、碳化物和非金属夹杂的形态、尺寸、分布等，这些因素主要影响板料的应变硬化指数 n 值。

由于加工组织的存在，会在某种程度上使板料失去延性，对除拉延性能之外的成形性能都显示出不良影响。对再结晶组织，应将晶粒度调整到最合适的大小和形状，非金属夹杂物

尽可能少且应均匀分布。晶粒度过大则变形后的金属表面将变得粗糙。晶粒度过小又将使材料失去延性。拉延用板料所要求的最佳晶粒度为6级~8级。

碳化物和非金属夹杂物对板料成形性能的影响只能针对具体的钢种和生产工艺进行具体分析。

3. 织构的影响

金属板料的冲压性能在很大程度上是受其塑性的各向异性控制的，板料的塑性各向异性又主要取决于板料的晶体学织构。

要提高 r 值和降低 Δr 值，板料必须具有特定的再结晶织构。铁单晶的强度随结晶学方向而变，如体心立方结构沿体对角方向<111>最坚固，沿面对角方向<110>次坚固，而沿体边<100>方向最弱，从而，如果许多晶粒随机取向，板料将是各向同性的。加工过程则有使单个晶粒朝与轧制方向相关的一个或多个方向上旋转的趋势，因此影响了材料性能的方向性。优先取向的类型、程度依赖于变形方式、大小和温度，以及随后的退火处理，所有这些都影响到再结晶织构。

对于冷轧低碳钢薄板，于拉延性能有利的织构组分主要有｛554｝<225>，｛111｝<110>和｛111｝<112>。对于镇静钢薄板，其再结晶后的织构具有高（111）和低（100），因此具有较高的 r_m 值；增加冷轧压下量，可同时增加轧态和再结晶材料中的（111）成分，r_m 值随之增大。

研究证明：退火前的冷变形量（不是连续轧制-退火过程中的总冷变形量）控制了退火后的织构与 r_m 值。当薄板以大的压下量轧制到薄的规格时，所发生的织构和 r_m 值下降，也许可以通过轧制和退火的重复来加以克服。

金属板料的再结晶织构对成分、工艺参数和加工历史是高度敏感的。为了控制成品钢板的再结晶织构，必须对从炼钢到最终退火的钢板生产全过程实行严格和稳定地控制。

3.5.2　加工条件对成形性能的影响

1. 成形速度的影响

变形速度对板料成形性能的影响，因成形方式及材料而异。有些情况下，速度高有利，有些情况下，速度高有害。现以压延和胀形为例，说明如下：

（1）变形速度对压延的影响　如图3-68所示，是压延用钢板最大毛料直径与压延凸模速度的关系曲线。在压延中，速度基本不变。如图3-68a所示是用直径为66.67mm、圆角半径为9.53mm的平头凸模，可看出压延性能是随速度和润滑剂黏度的增加而增加的。

如图3-68b所示是用圆头凸模压延的情况，结果与前者完全不同，不论用什么润滑剂，压延性能都是随速度的增加而大大降低的。

表3-16是 r、n 和 K 在不同拉伸速度下的试验数据（n 和 K 是 $\sigma=K\varepsilon^n$ 中的常数）。

（2）变形速度对胀形的影响　大部分金属用液态润滑剂，在凸模速度增加时会改进拉胀性能。对于黄铜，速度影响不大；即使用对速度敏感的石墨来润滑，速度约在 5×10^{-3}~0.5m/s，如图3-69所示，看不到有什么影响。

对于低碳钢，提高凸模速度，缩颈部分向成形的半球形极点移动，如图3-70所示。如果摩擦情况保持不变的话，提高成形速度会减小胀形性能，即减小胀形深度。

用液态润滑剂时，提高速度会改进润滑性能，因而提高胀形性能。但由于这不仅与速度对板料的性能有影响，还由于速度对润滑有影响，润滑效果反过来又影响成形条件。由于这种交叉影响，故成形性能往往并不是随速度增加而一直增加或一直降低的。例如，对于厚1mm的沸腾钢板，用液态油润滑时，速度为 95×10^{-3}m/s左右时，胀形性能最好。

（3）高速对成形性能的影响　以上讨论都指用机械或液压方法所得到的常规成形速度而

言，即约 $8\times10^{-3}\sim8\times10^{-2}$m/s 的速度。对于特高速度，如 800m/min 的速度，这种高速度还是可以用特种机械和气压等方法得到的；至于高能率成形，其成形速度接近音速，就更高了。金属的成形性能，一般可以用这种高速加以改善。用这种高速，可以基本上消除回弹。用这种高速挤压，可得到表面质量好、精度高的薄壁型材。一般用锥筒毛料胀形板料件时，成形、退火、清理和校形等工序加在一起，往往需要 10h 左右的工时，而用爆炸成形方法对 AISI321 不锈钢或 Rene41 合金胀形同样的零件，可从调模到取件，只用 15min 左右的时间。

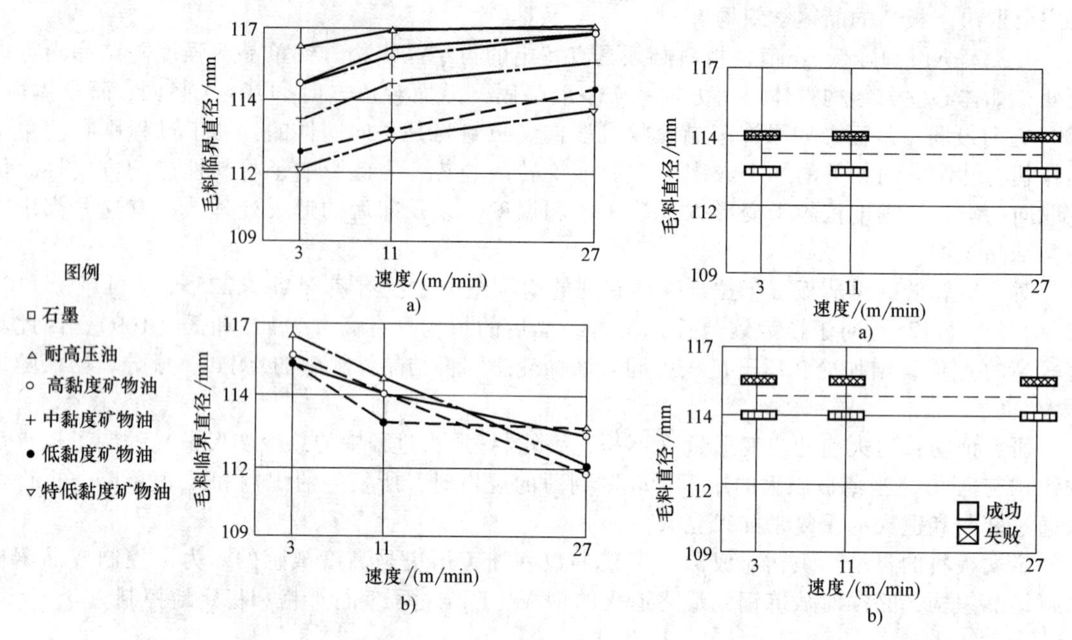

图 3-68 压延速度和润滑对最大毛料直径的影响
a）平头凸模 b）圆头凸模

图 3-69 70/30 黄铜在不同压延速度下最大毛料直径基本不变
a）平头凸模 b）圆头凸模

表 3-16 拉伸速度对 *r*、*n* 和 *K* 值的影响

拉伸速度		*r*	*n*	*K*
mm/min	mm/s			
10	10^{-3}	1.87	0.212	52.2
20	2×10^{-3}	1.90	0.211	52.8
50	5×10^{-3}	1.88	0.206	53.1
100	10^{-2}	1.87	0.206	53.8
200	2×10^{-2}	—	0.202	53.9
500	5×10^{-2}	—	0.198	54.6

高速成形提高成形性能和材料塑性的原因，是由于变形速度大的部分，提高了变形抵抗力，因而使其余变形速度小的部分，也参与变形，这就大大减小了局部变薄的危险性，提高了材料的均匀塑性变形程度，使成形零件（一般是胀形件）厚度比较均匀。使在常速下不易成形的材料，也可以成形出满意的形状。

冲击加载是介于常速和高能率成形之间的速度，也是可以用机械方法得到的速度。用这种速度也可以因应变速率敏感指数的作用，提高缩颈区的强度，达到更均匀的变形程度。

2. 试件加工的影响

这里介绍两种加工方法对试验结果的影响，都用相同的软钢，厚度有 2mm、1.5mm、1.0mm 和 0.8mm 四种，宽度有 12.5mm 和 20mm 两种。每种加工方法，厚度和宽度的组合各

七个试件。加工方法有剪切和铣削两种。表3-17所列的是 r 和 n 的平均试验值和相应的均方根偏差。

对铣削和剪切的试件，测量仪器表现出不同的灵敏性。因剪切试件有飞边，表面有强化带；而铣削对试件的边面显微组织，看来没有什么影响。

对于厚向异性系数，剪切试件要比铣削试件的分散度大，平均值的差数均为6%。对于应变硬化指数，两者的分散度差别不大，而剪切试件的指数总比铣削的小。这是由于剪切试件在拉伸过程中，其强化区的变形小于其余部分，这相当于减小了宽度，可用下式说明：

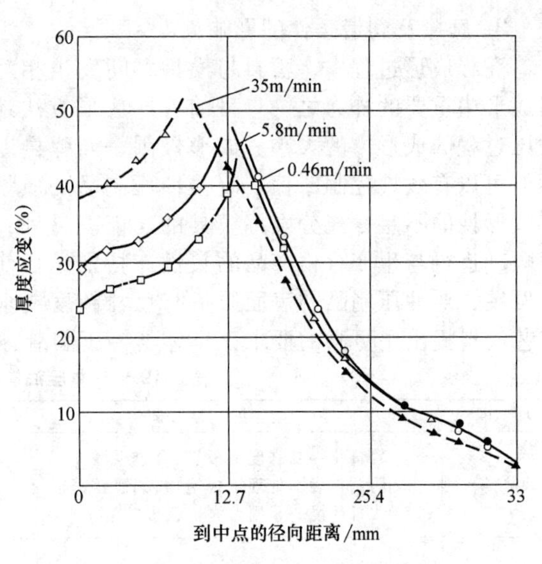

图3-70　胀形缩颈部分位置随速度的变化

$$\log\sigma_{测量值}=\log\sigma_{实际值}+\log\left(1-\frac{s}{S}\right)$$

式中　s——强化区剖面积；

S——总剖面积。

s/S 比值在拉伸过程中是增加的，因而 $\sigma_{测量值}$ 的增加速度小于 $\sigma_{实际值}$，故剪切试件的应变硬化指数小于铣削试件的数值。这个理由也可以说明剪切试件所得到的 r 值为什么分散度大，宽度小的剪切试件的 r 值为什么偏低。

有这样的试验，即看看有无可能用四边平行的简单矩形试件代替有大头的常规试件。宽度有12.5mm和20mm两种，厚度有0.8mm、1.5mm和2mm三种，每种（有头，无头，不同宽度和厚度）组合各七个试件，都用软钢。结果见表3-18。

表3-17　不同试件所得到的试验结果

宽度/mm	加工方法		剪切				铣削			
	厚度/mm		2	1.5	1	0.8	2	1.5	1	0.8
20	r	平均值	1.700	1.707	1.770	1.810	1.671	1.679	1.708	1.730
	r	均方根	0.089	0.096	0.045	0.043	0.031	0.039	0.022	0.037
	n	平均值	0.2036	0.2152	0.2205	0.2156	0.2142	0.2180	0.2268	0.2234
	n	均方根	0.0018	0.0032	0.0014	0.0020	0.0017	0.0025	0.0015	0.0008
12.5	r	平均值	1.664	1.619	1.664	1.768	1.580	1.729	1.721	1.626
	r	均方根	0.202	0.116	0.071	0.063	0.139	0.141	0.072	0.061
	n	平均值	0.1922	0.2045	0.2092	0.2072	0.2216	0.2167	0.2241	0.2192
	n	均方根	0.0035	0.0014	0.0029	0.0023	0.0040	0.0052	0.0023	0.0052

可以看到，有头和无头对于12.5mm的试件和厚向异性有敏感性。不管宽度如何，应变硬化指数基本不变，故选用宽度为20mm的简单矩形试件比较适用。

表3-18　试件形状对 r 和 n 值的影响

宽度/mm	试件厚度/mm	有头			无头		
		2	1.5	0.8	2	1.5	0.8
12.5	r	1.089	1.287	1.250	0.988	1.181	1.200
	n	0.2015	0.1881	0.2151	0.1973	0.1886	0.2191
20	r	0.971	1.140	1.253	0.961	1.137	1.234
	n	0.1970	0.1850	0.2056	0.1887	0.1858	0.2064

3. 摩擦及润滑条件的影响

在板成形过程中，板料与模具之间发生相对运动必然伴随着摩擦行为，摩擦力也是板金属成形中重要的外力之一。目前有些成形方法还是利用摩擦力作为主作用力。然而，摩擦对冲压过程的成形力的大小、成形极限、回弹量以及表面质量会产生影响。通过采用工艺润滑不但可以有效地控制摩擦、改善冲压制品的质量、延长模具寿命，还可以利用摩擦以补偿材料成形性的不足，充分发挥模具的功能。另外，在某些条件下，润滑效果的优劣又是冲压过程顺利进行与生产合格产品的关键。特别是目前冲压成形正朝着高速化、连续化和自动化方向发展，对冲压制品的表面质量与尺寸精度要求越来越高，进而对冲压过程中的摩擦控制与工艺润滑提出了更高的要求，具体与冲压润滑有关的冲压技术发展见表 3-19。

表 3-19 与冲压油有关的技术发展动向

项目	发展动向	希望的冲压油
材料	①轻量化→高强度钢板、铝合金板增加 ②防锈→表面处理钢板增加，如镀锌钢板 ③改善环境→采用自润滑钢板	防烧结性好的油 不生白锈的油（非氯系油） 产生粉末少的油
生产效率	①生产量增加→高速化 ②自动化→连续自动化冲压剂的采用	水溶性油、低黏度油 低黏度油 生产通用油、专用油
产品形状	①轻量化→小型化 ②轻量化→形状复杂化	防止裂纹、擦伤的油 防止裂纹、擦伤的油
工作环境	①防止工作面污染 ②防止空气污染 ③防止侵害皮肤	水溶性油、极低黏度油 非氯系油、水溶性油 高精制度基础油

（1）板料成形摩擦学特征　由于冲压时板金属变形的多样性和复杂性，所以摩擦在冲压变形中所起的作用也有所不同，这里不能用统一的标准去衡量摩擦力的作用，必须根据具体的变形方式去分析。以筒形件拉深过程为例，分析摩擦的作用如图 3-71 所示。

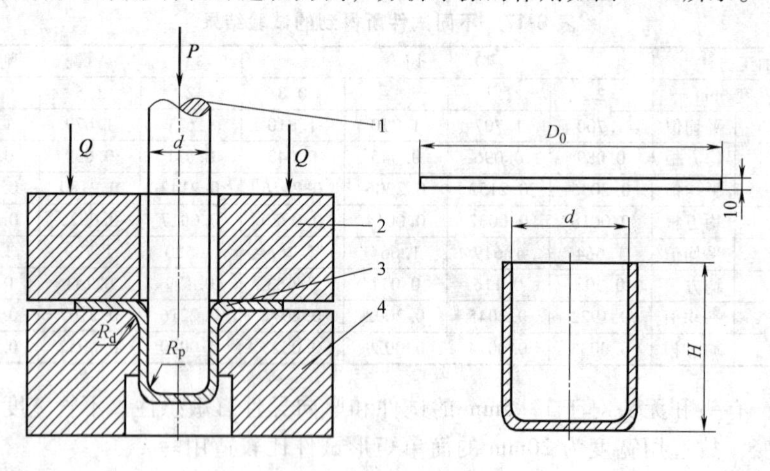

图 3-71　拉深过程

1—凸模　2—压边模　3—毛坯　4—凹模

这里把圆筒分成几个部分：

1）金属板料在冲头圆角处产生弯曲和拉胀复合变形；

2）在筒底产生双向拉伸。若冲头圆角过小，摩擦力小，则板料在筒底减薄量大将导致破裂，此时冲头底部和圆角处的摩擦是有益的。

3）筒壁处于拉伸状态，凸模与筒壁之间的摩擦可增大拉深能力，因为导致破裂的拉应力会从侧壁上转到冲头上，破裂点会向模具的出口处移动，在出口处板料以单向拉伸为主。当冲头和模具圆角过大时，板料没有得到支撑的部分就会起皱。

4）板料在模具圆角处受到弯曲和反弯曲变形力，所以模具上的摩擦造成了筒壁承受更大的拉深应力，此时摩擦是有害的。

5）板料的凸缘受径向拉伸被拉入缝隙中，通过控制压边力或者采用工艺润滑来调节摩擦，以减少摩擦功耗，同时又阻止板料凸缘起皱。

（2）冲压润滑剂的作用　冲压过程主要由冲裁（punching）和拉深（deep-drawing）组成。冲裁是指利用刚性凸凹模在压力机上进行裁料或冲孔。而拉深的主要特点是容器的侧壁面积是由凹模口外的毛料凸缘部分被拉入凹模形成的。若凸、凹模间隙选的较小，在拉深后期还会出现变薄拉深（deep-cup-drawing）。冲压过程的润滑以拉深成形的工艺润滑最具有代表性，因为相对其他冲压工艺而言，拉深过程板料变形量大，变形形式多样，特别是变薄拉深如果润滑不良，很容易发生破裂。拉深润滑的主要作用是：

1）减小材料和拉深凹模间的摩擦，降低拉深力；

2）调控压边圈表面间的摩擦，防止因摩擦过小导致板料凸缘起皱，或因摩擦过大增加拉深力；

3）使拉深件容易从拉深凸模、凹模脱下或取出，不至于划伤材料表面；

4）冷却模具，延长模具使用寿命。

（3）冲压工艺润滑剂的选择　为了达到上述润滑目的，并且保证冲压过程的顺利进行，为此要求冲压润滑剂应具有良好的润滑性能、防锈性能、易清除性能及环保性能。对应冲压工艺要求，润滑剂应具备的性能要求见表3-20。

表3-20　冲压加工润滑剂应具备性能

工　序	应具备的性能
坯材搬运保管	防锈性
清洗剪断	防锈性，脱脂性
成形	润滑性，加工性和作业环境的维持
保管	防锈性
组装	焊接性，工作环境的维持
表面处理	脱脂性
废液处理	处理性
其他	无害性，经济性，异种润滑剂混合时无反应性

摩擦接触面的温度、金属材质和冲压成形的具体工艺是选择冲压润滑剂的重要依据。例如，软钢、铜和铝等金属的冲裁、弯曲及一般的拉深成形，温升不高，通常只用黏度适当的矿物油加少量的油性剂即可。相反，大工件拉深、变薄拉深以及不锈钢的冲裁、拉深等，会伴随有较高的温升，所以还要加入极压剂。而钛板成形温升则更大，除极压剂外，还需添加固体润滑剂。除此之外，选择冲压润滑剂还应考虑：

1）使用要求。润滑剂的目的不同，其选择重点也各不相同，如有的以减小摩擦为主，有的以冷却为主，有的以提高模具寿命为主，有的以提高零件尺寸精度和表面质量为主等。

2）操作要求。如易涂覆，易清除，不腐蚀零件与模具等。其中“易清除”对生产更为重要，尤其是对需经中间热处理的零件。

3）对后续工序的影响。由于冲压制品一般不作为最终产品使用，所以对于成形后的焊接、喷漆、印刷及组装等工序不应带来较大的困难或影响质量。

4）经济要求。除了上述方面之外，生产中还需考虑批量生产的问题，例如：采用高速冲床的大批量生产，模具温升较大，选润滑剂应考虑冷却效果；采用多工位连续生产，润滑剂如果黏度太大会影响零件的脱模、定位等。在选定了润滑剂后还要考虑其用量问题。若冲压成形后金属表面特别光亮，甚至有划伤存在，则说明润滑剂明显不足，或润滑能力不够。相反，若金属表面暗淡无光，甚至表面呈现橘皮状，则意味着润滑剂用量过大，或润滑剂黏度过高，这还会给后续工序的清理带来困难。由于冲压过程工序较多，不可能具体提出一种或几种润滑剂适合任何冲压工序。一些金属冲压成形可选择的润滑剂见表 3-21。

表 3-21　一些金属冲压用润滑剂

润滑剂	成形方式	特点	适用金属或合金
板料出厂涂油	一般成形，变形量小	易清除	钢、铝
矿物油+动植物油	一般成形	润滑性能一般	钢、不锈钢、铝、镁
矿物油+极压剂	拉深、变薄拉深，变形量大	润滑性能好，不易清除	钢、不锈钢、镍、镁、铜、钛、难熔金属
纯添加剂	冲裁	防尘性强，易腐蚀金属	钢、不锈钢、镍、镁、铜、
乳化液	高速、一般成形	冷却性能强，易清除	钢、不锈钢、镍、铝、镁、铜
金属皂液	高速、一般成形	冷却性能强，易清除	钢、铜
石墨、MnS_2 油膏	拉深、变薄拉深，变形量大	润滑性能强，清除困难	钢、铝、镁、铜、钛、难熔金属
固体润滑膜（聚合物涂层）+矿物油	拉深、变薄拉深，变形量大	润滑性能强，不宜批量生产	钢、不锈钢、镍、镁、钛

3.6　金属板料成形缺陷及控制

所谓金属板料成形技术，可以说是以经济性为背景的防止和消除缺陷的措施。从形成缺陷的极限来看，有下列几个方面值得注意：

1）成形力的极限。以所用冲压设备的能力和冲模的强度作为成形力的上限。

2）尺寸极限。以所用冲压设备的大小和坯料尺寸作为成形尺寸的上限。

3）破裂极限。在冲压成形中，希望材料无限制地变形以及承受无限大的外力是不可能的，成形中超过破裂限度材料就会在某处发生破裂。

4）起皱极限。材料局部出现压缩力或剪切力就产生纵弯，纵弯残留到最后一道工序即起皱。

5）形状缺陷的极限。例如，用平底凸模在拉延开始阶段产生的鼓胀，有时到最终工序仍未消除；由于反拉延后侧壁的弹性变形，使制件底部不平整。此外，由于存在所谓回弹等缺陷，所加工的制件一般地说就不会完全和模具的形状一样，与检验标准相比此即成为缺陷。也就是所谓的形状尺寸不好。

6）表面状态的极限。材料产生塑性变形，其表面状态必然发生变化。在与工具相接触的地方，材料容易产生伤痕和烧伤，对于自由表面，由于塑性变形量和变形方式的不同，材料的光洁度就要发生变化。这些现象都取决于工（模）具的材料（视工（模）具与薄板材料之间的关系而定）、表面加工精度，材料晶粒度的大小等因素。

7）制件的力学性能等不适当所引起的缺陷。这类缺陷在制件的设计阶段就要从刚性、强度、磨损、应力腐蚀等方面作充分地研究。但是，如果成形后还存在问题的话，那么，往往需要对几乎所有的成形极限进行探讨。例如，制件的残余应力造成问题时，就必须研究成形方式及其相关的问题。

预防冲压成形中缺陷的产生，基本的方面就是在确定作业条件时，对各种成形极限从安全的角度做充分考虑，并将这些因素确定下来。在现场作业阶段发生缺陷时，就要充分考虑各种成形极限的有机结合，并相应地去除不合理的部分。

3.6.1　弯曲成形缺陷及控制

1. 变形区薄板厚度变薄

薄板弯曲变形后，薄板的应力、应变中性层会出现内移。内移的结果造成在薄板的厚向截面上，外层切向受拉变形的纤维面积大于内层切向受压变形的纤维面积，外层材料面积大于内层，总的变形效果则是弯曲后板厚减薄。

相对弯曲半径 R/t 越小，弯曲时变形中性层的内移越严重，板厚的减薄量也就越大。弯曲变形区的厚度减薄是由弯曲变形的性质造成的，所以不能完全避免。但当大于一定值时，其减薄量是微小的。一般的直角弯曲，在 $R/t>3$ 时，很少出现弯曲变形区厚度减薄问题。进行多角弯曲时，虽然 R/t 大于规定值，但在各弯曲变形部位之间，由于相互间的拉伸作用而仍会出现板厚减薄现象。在这种加工时，一定要注意薄板是以什么样的形态与冲模相接触进而发生变形的；此外还应注意用尖角凸模进行弯曲时，角部压入材料后会使板厚明显减小。

2. 变形区薄板长度增加

薄板弯曲成形零件，其宽向尺寸一般比厚向尺寸大很多倍，可以近似认为在变形过程中，宽向应变 ε_B 为零，即板宽保持不变。但在弯曲薄板件时，中性层出现内移现象，使变形区板厚减薄。根据塑性变形体积不变条件可知：板厚减薄的结果必然使板长增加。相对弯曲半径 R/t 越小，板厚减薄越严重，薄板长度的增加也越显著。对于 R/t 值较小的弯曲成形零件，在计算其坯料长度时，应考虑弯曲厚度的伸长量，并通过多次试验，方能得出合理的坯料展开尺寸。

3. 薄板横截面的翘曲与畸变

薄板进行弯曲时，在切向（长度方向）发生变形的同时，宽向上的材料也发生流动。中性层以外的材料由于受拉变薄，宽向上的材料便流过来补充这个变化，从而使外层材料在宽向上收缩。与此相反，中性层以内的材料则有收缩变厚的趋势，产生畸变现象。如图 3-72 所示，弯曲后，薄板宽度方向上产生变形，被弯曲部分在宽度方向上出现弓形挠度，称为纵向翘曲。

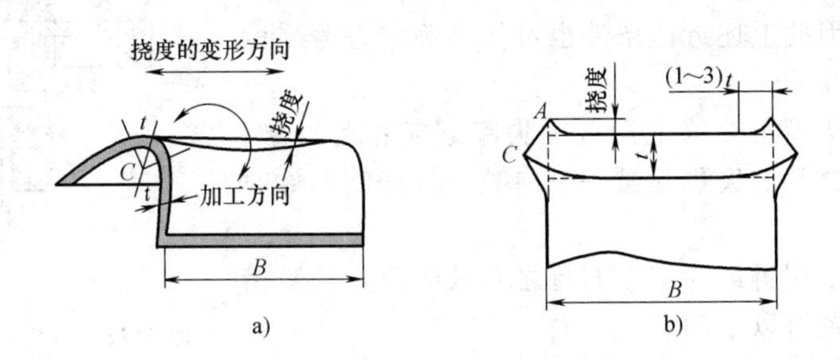

图 3-72　弯曲薄板的截面变化

a）翘曲现象　b）剖面畸变

对于弯曲宽度相对很大的细长件或弯曲宽度在板厚 10 倍以下的弯曲零件，其表现出的横截面翘曲与畸变十分明显。对于板长和板宽尺寸相近的弯曲零件，材料在模具中受压时，很难向板宽方向自由伸长或收缩，加之零件形状对板宽方向发生翘曲的阻力很大，因此挠度只出现在薄板边缘附近（大约为板厚的 1 倍~ 3 倍），这时的横截面畸变也很小。要想保证弯曲零件的形状精度较高，在弯曲加工的最后阶段必须对弯曲变形部分施加足够的压力。

厚板进行小角度弯曲时，会产生另一种形式的横截面畸变——在板宽方向弯曲变形区的两段出现明显的鼓起（见图 3-73a），使该部位的宽度尺寸增加。解决这一质量问题的有效办法是在弯曲变形部分的两端预做圆弧切口（见图 3-73b）。

3.6.2　拉深成形缺陷及控制

拉深时突缘起皱与板条的受压失稳相似。突缘是否发生起皱现象，不仅取决于突缘变形

区切向压应力的大小，而且取决于突缘变形区抵抗失稳起皱的能力——材料的力学性能与突缘变形区的相对厚度 $t/(D_t-d)$。

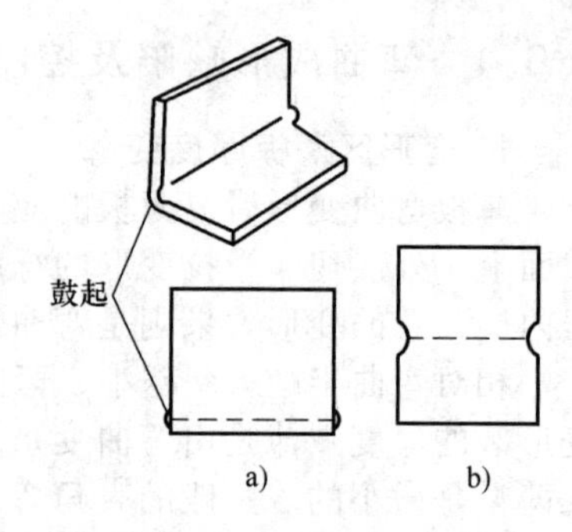

图 3-73　弯曲零件端面鼓起及消除措施

在拉深过程中，导致突缘失稳起皱的切向应力与突缘抵抗失稳起皱的能力都是变化的。随着拉深过程的不断进行，切向压应力不断增加。同时，突缘变形区不断缩小，厚度增加，因而突缘变形区的相对厚度 $t/(D_t-d)$ 也不断增加。切向压应力的增加必将增强失稳起皱的趋势，相对厚度 $t/(D_t-d)$ 的增加却有利于提高抵抗失稳起皱的能力。此外，随着拉深过程变形程度的增加，材料的塑性模数 D 逐渐减小。D 值的减小一方面降低了材料抵抗失稳起皱的能力，但另一方面却减小了切向压应力增长的趋势。由于以上各个相反作用的因素互相消长的结果，在拉深的全过程中必有某一阶段，突缘失稳起皱的趋势最为强烈。

生产中用下列简单的公式作为判断拉深时突缘不会起皱的近似条件为

$$D_0-d\leqslant 22t$$

将上式加以简单的换算后可得

$$\frac{t}{D_0}\times 100\geqslant 4.5(1-m)$$

可以看出，利用此式作为判断突缘不会起皱的近似条件，虽然撇开了材料力学性能的影响，但却反映了影响失稳起皱的两个重要因素（拉深系数与板料相对厚度）之间的关系。t/D_0越大，不起皱的极限拉深系数越小。例如，当 $t/D_0=1.2\%$时，不起皱的极限拉深系数 $m=0.73$；当 $t/D_0=1\%$时，$m=0.78$。因此上述近似条件也可作为确定是否采取防皱措施的依据。

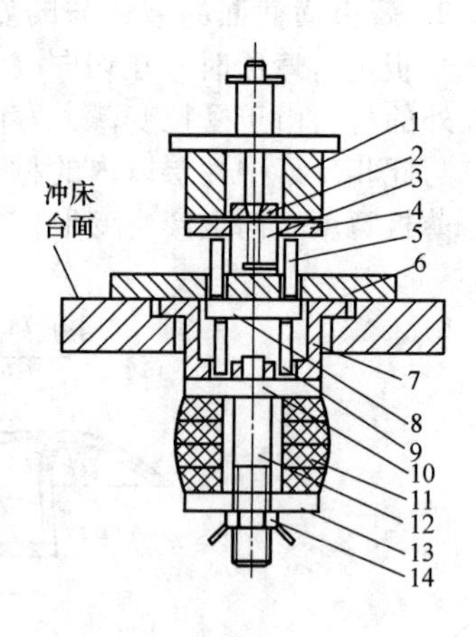

图 3-74　典型压边装置结构形式
1—凹模　2—板料　3—凸模　4—压边圈　5、9—顶杆　6—模座　7—杯体　8、10、13—传力板　11—橡胶垫　12—心杆　14—调节螺母

工艺上常将压边圈下突缘变形区的失稳起皱称为外皱，以区别于其他部位材料的失稳起皱——内皱。拉深筒形件时一般只有外皱现象。

压边圈是生产中用得最为广泛而行之有效的防止外皱措施。常用的压边装置有以下两类。

（1）固定压边圈（或刚性压边圈）　压边圈固定装于凹模表面，与凹模表面之间留有（1.15~1.2）t 的间隙，使拉深过程中增厚了的突缘便于向凹模洞口流动。

（2）弹性压边圈　利用弹簧、橡胶垫或气压（液压）缸产生的弹性压边力压住毛料的突缘变形区。如图 3-74 所示为这种压边装置的一种典型结构形式。图中零件 10~14 为装于压力机台面下的橡胶垫（也可利用弹簧或液压缸）。

压边装置是否合理有效，关键在于压边力的大小是否恰当，压边力太小，不足以抵抗突缘失稳的趋势，结果仍然产生起皱；压边力太大，又会使突缘压得过紧，不利于材料的流动，突然助长了筒壁拉裂的危险。由于在整个拉深过程中，突缘失稳起皱的趋势不同，合乎理想的压边力应当也是变化的。在拉深的开始阶段，失稳起皱的趋势渐增，压边力也应该逐渐加大，此后，失稳起皱的趋势渐弱，压边力也相应递减。如图 3-75 所示的实验曲线，为维持突缘不致失稳起皱所需的最小压边力 Q_{min} 在拉深过程中的变化规律。生产实际中要想提供这样

变化的压边力是困难的。弹性压边装置中，除了气压（液压）缸外可以在拉深过程中使压边力基本保持不变外，弹簧及橡胶垫压力装置所提供的压边力，在整个拉深过程中反而都是不断增加的。三种压边装置的工作性能如图 3-76 所示。虽然它们都不能提供合乎理想的压边力，但比较起来，仍以气压（液压）缸为好。

实际生产中可用下式近似计算压边力的大小，即

$$Q=\frac{\pi}{4}(D_0^2-d^2)q$$

式中，q 为单位压边力，与拉深板料的力学性能、拉深系数和相对厚度有关，可查冲压手册。

也可近似取为

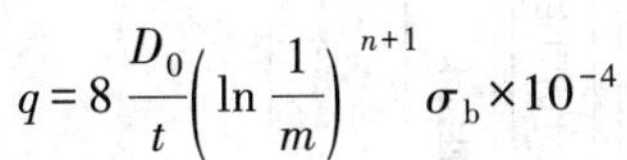

$$q=8\frac{D_0}{t}\left(\ln\frac{1}{m}\right)^{n+1}\sigma_b\times10^{-4}$$

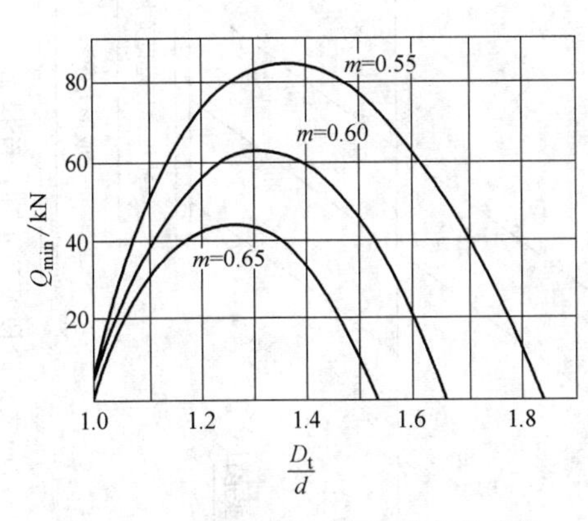

图 3-75　维持突缘不失稳的实验曲线

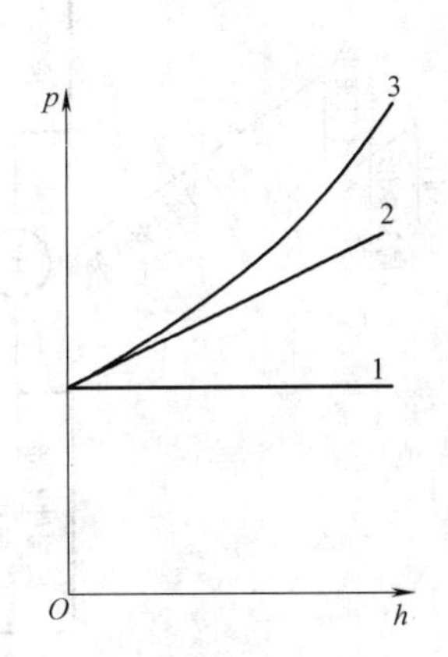

图 3-76　压边装置与压边力的关系

1—工作缸　2—弹簧　3—橡胶垫

拉深锥形及球形一类零件时，凹模洞口以内常常有相当一部分的板料处于悬空状态，无法用压边圈压住。悬空部分的材料也是拉深变形区的一个组成部分。和突缘一样，也是处于径向受拉、切向受压的应力状态，拉压应力的分布规律也与突缘基本相同。当然，沿着切线方向也同样存在着失稳起皱的可能性。悬空部分的起皱现象，工艺上一般称之为内皱。

内皱现象是否发生，同样也取决于该处切向压应力的大小与材料抵抗失稳起皱的能力——悬空部分的宽度、板料的力学性能与相对厚度等因素。但是，其边界约束条件则与突缘变形区有所不同。内皱发生的临界条件，目前还只能根据经验判断。

板料的拉深过程是依靠径向拉应力与切向压应力的联合作用，两者绝对值之和为一定值，加大一方就可相应地减少另一方。悬空部分的材料，虽然无法通过压边的办法防止内皱，但如果在拉深过程中增加径向拉应力，就可使切向压应力相应减小，从而达到防止内皱的目的。生产中增加径向拉应力的具体措施有很多，例如，增加压边力、增大毛料直径、甚至在凹模面上做出防皱埂，如图 3-77 所示，利用增加径向拉应力的办法防止内皱，显然不如压边那样直接、有效，而且还会使板料的变薄加剧，甚至出现拉断现象，因而限制了这种办法的应用。对于悬空部分较大的深拉件，可以采用多次拉深的办法，减少每一拉深工序中板料的悬空段，以防止内皱，逐步成形。

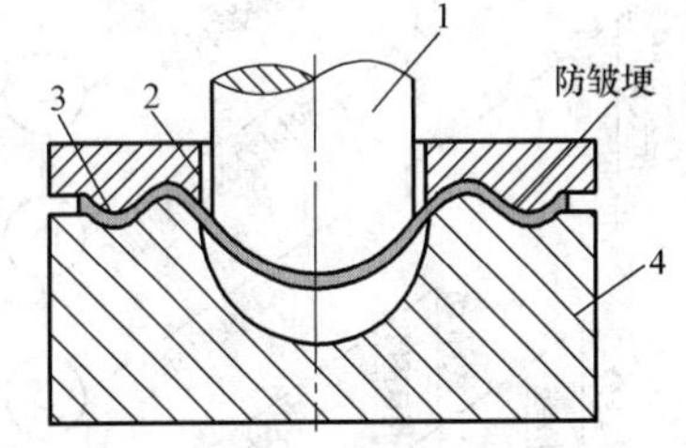

图 3-77　防起皱压边

1—凸模　2—压边圈　3—板料　4—凹模

如图 3-78 所示对板料成形中缺陷分类与对应成形阶段及防止和消除措施做了图解。

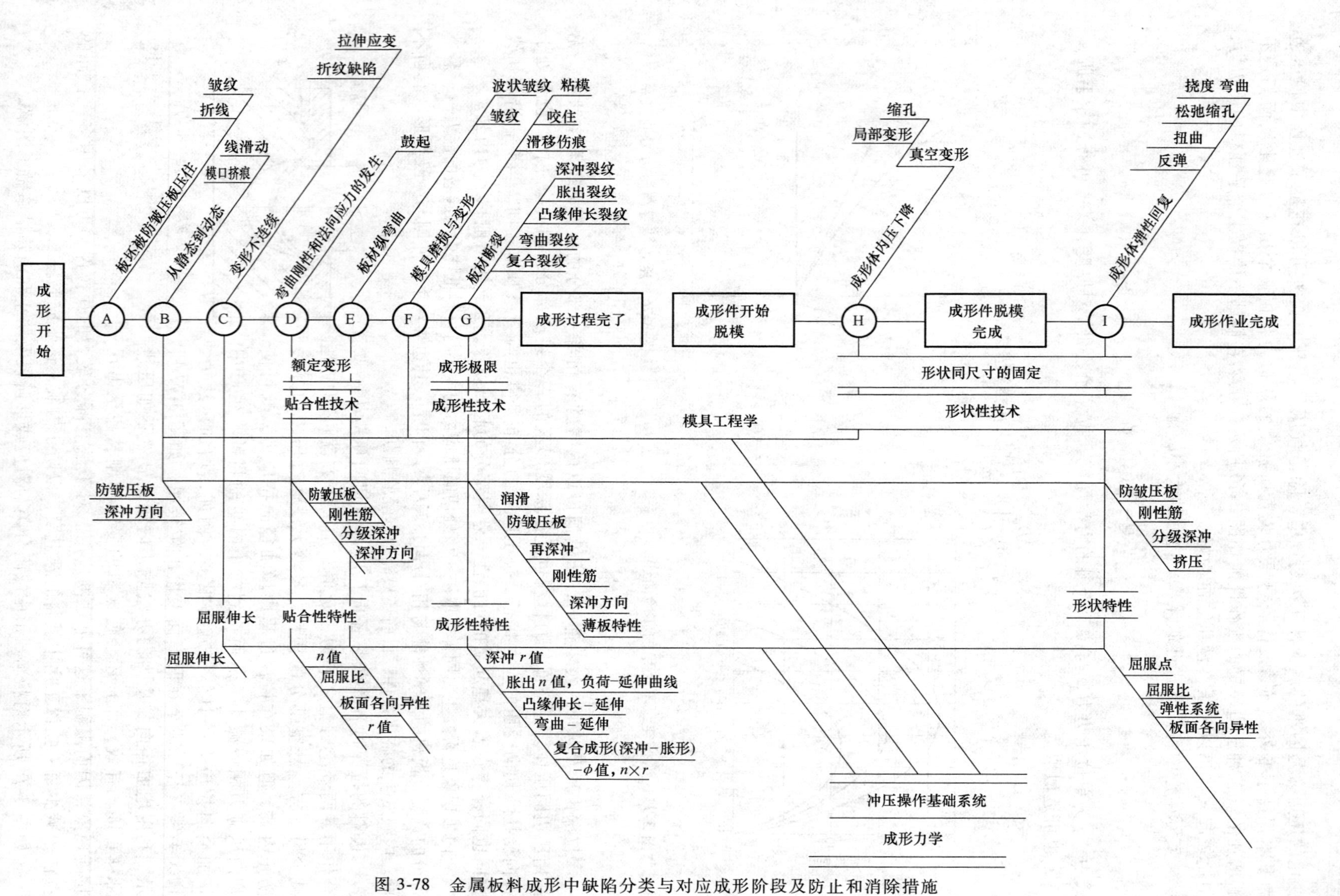

图 3-78 金属板料成形中缺陷分类与对应成形阶段及防止和消除措施

复习思考题

1. 什么叫板厚平面各向异性和应变硬化指数？分析其与板料成形性能之间的关系。

2. 定性分析缩口变形坯料各部分的应力与应变关系（见图 3-12）。

3. 什么叫成形极限图？试分析成形极限图在板料成形中的意义。

4. 影响板料成形性能的主要因素有哪些？

5. 试比较圆筒形零件与带法兰边零件拉深工艺的区别。

6. 为什么拉深时毛坯的拉断经常发生在凸模圆角附近？

7. 某材料做拉伸实验，如果加载过程中的最大拉力 P_{max} 为 19.6kN，试件的原始剖面积 F_0 为 $40mm^2$，拉断后试件细颈点的剖面积 $F_i = 35mm^2$，求材料的实际应力曲线的近似解析式：$\sigma = K\varepsilon^n$ 及 $\sigma = \sigma_c + D\varepsilon$。

参考文献

[1] 梁炳文，陈孝戴，王志恒．板金成形性能［M］．北京：机械工业出版社，1999.

[2] 康永林．现代汽车板的质量控制与成形性［M］．北京：冶金工业出版社，1999.

[3] 李硕本．冲压工艺学［M］．北京：机械工业出版社，1986.

[4] 胡世光，陈鹤峥．板料冷压成形原理［M］．北京：国防工业出版社，1989.

[5] 梁炳文，胡世光．板料成形塑性理论［M］．北京：机械工业出版社，1987 年．

[6] 邓陟，王先进，陈鹤峥．金属薄板成形技术［M］．北京：兵器工业出版社，1993.

[7] 吴建军，周维贤．板料成形性能基本理论［M］．西安：西北工业大学出版社，2010.

[8] 王开坤，康永林．可视化标准建模语言 UML 在冲压件信息模型中的应用［J］．北京：北京科技大学学报．2001，23（4）：343-345.

[9] Chemin RA，Tigrinho LWV，Neto RCB，et al. An Experimental Approach for Blankholder Force Determination for DP600 with Different Material Flow Strain Rates in the Flange During Stamping［J］. Journal of Engineering Manufacture，2013，227（B3）：417-422.

[10] Wang Kai-kun，Gao Qi，Ge Zhi-peng. Numerical Simulation and Analysis on Thermal Coupling Effect of MCM Packaging［C］. Chengdu：Proceedings of International Conference on Electronic Packaging Technology & High Density Packaging. 2014，967-970.

[11] 陈瑞．SPCC 板模拟成形性能数值模拟研究［D］．北京：北京科技大学，2014.

第4章 挤压成形原理与控制

4.1 概述

挤压成形是金属压力加工的主要方法之一。它是在压力作用下，金属毛坯在模具型腔内发生塑性变形，使其横断面发生变化，从而获得所要求的尺寸、形状和一定技术性能的零件的一种压力加工方法。它的特点是：

1）被加工金属呈现很强烈的三向压应力状态，可以最大限度地利用金属的塑性。

2）生产具有很大的灵活性，只要更换模子、穿孔棒、挤压筒等工具即可生产不同形状和尺寸的棒、管、型材，而且更换工具的时间很短。

3）不仅可以生产形状比较简单的产品，还可以生产用轧制、锻造方式无法生产的形状复杂的产品。

4）产品精度比轧制、锻造高。

根据被加工金属的温度范围不同，挤压生产主要分为热挤压、冷挤压和温挤压三种。

4.2 挤压的基本方法

根据金属挤压杆相对运动的特点，金属挤压方式分为正挤压、反挤压（见图4-1）、横向挤压（见图4-2）和变截面型材挤压。其中最基本的方法是正挤压与反挤压。在正挤压时，金属的流动方向与挤压杆的运动方向相同，其主要特征是锭坯与挤压筒内壁间有相对滑动，所以二者间存在着很大的外摩擦。在反挤压时，金属的流动方向与挤压杆的运动方向相反，其特点是金属与挤压筒内壁间无相对运动，继而也就无外摩擦。正挤压与反挤压的不同特点对挤压过程、产品质量和生产效率等都有着极大的影响。

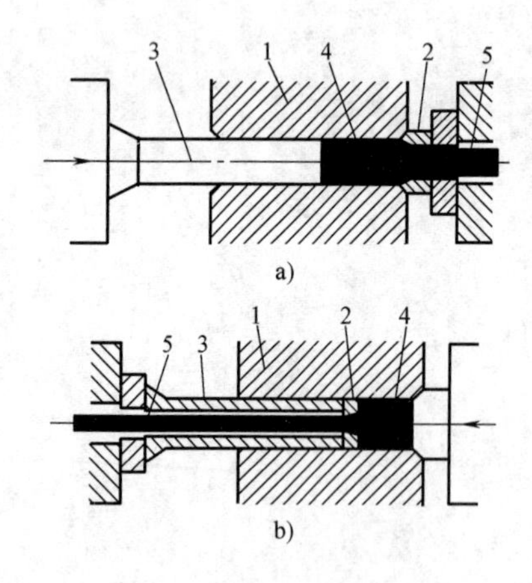

图4-1 挤压的基本方法

a）正挤压 b）反挤压

1—挤压筒 2—模子 3—挤压杆 4—锭坯 5—制品

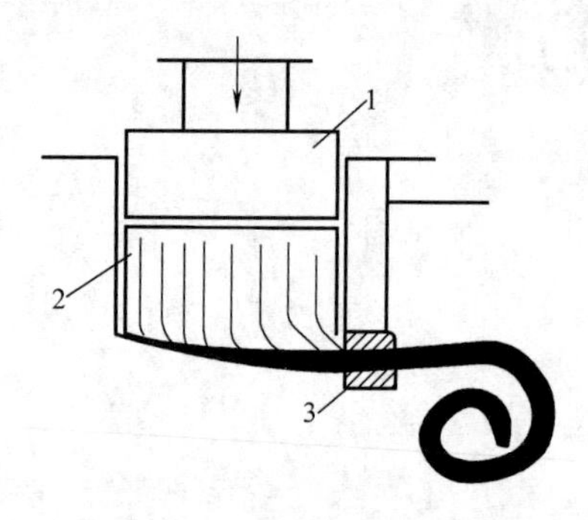

图4-2 横向挤压棒材

1—挤压杆 2—挤压金属 3—挤压模

4.3　挤压时金属的流动

4.3.1　研究金属流动的方法

1. 坐标网格法

坐标网格法是最常用的实验方法。它可较细致地反映出金属在各部位和各阶段的流动情况。

2. 低倍和高倍组织法

这是在生产上常用的方法。在挤压后取用压余和挤制品尾部，将它们的纵断面与横断面抛光、腐蚀。最后，根据低倍组织变化和流线来研究金属流动情况，或根据高倍组织进一步观察金属组织的分布。

3. 视塑性法

这是将坐标网格法和数学分析法结合起来的一种研究方法。用几个尺寸相同的同一品种金属试件，以不同的挤压行程进行不完全挤压。通过对试件网格变化的分析研究，计算出相应的主变形速度与方向以及应力，最终可得到某条件下的横断面上与纵断面上近似的应变与应力图。此法的缺点是必须中断挤压过程，从而引起实验过程中的温度条件与摩擦条件的变化。

4. 光塑性法（偏振光法）

使用偏振光透射塑性变形的透明模型，可在偏光镜屏幕上观测到一些相同颜色的条纹（等色线），这即是最大剪切应力的几何点位置。同时也会出现斜度相同的条纹（等斜线）。根据等斜线可以绘制出“等压线”，即主正应力流线。由这些数据常可得出试验模型的应力和应变状态的特点。

5. 云纹法

云纹法是介于坐标网格法和光塑性法之间的一种研究方法，它是在坐标网格法基础上发展起来的。使用坐标网格法时，根据网格尺寸变化求出的变形量只是一个平均值，为了使数值更精确些，就应刻画出更小线距的网格。但这样一来，不仅使测量工作量增大，而且需要更为精密的测试手段。根据两组网格对光的“机械干涉”或“几何干涉”现象，发展了一种新的研究方法——云纹法。

光塑性法和视塑性法的局限性在于不能反映具体被挤压金属的流动特性，也不能承受较大的挤压比。

4.3.2　挤压时材料的变形特点

1. 棒材挤压时的应力应变特点

单孔平模挤压棒材的外力、应力和应变状态如图4-3所示。

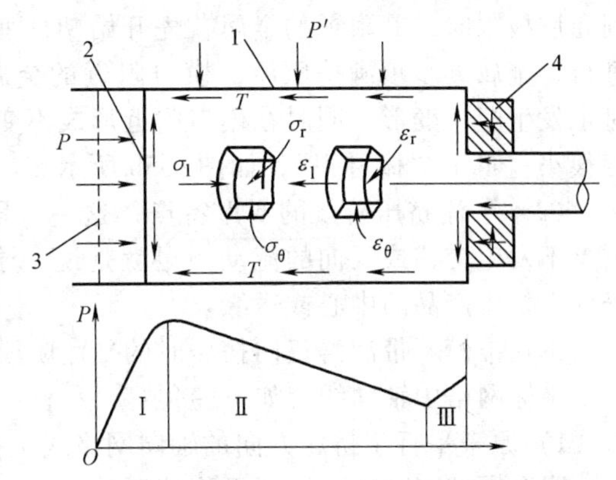

图4-3　挤压时的外力、应力和应变状态图
1—挤压筒　2—挤压垫片　3—填充挤压前垫片的原始位置　4—模子　P—挤压力
Ⅰ—填充挤压阶段　Ⅱ—平流阶段　Ⅲ—紊流阶段

由图可知，金属在挤压时受3个力的作用：挤压杆的正压力P；挤压筒和模孔壁的反作用力P'；在金属与垫片、挤压筒与模孔接触面上的摩擦力T（其作用方向与金属流动方向相反）。这些外力的作用决定了棒材单孔平模正向挤压时的基本应力状态为三向压应力状态。这一应

力状态将有助于利用和发挥金属的塑性。三向压应力分别为轴向压应力 σ_1、径向压应力 σ_r、周向压应力 σ_θ（也叫环向压应力）。

与应力状态相对应的，挤压时的应变状态为：轴向应变为延伸应变 ε_1、径向应变 ε_r和周向应变 ε_θ，均为压缩应变，即一向拉两向压的应变状态。

棒材的挤压过程是一个轴对称问题，所以有 $\sigma_r=\sigma_\theta$，$\varepsilon_r=\varepsilon_\theta$，其应力分布情况如图 4-4 所示。由于模孔的存在，挤压过程中金属内部的应力状态可分为对着模孔的区域Ⅰ和在Ⅰ区周围的区域Ⅱ。在Ⅰ区的应力分布为$|\sigma_1|<|\sigma_r|=|\sigma_\theta|$，在Ⅱ区内则为$|\sigma_1|>|\sigma_r|=|\sigma_\theta|$。在中心线上部与下部分别表示Ⅰ区的$\sigma_r$及$\sigma_1$的分布，Ⅱ区的$\sigma_1$及$\sigma_r$相应地表示在上、下两周边线上。$\sigma_1$及$\sigma_r$在横断面的分布是中心部分小，而靠近周边部分大。

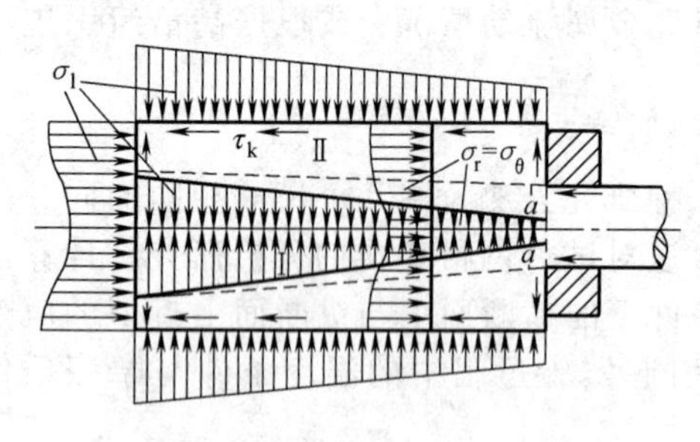

图 4-4　应力分布示意图

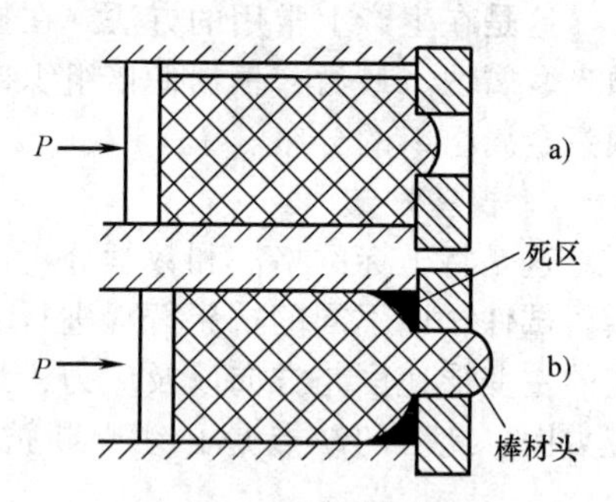

图 4-5　填充挤压示意图

a）填充挤压开始时　b）填充挤压终了时

2. 棒材挤压时的金属流动

根据图 4-3，金属在挤压时的变形及流动可分为填充挤压、平流、紊流 3 个阶段。

（1）填充挤压阶段的变形特点　为了便于装料，一般坯料的直径要略小于挤压筒的内径，这样坯料与挤压筒之间就有间隙。当挤压开始时，在挤压杆的压力作用下，挤压筒内的坯料首先发生镦粗变形以充满挤压筒，并有部分金属填满模孔，如图 4-5 所示。在填充挤压的过程中，图 4-4 中的单元体 a-a 的 $\sigma_1=0$ 或很小，因此当 $\sigma_{ra}=\sigma_s$，即单元体 a-a 上的径向应力达到屈服极限时，其附近的金属首先开始塑性变形流入模孔，如图 4-5a 所示。随着填充挤压的进行，金属逐步填满挤压筒，模口附近的金属当其 σ_r与 σ_1差值满足塑性条件（$\sigma_r-\sigma_1=\sigma_s$）时也发生塑性变形，同时在模口附近形成不变形的“死区”。先进入模孔的金属其塑性变形程度很小，叫作“棒材头”，如图 4-5b 所示。

（2）平流挤压阶段的变形特点　这一阶段金属流动的特点因挤压条件的不同而异，但其质点不发生交错或反向的流动，也就是说，原来处于坯料中心或边缘部分的金属，在变形后仍处于挤压产品的中心或边缘。

单孔锥模不带润滑正向挤压时的平流阶段中典型的坐标网格变化如图 4-6 所示。

坐标网格中轴向线有如下变化：

1）原来平行于挤压方向的轴向网格线，在变形后除前端外仍保持其平行状态，说明金属在变形中做近似平流的运动。

2）轴向网格线在模孔附近发生两次方向相反的弯曲，第一次弯曲是发生在进入变形区压缩锥平面Ⅰ—Ⅰ之前，第二次则是在流出变形区出口平面Ⅱ—Ⅱ之前。最后又重新平行于模孔轴线。将网格各条轴向线的开始和终了弯曲点联起来，可得出两个均匀平滑的轴对称曲线面。如图 4-6 中的ⅠAⅠ和ⅡBⅡ两条线所示。由这两个曲面和模子附近弹性区回转线所围成的截锥形体积，就是挤压变形区的压缩锥。此二曲线也就相当于进出变形区压缩部分的边界。这表明：开始变形比Ⅰ—Ⅰ早，而终止变形也比Ⅱ—Ⅱ早。

3）在变形区内各条线的弯曲程度不同，从中心到周边线的弯曲程度越来越大，这说明距离中心越远的金属，其变形程度越大。

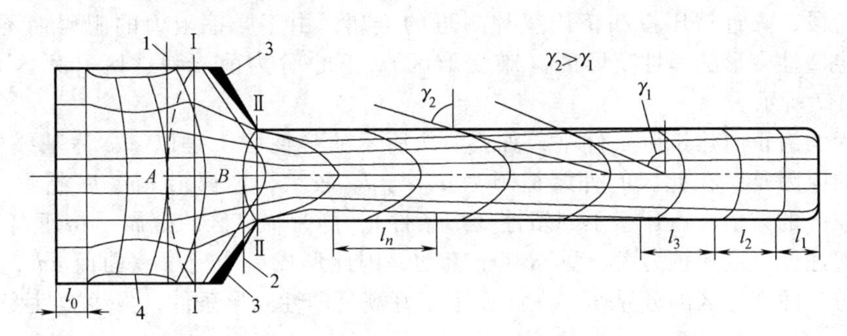

图 4-6　单孔锥模不润滑正挤棒材的坐标网格变化

1—开始压缩部位　2—压缩终了部位　3—死区　4—堆积区

4）在距变形区压缩锥前的某些距离，外层格子的轴向线向坯料的中心方向弯曲，使周边层变厚而中心层压缩，形成金属推挤现象，如图 4-6 中的 4 所示。这种增厚现象是由于内层金属向前流动，而周边层金属受到边部的摩擦阻力大，使金属发生堆聚的结果。

5）从挤压筒内坯料上的网格中看到，中间部分的网格是在轴向变长而径向压缩，它表明中间部分方格的最大主变形是轴向变形，金属沿轴向向模口方向流动。而边部网格在径向上变长而轴向压缩，这说明边部网格上最大的主变形方向是径向变形，变形时金属由边部向中部流动。其主要原因是挤压时金属所受的轴向应力越靠近垫片部分越大，所以边部金属向中心流动。而径向应力和周向应力如图 4-6 所示，越往边部应力越大，所以边部金属向中心流动。

坐标网格上横向线的变化：

1）所有原来平行的横向线，变形后都朝着流出方向发生轴对称的弯曲凸出，这说明在横向上，周边金属受到挤压筒壁的摩擦力作用，其流动比中心层滞后。

2）横向线向前凸出的程度由前向后逐渐增大，而且这些横向线在进入变形区之前就已发生向前弯曲，这说明距变形区越远的横向线，在挤压筒内移动距离越大，所受的外摩擦影响也越大，则其弯曲程度也越大，顶部越尖。

变形后，这些弯曲的横向线的顶点间的距离，在前端较小，往后则逐渐增大，到挤压后期线间距急剧增大，这表明在不同的部位上金属所承受的变形是不同的。如图 4-6 所示。假定变形前横向线间距为 l_0，变形后其间距由前向后分别为 l_1、l_2、l_3……l_n，则有 $l_1<l_2<l_3\cdots\cdots<l_n$。由此得出各方格在轴向上的延伸系数为：

$$\lambda_1=\frac{l_1}{l_0};\ \lambda_2=\frac{l_2}{l_0};\lambda_3=\frac{l_3}{l_0};\ldots\ldots\lambda_n=\frac{l_n}{l_0} \tag{4-1}$$

而棒材挤压后总延伸系数为 λ，则有

$$\lambda=\frac{l_{棒}}{l_{坯}} \tag{4-2}$$

式中　$l_{棒}$——挤出后棒材的长度（mm）；

$l_{坯}$——坯料的长度（mm）。

显而易见，各网格间的延伸系数关系为

$$\lambda_1<\lambda_2<\lambda_3<\cdots\cdots<\lambda_n \tag{4-3}$$

3）从网格的变形情况来看，中间部分的网格变成近似矩形，而周边上的网格变成平行四边形。由此可知，在挤出棒材的所有环形层上除了发生基本的延伸和压缩变形外，还承受了剪切变形。

在平流阶段，靠近挤压模和挤压垫片附近的金属，由于摩擦阻力的阻碍而不参加变形，形成了不发生塑性变形的弹性变形区（难变形区），它也分为前端弹性区（死区）和尾端弹性区，如图 4-7 所示。

一般在无润滑正向热挤压条件下，如图 4-7 所示的弹性区 1 是以 *adc* 为基线的回转曲面体。其形成的原因是：在此区的外摩擦阻力 $T_{筒}$ 与 $T_{模}$ 较大，金属沿 *ab*、*bc* 折线流动很困难（原因是 σ_1 与 σ_r 的差值小，还达不到塑性变形条件），同时，该区的金属受挤压筒和模支承的冷却作用，塑性低，变形抗力大，更不利于流动，因此形成一个内摩擦曲面 *adc*，*adc* 面也是塑性变形区与弹性变形区的分界面，在此面上正好满足塑性变形条件，发生塑性变形。

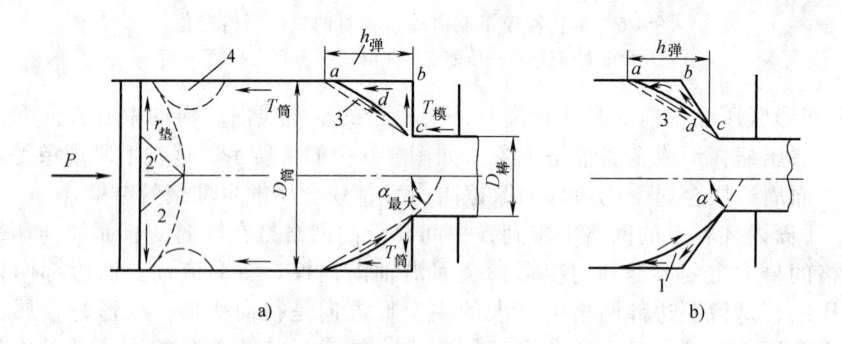

图 4-7　正挤压时的弹性变形区

a）平模挤压　b）锥形模挤压

1—前端弹性变形区或死区　2—尾端弹性区　2′—平流阶段末期时的尾端弹性区

3—金属沿弹性变形区内表面的流动方向　4—周边金属堆挤成的缩径区

影响前端弹性变形区的形状和大小的主要因素是模角与摩擦系数，由于它们的不同，进而影响了该区域内应力的分布情况。因此凡是影响应力分布的因素对前端弹性变形区的形状和大小都有影响。

尾端弹性区的形成原因与圆柱镦粗时难变形区形成的原因相同，主要是由于垫片上的摩擦阻力限制了该区金属的流动；同时也由于挤压筒与垫片的冷却作用使该区金属温度低，相应的金属变形抗力高，难以进入塑性变形状态。

弹性区 2 的形状和大小在同一挤压过程中的不同阶段仍在不断地缩小。在无润滑正向挤压时，平流阶段前期由于内层向前推进而使周边金属推挤加厚，如图 4-7 中 4 所示，从而使弹性区 2 向模孔方向凸出。而平流阶段后期由于中心区易变形的金属已大量流出，需要后端金属补充，此时又引起弹性区 2 的不断缩小。到平流阶段结束时，弹性区 2 大为减小，且其形状也由原来的钝圆顶形改变为顶尖圆锥形。

（3）紊流阶段的变形特点　紊流阶段是挤压筒中坯料长度减小到接近变形区压缩锥高度时挤压过程的最后阶段。在紊流阶段中，垫片与挤压模的间距逐渐减小，促使周边的外层金属向中心发生剧烈的横向流动，死区金属也向模口流动。由于坯料长度缩短，金属在径向上（横向）的流动增大，在垫片及挤压模表面上的滑动也增加，外层金属沿着垫片从周边向中心做回转交错的紊乱流动，并形成了挤压缩尾。

如图 4-8 所示为采用镶填物法观察挤压时的金属流动情况结果。它形象地表示了金属流动的过程及所受的延伸变形、压缩变形以及产生这种变形的位置。由图中可以看出，当外摩擦较大时，坯料顶端的针 *B* 和侧面上部的针 1 过早地流入模孔，所形成的死区也较大；而在摩

擦力较小时，金属流动呈平流状态，靠近模孔的针 5、4 已流出模孔，而针 B、针 1 变形很小。

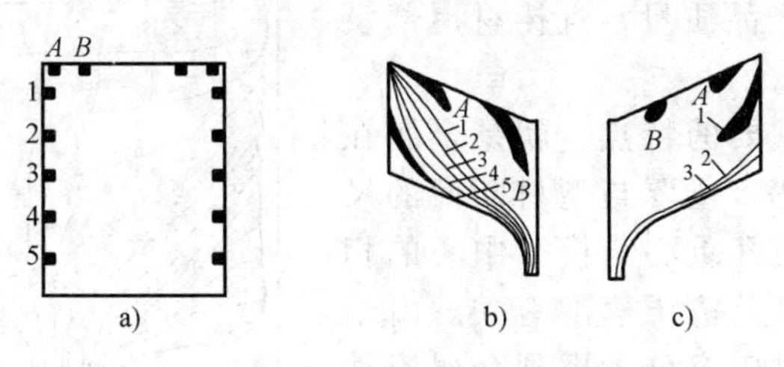

图 4-8　镶填物在正挤压过程
a）挤压前　b）无润滑　c）有润滑

（4）挤压时金属变形流动分区的假定　由图 4-6 坐标网格变化情况看到，在挤压过程中坯料在挤压筒中的部位不同，其变形和流动的特点不同。由于金属的组织情况、受力状态、挤压速度、外摩擦条件、温度设定及变化、润滑方式等工艺条件的不同，金属在挤压筒内的流动情况是大不相同的，即使是同一种金属在不同的条件下流动情况也不同，因此将金属在变形区中的流动情况划分为若干区域的假设只能作为一种分析的方式。分区假设常用的是将金属分为五个区，如图 4-9 所示。

图中的 V_1 区称为延伸变形区，在 V_1 区内金属主要为延伸变形。V_2 区为压缩变形区，该区内金属主要为轴向压缩径向延伸，伴有一定的切变形。当 V_2 区的金属流入 V_1 区后，又转为轴向延伸径向压缩。V_3 区为切变区，该区内虽然应力 σ_1 与 σ_r 的差值较小，由于接触摩擦的剪应力比较大，因此该区的金属也进入塑性变形状态，而且主要是剪切变形。V_4 区为“死区”或弹性变形区，其大小与模子接触面上的摩擦阻力有关。V_5 区为未变形区或弹性变形区，其形成机理与镦粗时的难变形区的形成机理相同。V_4 区和 V_5 区的范围随挤压过程的进行而不断缩小。

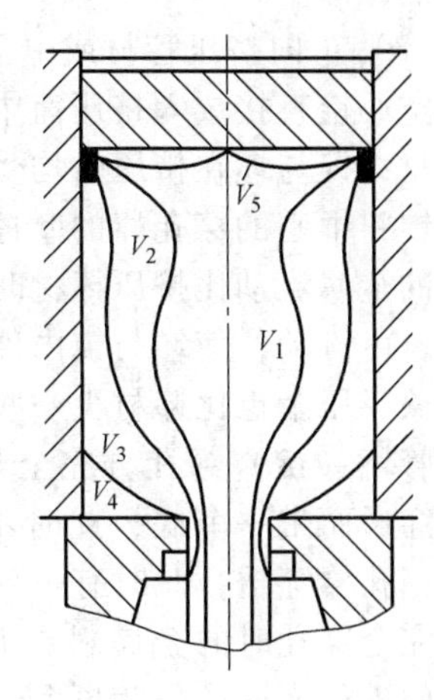

图 4-9　挤压时变形区分区图示

以上五个区不是一成不变的，而是在挤压过程中不断变化的。

当挤压垫片向前推进坯料时，V_1 区的金属流动最快，V_2 区的金属流动较慢，而 V_3 区金属则在挤压垫片前逐渐堆聚起来。

3. 不同挤压过程金属流动的特点

（1）用单孔模正向挤压非圆实心型材的金属流动特点　在单孔挤压实心型材时，由于型材的断面形状不同，金属流动失去了类似单孔模挤压棒材时的轴对称（完全对称）性。而且坯料断面与成品形状的相似性也不存在，金属的流动比棒材挤压时更为复杂和不均匀。在型材的厚壁处金属变形较小，流动快；而在薄壁处由于金属的变形程度大，所以流动速度慢。同时薄壁处相对于厚壁处冷却快，变形抗力大，使得流动更不均匀。由于金属是个整体，因此各部分不均匀流动的结果在金属内部引起很大的附加应力。如果控制不当，很容易产生波浪、翘曲、扭拧等缺陷，当金属塑性较差时还会发生裂纹、甚至撕裂。为此，应适当控制产生的附加应力，而关键是调整好型材挤压时的不均匀流动情况。

（2）多模孔正向挤压实心断面型材时金属流动的特点　研究结果表明：多模孔挤压如果模孔位置设计合理，完全可以使金属流动均匀，力学性能的各向异性也小。

如图 4-10 所示为挤压镁合金的流动情况，可看出变形区显著缩短，变形均一。在同一台挤压机、采用相同的坯料和挤压比，多孔挤压的压余相对要少而不影响产品质量，且棒材尾部没有缩尾。

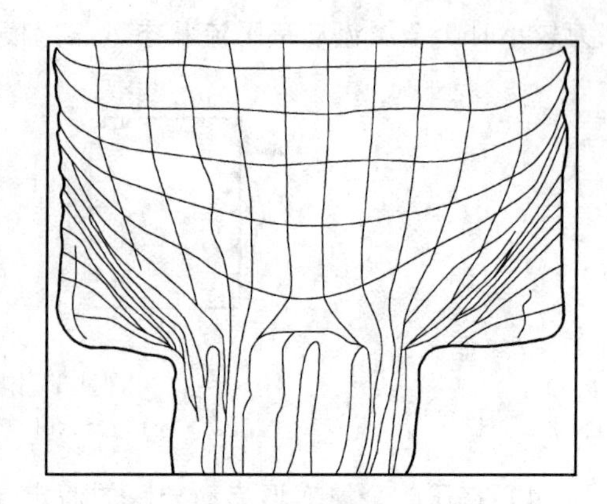
图 4-10　用 12 个孔模挤压 MA7 镁合金时的流动特点

多孔模挤压有一个重要的特点，就是金属在各孔中流出的速度不相等，主要与型材断面的尺寸与形状及相互关系，模孔重心与模子中心的相对位置，定径带长度，以及挤压速度有关。由于这一特点，在模孔布置时应充分考虑到金属流动的特点。一般将模孔布置在由经验确定的同心圆上。同心圆的直径要适当，同心圆直径过小，则挤压产品的内侧因金属供给不足而承受附加拉应力的作用，结果在内侧产生裂纹。同心圆直径过大时则相反，在外侧产生裂纹。

在多孔模挤压型材时，位置的布置上首先要考虑对称性，其次要使型材的壁薄处尽量靠近模子中心点，并尽量使各模孔轮廓最远处到中心点的距离相等。第三是要保证两孔之间有一定的距离。

（3）正向挤压管材或中空型材时的金属流动特点　挤压管材可用实心锭或坯穿孔，也可以用空心锭直接放入挤压筒中挤压，或者用实心锭和坯在舌形模上挤压。不论是哪种方式挤压管材，锭与坯在挤压时均受到三种力的作用：一种是挤压筒壁与模壁的摩擦阻力；一种是位于锭料中心的穿孔棒的摩擦阻力；还有一种是挤压力的作用。由于力的作用，使得整个断面上的金属流动比挤压棒材时要均匀一些，特别是采用舌形模挤压时，模子上的刀阻滞了金属的自由流动，使坯与锭内外层金属流动均匀。因此挤压管材时能减少甚至消除产品中的尾缩现象，压余也比棒材少一些。

管坯（锭）穿孔分完全与不完全两种，不完全穿孔时坏料不全穿通而带一个底，此时不形成料头。完全穿孔时，坯料中心用穿孔棒穿透，此时有一部分金属成为料头（废料）。

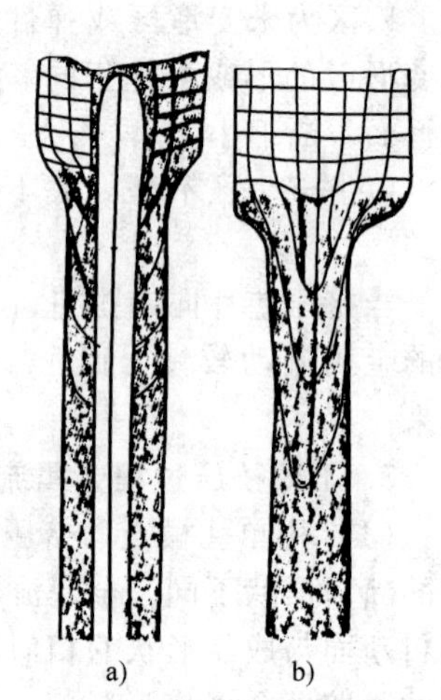
a)　　b)

图 4-11　用同一变形程度挤压时金属流动情况
a）管材　b）棒材

完全穿孔时的金属料头并未与坯料的主体金属断裂，随着穿孔的进行而逐步发生断裂，并在断裂面上形成显微的甚至宏观的裂纹，这些裂纹在生产薄壁管时可能产生空洞而使管材成为废品。因此生产薄壁管时一般采用钻孔而不是穿孔。此外，在挤压变形抗力很大的合金（硬铝、白铜）时也不采用穿孔这一工序，因为在这种情况下会在穿孔棒内产生很大的应力，常常会折断穿孔棒。在穿孔时形成体积较大的料头的情况下也不采用穿孔工序。

挤压空心管坯的坐标网格变化如图 4-11 所示。在同样的变形条件下，坐标网格的横向线比挤压棒材时弯曲要小些，且其最大弯曲点由壁厚中心移向芯棒一方。由图可见，金属流动速度在坏料厚度上的分布状况为：与穿孔棒接触的内表面流动速度大于与挤压筒接触的外表面，原因是靠近穿孔棒附近的金属呈$|\sigma_r|>|\sigma_l|$的应力状态，对应的变形为轴向拉伸，另外两向（周向、径向）压缩，而靠近挤压筒附近的金属相反，呈$|\sigma_l|>|\sigma_r|$的应力状态，变形也相应地为轴向压缩、径向延伸，而当其流到模口附近时又转为轴向延伸、径向压缩。这样势必造成穿孔棒附近的金属流动速度快，而靠近挤压筒的金属流动速度慢。

由于这一流动特点，管材的外表面将受到轴向附加拉应力，内表面则受到轴向附加压应力。由于其流动是均匀的，因此附加应力的值较小。

管材挤压流动的另一个特点是：原来坯料的前端面，即与模子接触的表面，挤压后挤到管材头部的外表面，而材料的后端面，即与垫片接触的表面挤压后转移到管材尾端的内表面。这就要求在挤压时必须保持前后端面平整清洁，以保证挤压产品的表面质量。

管材挤压还有一个重要的特征，就是由若干个同心圆精制而成的管材，挤出的管材也具有同心的较薄管壁。这一特点可用于工业上生产双金属管。

对挤压管实施润滑则对于管材的挤压有良好的影响。

挤压空心型材时金属的流动特点和实心型材一样，也是型材各部分的流出速度非常不均匀，结果经常会引起型材的翘曲、破裂、不能充满孔腔或使芯棒位置偏移，从而使型材的尺寸出现偏差。型材的断面对称程度越小，金属的流出速度就越不均匀，从而也就越需要采取措施使其速度尽可能均匀。

（4）反向挤压时金属流动的特点　反向挤压根本区别于正向挤压之处是：除“死区”附近的金属与挤压筒有滑动外，其余坯料与挤压筒并不发生相对滑动，所以摩擦阻力较小，所需挤压力也比正向挤压低40%，金属流动比较均匀，变形区仅集中在模口附近。

正向挤压与反向挤压时金属流动特性比较如图4-12所示。可以从图中看出，在相同的工艺条件下，反挤压时塑性变形区中的网格横线与筒壁垂直，直至进入模孔时才发生剧烈的弯曲；网格纵线在进入变形区时弯曲程度要比正挤压时大得多。这表明反挤压时不存在锭坯内中心层与周边层区域间的相对位移，金属流动要比正挤压时均匀得多。在挤压末期一般不会产生金属紊流现象，出现制品尾部的中心缩尾与环形缩尾等缺陷的倾向性很小。因此生产中控制压余的厚度可比正挤压时的减少一半以上。但在挤压后期，反挤压制品上也可能出现与正挤压时一样的皮下缩尾缺陷，其产生过程亦相同。

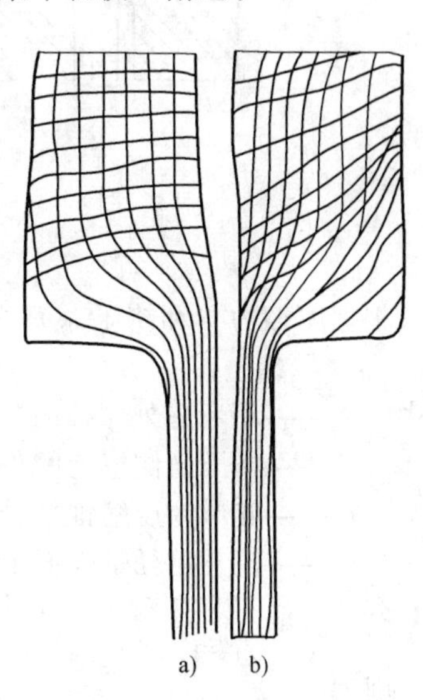

图4-12　挤压实验的坐标网格对比
a）反挤压　b）正挤压

反向挤压的缺点是由于摩擦力小以及整个金属处于不动状态，因此金属晶粒所受的实际变形要比正向挤压小，晶粒组织比正向挤压时要粗大，降低了产品的力学性能，此外，由于死区很小，原来坯料表面的氧化物及其他缺陷流到产品表面，降低了表面质量。脱皮挤压可以避免这一缺陷，但脱皮挤压也有不足之处。主要是为了保证表面质量，势必要增加脱皮厚度，这就会降低成材率，同时去掉脱皮使得挤压周期延长了，降低了生产率。

4.3.3　影响金属流动的因素

1. 金属特性本身的影响

金属的特性主要指强度特性，它对挤压时的流动特性有很大影响。

一般而言，难挤压的金属流动比易挤压金属均匀，而纯金属又比合金流动要均匀些，从而不易发生挤压缩孔。原因是其内层金属受外部条件的制约而不易产生流动，使其和受摩擦力作用的外层金属发生较均匀的变形。如果强度较低，则其内层金属容易流动，造成内外层金属较大的不均匀流动。如图4-13所示为难、易挤压的两类金属的流动特性在挤压过程中的变化。若将挤压筒内的坯料分为V_1变形区，V_2“死区”，V_3弹性变形区的话，则开始挤压时，两种金属的V_2区

相当，易挤压金属形成的 V_3 区要大一些，到挤压末期，两种金属的形状几乎相同。

2. 摩擦及润滑的影响

金属与工具表面（挤压筒，垫片，模子）之间的摩擦情况对其流动的影响是很大的。如果挤压时的单位压力很大，则摩擦力也很大，金属可能粘附在工具上。特别是用表面粗糙，或已有磨损的挤压筒挤压时，金属流动会非常不均匀。而这一切都与金属挤压时的润滑状态有关。

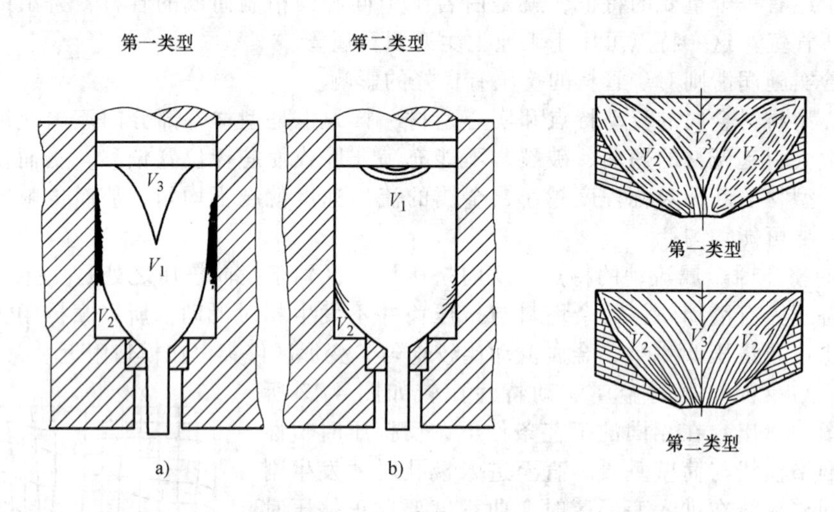

图 4-13　金属在挤压开始与末期两种类型的流动示意图

a）易挤压的金属　b）难挤压的金属

根据摩擦力 T 和挤压力 P 之间的关系，可以得出实现挤压过程所需挤压力 P 为

$$P=R_s+T_t+T_z+T_a \tag{4-4}$$

式中　R_s——不考虑外摩擦时挤压变形所需的（N）；

T_t——挤压筒侧壁上的外摩擦力（N）；

T_z——变形区压缩锥部分侧表面上的外摩擦力（N）；

T_a——模子定径带表面上的摩擦力（N）。

令

$$T=T_t+T_z+T_a$$

则

$$\frac{R_s}{P}=\frac{R_s}{R_s+T} \tag{4-5}$$

式（4-5）在一定程度上反映了挤压时金属流动的不均匀程度。在其他条件不变的情况下，R_s 越大或 T 越小，则金属流动越均匀。

综上所述，摩擦作用对金属流动有不良的影响。然而，摩擦作用在某些场合下是有利的，如挤压管材时，由于坯料中心部分金属受穿孔棒的摩擦力和冷却作用，减缓了其流动速度，使得整个变形区内各部分金属的流动比挤压棒材时均匀，形成的缩尾也小，压余量只占坯重的 3%～5%，比挤压棒材时少 1/2～1/4。在挤压异型材时，我们也可利用不同长度的定径带，进而产生不同程度的摩擦力来调整型材断面上各部分金属从模孔的流出速度。

由于摩擦作用对挤压的不良影响，在挤压过程中必然要进行润滑。润滑挤压是指在挤压筒及模孔表面和穿孔棒上涂以润滑剂然后进行挤压的过程。润滑有两大作用：一是减小摩擦，使金属的流动趋于均匀；二是防止某些黏性较大的金属黏结工具，以提高产品的表面质量。

3. 温度对金属流动的影响

所谓温度包括两方面即坯料温度和挤压工具温度。它们对金属流动的影响通过以下 4 个

方面来实现。

（1）改变金属的性能　一般来说随着温度增加，金属的强度降低、塑性上升，流动趋于不均匀。就强度而言，强度越高，由于变形抗力大，因变形摩擦产生的热量也大，坯料的温度分布变化也大，从而影响了流动均匀性，而另一方面，强度越高，外摩擦对金属流动的影响相对来说要小一些，因此流动较均匀。所以应根据每一种金属与合金的具体情况，选择合理的加热挤压制度，使金属的流动尽量均匀。

（2）对导热性的影响　随着温度的升高，金属的导热性就会下降，使得坯料断面温度与变形抗力分布不均。同时，在其他条件都相同的条件下，金属导热系数越高，流动越均匀。如图 4-14 所示为纯铜和黄铜的测定结果。由于纯铜导热性能良好，传热系数最高，不论在空气中还是在挤压筒内停留一段时间后，沿锭坯径向上的温度分布与硬度分布均较均匀。而传热系数低的黄铜，温度分布与硬度分布很不均匀，显然，其流动不均匀的程度较纯铜要严重。另外，在润滑挤压时，润滑剂的导热性（或绝热性）对于坯料断面的温度分布是有影响的。一般来说绝热性能好的润滑剂有利于保持坯料断面温度的均匀分布。

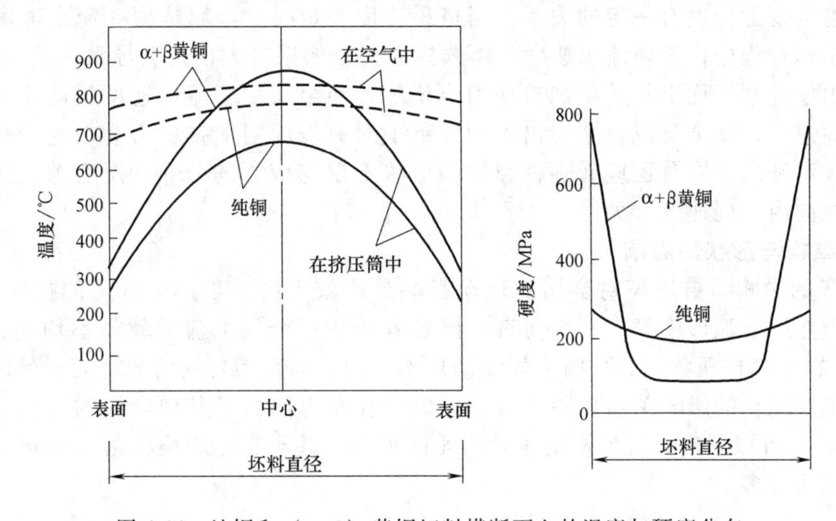

图 4-14　纯铜和（α+β）黄铜坯料横断面上的温度与硬度分布

（3）相变的影响　如果温度变化幅度大，对于某些金属来说会发生相变，从而改变金属的流动特性，影响金属的流动。比如 H62 黄铜在 453℃以下是 α+β′相，而β′相的高温塑性差，在 450～800℃为 α+β相，此时塑性较好，强度也不低，流动比较均匀。而在 800℃以上时为单相β，塑性很好，但强度低，所以挤压时流动不均匀，容易产生缩尾。因此 H62 黄铜一般在 650～800℃间挤压。从 H62 相变的特征可以看出：凡相变导致强度提高、塑性降低的，均有利于金属流动均匀，然而，如果塑性过于降低，在热挤时会产生破断。为此挤压温度的选择应考虑使金属能在强度高塑性又不低的相区内变形。

（4）摩擦条件变化的影响　摩擦条件的变化在很大程度上是温度变化所致。对于镍基合金由于温升而产生很多氧化皮，而由于镍基的氧化皮摩擦系数大，因而使挤压时的外摩擦作用增加，又进一步引起变形金属的温升而使黏结工具的现象加剧，结果不但加剧了金属流动的不均匀性，还会造成产品表面划伤。

挤压筒的温度对金属流动也有影响。一般情况下，随着挤压筒的温度升高，金属流动趋于均匀。原因是挤压筒的温度提高后，除了增大摩擦系数，影响流动均匀性外，主要是使坯料的内外层温差减小，变形抗力趋于一致，从而使流动趋于均匀，而后者的影响占主导地位。因此，对纯铜，黄铜、镁合金等金属与合金均采用预热和加热挤压筒的方法，使挤压筒保持

在一定温度下工作，对金属的流动有利。但是不同的材料使用挤压筒的温度是不同的，也不是温度越高越好。

4. 变形程度和挤压速度的影响

当铸锭直径不变时，随着模孔减小，外层金属向模孔中流动的阻力增大，从而加大了内外层金属的流动速度差。然而当变形的不均匀性增加到一定程度后，剪切变形深入内部而开始向均匀方面转化。如图 4-15 所示，当变形程度在60%左右时产品内外层的力学性能分布差别最大，随后当变形程度逐渐增大时，内外层差距逐渐减小，当变形程度达到90%时，由于变形深入到坯料内部而使其性能趋于一致。内外层没有差别，因此生产过程中如果挤压后不再进一步塑性加工，则变形程度最好不小于 90%，以保证产品断面上的力学性能均匀一致。

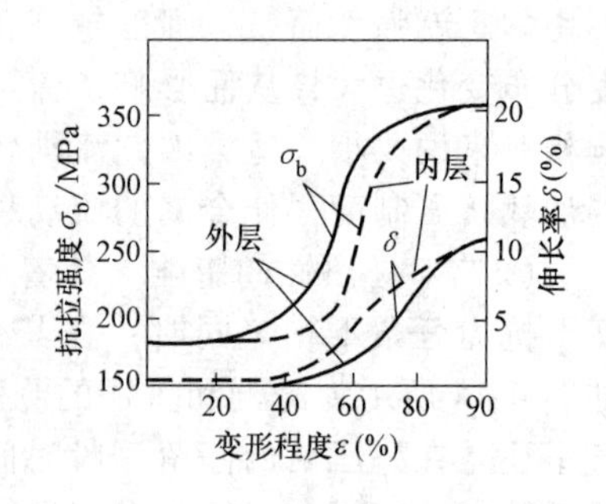

图 4-15 挤压制品力学性能与变形程度间的关系

挤压速度与变形程度有一定的关系，当挤压速度一定时，金属从模孔流出速度与 λ 成正比增加。在挤压过程中，金属流出速度必须选择适当，如果过大，则会导致不均匀流动加剧，金属外表面由于外摩擦而引起的附加拉应力也增加，当金属由于流出速度提高而产生的热量来不及逸散而过热，使金属或合金超出了塑性范围时，表面附加拉应力会引起产品产生周期性的周向裂纹和破裂。同时还应看到，裂纹的形状不仅与应力的分布状况有关，还与金属流出速度及裂纹向内扩展速度有关。

5. 工具结构与形状的影响

（1）模子的影响　挤压模对金属的流动影响是比较大的。生产中常用的挤压模有平模、锥模两种，当然还有弧形模等。一般而言，模角 α 越大，金属的流动就越不均匀，当模角 α 等于 90°时，即平模挤压状态，此时金属流动最不均匀，而且随着模角的增大，死区高度也逐渐增加。模角对流动的影响关系见图 4-16。死区的存在也阻碍了其他金属的流动，使变形不均匀，由图 4-17 可以看出，锥形模挤压时的死区很小，甚至完全消失，因此坯料表层金属比平模时容易流动得多。

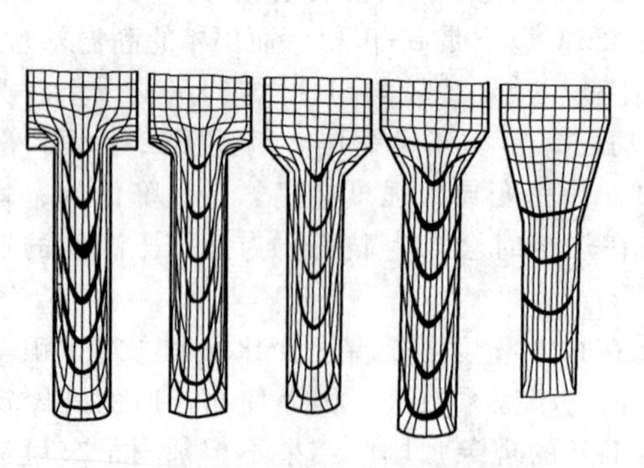

图 4-16 模角对挤压时流动的影响

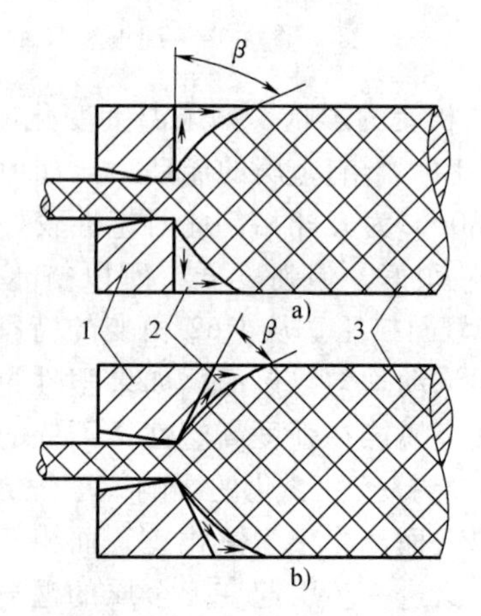

图 4-17 用平模与锥形模挤压形成死区体积的示意图

1—模子 2—死区 3—锭坯

金属由变形区压缩锥进入定径带时，如图 4-18 所示，常在定径带处出现细颈（非接触变形）。这主要是因为金属在流动时不能做急转弯运动，特别是金属由压缩锥进入定径带时的速度最大，更难以急转弯，金属的这种流动特性与液体流动的性质是相同的。当金属出了模孔

后，细颈由于弹性变形而消失，但由于发生非接触变形，可能会引起产品的外形不规整。因此，在模子的压缩锥到定径带的过度部分处应做出圆角，且要有一定长度的定径带。

（2）垫片的影响　垫片有平面、凸面、凹面三种。采用凹面形挤压垫可稍许增加金属的流动均匀性。因为在填充挤压时锭坯外层的金属先变形，从而部分地平衡了横断面上的流速差。

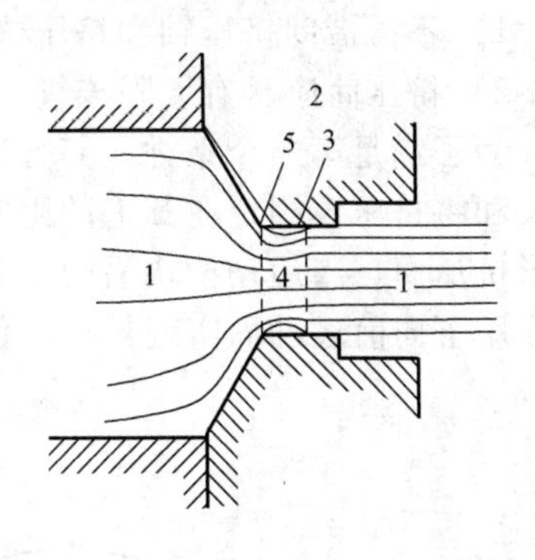

图 4-18　工作带内的金属非接触变形
1—金属　2—模子　3—工作带
4—非接触变形区　5—工作带入口带锐角

挤压垫工作面形状对金属流动的影响不明显的原因，在于挤压垫内的金属不变形。当金属充满了此凹形空间，整个锭坯的流动条件与平面垫实际上是一样的。凹面垫不仅机加工麻烦，还增加了挤压的压余量，因此，除了锭接锭挤压法使用它之外，广泛采用的还是平面挤压垫。

（3）挤压筒的影响　对于宽厚比很大的产品，用圆的锭、坯挤压时金属的流动是很不均匀的，而且挤压力也大。因此生产中经常采用内孔为矩形的扁挤压筒。

通过上述对金属流动影响因素的分析，可以把它们归纳如下：属于外部因素的，有外摩擦、温度、变形程度以及工具形状等，属于内部因素的，有合金成分、金属强度、导热性和相变等。由此可见，影响金属流动的内因根结底是金属在产生塑性变形时的临界剪应力τ_s或屈服强度σ_s（$\sigma_{0.2}$）。各处的温度不同，则金属各点的τ_s和σ_s值也会不同。在同一外力作用下挤压时，温度高的锭坯内部金属的τ_s和σ_s值较小，先进入塑性状态开始流动；而外层金属由于冷却，τ_s和σ_s值较高，较难进入塑性状态，故流动得较晚。如欲获得较均匀的流动，最根本的措施是使锭坯端面上的变形抗力均匀一致。但是不论采取何种措施，只要存在变形区几何形状和外摩擦的作用，金属流动不均匀性总是绝对的，而均匀性是相对的。

4.4　连续挤压原理及特点

4.4.1　概述

与轧制、拉拔等加工方法相比，常规挤压（包括正挤压、反挤压、静液挤压）的主要缺点之一是生产的不连续性，一个挤压周期中非生产性间隙时间较长，对挤压生产效率的影响较大。并且，由于这种间歇性生产的缘故，使得挤压生产的几何废料（坯料压余与产品切头尾）比例大为增加，成材率下降。

连续挤压，是在 Fuchs（1970 年）和 Green（1971 年）先后提出利用黏性流体摩擦力挤压的方法和 Conform 挤压法以后才得以实现的。这些方法（包括部分半连续挤压法）大致可以分为两大类。第一类是基于 Green 的 Conform 连续挤压原理的方法，其共同特征是通过槽轮或链带的连续运动（或转动），实现挤压筒的“无限”工作长度，而挤压变形所需的力，则由与坯料相接触的运动件所施加的摩擦力提供。第二大类是源于 20 世纪 60 年代后期为了克服静液挤压生产周期中间隙时间过长，而试图使挤压生产连续化的努力。这一类方法的共同特点是，利用高压液体的压力或黏性摩擦力，或再辅之以外力作用，实现半连续或连续的挤压变形。所有这些方法中，Conform 连续挤压法是目前应用范围最广、工业化程度最高的方法。

4.4.2　Conform 连续挤压法

1. Conform 连续挤压原理

由于在常规的正挤压和反挤压中，变形是通过挤压轴和垫片将所需的挤压力直接施加于坯料之上来实现的，在挤压筒的长度有限、需要通过挤压轴和垫片直接对坯料施加挤压力来进行挤压的前提下，要实现无间断的连续挤压是不可能的。一般来讲，为了实现连续挤压，必须满足以下两个基本条件：

1）不需借助挤压轴和挤压垫片的直接作用，即可对坯料施加足够的力以实现挤压变形。

2）挤压筒应具有无限连续工作长度，以便使用无限长的坯料。

为了满足第一个条件，其方法之一是采用如图 4-19a 所示的方法，用带矩形断面槽的运动槽块和将挤压模固定在其上的固定矩形块（简称模块）构成一个方形挤压筒，以代替常规的圆形挤压筒。当运动槽块沿图中箭头所示方向连续向前运动时，坯料在槽内接触表面摩擦力的作用下向前运动而实现挤压。但由于运动槽块的长度是有限的，仍无法实现连续挤压。

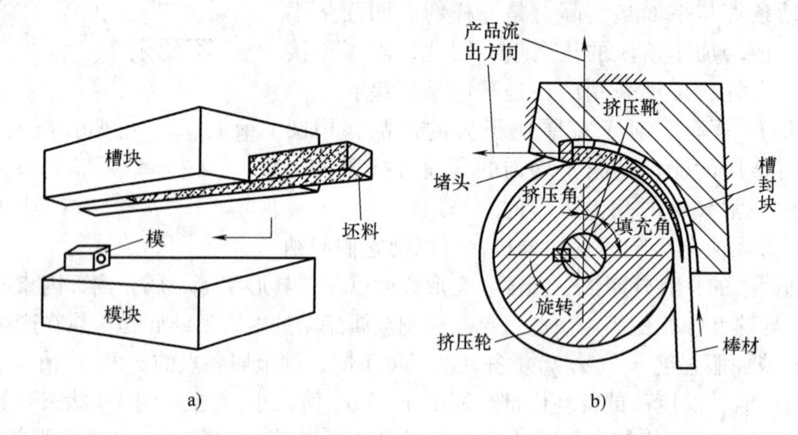

图 4-19　Conform 连续挤压原理图

为了满足上述的第二个条件，其方法之一就是采用槽轮（习惯上称为挤压轮）来代替槽块，如图 4-19b 所示。随着挤压轮的不断旋转，即可获得“无限”工作长度的挤压筒。挤压时，借助于挤压轮凹槽表面的主动摩擦力作用，坯料（一般为连续线杆）连续不断地被送入，通过安装在挤压靴上的模子挤出成所需断面形状的产品。这一方法称为 Conform 连续挤压法，是由英国原子能局（UKAEA）斯普林菲尔德研究所的格林（D. Green）于 1971 年提出来的。

2. Conform 连续挤压金属变形行为

（1）金属流动过程　Conform 连续挤压时，由挤压轮、挤压模、挤压靴构成大约为四分之一至五分之一圆周长的半封闭圆环形空间（该长度可根据需要进行调整），以实现常规挤压法中挤压筒的功能。为了区别于常规挤压法的情形，一般将这种具有特殊结构和形状的挤压筒称为挤压型腔。

如图 4-20 所示，稳定挤压阶段挤压型腔内的金属流动变形过程可分为两个阶段：填充变形阶段和挤压变形阶段。在填充变形阶段，圆形坯料在外摩擦力的作用下被连续拽入挤压型腔。随着挤压轮的转动，圆形坯料与凹槽的侧壁和槽封块的接触面积逐渐增加，金属逐渐向型腔的角落部位填充，直至矩形断面被完全充满，填充过程完成。从坯料入口至型腔完全被充满的区段称为填充段（或填充区），所对应的圆心角称为填充角。

填充完成后，金属继续向前流动，到达堵头附近时所受到的压应力（平行于挤压轮切向的应力）达到最大。当挤压型腔足够长时，模孔入口附近的压力值（可高达 1000MPa 以上）足以迫使金属流入设在堵头或槽封块上的进料孔，最终被迫通过安装在挤压靴内的模子实现挤压变形。由于挤压变形所需的变形功主要来自从型腔被完全充满到进料孔之间的区段内作用在金属表面的摩擦力所做的功，故将该区段称为挤压段（或称挤压区），所对应的圆心角称为挤压角。

稳定挤压成形时模孔附近所需压力的大小依挤压条件（例如挤压比）的不同而发生变化。

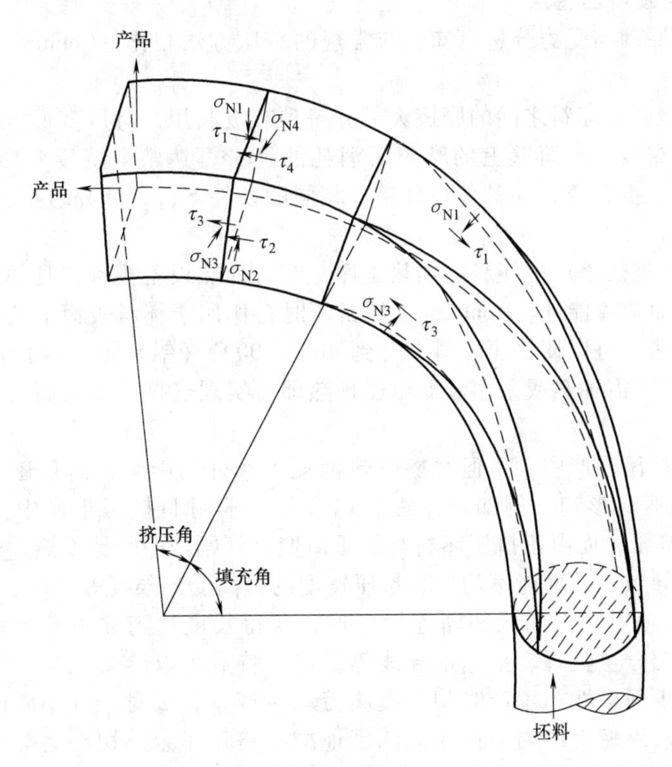

图 4-20　挤压型腔内金属流动变形过程与受力分析

由图 4-20 不难推断，即使在挤压轮直径、凹槽尺寸、槽封块的包角等不变时，挤压段所需长度会随其他挤压条件的不同而产生变化。因此，在进行挤压模具设计时，需要考虑挤压条件可能的变动范围，确定挤压段的最小所需长度。

（2）变形金属受力分析　挤压型腔内变形金属的受力情况如图 4-20 所示。位于挤压轮缘上的凹槽槽底和两个侧壁作用在金属接触表面上的摩擦应力方向与金属流动方向相同，而槽封块作用在金属上的摩擦力与金属流动方向相反。因此，挤压轮旋转时，凹槽槽底部分作用在金属表面上的摩擦力（τ_2）的方向与槽封块（固定在挤压靴上）作用在金属表面上的摩擦力（τ_1）的方向相反，作为粗略估计，可以认为二者数值大小近似相等，相互抵消，对挤压塑性变形功没有贡献，但具有使变形金属温度升高的作用；而凹槽两个侧壁上的摩擦力（τ_3 和 τ_4）的合力，构成实现挤压变形所需的挤压力，提供整个变形过程的塑性变形功。

由连续挤压变形和受力特点可知，挤压型腔内变形金属横断面上的压应力（平行于挤压轮缘切线方向的应力）越靠近模孔越大。理论分析表明，与横断面上压应力的变化规律相同，变形金属内各点的静水压力、凹槽侧壁与槽封块上所受到的正压力也随着靠近模孔而迅速增加。

需要指出的是，图 4-20 关于挤压时的金属受力模型，是一种较为理想的状态。实际挤压成形时，尤其是铝和软铝合金的挤压成形时，由于强烈的摩擦热和变形热作用，金属处于完全热变形状态，凹槽表面与变形金属之间产生完全黏着摩擦状态，形成较薄的黏塑性剪切变形层。这种全黏着摩擦状态，确保槽轮与变形金属之间不容易产生打滑，从而将杆状坯料连续、稳定地拽入挤压型腔中。

此外，由于实际密封上的原因，槽封块与挤压轮缘之间、堵头与凹槽侧壁之间均存在由于金属泄漏而产生的强摩擦作用。在进行挤压力、挤压功耗计算时，必须充分考虑这一影响因素。

3. Conform 连续挤压特点

根据上述成形原理与受力分析可知，与常规的挤压方法相比，Conform 连续挤压具有以下几个方面的优点：

1）由于挤压型腔与坯料之间的摩擦大部分得到有效利用，挤压变形能耗大大降低。常规正挤压法中，用于克服挤压筒壁上的摩擦所消耗的能量可达整个挤压变形能耗的 30%以上，有的甚至可达 50%。据计算，在其他条件基本相同的条件下，Conform 连续挤压可比常规正挤压的能耗降低 30%以上。

2）可以省略常规热挤压中坯料的加热工序，节省加热设备投资，且如上所述，可以通过有效利用摩擦发热而节省能耗。Conform 连续挤压时，作用于坯料表面上的摩擦所产生的摩擦热，连同塑性变形热，可以使挤压坯料上升到 400~500℃（铝及铝合金）甚至更高（铜及铜合金），以至于坯料不需加热或采用较低温度预热即可实现热挤压，从而大大节省挤压生产的热电费用。

此外，在常规挤压生产中，不但摩擦发热消耗了额外的能量，而且还可能给挤压生产效率与产品质量带来不利影响。例如，在铝及铝合金工业材料挤压生产中，一般需要加热到 400~500℃进行热挤压，而由于挤压坯料与挤压筒壁之间剧烈的摩擦发热，往往导致变形区内温度的显著升高，导致产品性能不均匀、挤压速度的提高受到限制等问题。

3）可以实现真正意义上的无间断连续生产，获得长度达到数千米乃至数万米的成卷产品，如小尺寸薄壁铝合金盘管、铝包钢导线等。这一特点可以给挤压生产带来如下几个方面的效益：①显著减少间歇性非生产时间，提高劳动生产率；②对于细小断面尺寸产品，可以大大简化生产工艺、缩短生产周期；③大幅度地减少挤压压余、切头尾等几何废料，可将挤压产品的成材率提高到 90%以上，甚至可高达 95%~98.5%；④大大提高产品沿长度方向组织、性能的均匀性。

4）具有较为广泛的适用范围。从材料种类来看，Conform 连续挤压法已成功地应用于铝及软铝合金、铜及部分铜合金的挤压生产；坯料的形状可以是杆状、颗粒状，也可以是熔融状态；产品种类包括管材、线材、型材，以及以铝包钢线为典型代表的包覆材料。

5）设备紧凑，占地面积小，设备造价及基建费用较低。

由上所述可知，Conform 连续挤压法具有许多常规挤压法所不具有的优点，尤其适合于热挤压温度较低（如软铝合金）、小断面尺寸产品的连续成形。然而，由于成形原理与设备构造上的原因，Conform 连续挤压法也存在以下几个方面的缺点：

1）对坯料预处理（除氧化皮、清洗、干燥等）的要求高。实际生产表明，线杆进入挤压轮前的表面清洁程度，直接影响挤压产品的质量，严重时甚至会产生夹杂、气孔、针眼、裂纹、沿焊缝破裂等缺陷。

2）尽管采用扩展模挤压等方法，Conform 连续挤压法也可生产断面尺寸较大、形状较为复杂的实心或空心型材，但不如生产小断面型材时的优势大。这主要是由于坯料尺寸与挤压速度的限制，生产大断面型材时 Conform 连续挤压单台设备产量远低于常规正挤压法。

3）虽然如前所述 Conform 连续挤压产品沿长度方向的组织、性能均匀性大大提高，但由于坯料的预处理效果、难以获得大挤压比等原因，采用该法生产的空心产品在焊缝质量、耐高压性能等方面不如常规正挤压-拉拔法生产的产品好。这一缺点限制了连续挤压生产对于某些本应具有很大优势的产品的应用。

4）挤压轮凹槽表面、槽封块、堵头等始终处于高温高摩擦状态，因而对工模具材料的耐磨耐热性能要求高。

5）由于设备结构与挤压工作原理上的特点，工模具更换比常规挤压困难。

6）对设备液压系统、控制系统的要求高。

4. Conform 连续挤压工艺

挤压铝及软铝合金产品时，凹槽、轮缘和槽封块表面容易黏结金属，依靠摩擦发热及变形热，可使变形金属的温度由室温状态很快上升至250~450℃，挤压模进料孔附近甚至可达500℃以上，达到热挤压状态，获得软态产品。

挤压铜及铜合金产品时，由于铜不容易黏结在工具表面，坯料与凹槽侧壁之间不易形成黏着摩擦，因而所需填充段与挤压段的长度比挤压铝及铝合金时的长。

Conform 连续挤压时，坯料在挤压型腔内受到剧烈的剪切作用，金属流动较紊乱，且挤压模进料孔前的死区很小，很难获得常规正挤压死区阻碍坯料表皮流入产品之中的效果。此，采用连续杆状坯料（盘杆）挤压时，为了防止坯料表面的油污、氧化皮膜流人产品之中，一般需要对坯料进行预处理。预处理的方法分为脱线处理和在线处理，在线处理又分为机械清刷法和超声波清洗法。

杆坯的脱线处理方法一般是将成卷杆坯浸泡在清洗液中，通过清洗液与表面的化学作用除去油污与氧化皮膜。例如，对于铝及铝合金杆坯，通常采用质量分数为4%~6%NaOH溶液作清洗液。这种方法具有清洗效果好、生产安排灵活（预处理与生产线分离）等优点，但存在金属损耗大（最大可达1%）、漂洗困难、预处理后的管理要求严等缺点。

采用在线清洗法进行预处理时，Conform 连续挤压工艺流程如图4-21所示。常用在线预处理方法有两种：机械清刷法与超声波清洗法。机械清刷法采用钢丝刷或高强树脂质毛刷对杆坯表面进行清理，如霍尔顿（Holton）机械设备公司采用在主机前布置4对互成90°的钢刷对杆坯表面进行清理的方式。该方式具有耐用、除污效果较好等优点，但也存在清洗效果稳定性欠理想（主要取决于杆坯的清洁状态），脱落、折断的钢丝有可能被带入挤压型腔，影响产品质量等缺点。

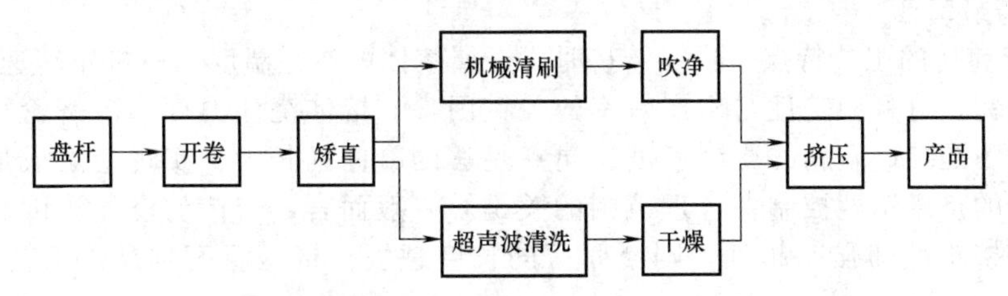

图4-21　盘杆坯料在线清洗 Conform 连续挤压工艺流程

超声波清洗法是使盘杆开卷、矫直后通过清洗液，附加超声波振动以除去表面油污、尘垢。巴布科克（Babcock）线材设备公司制造的连续挤压设备即采用超声波预处理方式。常用超声波清洗剂分为以碱性物质为主要成分的碱性液和以活化剂为主要成分的水基液两类。超声波清洗具有除污效果好、金属损耗小等优点，其最大的缺点是清洗能力难以满足高速连续挤压的要求。增加清洗槽的长度是提高清晰能力的有效措施，但这会增加超声设备的复杂程度、设备的占地和投资。

4.4.3　连续铸挤

1. 连续铸挤原理

连续铸挤技术（Castex）是由英国 Alform 公司于1983年首先提出，霍尔顿公司联合其他公司于1986年将其应用于工业规模生产的。该技术的基本工作原理如图4-22所示，是将连续铸造与 Conform 连续挤压结合成一体的新型连续成形方法。坯料以熔融金属的形式通过电磁泵或重力浇注连续供给，由水冷式槽轮（铸挤轮）与槽封块构成的环形型腔同时起到结晶器和挤压筒的作用。

由凝固靴和挤压靴的工作区长度对槽轮形成的包角（称为铸挤角）是影响连续铸挤的重要参数，可在90°~180°之间变化。为有利于设备的合理结构和平面布置，常用的铸挤角有90°（见图4-23）和180°（见图4-22）两种形式，也有采用120°铸挤角的报道（见图4-24）。采用180°铸挤角工艺稳定性较好，控制较为容易，可以采用较快的转速进行挤压；可以获得较大的挤压力，实现较大断面或较大压缩比产品的生产，但工模具热负荷较大，挤压能耗较大。反之，90°铸挤角时工艺稳定性控制难度较大，挤压力较小；为了获得足够长度的凝固区，需要采用较低的转速进行铸挤，工模具工作条件较好，挤压能耗较低。

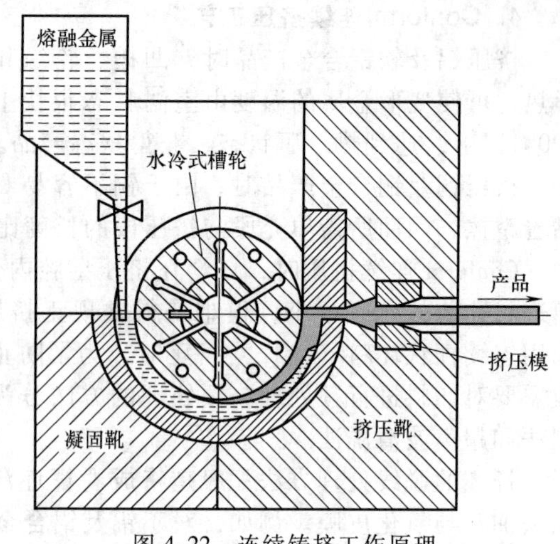

图4-22 连续铸挤工作原理

与通常的Conform连续挤压法相比，连续铸挤法具有如下优点：

1）由于轮槽中的金属处于液态与半固态（凝固区）或接近于熔点的高温状态（挤压区），实现挤压成形所需能量消耗低。

2）金属从凝固开始至结束的过程中，始终处于变形状态下，相当于在凝固过程中对金属施加了一个搅拌外力，因而有利于细化晶粒，减少偏析。

3）直接由液态金属进行成形，省略坯料预处理等工艺，工艺流程简单，设备结构紧凑。

2. 连续铸挤工艺

（1）连续铸挤的工艺特点　连续铸挤时，金属熔体的浇注温度、铸挤轮转速与冷却强度、铸挤角是影响铸挤过程稳定性与生产效率的关键因素。熔体浇注温度、铸挤轮转速与冷却强度的合理匹配，是控制金属的凝固速度，建立足够的凝固区长度，实现稳定成形的前提，也是将模孔附近的挤压温度控制在合理范围的关键。一般而言，熔体的浇注温度越高，铸挤轮转速越快，铸挤轮冷却强度越低，则凝固区的长度越短，挤压温度越高，工艺稳定性越差。反之亦然。

如前节所述，铸挤角也是影响连续铸挤工艺稳定性的重要参数，但为了有利于铸挤设备结构合理和平面布置方便，一般采用90°和180°两种铸挤角。

连续铸挤可以用来生产各种铝及铝合金管材、实心和空心型材，与Conform连续挤压法相比，工艺更简单，节能效果更加显著，但由于凝固过程的存在，导致生产稳定性较差，生产效率较低。由于连续铸挤过程中金属凝固时排气排渣条件较差，不太适合于对致密性要求高的导体材料、高耐压和高耐蚀性空心产品的生产。工艺稳定性较差，生产效率较低，产品致密性较差，是连续铸挤未能取代Conform连续挤压法获得大规模应用的主要原因。

作为克服连续铸挤过程中凝固速度较慢的缺点，提高生产效率，国外报道了采用连铸连挤替代连续铸挤。连铸连挤将连续铸挤的凝固过程和挤压过程独立为两部分，主要由一台棒材连铸机和一台Conform连续挤压机构成，连铸棒材在保持高温状态下直接进入Conform连续挤压机。该工艺保留了连铸和连挤各自的优势，克服了Castex和Conform各自的缺点。因此，这种连铸连挤工艺可以理解为是第二代的Castex连续铸挤工艺，也可以认为是第二代的Conform连续挤压工艺。

（2）特种合金线材连续铸挤　金属连续铸挤时包括熔体（液态金属）冷却凝固、半固态变形、固态成形三个过程。由于金属在型腔内受到来自于轮槽表面和靴体上槽封块表面的不

同方向的摩擦力作用，因而液态金属和部分凝固的半固态金属受到附加搅拌作用，而已完全凝固金属继续受到强烈的剪切变形作用。利用这一特点，连续铸挤法可用来生产含有特殊成分、高合金含量（如高硅、高铁含量）的特种铝合金材料。

Al-Ti-B合金线材是变形铝合金铸坯生产时广泛使用的晶粒细化剂，Al-Sr合金线材是Al-Si系铸造铝合金的理想细化剂。采用连续铸挤法从合金熔体直接生产Al-Ti-B、A-Sr等特种合金线材（最终产品），与半连铸-挤压、连铸连轧等生产工艺相比，既有利于大幅度简化工艺，节约能耗和降低成本，还可利用连续铸挤过程的凝固和变形特点，促进合金中$AlTi_3$、Al_4Sr颗粒呈细小均匀分布，防止TiB_2颗粒的偏聚。同样的理由，连续铸挤还适合于各种铝合金焊丝的生产。

为了确保挤压开始时线材顺利从模孔挤出，在较短的时间内建立稳定的生产工艺，铸挤前需对铸挤靴进行预热，以使挤压温度尽快达到稳定状态。

（3）包覆材料连续铸挤　铝包钢复合线广泛应用于电力输送、通信线缆等领域。铝包钢线的直径较小、铝包覆层的厚度较薄，采用连续铸挤法成形铝包钢线，可以克服铝及铝合金线材、管材和型材连续铸挤生产效率较低的问题，是一种工艺简单、低成本的方法，具有较大的发展空间。

采用连续铸挤生产铝包钢线等一类包覆材料时，其包覆成形设备一般采用切向浇注，切向挤出成形（铸挤角为90°）的结构形式，如图4-24所示为铝包钢复合线铸挤成形示意图。

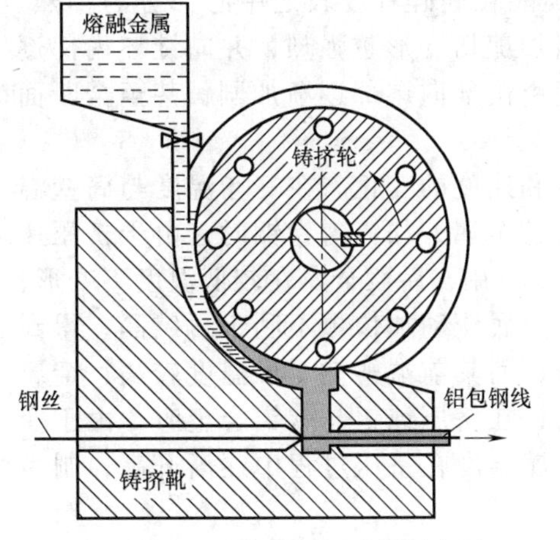

图4-23　连续铸挤包覆成形示意图

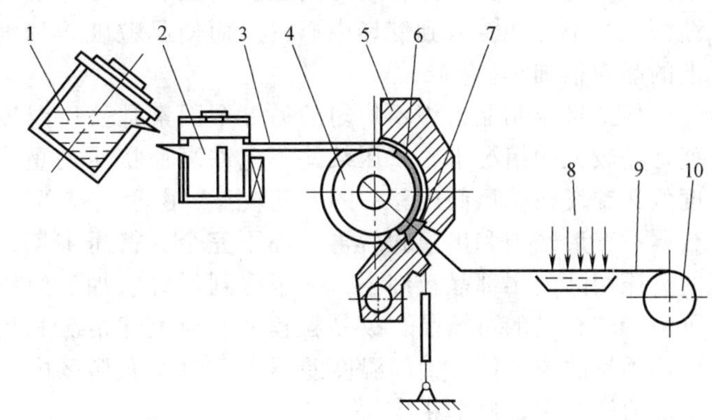

图4-24　卧式连续铸挤设备组成示意图

1—熔化炉　2—保温炉　3—流槽　4—铸挤轮　5—铸挤靴　6—槽封块　7—挤压模　8—冷却　9—产品　10—卷取

钢丝预热是连续铸挤法生产铝包钢线的关键。无预热钢丝导致铝包覆层与钢丝接触时的温度急剧降低，显著影响铝和钢之间的界面结合强度；预热温度过高则会增加钢丝表面的氧化程度，同样不利于界面结合。有研究报道，钢丝合适的预热温度为350℃左右，考虑到实际生产中连续铸挤速度较低，钢丝的直径较小，钢丝加热后进人挤压包覆区过程中可产生较大的温度下降，实际的预热温度可取400~450℃。

模具内金属温度（挤压温度）是影响铝和钢之间界面结合质量的另一个重要因素。挤压温度太低，不利于界面的啮合和元素的相互扩散，界面结合强度下降；挤压温度过高，则会因为铝钢反应在界面上形成多种FeAl系金属间化合物，使界面变脆，结合强度下降。对于包覆层为纯铝的情形，较为合适的挤压温度范围为450~500℃。

在可能的条件下，采用较高的挤压温度，同时通过模具设计和提高铸挤速度等措施，缩

短铝和钢线在高温下的接触时间，有利于改善界面结合质量，防止脆性相的形成。

与连续铸挤生产管线材或型材时的情形相同，铸挤靴预热是保证挤压初期铝包钢线顺利挤出、较快建立稳定生产工艺的重要措施，预热温度范围为400~500℃。

4.5 挤压制品的组织性能及质量控制

4.5.1 挤压制品的组织

金属材料显微组织参量包括：晶粒平均尺寸，亚晶平均尺寸，晶粒形状，亚晶尺寸与取向差，材料不均匀粒度的特征与程度，织构的存在与形式等。

1. 挤压制品组织的不均匀性

与其他热加工方法相比较，挤压制品组织的特点是，组织在其断面上与长度方向上分布都很不均匀。一般来说，总是沿制品长度前端晶粒粗大后端细小，沿断面径向上中心处晶粒粗大外层细小。

挤压制品的组织在断面上和长度上的不均匀性，主要是由于变形不均匀引起的。由前述已知，变形程度是由制品的中心向外层，由头部向尾部逐渐增加的。锭坯被挤压垫推进时，外层金属在进入塑性变形区之前就已承受挤压筒壁的剧烈摩擦作用，产生了附加剪切变形，进入塑性变形区后，外层金属进入剧烈滑移区，与中心部分的金属变形程度不同。沿径向上的变形不均匀，必然导致金属的组织不均匀，外层金属晶粒破碎程度较之中心部分的剧烈。显然，承受挤压筒摩擦作用时间越长的锭坯部分外层附加剪切变形越强烈，并向锭坯内部逐渐深入甚至可能深入到锭坯中心，从而使晶粒破碎程度由头部向尾部逐渐加剧，甚至全断面上的晶粒很细小。

导致挤压制品组织不均匀的另一个因素是挤压温度和速度的变化。在锭坯温度与筒壁温度之差较大的情况下，挤压某些不允许高速挤压的重有色金属，如锡磷青铜时，由于挤压速度低，锭坯在挤压筒内移动的时间较长。由于筒壁的冷却作用，后段金属在较低温度下变形，金属在变形区内和出模孔后再结晶不完全，挤压末期，金属流动加快更不利于再结晶，得到的挤压制品内尾部晶粒细小，甚至得到纤维状加工组织；而其前端塑性变形温度较高，金属可进行较充足的再结晶，故晶粒较大。与上述情况相反，在挤压纯铝与软铝合金时，由于变形热不易散失，筒、锭间温度差不大，致使变形区内金属温度在挤压过程中逐渐升高，制品组织前端细小，尾部粗大。

在挤压具有相变的合金时，由于温度的变化使合金有可能在相变温度下变形，造成组织不均匀。

2. 挤压制品的粗大晶粒组织

晶粒粗大一般只在局部出现，这样的制品组织具有明显的不均匀晶粒尺寸而被称为晶粒不均匀或组织不均匀。

(1) 粗晶环的分布规律　用单孔模挤压铝合金棒时，由于模孔距挤压筒壁的距离相等，则在淬火后形成的粗晶环均匀地分布在周边上。

多孔模挤压圆棒经淬火后，粗晶环出现在局部周边上，呈月牙形。局部周边上的月牙形粗晶环依模孔数不同而略有差别。模孔数少，月牙形粗晶环较长，模孔数多则月牙形粗晶环短。

型材或异型棒材断面上的粗晶环分布不均匀。在型材角部或转角区，粗晶环的厚度较大、晶粒较粗。

对于挤压制品断面上沿径向分布的规律为：靠近挤压筒壁的部分出现较厚粗晶环，工件带摩擦阻力较大的部分具有较厚粗晶环；较厚粗晶环处的晶粒比较粗大。沿挤压制品长度方

向上的粗晶环厚度的分布规律是头部薄尾部厚，严重情况下会在全断面上出现粗晶组织。

（2）粗晶环的形成机理　粗晶环产生的部位常常是金属材料承受剧烈附加剪切变形的部位。

对纯铝、软铝合金以及镁合金（MB15），在挤压过程中其外层晶粒承受较内部更加剧烈的附加剪切变形，且沿制品纵向上尾部较头部的要剧烈得多。对于承受外摩擦强烈和承受外摩擦时间长的部位的金属附加剪切变形都比较大，其晶粒破碎和晶格歪扭的程度也比较剧烈。因此，该部位金属处于热力学不稳定状态，即界面能高，从而降低了该部位的再结晶温度。有的研究者指出，制品周边层的完全再结晶温度比中心部分的要低35℃左右，使晶粒形核长大的驱动力提高。纯铝和软铝合金挤压温度较高，挤压速度较快，出口温度也较高，在二次再结晶时，周边层优先产生晶粒的吞并长大而出现粗晶环。挤压温度越高，粗晶环越厚。

由于热挤压时的挤压比大、挤压温度高，塑性变形的多边化结果使组织稳定。在强大应力作用下，部分第二相，如$MnAl_6$、$CrAl_7$等以弥散质点状态析出并聚集在晶界上。弥散质点的析出使晶粒形核率和长大速率都下降；再结晶温度提高，也阻碍了晶粒的长大与聚集，于是得到了部分金属化合物析出并聚集在晶界上的不完全析出组织。淬火加热时，由于温度高，析出的第二相质点又重新溶解，使阻碍晶粒长大的作用消失，于是，制品表面层细小晶粒区的晶核有了长大聚集的条件，形成粗大晶粒。

（3）形成粗晶环的影响因素

1）合金元素。铝合金粗晶组织的产生与含有一定量的锰、铬、钛和锆等元素及其不均匀分布有关。研究发现，当锰的质量分数在0.2%~0.6%时，出现的粗晶环厚度最大；继续增加锰含量时，粗晶环减少以至完全消失。例如，在w（Mn）=0.56%的合金中，在500℃加热时出现粗晶环，而在w(Mn)=1.38%的合金中，则在高达560℃的加热温度下才出现粗晶环。这是由于锰含量增加时，在合金中保持相应浓度的$MnAl_6$质点的温度较高，改变了晶核剧烈长大的温度。因此，合金中锰含量的增加不可能避免粗晶环的形成，而只是提高了其形成温度。若保持淬火加热温度不变，则可通过增加锰含量来防止粗晶环生成。

2）铸锭均匀化。均匀化热处理对不同铝合金的影响不同。均匀化温度一般是470~510℃。在此温度范围内，LD2一类合金中的Mg_2Si相会大量溶入基体金属；而LY12一类合金中的$MnAl_6$，却从基体金属中大量析出。析出的$MnAl_6$相质点在均匀化时大大削弱对再结晶的抑制作用，同时，析出并聚集长大以后的$MnAl_6$质点抑制再结晶的作用更弱。由于锰对铝合金进行均匀化以后会促使粗晶环增厚，而且均匀化的温度越高、时间越长，粗晶环会越厚，因此，对含锰的LY12等硬铝合金铸锭可根据具体情况进行不均匀化处理。对不含锰的铝合金，铸锭均匀化对粗晶环的产生影响不大，即无论均匀化与否，淬火加热过程中的制品内都存在粗晶环。

3）挤压温度。挤压温度的影响与合金中锰含量、均匀化热处理制度有关。如果提高合金中的锰含量及铸锭均匀化热处理的温度，降低挤压温度，无疑是在挤压前使合金呈过饱和固溶体状态并加剧挤压变形过程中的第二相析出，促使淬火加热时粗晶环的生成。因此，对需淬火时效热处理强化的合金，尽量避免在合金两相区的温度条件下挤压。例如，在挤压LD7锻铝合金时，对一般用途的型棒材，锭坯加热温度为400~460℃，挤压筒温度为350~430℃，而对必须限制粗晶环尺寸的型、棒材，采用挤压温度440~460℃，挤压筒温度420~440℃。

4）应力状态。以金属间化合物质点形态$MnAl_6$存在的Mn，在合金中的扩散速度与合金的应力状态有关。压应力大的地方扩散速度低，而拉应力小的地方Mn的扩散速度高。其结果是，外层金属中析出的锰比中心部分的多，降低了对再结晶的抑制作用，产生一次再结晶。由于强化相弥散析出于晶界，才阻止挤压过程中的晶粒长大。为减小挤压时流动不均匀性，可采用较高的挤压筒温度，并尽量降低金属与工具间的摩擦，如反挤压法和润滑挤压法。

3. 挤压制品的层状组织

层状组织也叫片状组织。其特征是折断后的制品断口呈现出与木质相似的形貌。分层的断口凹凸不平并带有裂纹，各层分界面近似平行于轴线。继续压力加工或热处理均无法消除这种层状组织。它对制品纵向力学性能影响不大而使横向力学性能有所降低。

层状组织的产生，主要归因于铸造组织不均匀，如存在大量的气孔、缩孔，或是晶界上分布有未溶入固溶体的第二相质点或杂质。其次，由于挤压时，在强烈的两压一拉的主变形状态下，铸造组织内所存在的这些缺陷在周向上压薄、轴向上延伸，而呈层状。

防止层状组织的措施一般从改善铸造组织着手，如减少柱状晶区，扩大等轴晶区，同时使晶界上的杂质分散或减少。为此，针对不同合金的具体情况采用不同的方法。在铸造时，可采用高度不超过200mm的短结晶器来消除铝青铜内的层状组织。而对铝合金，减少合金中的氧化膜和金属化合物在晶内的偏析，可减少或消除层状组织。

4.5.2 挤压制品的力学性能

1. 挤压制品力学性能的不均匀性

由挤压变形与组织的不均匀性，必然会引起其挤压制品内力学性能的不均匀性。制品力学性能的分布规律一般是，未经热处理的实心挤压制品内部与前端的强度 R_m 与 $R_{p0.2}$ 较低，而外层与后端的较高。伸长率δ的变化则相反。如图4-25所示为挤压棒材横向与纵向上的抗拉强度的变化。对于铝及其合金来说，强度较高的铝合金制品性能分布如上所述，而纯铝与软铝合金的力学性能则是制品内部与前端强度高则伸长率低，外层与后端的强度低则伸长率高。不同变形程度时的性能不均匀性为：当挤压比 λ 较小时，制品内部与外层的力学性能不均匀性较为严重；当挤压比较大时，由于变形深入，制品性能的不均匀性减小；当挤压比很大时，内部性能基本一致。

挤压制品力学性能的不均匀性，也表现在制品纵向性能与横向性能的差异上。挤压时的主变形状态，使晶粒沿纵向延伸，同时，存在于晶间界面上的金属化合物、杂质、缺陷也沿挤压方向排列，也都使挤压制品内部组织呈现出具有取向性的纤维状组织，对提高纵向力学性能起着重要作用，从而使制品力学性能的各向异性较为严重。对空心管材，其断面上的力学性能分布原则与实心挤压棒材一样。但是当管材壁厚不大时，工具摩擦作用及较大的变形程度，使断面上的性能趋于均匀。

2. 挤压效应

某些工业用铝合金经过同一热处理-淬火与时效后，出现挤压制品纵向上的抗拉强度要比其他压力加工（轧制、拉伸或锻造）制品的高，而伸长率较低的现象。通常将此现象称为“挤压效应”。挤压制品的抗拉强度值与锻件、轧件的相比较，最大差值可达150MPa。应当指出，不适当的加工工艺，如使用一次挤压毛料作锭坯进行二次挤压、横向变形或任何方向的冷变形，都会降低甚至消除挤压效应。这些合金的挤压效应只是在使用铸造态锭坯进行一次挤压然后热处理时，才十分显著。

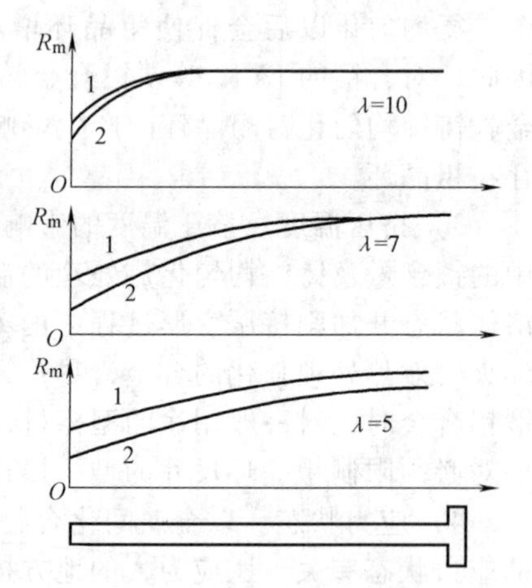

图4-25 镁合金棒材力学性能与变形程度的关系

1—外层 2—内层

为了确保制品挤压效应，生产中应正确考虑以下工艺参数，并应考虑合金元素含量。

（1）挤压温度 选择挤压温度来确保硬铝合金和LD2锻铝合金挤压效应，主要取决于锰含量。锰含量直接影响淬火前加热时制品组织能否发生再结晶和再结晶的程度。

对锰含量少的 LD2 锻铝合金，淬火前的高温加热能发生充分的再结晶。这种合金的性能与挤压温度的高低关系不大。对于中等锰含量［w(Mn)= 0.3%~0.6%］的硬铝合金和 LD2 锻铝合金，挤压温度对制品挤压效应有着明显的影响，在不同的挤压温度下获得的挤压效应程度不同。

(2) 变形程度　变形程度对硬铝合金挤压效应的影响在锰含量不同时也有所不同。当不含锰或含少量锰［w(Mn)= 0.1%］时，增大变形程度使 LY12 合金挤压效应降低。

4.5.3　挤压制品的质量控制

1. 制品断面形状与尺寸

无论是热加工态的成品还是毛料，其实际尺寸最终都应控制在名义尺寸的偏差范围内，其形状也应符合技术条件的要求。由于下述一些原因，挤出的制品断面尺寸和形状可能与要求不符。

1）型材挤压时的流动不均匀性，其所导致的缺陷有拉薄、扩口、并口等。一般可用更改模孔设计、修模或型辊矫正的方式克服。

2）工作带过短，挤压速度和挤压比过大，可能产生工作带内的非接触变形缺陷，使制品的外形与尺寸均不规则。

3）模孔变形。在挤压变形抗力高、热挤温度也高的白铜、镍合金制品时，模孔极易塑性变形从而导致制品断面形状与尺寸不符合要求。

4）工模具不对中或变形。挤压机运动部件的磨损（卧式挤压机上较为严重）不均或调整不当，致使各工模具间装配不对中，以及变形了的工模具，都有可能导致管材偏心。

2. 制品长度方向的形状

由于工艺控制或模具上的问题，常产生沿长度方向上的形状缺陷。某些较轻微的缺陷可在后续的精整工序中纠正，严重时则报废。

(1) 弯曲　模孔设计不当与磨损，使制品出模孔时单边受阻，流动不均匀；立式挤压机上制品掉入料筐受阻等都可使挤压制品弯曲。一般可以用矫直工序（压力矫直、辊式矫直或拉伸矫直）予以克服。

(2) 扭拧　由于模孔设计及工艺控制不当，金属的不均匀流动常出现型材扭拧缺陷。轻度扭拧可用牵引机或拉伸矫直克服，重度扭拧因操作困难或拉伸矫直引起断面尺寸超差往往使废料量增加。

3. 制品表面质量

挤制品表面应清洁、光滑，不允许有起皮、气泡、裂纹、粗划道、夹杂以及腐蚀斑点，允许表面有深度不超过直径与壁厚允许偏差的轻微擦伤、划伤、压坑、氧化色和矫直痕迹等。

对需继续加工的毛料，可在挤压后进行表面修理，以除去轻微气泡、起皮、划伤与裂纹等缺陷以保证产品质量。

(1) 裂纹　裂纹的产生与流动不均匀所导致的局部金属内附加拉应力大小有关。

在挤压生产中，某些合金特别是某些高温塑性较差的合金，制品表面上易出现横向裂纹。这种裂纹一般外形相似，距离相等，呈周期分布，所以称为周期性裂纹（见图 4-26）。裂纹的周期性及深度与合金品种、金属内部的应力状态、挤压温度及挤压速度有关。

裂纹的产生与金属在挤压过程中的受力与流动情况有关。挤压过程中随着金属流向出口（见图 4-27），轴向主压应力下降，轴向附加拉应力增加。而金属内部的附加应力和基本应力叠加后，工作拉应力逐渐增加，能量逐渐积累。一旦应力值达到金属在该温度下的抗拉强度时，则产生裂纹。在挤压时，如果锭坯外层金属流速低于中心的金属流速，则有可能出现表面裂纹，反之有可能出现中心裂纹。在实际生产中，挤压制品产生的裂纹主要是表面裂纹。

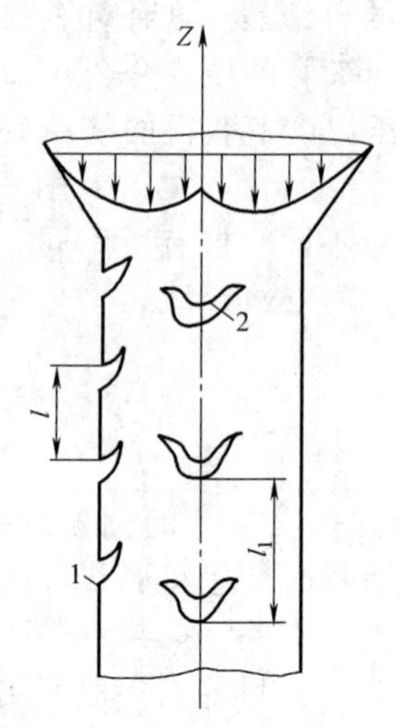

图 4-26 挤压制品的周期裂纹

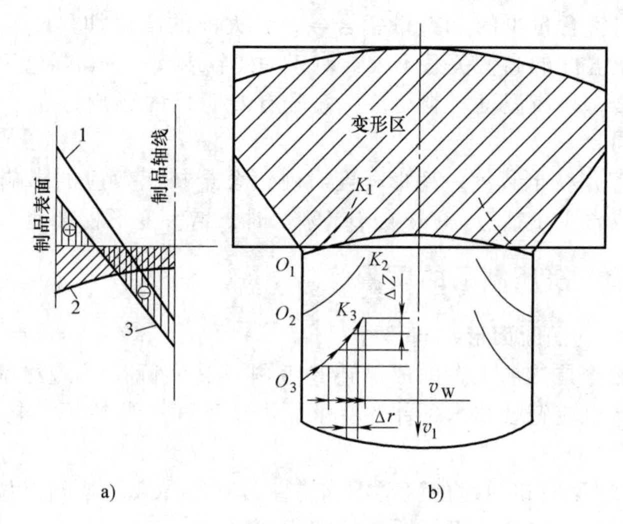

图 4-27 挤压时周期裂纹的形成过程

a）金属受情况 b）裂纹扩展情况

1—附加应力 2—基本应力 3—工作应力

由上述可知，裂纹的产生原因主要是由于金属流动不均匀导致出现拉应力的结果。但是如果合金在此条件下具有足够的强度，则不一定会产生裂纹。影响合金强度的在这里主要是温度。通常将在该温度下出现裂纹的温度称为“临界温度”。每一种合金都有自己的临界温度，它主要与合金的成分有关。挤压时，塑性变形区内的温度除与锭坯的原始加热温度有关外，主要与挤压速度有关。挤压速度快，变形区内的金属温度升高，在晶界处低熔点物质就要熔化，所以在拉应力作用下容易拉裂。

周期性横向裂纹是挤压工艺废料产生的重要缺陷之一，因此可采取以下工艺措施加以防范：制订与执行合理的温度速度规程；增强变形区内主应力强度（可通过增大挤压比、模子工作带长度以及带反压力来实现）；采用挤压新技术（水冷模挤压、冷挤压、润滑挤压、等温挤压，以及梯温锭挤压等），

（2）气泡与起皮　在铸造过程中，析出的或未能逸出的气体分散于铸锭内部。挤压前加热时，气体通过扩散与聚集形成明显的气泡。在较高的加热温度下，气泡界面上的金属可能被氧化而未能在挤压时焊合。若冷却水与润滑油进入筒壁上，在锭坯与筒壁间隙较大的条件下，挤压时有可能生成金属皮下气泡。

若挤压过程中特别在模孔内，浅表皮下气泡被拉破，则形成起皮缺陷。挤压末期产生的皮下缩尾，在出模孔前表面金属不连续，也会以起皮缺陷呈现出来。

（3）异物压入　异物压入是指，非基体金属压入制品表面成为表面的一部分或剥落留下凹陷的疤痕等缺陷。异物来源可能是工具表面上黏结的冷硬金属、不完整的脱皮、锭坯带入筒内的灰尘与异物等。

（4）划伤与擦伤　在挤压过程中，残留在工具与导路、承料台上的冷硬金属，磨损后凹凸不平的工具表面，都会在制品表面上留下纵向沟槽或细小擦痕，使制品表面存在肉眼可见的缺陷。

（5）挤压制品焊缝质量　在无穿孔系统挤压机上用实心锭坯挤压焊合性能良好的铝合金空心型材与管材时，一般使用组合模。镦粗后的锭坯在挤压力作用下被迫分为 2~5 股通过分流孔，然后在环状焊合腔内高温高压条件下焊合并流出模孔成材。因此，实际上存在着纵向直焊缝，焊缝数即为分流孔数。焊缝强度不合要求的制品横向力学性能差。

为了获得高强度优质焊缝，可采取如下措施：

1）正确设计组合模焊合室高度，使焊合室内存在一个超过被挤金属材料屈服强度约10~15倍的均衡高压应力。

2）采用适当的工艺参数，如较大的挤压比，较高的挤压温度，以及不太快的、不波动的挤压速度。

3）洁净焊合腔内表面，不得使用润滑剂。

4. 挤压制品的缩尾

在挤压棒材、型材和厚壁管材时，有时会在尾部检测到缩尾。缩尾造成制品内金属不连续，组织与性能降低。依其出现的部位，挤压缩尾有中心缩尾、环形缩尾和皮下缩尾三种类型。减少挤压缩尾的措施有：

（1）进行不完全挤压　根据不同金属合金材料和不同规格的锭坯挤压条件，以及具体生产情况，进行不完全挤压，即在可能出现缩尾时，便终止挤压过程。此时，留在挤压筒内的锭坯部分称为压余。压余长度一般为锭坯直径的10%~30%。

（2）脱皮挤压　这是生产黄铜棒材和铝青棒材常用的一种挤压方法。挤压时，使用了一种比压筒直径小1~4mm的挤压垫。挤压垫切入锭坯挤出洁净的内部金属，将带杂质的皮壳留在挤压筒内（见图4-28）。然后取下挤压垫，换用清理垫将皮壳推出挤压筒。应当注意的是，不完整的皮壳会导致制品表面质量问题，因此生产中要使挤压垫对中以便留下一只完整的皮壳。为防止金属向后流出形成反挤压，挤压垫直径应控制在使皮壳壁厚不大于3mm。挤压厚壁管时，制品尾部也可能出现缩尾，但不应采用脱皮挤压。这是由于挤压垫的不对中可能使脱皮厚度不等，薄壁处（变形量大）对挤压垫的反作用力大于厚壁处，力的作用使挤压垫移动从而带动穿孔针径向移动，使针偏离其中心位置，导致管材偏心。每次脱皮挤压后的清理皮壳操作要彻底。

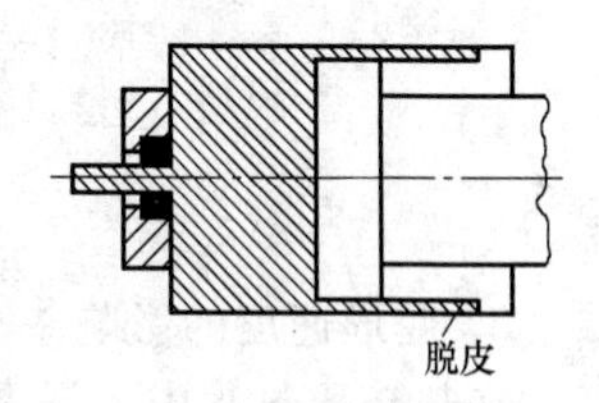

图4-28　脱皮挤压过程

（3）机械加工锭坯表面　用车削加工清除锭坯表面上的杂质和氧化皮层，可以使径向流动时进入制品中心的金属纯净，消除缩尾的产生。但是，挤压前的加热仍需防止车削后的新表面再次氧化。

4.6　影响挤压力的因素

影响挤压力大小的首要因素是坯料的变形抗力 σ_s，而它又与坯料的成分、变形程度、变形速度和变形温度有关；其次挤压力也受到挤压工具、变形方式及润滑情况的影响。

1. 被挤压金属化学成分的影响

金属的强度极限是随化学成分的不同而不同的。各种元素对钢材强度极限的影响如图4-29所示。由于合金元素均有提高钢的强度极限 R_m 的作用，从而使钢的挤压力也有提高。

碳含量的影响相对来说要比合金元素的影响大得多，其影响要比图4-29中锰含量的影响大4倍。同时，碳含量增加还使钢材的屈服极限 σ_s 和硬度有较大提高，而伸长率相对减少了。

硅元素的存在会使碳含量很低的钢材变得又硬又脆，从而使挤压力显著提高。

而硫的存在对钢材的常温强度特性无大的影响，但它在加热时会出现红脆现象，从而对热挤压有严重的影响，因此必须加以严格控制。

磷与硫一样会降低钢的塑性，但强度和硬度均有所提高，故对磷含量也应严格控制。

2. 变形程度的影响

在挤压过程中，不论挤压方式如何，其最大的单位挤压力与变形功都是随着变形程度的增加而增大的。

反向挤压时，随着挤压件的壁厚减小，所需的单位挤压力增大，当壁厚减小到一定数值时，单位挤压力呈急剧上升。因此反向挤压不可能生产较薄壁厚的产品。

正向挤压时，凹模的单位挤压力要比凸模大得多，因而变形程度的最大值取决于凹模的极限载荷。这一点对正挤压模的设计是很有意义的。

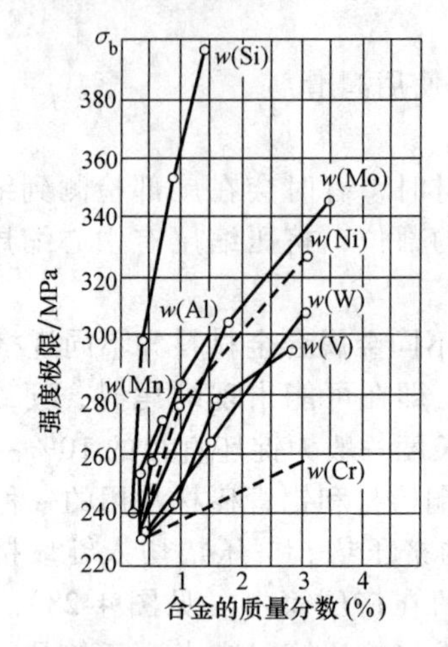

图 4-29　化学成分对钢材强度极限的影响

3. 变形速度的影响

在热挤压过程中，提高挤压速度一般可以降低热挤压的挤压力。但要全面了解挤压速度对挤压力的影响，必须要考虑变形程度这一因素。而挤压速度的大小又决定了变形速度的大小。另一方面挤压速度（变形速度）只有在达到一定值时，才会随着其增加而使挤压力有下降的趋势。因此不能把挤压力的大小作为衡量挤压速度是否合适的唯一的标准，而且当挤压速度过大又没有采取相应措施时，热挤压模的工作部分很容易由于冲击作用而损坏，特别是在开始挤压的瞬间，必须采取有效的措施来控制挤压速度，以防止冲击的影响。

4. 挤压温度的影响

一般情况下，金属坯料随着加热温度的升高，强度极限 R_m 逐步降低，塑性指标逐步提高。因此挤压温度越高，对降低挤压力越有利。

5. 挤压工具的影响

挤压工具中以挤压模工作部分的几何形状影响最为突出，如果设计合理，则可以使摩擦力大为减小，金属流动的阻力也大大减小，从而在很大程度上使变形力与变形功相应减小。

6. 润滑情况的影响

润滑在热挤压过程中处于重要的地位，它不仅可以减小挤压工具与坯料间的摩擦，降低挤压力，还可以延长挤压工具的寿命。

复习思考题

1. 挤压的基本方法包括哪些？
2. 金属挤压过程可分为哪几个阶段？各阶段有什么特点？
3. 金属挤压时为什么会出现变形不均匀性，变形不均匀性会造成哪些缺陷？
4. 在挤压中润滑的作用是什么？
5. 挤压模角度对金属流动的影响是什么？
6. 影响挤压力的因素有哪些？
7. 挤压制品组织不均匀性的表现是什么？
8. 挤压制品产生缩尾的种类及防止措施有哪些？

参考文献

[1]　谢建新，刘静安. 金属挤压原理与技术［M］. 北京：冶金工业出版社，2001.
[2]　马怀宪. 金属塑性加工学：挤压、拉拔与管材冷轧［M］. 北京：冶金工业出版社，1991.
[3]　温景林. 有色金属挤压与拉拔技术［M］. 北京：化学工业出版社，2007.
[4]　温景林. 金属挤压与拉拔［M］. 沈阳：东北大学出版社，2003.
[5]　邓小民，谢玲玲，闫亮明. 金属挤压与拉拔工程学［M］. 合肥：合肥工业大学出版社，2013.
[6]　钟毅. 连续挤压技术及其应用［M］. 北京：化学工业出版社，2004.
[7]　杨守山. 有色金属塑性加工学［M］. 北京：冶金工业出版社，1982.
[8]　刘静安，谢水生. 铝合金材料的应用与技术开发［M］. 北京：冶金工业出版社，2004.
[9]　邓小明，孙中建，李胜祗，等. 铝合金挤压时的摩擦与摩擦因素［J］. 中国有色金属学报，2003，13（3）：599-605.
[10]　邓小民. 润滑挤压时的穿孔针摩擦拉力［J］. 有色金属加工，2003，12：17-18.
[11]　邓小民. 铝合金挤压材麻面缺陷产生机制的研制［J］. 轻合金加工技术，2001，12：25-27.

第5章　拉拔成形原理与控制

5.1　概述

拉拔是在外加拉力作用下，迫使金属坯料通过模孔，以获得相应形状与尺寸制品的塑性加工方法，如图 5-1 所示。

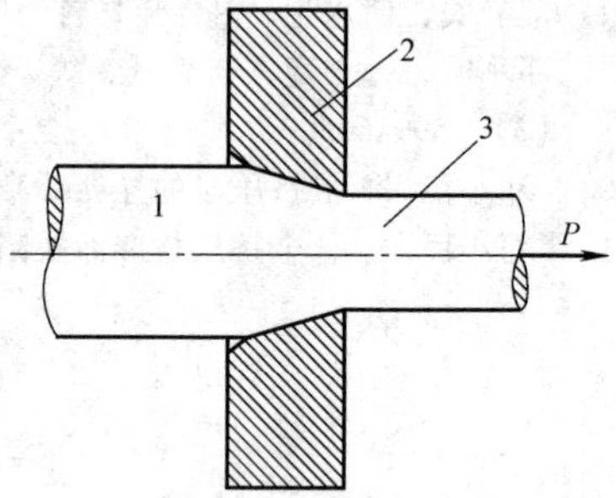

图 5-1　拉拔示意图

1—坯料　2—模子　3—制品

拉拔可分为：

（1）实心拉拔　主要包括棒材、型材及线材的拉拔。

（2）空心拉拔　主要包括管材及空心型材的拉拔。

5.2　线棒材拉拔原理

5.2.1　建立拉拔过程的条件

1. 拉拔时的受力分析

棒材拉拔时一般受到三种力的作用，即拉拔力 P，模孔对线棒材的反作用力 N，和模孔与线棒材表面的接触摩擦力 T，如图 5-2 所示。

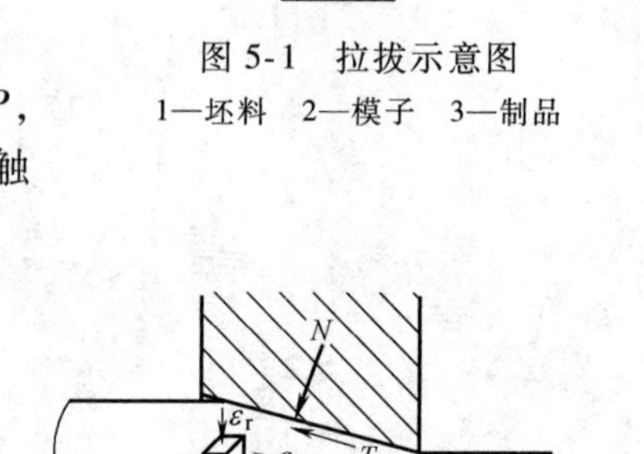

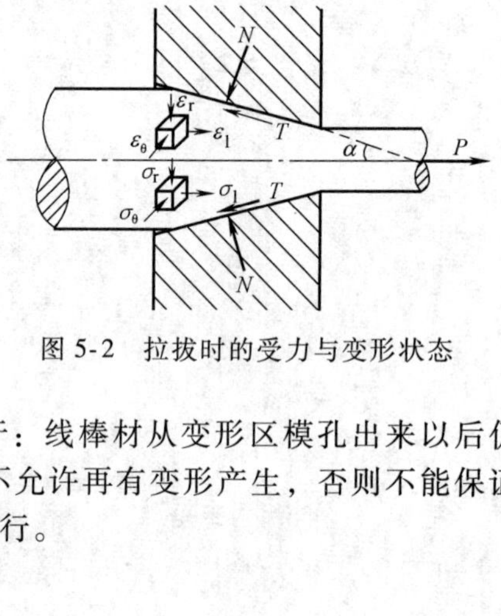

图 5-2　拉拔时的受力与变形状态

反作用力和摩擦力是伴随着拉拔力的作用而产生的。反作用力的方向总是垂直于模壁，对线棒材起压缩作用，而摩擦力则是前进的阻力，它消耗一定的能量并转变成热。摩擦力按下式计算

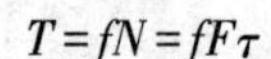

$$T=fN=fF\tau$$

式中　f——摩擦系数（$f=\tan\beta$）；

β——摩擦角（°）；

F——接触摩擦面积（mm^2）；

τ——单位摩擦力（MPa）。

由图 5-2 可见，拉拔与其他压力加工方法的区别在于：线棒材从变形区模孔出来以后仍受拉力 P 的作用。拉拔过程中要求出变形区后的线棒材不允许再有变形产生，否则不能保证该道的尺寸精度要求或线棒材因拉缩而影响生产的正常进行。

2. 建立拉拔过程的条件

假设作用在线棒材出模孔端的拉拔应力为 σ_z 则

$$\sigma_z=P/F_1$$

式中　P——拉拔力（N）；

F_1——棒材出模孔端的横截面积（mm^2）。

只有当被拉棒材出模孔后的屈服强度 σ_s' 大于拉拔应力 σ_z 时，才能保证不再发生塑性变形，拉拔过程才能建立。

从材料拉伸曲线图可以知道，材料达到屈服极限 σ_s 值以后，随着变形的增加，应力也随之不断升高，即产生加工硬化现象。故拉出模孔后的材料屈服强度 σ_s' 必然大于 σ_s，并可一直升高到抗拉强度 R_m 值。因此 σ_s' 可用 R_m 值来代替。从而拉拔时外加拉拔应力 σ_z 只要小于 R_m 值时，即可实现拉拔条件。

令
$$\frac{R_m}{\sigma_z}=K$$

当 $K>1$ 时为建立拉拔过程的条件。K 称为拉拔的“安全系数”。

3. 拉拔时压缩力的作用

拉拔时模孔壁的压缩力 R 是促使线棒材变形的主要因素。R 是正压力 N 和摩擦力 T 的合力，压缩力的大小并不等于拉拔力 P，而且大大地超过它，这是由于拉拔模半角 α 与摩擦角 β 的作用相互平衡关系造成的。根据图 5-3 可得出

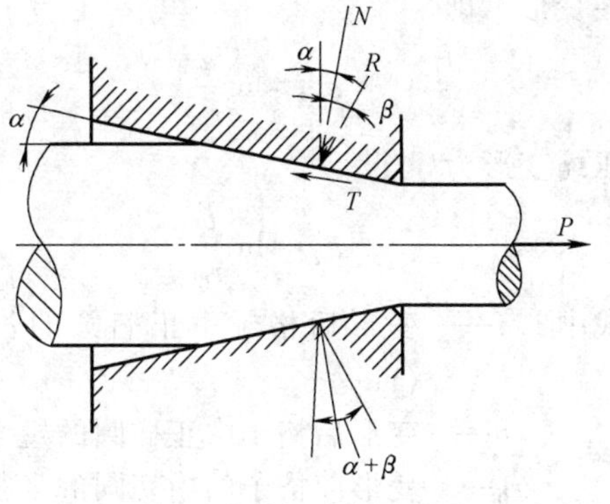

图 5-3　拉拔力与压缩力

$$R=\frac{P}{\sin(\alpha+\beta)}$$

5.2.2　拉拔时变形区内金属流动规律和应力分布特点

1. 金属在变形区内的流动特点

为了研究金属在锥形模孔内的变形与流动规律，通常采用网格法。如图 5-4 所示为采用网格法获得的在锥形模孔内的圆断面实心棒材子午面上的坐标网格变化情况示意图。通过对坐标网格在拉拔前后的变化情况分析，得出如下规律：

（1）纵向上的网格变化　如图 5-4 所示，拉拔前在轴线上的正方形格子 A 拉拔后变成矩形，内切圆变成正椭圆，其长轴和拉拔方向一致。由此可见，金属轴线上的变形是沿轴向延伸，在径向和周向上被压缩。

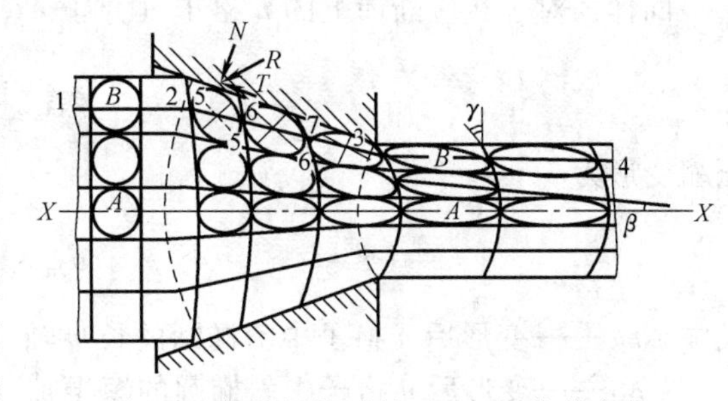

图 5-4　拉拔圆棒时断面坐标网格的变化

拉拔前在周边层的正方形格子 B 拉拔后变成平行四边形，在纵向上被拉长，径向上被压缩，方格的直角变成锐角或钝角。其内切圆变成斜椭圆，它的长轴线与拉拔轴线相交成 β 角，这个角度由入口端向出口端逐渐减小。由此可见，在周边上的格子除受到轴向拉长，径向和周向压缩外，还发生了剪切变形 γ。产生剪切变形的原因是由于金属在变形区中受到正压力 N 与摩擦力 T 的作用，而在其合力 R 方向上产生剪切变形，沿轴向被拉长，椭圆形的长轴（5-5、6-6、7-7 等）不与 1-2 线相重合，而是与模孔中心线（X-X）构成不同的角度，这些角度由入口到出口端逐渐减小。

（2）横向上的网格变化　在拉拔前，网格横线是直线，自进入变形区开始变成凸向拉拔方向的弧形线，表明平的横断面变成凸向拉拔方向的球形面。由图 5-4 可见，这些弧形的曲率由入口到出口端逐渐增大，到出口端后保持不再变化。这说明在拉拔过程中周边层的金属流动速度小于中心层的，并且随模角、摩擦系数增大，这种不均匀流动更加明显。拉拔后往往在棒材后端面出现的凹坑，就是由于周边层与中心层金属流动速度差造成的结果。

由网格还可看出，在同一横断面上椭圆长轴与拉拔轴线相交成 β 角，并由中心层向周边层逐渐增大，这说明在同一横断面上剪切变形不同，周边层的大于中心层的。

综上所述，圆形实心材拉拔时，周边层的实际变形要大于中心层的。这是因为在周边层除了延伸变形之外，还包括弯曲变形和剪切变形。观察网格的变形可证明上述结论（见图 5-5）。

对正方形 A 格子来说，由于它位于轴线上，不发生剪切变形，所以延伸变形是它的最大

主变形，即

$$\varepsilon_{1A}=\ln\frac{a}{r_0}$$

压缩变形为

$$\varepsilon_{2A}=\ln\frac{b}{r_0}$$

式中　a——变形后格子中正椭圆的长半轴（mm）；

b——变形后格子中正椭圆的短半轴（mm）；

r_0——变形前格子的内切圆的半径（mm）。

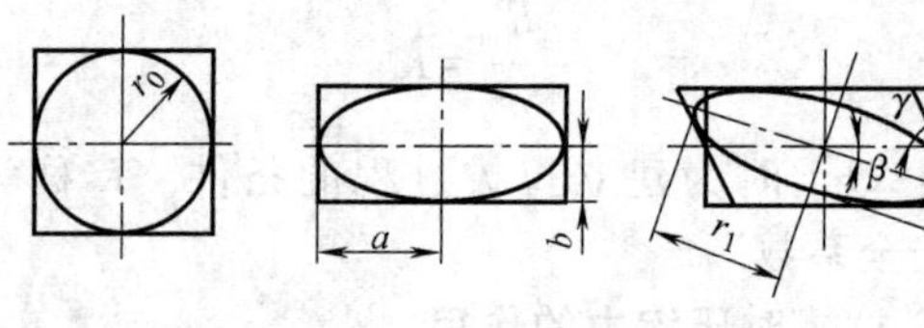
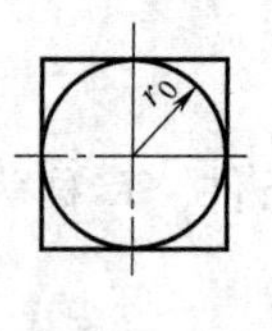
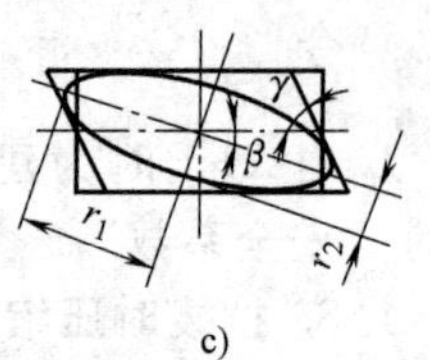

图 5-5　拉拔时方格的变化

对于正方形 B 格子来说，有剪切变形，其延伸变形为

$$\varepsilon_{1B}=\ln\frac{r_{1B}}{r_0}$$

压缩变形为

$$\varepsilon_{2B}=\ln\frac{r_{2B}}{r_0}$$

式中　r_{1B}——变形后 B 格子中斜椭圆的长半轴（mm）；

r_{2B}——变形后 B 格子中斜椭圆的短半轴（mm）。

同样，对于相应断面上的 n 格子（介于 A、B 格子中间）来说，延伸变形为

$$\varepsilon_{1n}=\ln\frac{r_{1n}}{r_0}$$

压缩变形为

$$\varepsilon_{2n}=\ln\frac{r_{2n}}{r_0}$$

式中　r_{1n}——变形后 n 格子中斜椭圆的长半轴（mm）；

r_{2n}——变形后 n 格子中斜椭圆的短半轴（mm）。

由实测得出，各层中椭圆的长、短轴变化情况是

$$r_{1B}>r_{1n}>a$$
$$r_{2B}<r_{2n}<b$$

对上述关系都取主变形，则有

$$\ln\frac{r_{1B}}{r_0}>\ln\frac{r_{1n}}{r_0}>\ln\frac{a}{r_0}$$

这说明拉拔后边部格子延伸变形最大，中心线上的格子延伸变形最小，其他各层相应格子的延伸介于二者之间，而且由周边向中心依次递减。

同样由压缩变形也可得出，拉拔后在周边上格子的压缩变形最大，而中心轴线上的格子压缩变形最小，其他各层相应格子的压缩变形介于二者之间，而且由周边向中心依次递减。

2. 变形区的形状

根据线棒材拉拔时的滑移线理论可知，假定模子是刚性体，通常按速度场把棒材变形分为三个区：Ⅰ区和Ⅲ区为非塑性变形区或称弹性变形区；Ⅱ区为塑性变形区，如图 5-6 所示。Ⅰ区与Ⅱ区的分界面为球面 F_1，而Ⅱ区与Ⅲ区分界面为球面 F_2。一般情况下，F_1 与 F_2 为两个同心球面，其半径分别为 r_1 和 r_2，原点为模子锥角顶点 O。因此，塑性变形区的形状为：模子

锥面（锥角为 2α）和两个球面 F_1、F_2所围成的部分。

另外，根据网格法试验也可证明，试样网格纵向线在进、出模孔发生两次弯曲，把它们各折点连起来就会形成两个同心球面；或者把网格开始变形和终了变形部分分别连接起来，也会形成两个球面。多数研究者认为两个球面与模锥面围成的部分为塑性变形区。

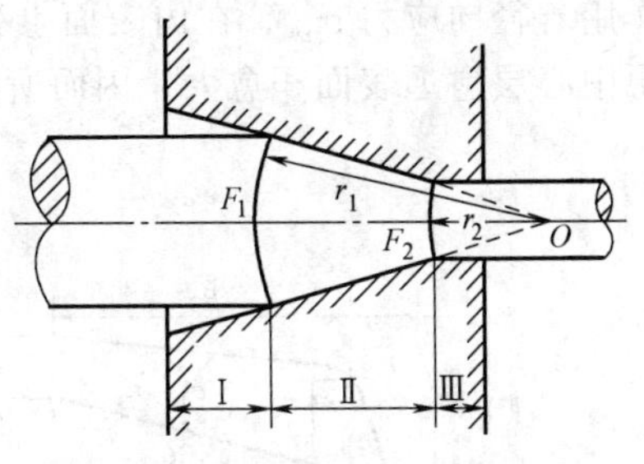

图 5-6　棒材拉拔时变形区的形状

根据固体变形理论，所有的塑性变形皆在弹性变形之后，并且伴有弹性变形，而在塑性变形之后必然有弹性恢复，即弹性变形。因此，当金属进入塑性变形区之前肯定有弹性变形，在Ⅰ区内存在部分弹性变形区，若拉拔时存在后张力，那么Ⅰ区变为弹性变形区。当金属从塑性变形区出来之后，在定径区会观察到弹性后效作用，表现为断面尺寸有少许的增大和网格的横线曲率有少许减小。因此，在正常情况下定径区也是弹性变形区。

塑性变形区的形状与拉拔过程的条件和被拉金属的性质有关，如果被拉拔的金属材料或者拉拔过程的条件发生变化，那么变形区的形状也随之变化。

3. 变形区内的应力分布规律

根据用赛璐珞板拉拔时做的光弹性实验，变形区内的应力分布如图 5-7 所示。

（1）应力沿轴向的分布规律　轴向应力 σ_1，由变形区入口端向出口端逐渐增大，即 $\sigma_{1r}<\sigma_{1ch}$，周向应力 σ_θ 及径向应力 σ_r 则从变形区入口端到出口端逐渐减小，即 $|\sigma_{\theta r}|>|\sigma_{\theta ch}|$ 和 $|\sigma_{rr}|>|\sigma_{rch}|$。

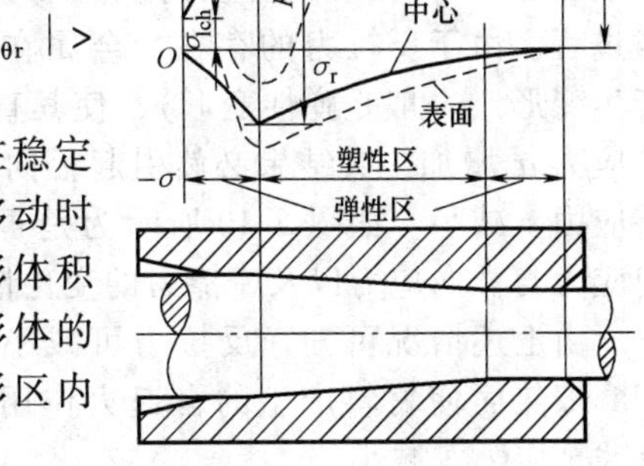

图 5-7　变形区内的应力分布

轴向应力 σ_1的此种分布规律可以做如下的解释。在稳定拉拔过程中，变形区内的任一横断面在向模孔出口端移动时面积逐渐减小，而此断面与变形区入口端球面间的变形体积不断增大。为了实现塑性变形，通过此断面作用于变形体的 σ_1亦必须逐渐增大。径向应力 σ_r和周向应力 σ_θ 在变形区内的分布情况可由以下两方面得到证明：

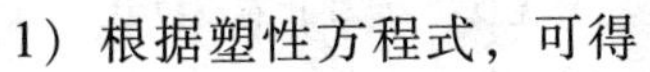

1）根据塑性方程式，可得

$$\sigma_1-(-\sigma_r)=K_{zh}$$
$$\sigma_1+\sigma_r=K_{zh}$$

由于变形区内的任一断面的金属变形抗力可以认为是常数，而且在整个变形区内由于变形程度一般不大，金属硬化并不剧烈。这样，由上式可以看出，随着 σ_1向出口端增大，σ_r与 σ_θ 必然逐渐减小。

2）在拉拔生产中观察模子的磨损情况发现：当道次加工率大时模子出口处的磨损比道次加工率小时要轻。这是因为道次加工率大，在模子出口处的拉应力 σ_1也大，而径向应力 σ_r则小，从而产生的摩擦力和磨损也就小。

另外，还发现模子入口处一般磨损比较快，过早地出现环形槽沟。这也可以证明此处的 σ_r值是较大的。

综上所述，可将 σ_r与 σ_r在变形区内的分布以及二者间的关系表示于图 5-8。

（2）应力沿径向分布规律　径向应力 σ_r与周向应力 σ_θ 由表面向中心逐渐减小、即 $|\sigma_{rw}|>|\sigma_{rn}|$ 和 $|\sigma_{\theta w}|>|\sigma_{\theta n}|$，而轴向应力 σ_1分布情况则相反，中心处的轴向应力 σ_1大，表面的 σ_1小，即 $\sigma_{1n}>\sigma_{1w}$。

σ_r及 σ_θ 由表面向中心层逐渐减小可做如下解释：在变形区，金属的每个环形的外面层上

作用着径向应力 σ_{rw}，在内表面上作用着径向应力 σ_{rn}，而径向应力总是力图减小其外表面，距中心层愈远表面积愈大，因而所需的力就愈大，如图 5-9 所示。

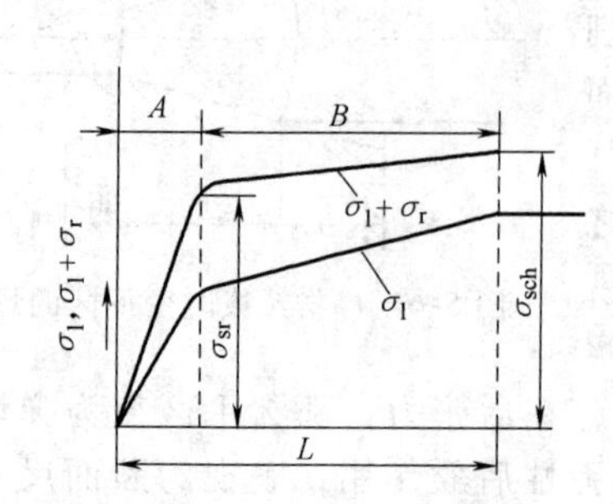

图 5-8　变形区内各断面上 σ_1与 σ_r间的关系

L—变形区全长　*A*—弹性区　*B*—塑性区

σ_{sr}—变形前金属屈服强度　σ_{sch}—变形后金属屈服强度

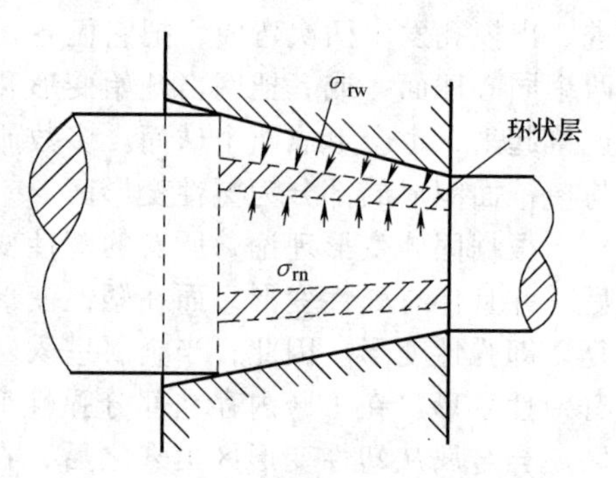

图 5-9　作用于塑性变形区环内、外表面上的径向应力

轴向应力 σ_1在横断面上的分布规律同样可由前述的塑性方程式得到解释。

另外，拉拔的棒材内部有时出现周期性中心裂纹也证明 σ_1在断面上的分布规律。

4. 反拉力对变形和应力分布的影响

带反拉力拉拔，即为在被拉拔金属进入模前的入口端施加一个与金属前进方向相反的拉力 *Q* 的一种拉拔过程。由于反拉力的存在，金属在未进入模孔前即产生变形（一般是弹性变形），使其直径变小并且导致拉应力 σ_1增加。其结果必然引起径向应力 σ_r，继而摩擦应力 τ 减小。如图 5-10 所示为是否有反拉力时的轴向应力与径向应力以及摩擦力的变化情况。

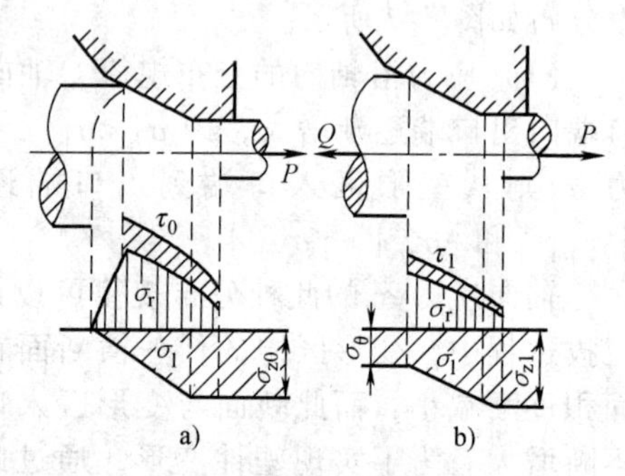

图 5-10　反拉力 *Q* 对轴向应力 σ_1、径向应力 σ_r和摩擦应力 τ 的影响

a）无反拉力　b）有反拉力

由上述情况可知，反拉力可减小模孔的磨损和由于摩擦热而使材料产生的自退火作用，不均匀变形以及残余应力等减小。

此外，还能减小以至消除入口处的三向压应力区。

5.3　管材拉拔的基本原理

目前在生产中应用的拉拔方式主要有无芯棒拉拔、短芯棒拉拔、长芯棒拉拔和游动芯棒拉拔等四种。如图 5-11 所示为上述四种拉拔方式拉拔时，在稳定拔制阶段，作用在变形区上的外力和应力状态图示。

图例：　p、p_z——在拔管模入口锥，作用在钢管外表面上的单位压力及其水平分力（MPa）；

p_1——在定径带，作用在钢管外表面的单位压力（MPa）；

p_0——在减壁区，作用在钢管内表面的单位压力（MPa）；

τ、τ_z——在拔管模入口锥，作用在钢管外表面的单位摩擦力及其水平分力（MPa）；

τ_0——在减壁区，作用在钢管内表面的单位摩擦力（MPa）；

τ_{01}、τ_1——在定径带，作用在钢管内、外表面的单位摩擦力（MPa）；

σ_1——轴向应力（MPa）；

σ_r——径向应力（MPa）；

σ_t——轴向应力（MPa）。

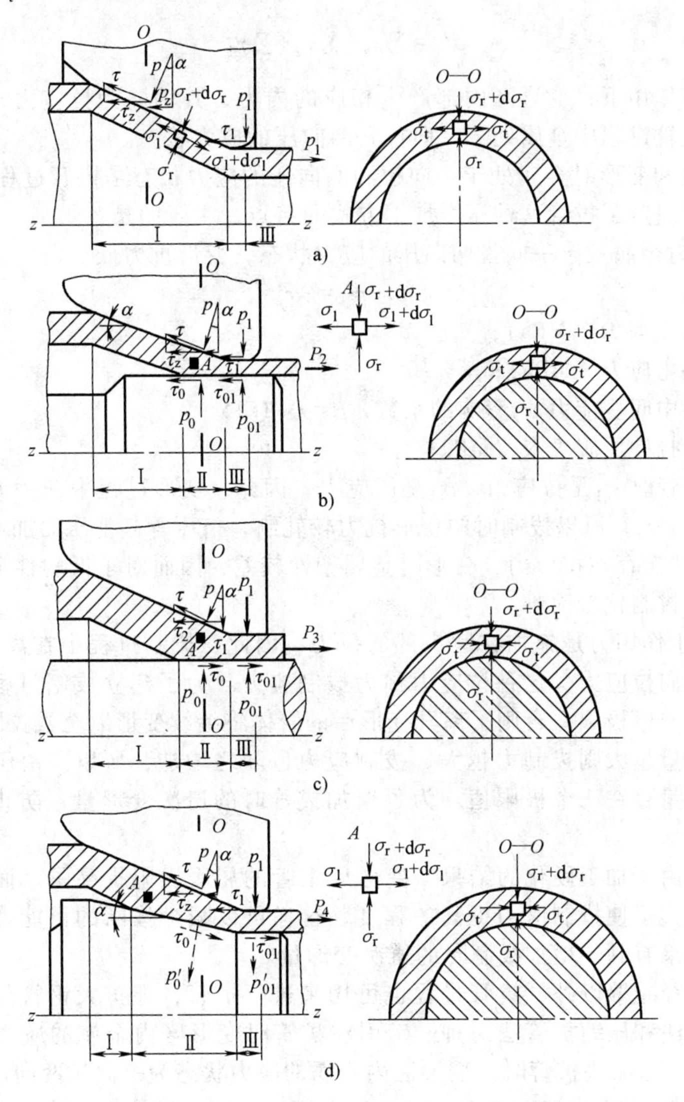

图 5-11　拔管时外力及应力状态图示

a）无芯棒拔制　b）短芯棒拔制　c）长芯棒拔制　d）游动芯棒拔制

Ⅰ—减径区　Ⅱ—减壁区　Ⅲ—定径带

注：图中箭头所示的方向为各力作用的方向。

由图可知，上述各种拔管过程中，在变形区上钢管所受的外力均可分解为两组，一组为在外表面（无芯棒拔制时）或外表面和内表面（带芯棒拔制时）沿圆周分布的径向压力；一组是由拔制力和与它平衡的轴向力所组成的拉力。

轴向力的平衡方程，对无芯棒拔制为

$$P_1=\sum p_z+\sum \tau_z+\sum \tau_1$$

对短芯棒拔制为

$$P_2=\sum p_z+\sum \tau_z+\sum \tau_1+\sum \tau_0+\sum \tau_{01}$$

对长芯棒拔制为

$$P_3=\sum p_z+\sum \tau_z+\sum \tau_1-\sum \tau_0-\sum \tau_{01}$$

对游动芯棒拔制为

$$P_4=\sum p_z+\sum \tau_z+\sum \tau_1$$

在上述外力的作用下，变形区内部产生相应的内力，其轴向为拉应力，径向和周向均为压应力，因此，拔管过程中金属处于一向拉和两向压的应力状态。

作用力是拉力和变形时金属处于一向拉和两向压的应力状态是拔管过程基本的力学特征，而且这些力学特征决定了拔管这种压力加工方式的特点，主要的是：

1）由于拔管时金属处于一向拉两向压的应力状态，变形抗力低。根据塑性方程式

$$\sigma_1-\sigma_3=\beta\sigma_s$$

式中　σ_1——最大主应力（MPa）；

σ_3——最小主应力（MPa）；

β——表示中间主应力σ_2影响的系数，$\beta=1\sim1.15$

σ_s——单向拉伸屈服极限（MPa）。

可知，由于拔管时σ_1是拉应力，σ_3是压应力，因此，变形过程中任一方向的主应力，其绝对值均不会大于$\beta\sigma_s$，所以拔制时的变形抗力较轧制、挤压等其他压力加工方式低。

2）由于应力状态存在拉应力，变形时金属塑性较差，因而对于低塑性金属或因加工硬化而降低了塑性时，拔制比较困难。

3）拔管时由于作用力是施加在锤头部的拉力，因此，拔制过程中在离开了变形区以后，管体上仍作用着轴向拉应力。这种拉应力称为拔制应力。为了建立拔制过程，拔制应力必须小于拔制后钢管的屈服极限。否则，离开变形后的管体将继续变形以至被拉断。

在拔管时变形量越大则拔制力越大，拔制应力也随之增加，所以，由于受上述条件的限制，每道次的变形量存在一个极限值。为了增加拔管时的道次变形量，防止拔断，必须降低拔制力。

冷拔钢管时，由于加工硬化的结果，变形后钢管的屈服极限提高了，而且加工硬化使屈服极限提高的程度大于使拔制应力提高的程度，这样可以减少拔断的可能性，从这个意义上讲，加工硬化的结果有利于增加拔制时的道次变形量。

除了减径或减径减壁以外，拔管过程也可用来进行扩管，即扩大钢管的直径。扩管法一般可分为牵引扩管法和压缩扩管法两种。牵引法扩管时变形区内金属的应力状态为两向拉一向压（见图5-12），压缩法扩管时，变形区内金属的应力状态为一向拉两向压（见图5-13）。

扩拔时的扩径率一般≤15%~20%。扩径后钢管的长度有所缩小，壁厚有所减薄，扩径后钢管的直径可按下式计算

$$S_K=\frac{1}{2}\left[\sqrt{d_K^2+4(d_H-S_H)S_H}-d_K\right]$$

式中　d_H和d_K——钢管扩径前和扩径后的内径（mm）；

S_H——钢管扩径前的壁厚（mm）。

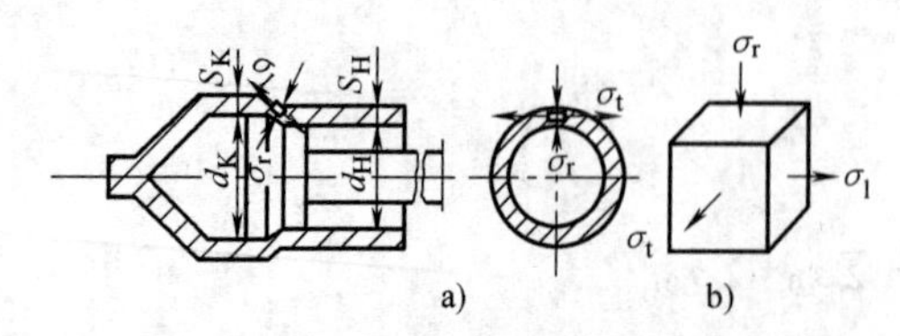

图5-12　牵引扩管法的变形过程和应力状态
a）变形过程　b）应力状态

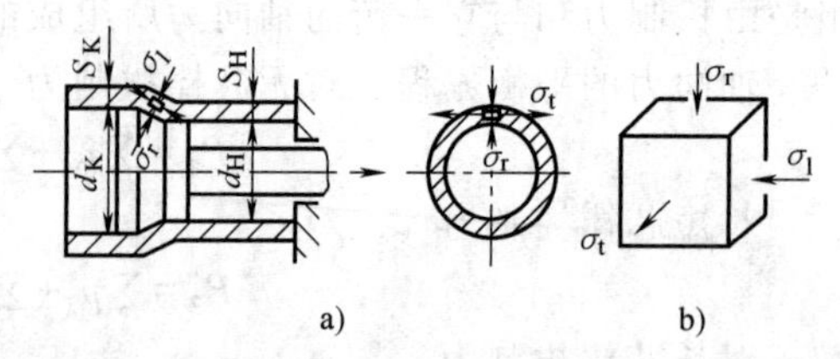

图5-13　压缩扩管法的变形过程和应力状态
a）变形过程　b）应力状态

5.3.1　无芯棒拔管过程

1. 变形过程和变形区

无芯棒拔管一般也叫空拔或空收。拔制时的变形工具只是一个空拔模（拔管模）。拔管时钢管各横截面顺次通过模孔的各部分。在通过入口部分时钢管直径逐渐受到压缩，进入定径带后钢管进行定径。所以，无芯棒拔制的整个变形过程包括减径和定径两个阶段，变形区由减径和定径区两部分构成。如图 5-14 所示为其变形过程和变形区的示意图。

一般把变形区的始端即图上 a-a 截面处的钢管直径定为拔制前钢管的原始直径 D_0，而变形区的终端即图上 b-b 截面处的钢管直径定为模孔定径带的直径 d_0。但实际上无芯棒拔制时，钢管的变形开始于与模壁接触之前，而当钢管离开了模孔入口锥进入定径带后，仍可能继续有一定的变形。如图 5-15 所示为 ϕ35mm×3.5mm 的低碳钢管，用锥角（模壁母线的倾斜角）分别为 10°、20°、30°，模孔直径分别为 22mm 和 24mm 的锥形空拔模拔制时，在拔卡试样上实测的变形区钢管尺寸的变化曲线。从这些曲线可以看到，在无芯棒拔管过程中，钢管开始接触模壁之前直径已略有减小，壁厚已略有增加，这说明变形已经开始。当钢管离开入口锥进入定径带之后，钢管直径仍继续有某些减小，壁厚亦有些减薄，这说明还有一定程度的变形。在生产中空拔后钢管的直径往往不等于而是略小于定径带模孔的直径，证明了后一种变形现象的存在。

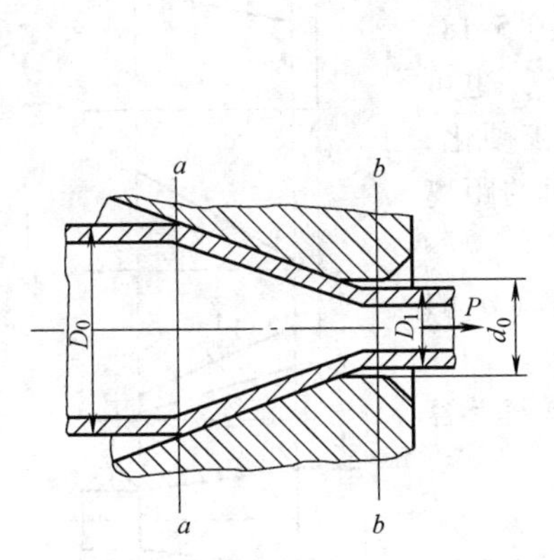

图 5-14　空拔时变形过程和变形区的示意图

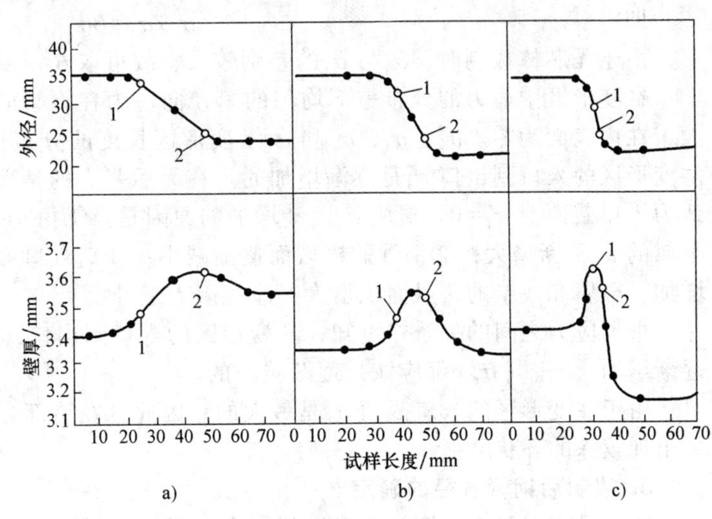

图 5-15　空拔过程中钢管尺寸的变化

a）锥角 10°，模孔直径 24mm　b）锥角 20°，模孔直径 22mm

c）锥角 30°，模孔直径 24mm

1—和模壁接触　2—和模壁脱离

所以，按变形过程中钢管与模壁接触的情况可以认为，无芯模拔管时变形区一般由一个接触变形区及前、后两个不接触变形区构成。

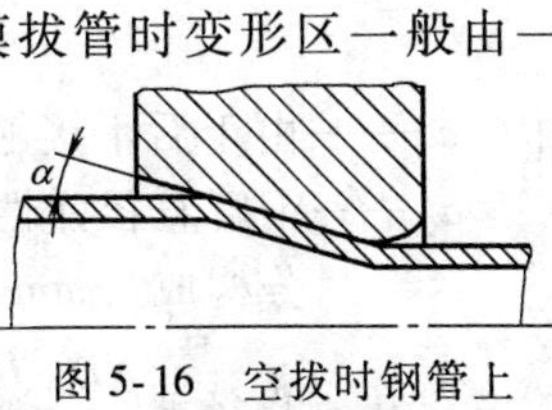

存在不接触变形区的原因，以用锥形模进行空拔为例，可这样来说明：设想从钢管上沿其轴向切下一条单元窄条（见图 5-16），该窄条在整个变形过程中要经过两次弯曲。在入口处由于模壁压力的作用而产生第一次弯曲。这次弯曲的结果，使部分金属在接触模壁前就开始变形，从而形成了前不接触变形区。当窄条离开入口锥进入定径带后在沿原来方向移动的过程中，由于模壁压力消失，因而在钢管其他部分及拔制力的作用下，窄条产生方向和前一次相反的另一次弯曲。在这次弯曲过程终了之前钢管

图 5-16　空拔时钢管上单元窄条的弯曲

仍继续有某些变形，结果钢管直径小于定径带模孔的直径，构成了不接触变形区。

2. 变形区中的应力分布

上文已经分析了拔管时金属处在一向拉两向压的应力状态。其中轴向应力σ_1是拉应力，径向应力σ_r和周向应力σ_t是压应力。进一步分析可知，σ_r和σ_t的值也是不相等的。在无芯棒拔制的情况下，根据作用在单元环上的力的平衡条件，σ_r与σ_t之间存在如下关系（见图5-17），即

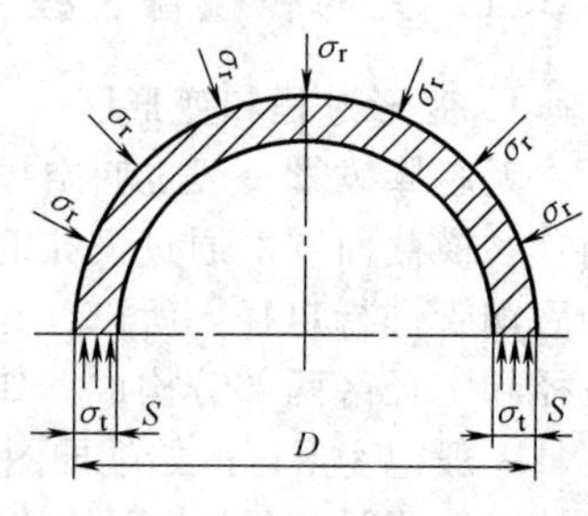

图5-17　确定σ_r和σ_t之间关系的图示

$$\sigma_t 2S=\sigma_r D \text{ 或 } \sigma_t=\sigma_r\frac{D}{2S}$$

式中　D——变形区上单元环的直径（mm）；

S——变形区上单元环的壁厚（mm）。

因为始终有$\frac{D}{2S}>1$，而σ_r、σ_t都是压应力，因而就绝对值而言σ_t比σ_r大，但就代数值而言σ_t小于σ_r。所以，三个主应力中，σ_1是最大主应力，σ_t是最小主应力，σ_r是中间主应力。

若把σ_t和σ_r都视为绝对值，则无芯棒拔制变形时的塑性条件可表达为

$$\sigma_1-(-\sigma_t)=\beta\sigma_s$$

即

$$\sigma_1+\sigma_t=\beta\sigma_s$$

由于无芯棒拔制时，σ_r与σ_t的差别较大，故可取$\beta=1.12\sim1.15$。

在变形区中应力的分布是不均匀的。径向应力在钢管的外表面最大，在内表面为零。σ_s、σ_1、σ_r和σ_t沿变形区长度的分布见图5-18。从变形区的入口到出口σ_1是逐渐增加的。在无后张力的情况下，也可认为入口截面上$\sigma_1=0$。造成σ_1逐渐增加的原因是：①由于加工硬化，金属的σ_s不断增大；②钢管的横截面逐渐减小；③离入口截面的距离增加，金属和模壁的接触面积增大，摩擦阻力上升。

根据应力之间的关系式可知，从变形区的入口到出口，随着σ_1的逐渐增加，σ_r、$|\sigma_t|$都应该是逐渐减小的。

由于在变形区的入口截面σ_r是最大的，因此，在该部分模壁上容易出现较深的环状磨损。

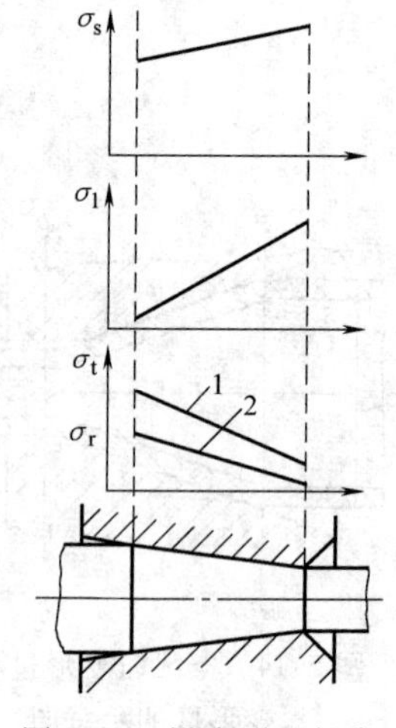

图5-18　沿变形区长度，σ_s、σ_t、σ_1和σ_r的变化
1—σ_t　2—σ_r

3. 拔制后钢管直径的确定

空拔时存在两个不接触变形过程，由于后不接触过程，导致在空拔模的定径带钢管的直径一般不等于而是略小于模孔直径，这称为缩径现象。

空拔后钢管的直径应为

$$D_K=d_0-a_1+a_2$$

式中　a_1——由于后不接触变形造成的缩径量（mm）；

a_2——钢管直径弹性增加值，由空拔模的弹性变形量和拔制后钢管的弹性恢复量两部分构成（mm）。

若以相对直径差$\frac{\Delta D}{d_0}=\frac{D_K-d_0}{d_0}\times100\%$来度量拔制后的钢管与模孔之间直径相差的程度，则影响该值大小的具体工艺因素有模子的锥角α、钢管的直径与壁厚之比$\frac{D}{S}$以及变形程度ε等。

使用锥形空拔模时，相对直径差可用下列经验公式计算

$$\frac{\Delta D}{d_0}=\left[(0.0015-0.125\sin\frac{\alpha}{2}\sqrt{\frac{S_K}{D_K}})\sqrt{\mu}\right]\times 100\%$$

式中　D_K和S_K——拔制后钢管的直径和壁厚（mm）；

μ——延伸系数。

由于拔制过程中空拔模的弹性变形量以及拔制后钢管直径的弹性恢复量一般比因后不接触变形而造成的钢管缩径量要小得多，因而为了减少差值d_0-D_K，提高拔制后钢管的直径精度，减少钢管在后不接触变形区中的变形具有很大的作用。

根据在出口端产生不接触变形的原因可以推知，改变模孔形状可以减少甚至消除这种不接触变形（见图5-19）。

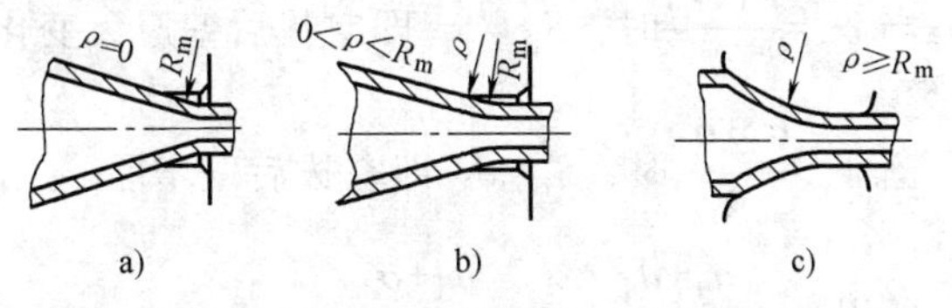

图5-19　模孔形状对缩径量的影响

对于锥形空拔模，当人口锥锥角很大或者入口锥与定径带之间加工不良过渡不平滑时（见图5-19a），图中ρ为模孔过渡处的圆角半径，R_m为后不接触变形区的弯曲半径），拔制过程中有较大的不接触变形及缩径量；如果入口锥与定径带之间过渡平滑，则可减少不接触变形的程度及缩径量（见图5-19b），若采用弧形空拔模并有$\rho \geqslant R_m$，则不接触变形及缩径量很小，实际上趋于消失（见图5-19c）。

4. 壁厚变化及均壁作用

无芯棒拔管是以减小钢管的直径为目的的。但应该注意的是，无芯棒拔制过程中在直径减小的同时钢管壁厚也发生着变化。经过空拔，钢管的壁厚可能减薄、不变或者增加。为了获得壁厚合乎要求的成品管，在空拔道次比较多的情况下，掌握空拔时壁厚变化规律是很重要的。

（1）产生壁厚变化的力学条件　空拔时金属在三向应力作用下进行变形，钢管壁厚的变化取决于三个应力之间的相互关系（见图5-20），根据E. 西贝尔等提出的空拔时金属流动的基本方程式，即

$$\varepsilon_t:\varepsilon_r:\varepsilon_l=(\sigma_t-\sigma_m):(\sigma_r-\sigma_m):(\sigma_l-\sigma_m)$$

式中　σ_m——平均应力，$\sigma_m=\frac{1}{3}(\sigma_l+\sigma_r+\sigma_t)$；

ε_t——周向对数变形$\varepsilon_t=\ln\frac{D_H}{D_K}$；

ε_r——径向对数变形$\varepsilon_r=\ln\frac{S_H}{S_K}$；

ε_l——轴向对数变形（延伸）$\varepsilon_l=\ln\frac{L_K}{L_H}=\ln\frac{F_H}{F_K}$；

D_H、S_H、L_H和F_H——拔制前钢管的直径、壁厚、长度和截面积；

D_K、S_K、L_K和F_K——拔制后钢管的直径、壁厚、长度和截面积。

可知

$$\frac{\varepsilon_r}{\varepsilon_t}=\frac{\sigma_r-\sigma_m}{\sigma_t-\sigma_m}$$

即

$$\frac{\varepsilon_r}{\varepsilon_t}=\frac{2\sigma_r-\sigma_l-\sigma_t}{2\sigma_t-\sigma_r-\sigma_l}$$

因此

$$\varepsilon_r=\frac{2\sigma_r-\sigma_l-\sigma_t}{2\sigma_t-\sigma_r-\sigma_l}\varepsilon_t$$

上式为空拔时钢管的壁厚变化率与直径压缩率及三向应力之间的基本关系式。从该式可以推知：

当 $\sigma_r<\frac{\sigma_t+\sigma_l}{2}$时，$S_H>S_K$ 即空拔后壁减薄；

当 $\sigma_r=\frac{\sigma_t+\sigma_l}{2}$时，$S_H=S_K$ 即空拔后壁厚无变化；

当 $\sigma_r>\frac{\sigma_t+\sigma_l}{2}$时，$S_H<S_K$ 即空拔后壁增厚。

所以 $\sigma_r<\frac{\sigma_t+\sigma_l}{2}$，$\sigma_r=\frac{\sigma_t+\sigma_l}{2}$，$\sigma_r>\frac{\sigma_t+\sigma_l}{2}$分别为空拔时壁减薄、壁厚保持不变和壁增厚的力学条件。因此，凡是能改变三个应力的大小以及她们之间相互关系的各种因素都会影响空拔时壁厚变化的数量甚至性质。钢管的几何尺寸、变形量，模具形状，外摩擦以及钢的力学性能等都属于这类因素。

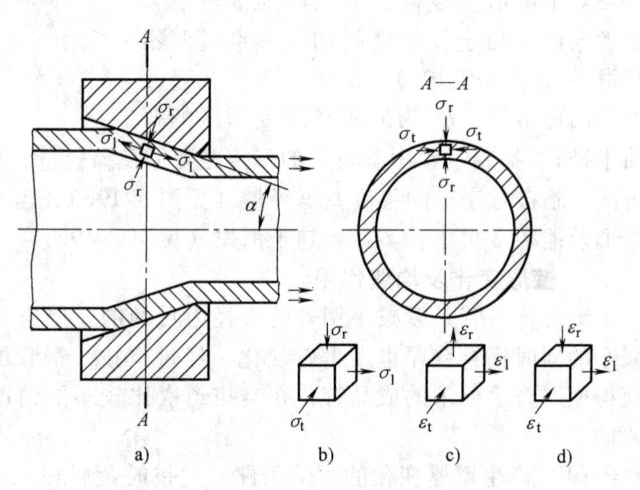

图 5-20　无芯棒拔制时的应力及变形

a）变形区　b）应力状态

c）壁增厚时的变形图示　d）壁减薄时的变形图示

（2）壁厚变化的一些规律

1）空拔钢管壁厚的变化发生在接触变形区，也发生在不接触变形区。在前不接触变形区壁厚一般是增加的，在后不接触变形区壁厚一般是减薄的。因为，在前不接触变形区钢管是在几乎没有轴向应力的条件下进行变形的，而在后不接触变形区则作用着相当于拔制应力的轴向应力。在接触变形区，根据不同变形条件，壁厚可能有各种变化。空拔后钢管壁厚的改变是整个变形区内壁厚变化的总和。

2）空拔时钢管壁厚的变化主要取决于拔制前原始直径与原始壁厚的比值$\frac{D}{S}$（或$\frac{S}{D}$）。$\frac{D}{S}$值既影响壁厚变化的性质，也影响壁厚变化的数量。

3）对于一定的$\frac{D}{S}$值，包括$\frac{D}{S}<\left(\frac{D}{S}\right)_K$ 或$\frac{D}{S}>\left(\frac{D}{S}\right)_K$ 的情况下，在一定范围内，当变形量增加时，壁厚变化率会随之增加。

在生产中常以壁厚变化量 ΔS 与减径量 ΔD 的比值来衡量变形量对壁厚变化的影响和估算不同减径量时壁厚的变化值。例如，用弧形模拔制 20 钢钢管时，就其平均值，在增壁的情况下，$\Delta S/\Delta D=0.01\sim0.025$，即每减径 1mm，管壁增厚约 0.01~0.025mm。所拔管的壁较厚时其值较大；在减壁的情况下，$\Delta S/\Delta D=0.04\sim0.05$，即每减径 1mm，壁减薄约0.04~0.05mm。

4）模具的形状对空拔管的壁厚变化有影响。模具形状影响着拔制时轴向应力的大小和出口端不接触变形的程度，所以模具形状对壁厚变化的影响要综合考虑以上两种因素的作用。

在使用锥形模的情况下，一般随着模具锥角的增加，空拔时增壁率逐渐减小，减壁率逐渐增加（见图 5-21）。

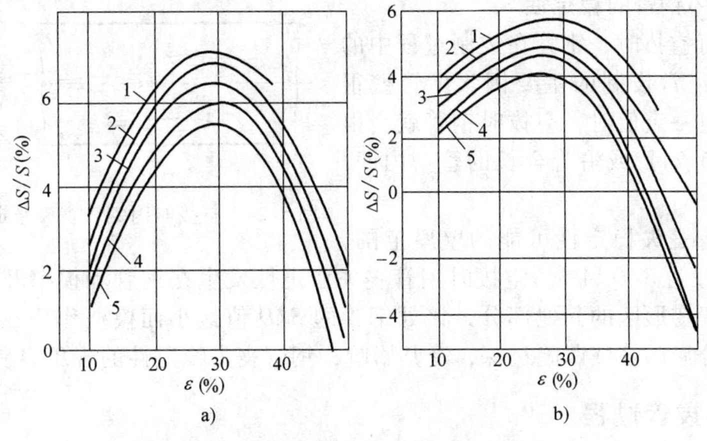

图 5-21　壁厚变化率与变形程度 ε 及模具锥角 α 的关系

a）$D/S=30$（ϕ30mm×1.0mm）　b）$D/S=15$（ϕ30mm×2.0mm）

1—$\alpha=5°$　2—$\alpha=10°$　3—$\alpha=15°$　4—$\alpha=20°$　5—$\alpha=25°$

5）钢的力学性能对空拔时壁厚的影响是塑性大的金属壁厚变化较大。如图 5-22 所示分别为低碳钢管由 ϕ50mm × 5mm、ϕ40mm×4mm 拔到 ϕ35mm×3.5mm 后不经退火空拔时壁厚变化的试验曲线。曲线表明，在减径率相同的条件下，退火管壁增厚的程度较大。

(3) 空拔过程中的均壁作用　空拔过程中，在壁厚发生变化的同时，钢管原始横向壁厚不均的程度能有所减少，即存在均壁作用。

均壁作用的产生是由于管壁上的不同壁厚处在空拔过程中有不同的壁厚变化，即在增厚的情况下，壁薄处增厚多，壁厚处增厚少；在减壁的情况下则相反（见图 5-23），结果可使壁厚有某些均匀化。

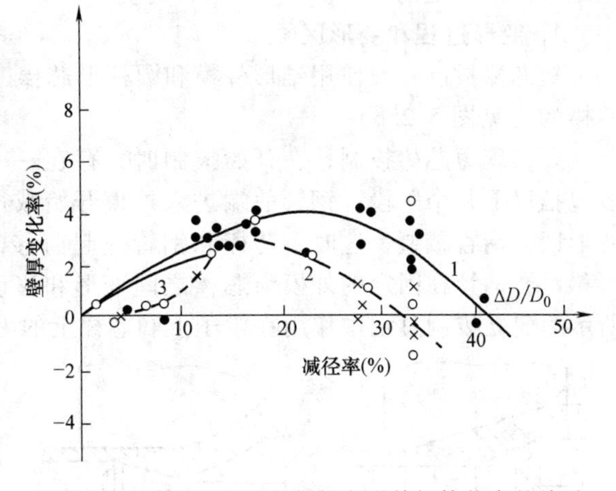

图 5-22　空拔时壁厚变化与变形前钢管状态的关系

1—退火管　2—具有 23.5%的冷变形量

3—具有 51.0%的冷变形量

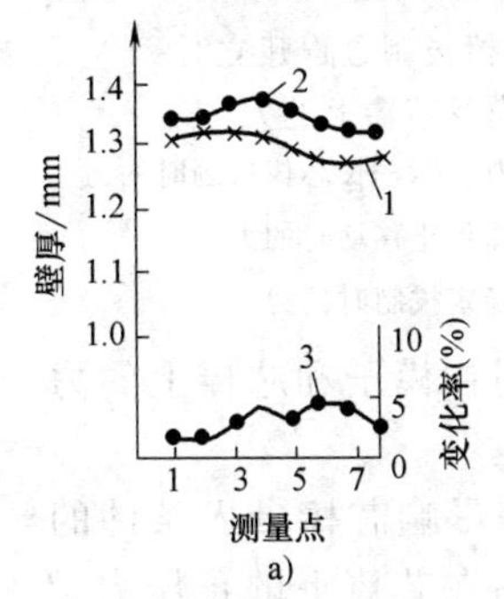

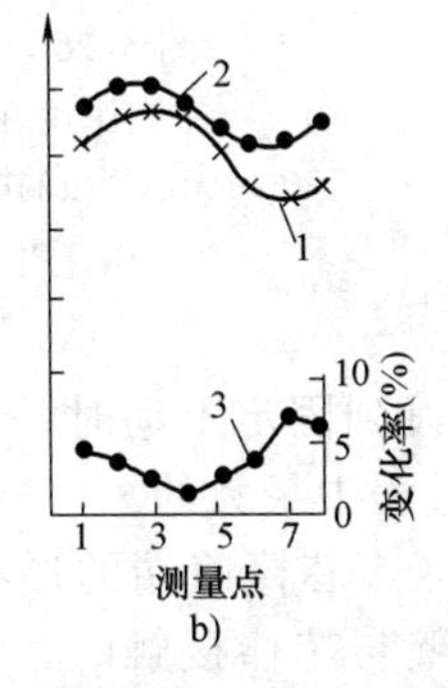

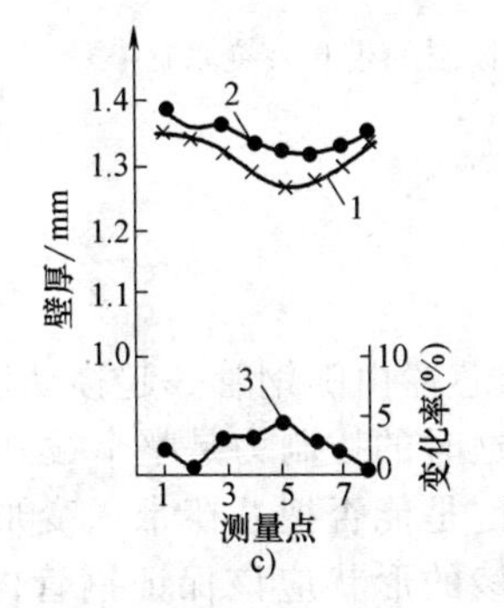

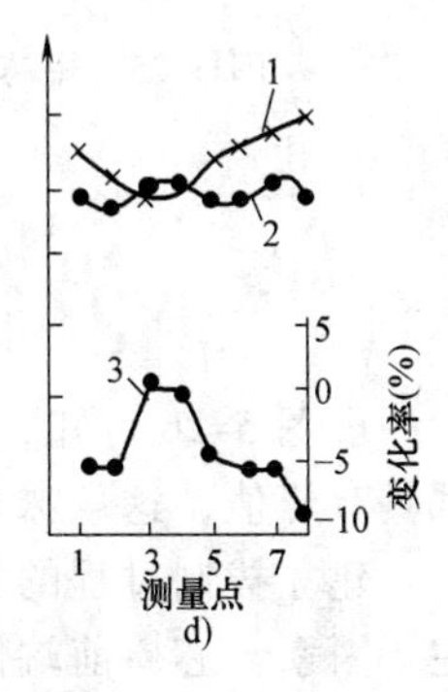

图 5-23　空拔时不同壁厚处管壁厚度的变化

a）拉拔模锥角 $\alpha=6°$　b）拉拔模锥角 $\alpha=13°$　c）拉拔模锥角 $\alpha=20°$　d）拉拔模锥角 $\alpha=30°$

1—拔制前壁厚沿圆周的分布　2—拔制后壁厚沿圆周的分布　3—壁厚的变化

应该注意的是，为了达到均匀作用，空拔时必须钢管轴线、空拔模的轴线和拔制线这3项一致。

5. 空拔过程中钢管的稳定性

在薄壁管进行空拔时，钢管在拔制过程中的稳定性成了影响正常拔制的主要因素。管壁很薄，当减径量超过一定值时，空拔时钢管就会由于局部的（见图5-24）或沿管全长的管壁内凹，造成凹折缺陷。

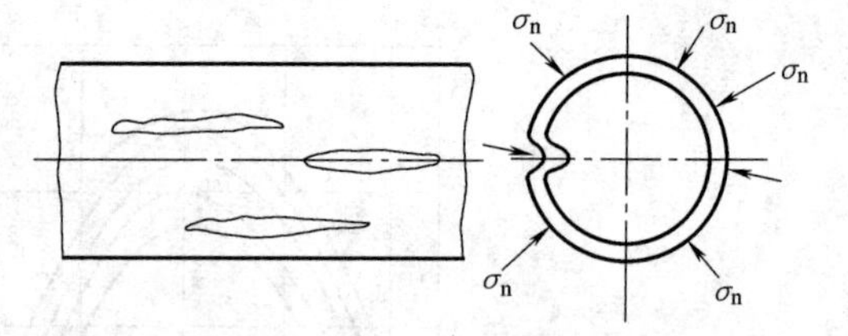

图5-24　空拔时因钢管丧失稳定性而造成的缺陷

空拔时钢管有丧失稳定性可能的壁厚范围，按S/D考虑，一般为$S/D<4\%$。空拔时钢管丧失稳定性发生在钢管和模壁开始接触处的可能性最大，因相对于变形区的其他部分，该处钢管的S/D值最小而模壁作用在钢管上的径向应力最大。锤头部分局部管壁凹陷过深，受其影响，钢管丧失稳定性的现象容易出现。

5.3.2　短芯棒拔管过程

短芯棒拔制时，在稳定拔制阶段，芯棒被固定在变形区的一定位置，故又叫作固定芯棒拔制。这种拔制方式，工具制造简单，调整和操作比较方便，因此，在带芯棒的拔制方式中，它是应用最广泛的一种。

1. 变形过程和变形区

短芯棒拔制一般使用锥形外模和圆柱形芯棒（见图5-25a），但也有使用弧形外模和锥形芯棒的（见图5-25b）。

要实现短芯棒拔制，在开始拔制时，存在一个建立拔制过程的问题。拔制过程的建立一般包括以下几个阶段：钢管前端进入外模开始减径；钢管内壁和送入的芯棒接触并把它带入变形区，钢管减壁，这时，芯棒和钢管一起前移，相当于长芯棒拔制；稍后，芯棒被固定不再移动，钢管在固定的外模与芯棒之间变形和移动，变形过程进入稳定拔制阶段。如图5-26所示为建立拔制过程中作用在模子上和芯棒上的力的变化图示。

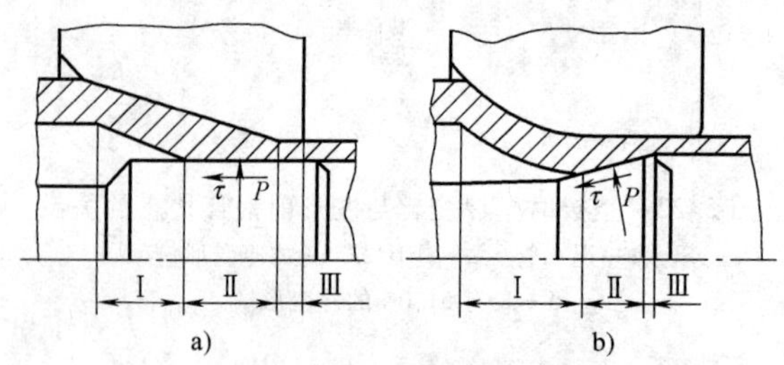

图5-25　短芯棒拔制的模具及变形区

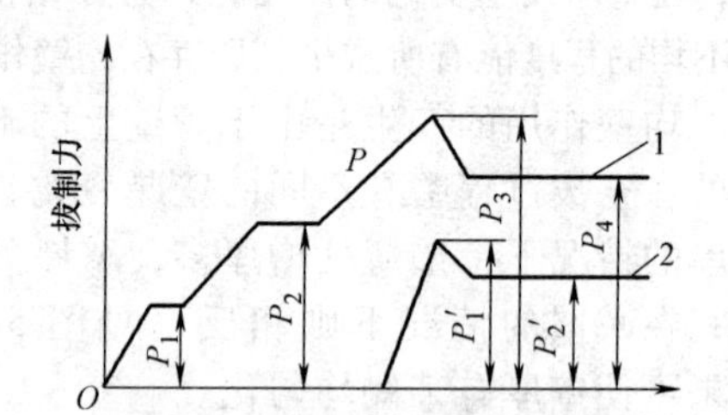

图5-26　短芯棒拔制过程建立时作用在外模及芯棒上的力

P_1—无芯棒拔制时的力　P_2—长芯棒拔制时的力

P_3、P'_1—芯棒停止移动时的力

P_4、P'_2—稳定拔制时的力

由图5-26可知，当芯棒由随钢管一起移动过渡到固定不动时，作用在模子和芯棒上的力都具有峰值，这意味着这时的拔制力是整个拔制过程中最大的。

建立拔制过程的关键是能否把芯棒带入变形区。芯棒前端的形状是影响芯棒带入条件的主要因素。芯棒前端倒棱的形状应该保证钢管内壁与芯棒接触时，作用在芯棒上的正压力P与摩擦力T合力的水平分力朝向拔制方向。为了达到上述要求，应把芯棒前端倒成锥形，防止倒成弧形，因前一种形状对带入芯棒有利。芯棒前端合适的倒角与摩擦条件及变形程度有

关，一般倒成45°角。

在稳定拔制阶段，钢管的变形过程是先减径，然后是减壁，最后是定径。因而短芯棒拔制时的变形区由减径区、减壁区和定径区三部分组成。

在减径区钢管的应力应变状态和无芯棒拔制时一样。在减壁区，这是短芯棒拔制时变形最集中的区域，金属的变形处在径向和周向压缩而轴向延伸的状态；而在应力状态中，σ_r成了最小主应力，如果忽略减径区的存在，则三个主应力沿减壁区的分布如图5-27所示。

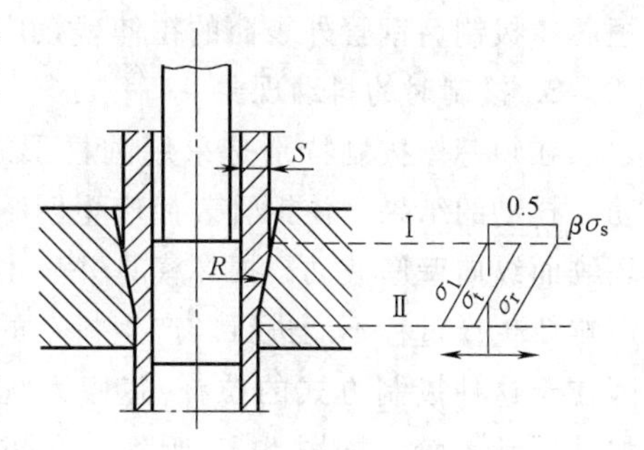

图5-27　短芯棒拔制时主应力沿减壁区的分布

短芯棒拔制时的最大道次变形量，在拔管机能力足够的情况下，一般受管体强度的限制。但对于一些在拔制过程中芯棒上容易黏结金属的钢管，由于芯棒上黏结金属后钢管内表面会产生划道而影响质量，因而在确定道次变形量时就应该考虑这个因素。

2. 金属的流动和变形

短芯棒拔制时，由于钢管的变形是在外模和芯棒的同时作用下完成的，既减径又减壁，钢管内外表面又都存在摩擦阻力，因此，在空拔时造成金属不均匀流动和变形的因素，在短芯棒拔制时它们的作用都减弱了。可以认为，短芯棒拔制时金属的流动和变形都较空拔时均匀，所产生的附加应力和残余应力也小。如图5-28所示为$w(\mathrm{C})=0.14\%$，$w(\mathrm{Si})=0.14\%$，$w(\mathrm{Mn})=0.53\%$，尺寸为ϕ43mm×4.2mm的钢管，退火后分别用直径为40mm的拔管模以及直径为32mm的短芯棒进行拔制后钢管外表面的周向拉伸残余应力，由图5-28可知，短芯棒拔制后钢管外表面的周向拉伸残余应力比减径量相同的空拔管小。

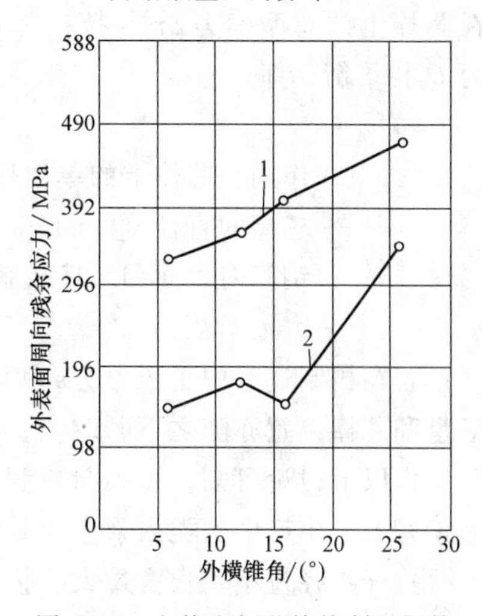

图5-28　空拔和短芯棒拔制后钢管外表面的周向拉伸残余应力

1—空拔管　2—短芯棒拔制后的钢管

短芯棒拔制时，在减径率ε_D一定的条件下，随着减壁率ε_s的增加，钢管外表面的轴向、周向拉伸残余应力逐渐减小，而且当ε_s大于一定值后，钢管外表面的轴向、周向残余应力还会由拉应力转化为压应力；在ε_s一定而ε_D增加时，一般钢管外表面的轴向、周向拉伸残余应力是随着增加的（见图5-29）。

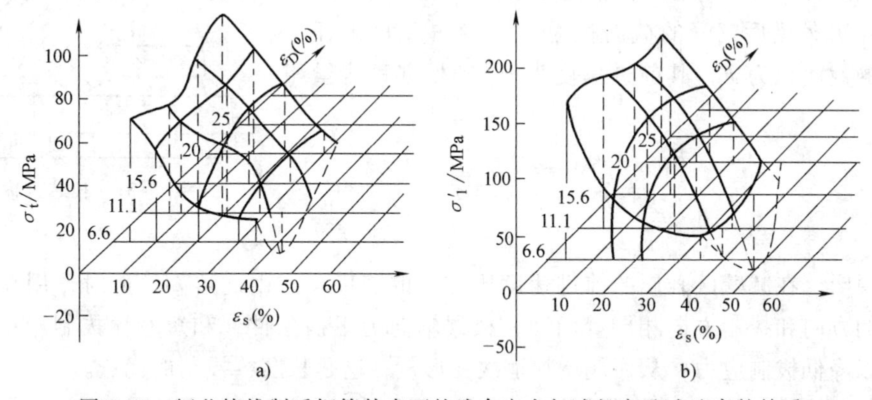

图5-29　短芯棒拔制后钢管外表面的残余应力与减径率及减壁率的关系

a）周向残余应力　b）轴向残余应力

在实际生产中，钢管的开裂主要发生在空拔管，短芯棒拔制的钢管很少开裂，这和上述短芯棒拔制后钢管外表面的拉伸残余应力较小有关。

3. 拔制时的抖动现象

在短芯棒拔制特别是采用圆柱形芯棒拔制时，在一定条件下，拉杆-芯棒系统会产生抖动。抖动的结果，使钢管表面产生明暗交替的环纹而纵向壁厚波动，损坏模具并发出很大的声响使生产过程不能进行。产生抖动的根本原因在于这种拔制方式的拉杆-芯棒系统是一个弹性振动系统。如图 5-30 所示，在拔制过程中，当芯棒在变形区内处于稳定位置时，作用在芯棒上的总摩擦力$\Sigma\tau$与拉杆弹性拉伸的反力 Q 相平衡，即

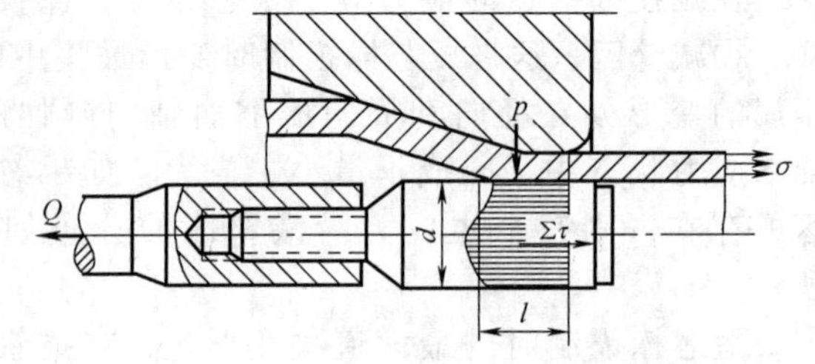

图 5-30　短芯棒在变形区的受力情况

$$\sum \tau = \sum pl\pi df$$

式中　p——作用在芯棒上的单位压力（MPa）；

d——芯棒的直径（mm）；

l——钢管内表面和芯棒接触面的长度（mm）；

f——摩擦系数。

若在拔制过程中正压力$\sum p$和摩擦系数频繁变化，则上述平衡将不断改变，拉杆的弹性变形量和芯棒位置亦随之不断改变，结果引起拉杆-芯棒系统强迫振动进而产生抖动。

由以上讨论可知，短芯棒拔制时发生抖动现象与引起作用在芯棒上的轴向力发生变化的因素有关，生产中这类因素主要是拔制前退火、酸洗、清洗或润滑的质量不好造成的。

拉杆直径过小、长度过大、拔制时变形量过大，都会使拉杆的静变形量增加，使抖动容易产生。为了防止因拉杆过长而引起抖动，一般短芯棒拔制时钢管的长度不大于 30 米。

5.3.3　长芯棒拔制过程

长芯棒拔制，如前所述，其特点是拔制时芯棒随钢管一起移动，所用的模具为锥形外模和比拔后钢管略长的圆柱形芯棒。变形区亦由减径区Ⅰ，减壁区Ⅱ和定径区Ⅲ（见图 5-31）组成。

在拔制过程中可认为芯棒的前进速度等于钢管的出口速度 v_B，设离开外模后钢管的截面积为 F_K；在减壁区的任一截面钢管的截面积为 F，其前进速度为 v，则根据秒流量相等原则有

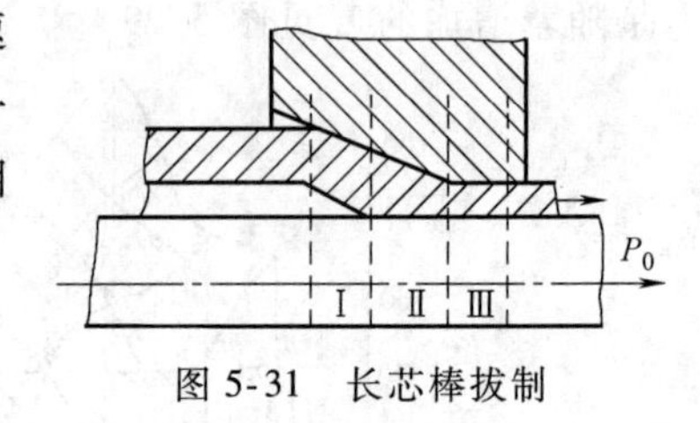

图 5-31　长芯棒拔制

$$F_K v_B = Fv$$

因为
$$F > F_K$$

所以
$$v_B > v$$

上式说明，在减壁区金属的前进速度比芯棒的速度小。由此可知，这时作用在钢管内壁的摩擦力的方向和拔制方向相同。因而，根据轴向力平衡条件，和短芯棒拔制相比，长芯棒拔制时可以降低拔制应力，从而能增加道次变形量，这是长芯棒拔制的优点。

由于长芯棒拔制的道次变形量较大，所以它适用于拔制头两个道次，这时主要的目的是减壁，为减少拔制道次创造条件。长芯棒拔制还是生产毛细管唯一的拔制方法。

5.3.4　游动芯棒拔管过程

在拉拔时，芯头不固定，依靠其自身的形状和芯头与管子接触面间力平衡使之保持在变形区中。如改变短芯棒的设计，使芯棒由前圆柱段Ⅰ、圆锥段Ⅱ和后圆柱段Ⅲ所组成，如图5-32所示，且将各主要参数设计恰当，则拨制过程中作用在芯棒上的各轴向力会自相平衡，在不用拉杆或用拉杆但不作固定的情况下，芯棒能稳定地保持在变形区的一定位置。这种芯棒叫游动芯棒，所形成的拔制过程叫游动芯棒拔制。

游动芯棒拔制时拔制力较小，可提高道次变形量；由于不存在拉杆的限制，可带芯棒拔制小口径钢管，与空拔相比能改善钢管的内表面质量和尺寸精度；可以提高拔制速度和拔制长度，并采用卷筒拔制。

1. 实现稳定拔制的基本条件

游动芯棒拔制时，芯棒能否自行稳定地处于变形区中，取决于作用在芯棒上的轴向力是否平衡。

如图5-32所示，当芯棒处于稳定位置时，设在它的前圆柱段和圆锥段上分别作用着正压力p_1、p及摩擦力τ_1、τ，则必满足下列力平衡方程

$$\sum p\sin\alpha_1-\sum\tau\cos\alpha_1-\sum\tau_1=0$$

式中　α_1——圆锥段母线的倾斜角（°）。

由上式可得出实现稳定拔制的一个基本条件

$$\alpha_1>\beta$$

即游动芯头锥面与轴线之间的夹角必须大于芯头与管坯间的摩擦角。如不能满足上述条件，则芯棒将进入模孔过深造成断管。

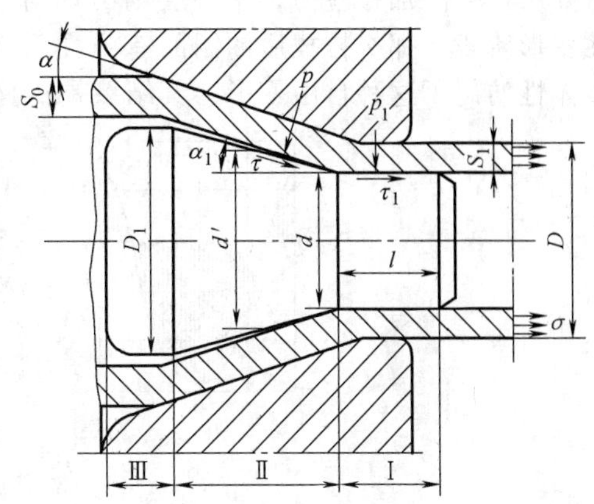

图5-32　游动芯棒拔制
Ⅰ—芯棒的前圆柱段　Ⅱ—芯棒的圆锥段
Ⅲ—芯棒的后圆柱段

实现稳定拔制的第二个基本条件是，游动芯棒的锥角必须小于或等于外模的锥角α，即

$$\alpha_1\leqslant\alpha$$

不符合上述条件，在拔制开始时芯棒上建立不起与$\Sigma\tau_1$方向相反的推力，因此，芯棒将顺拔制方向移动并在外模的入口锥挤压管材造成断管。即使不发生断管，在拔制过程中，由于轴向力变化，芯棒往复移动，也将在管子内表面挤出明显的环状纹。

2. 道次变形量

由于游动芯棒拔制时作用在芯棒上的轴向力是互相平衡的，所以作用在管子内壁上的轴向力也是互相平衡的。根据这种受力情况，若其他条件相同，游动芯棒拔制时的拔制应力应比短芯棒拔制时低。因此，游动棒拔制可比短芯棒拔制有更大的道次变形量。

5.4　拉拔制品中的残余应力

在拉拔过程中，由于材料内的不均匀变形而产生附加应力，在拉拔后残留在制品内部形成残余应力。这种应力对产品的力学性能有显著的影响，对成品的尺寸稳定性也有不良的作用。

5.4.1　拉拔棒材中的残余应力

由于在变形区内金属的中心层与边缘层的流动速度不同，必然引起副应力，其存在的形

式如图 5-33 所示。拉拔后的副应力以残余应力的形式存于制品中。

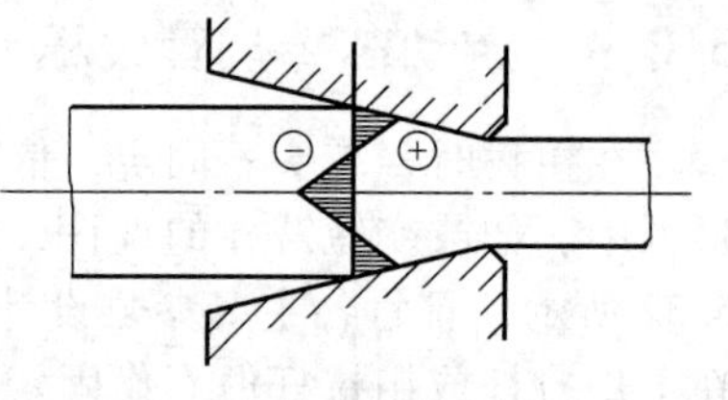

图 5-33 拉拔时的副应力

拉拔后棒材中呈现的残余应力分布有以下三种情况：

1）拉拔时棒材整个断面都发生塑性变形，那么拉拔后制品中残余应力分布如图 5-34 所示。

在拉拔过程中，虽然棒材外层金属受到的剪切变形和弯曲变形与中心层相比较大，造成沿主变形方向的延伸变形与中心层相比较大，但是外层金属沿轴向上受到的延伸变形与中心层相比却较小，并且由于棒材表面受到摩擦的影响，外层金属沿轴向流速较中心层也慢。因此，在变形过程中，棒材外层产生附加拉应力，中心层则出现与之平衡的附加压应力，当棒材出模孔后，仍处在弹性变形阶段，那么拉拔后的制品有弹性后效的作用，外层较中心层缩短得较大。但是物体的整体性妨碍了这种自由变形，其结果是棒材外层产生残余拉应力，中心层则出现残余压应力。

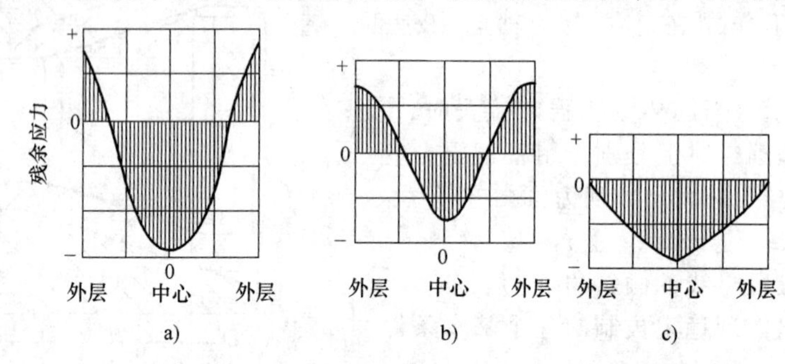

图 5-34 棒材整个断面发生塑性变形时的残余应力分布
a）轴向残余应力 b）周向残余应力 c）径向残余应力

在径向上，由于弹性后效的作用，棒材断面上所有的同心环形薄层皆欲增大直径。但由于相邻层的互相阻碍作用而不能自由涨大，从而在径向上产生残余压应力。显然，中心处的圆环涨大直径时所受的阻力最大，而最外层的圆环不受任何阻力。因此中心处产生的残余压应力最大，而外层为零。

在周向上，由于轴心线中心层受压应力作用，则其同心环薄层均有增大直径的趋势，但受其他层的阻碍不能自由胀大，所以在中心层上的周向残余应力为压应力，其表面层则产生拉应力。

2）拉拔时仅在棒材表面发生塑性变形，那么拉拔后制品中残余应力的分布与第一种情况不同。在轴向上棒材表面层为残余压应力，中心层为残余拉应力。在周向上残余应力的分布与轴向上基本相同，而径向上棒材表面到中心层为残余压应力。

3）拉拔时塑性变形未进入到棒材的中心层，那么拉拔后制品中残余应力的分布应该是前二种情况的中间状态。在轴向上拉拔后的棒材外层为残余拉应力，中心层也为残余拉应力，而其中间层为残余压应力。在周向上残余应力的分布与轴向上基本相同。而在径向上，从棒材外层到中心层为残余压应力。

这种情况是由于拉拔的材料很硬或拉拔条件不同，使材料中心部不能产生塑性变形的缘故。棒材横截面的中间层所产生的轴向残余压应力表明塑性变形只进行到此处。

5.4.2 拉拔管材中的残余应力

1. 空拔管材

空拔过程中金属流动是不均匀的，存在较严重的不均匀变形。由于变形的不均匀性，拔

制时产生附加应力，拔制后附加应力残留在钢管内部而形成残余应力。

（1）产生不均匀变形的原因

1）钢管本身的几何因素：因为空拔时不压缩管壁，由于钢管本身是圆柱形中空体这一几何因素，变形时沿壁厚钢管各层的自然延伸系数具有较大的差异。结果导致较大不均匀变形的产生。其特点是：

第一，自然延伸以外表面层为最小，内表面层为最大，中间各层的自然延伸从外表面层至内表面层逐渐增加。可以推知，其间必然存在一个“中性层”，这一层的自然延伸相当于其他各种自然延伸的平均值。

第二，由于整体性的关系，各层的变形必须互相制约。所以变形时外层的金属必受内层金属的牵曳作用，其实际延伸将比其自然延伸大，同时由于增加了延伸，该层的厚度将减小并力图缩小其直径。与此相反，内层金属的延伸将受到外层金属的阻碍，其实际延伸比其自然延伸小，变形结果是该层的厚度和直径与自然变形相比都将增加。

2）模具形状和外摩擦：模具形状和外摩擦也是造成金属流动和变形不均匀的重要因素。

（2）空拔管内的残余应力　存在过大的残余应力是空拔管一些缺陷产生的内因，比如空拔后钢管的纵裂就是较为常见而又危害较大的一种缺陷。这种缺陷往往突然发生，一旦出现，钢管的一部分甚至沿钢管全长就会纵向开裂，成为不可挽救的废品。钢管的纵裂与其外表面层存在较大的周向残余拉伸应力有关。

因不均匀变形而产生的附加应力和残余应力，方向和附加变形的方向一致，大小和附加变形的量有关。

空拔时，外层金属的自然延伸和轴向流动速度小于内层，但由于受整体性的制约，在轴向，外层产生附加拉应力，内层产生附加压应力（见图5-35）；由于外层金属同时力图减少厚度、缩小直径，内层金属力图增加厚度、增大直径，因此，在周向，外层产生附加拉应力，内层产生附加压应力（见图5-36），在径向，外层和内层都产生附加压应力。另外，由于后不接触变形过程的存在，在轴向和周向，外层和内层也会分别产生附加拉应力和附加压应力。

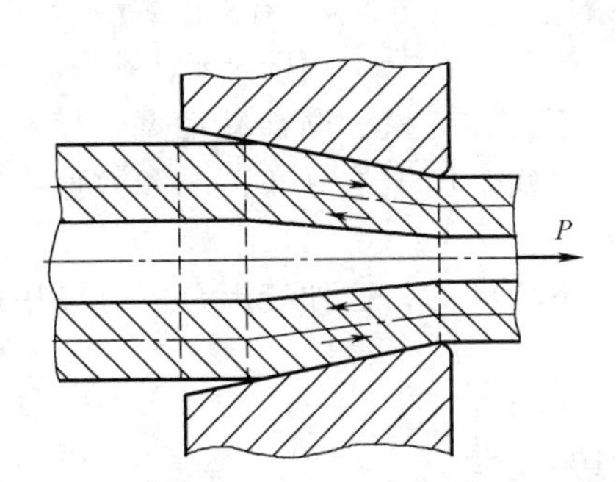

图5-35　空拔时内外层上轴向附加内力的方向

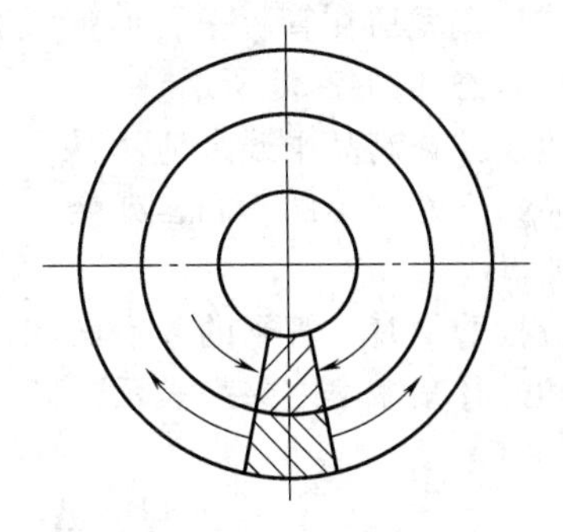

图5-36　空拔时内外层上周向附加内力的示意图

附加内力在相应的金属层中都形成同方向的按一定规律分布的附加应力，不同层中的附加内力互相平衡。

变形结束后附加应力保留在管体内形成残余应力。空拔管，在轴向、周向和径向都存在残余应力，轴向残余应力 σ_l'、周向残余应力 σ_t'和径向残余应力 σ_r'的定性分布见图5-37。其特点是，近似地看，在外表面，σ_l'和 σ_t'均为拉应力并具有最大值，沿壁厚由外向内，其值逐渐减小，在内表面 σ_l'和 σ_t'均为压应力并具有最大值，沿壁厚由内向外，其值逐渐减小。在壁厚的某一截面 σ_l'和 σ_t'为零；σ_r'沿壁厚均为压应力，且在内外表面为零，在壁厚中间具有最大值。

空拔管外表面的轴向和切向残余拉伸应力有时可以达到很大的值。这是因为空拔时壁厚只有因变形本身所引起的少量变化，没有直接的压下变化，存在较大的不均匀变形。影响空拔管外表面轴向和周向拉伸残余应力大小的主要因素有直径压缩率、钢的力学性能、钢管的壁厚等。通常，钢的屈服极限高，空拔后钢管内的残余应力大，钢的屈服极限低，空拔后钢管内的残余应力小。厚壁管与薄壁管相比，一般，在其他条件相同的情况下，空拔后前者具有较大的残余应力。

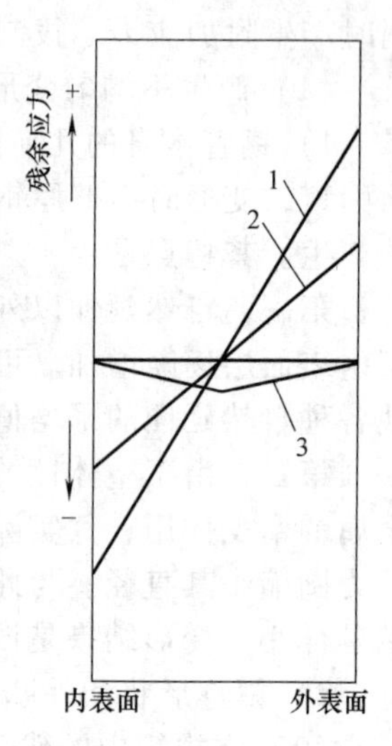

图 5-37　空拔管内三个方向残余应力的定性分布
1—轴向残余应力 σ_1'
2—周向残余应力 σ_t'
3—径向残余应力 σ_r'

拉伸残余应力的存在，特别在温度较低的情况下，会降低金属的冲击韧性，引起金属的脆性破坏。空拔管由于在外表面存在高水平的轴向和周向残余拉伸应力，就容易产生开裂。有的是直线形的纵向开裂，裂缝大部分通过锤头端管壁凹陷较深部位；也有的裂缝通过蹄形管尾的凹陷处。纵向开裂的产生和空拔管外表面存在较大的周向残余拉伸应力有关。空拔管也可能产生螺旋形或锯齿形开裂，这是由于存在于外表面的轴向和周向残余拉伸应力共同作用的结果。

钢质较脆、变形量过大、环境温度低、拔制前存在较大的加工硬化或者退火时加工硬化没有完全消除以及受冲击等因素都会增加空拔管的开裂。

如果残余拉伸应力较大的空拔管，没有产生开裂，但已在管体内形成了微裂纹，热处理后残余应力消失了而微裂纹继续存在。这种钢管可能在以后工作时产生开裂。

2. 衬拉管材

衬拉管材时，一般情况下，管材内、外表面的金属流速比较一致。就管材壁厚来看，中心层金属的流速比内、外表面层快。因此衬拉管材时塑性变形也是不均匀的，必然在管材的内、外层与中心层产生附加应力。这种附加应力在拉拔后仍残留在管材中，而形成残余应力。其残余应力的分布状态如图 5-38 所示。

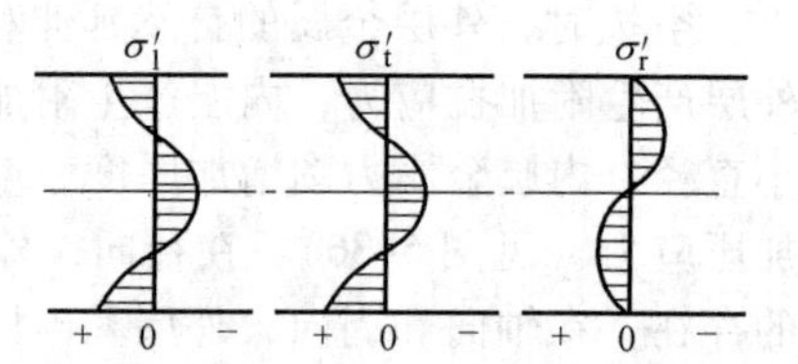

图 5-38　衬拉时管壁残余应力分布示意图

上述是拉拔制品中残余应力的分布规律。但是，由于拉拔方法、断面减缩率、模具形状以及制品力学性能等的不同，残余应力的分布特别是周向残余应力的分布情况和数值会有很大的改变。

在拉拔管材时，管子的外表面和内表面的变形量是不相同的，这种变形差值可以用内径减缩率和外径减缩率之差来表示，即

$$\Delta=\left(\frac{d_0-d_1}{d_0}-\frac{D_0-D_1}{D_0}\right)\times100\%$$

式中　D_0、d_0——拉拔前管外径与内径（mm）；

D_1、d_1——拉拔后管外径与内径（mm）。

根据实验得知，变形差值 Δ（不均匀变形）越大，则周向残余应力也越大。衬拉时，有直径减缩，还有管壁的压缩变形，因此变形差值 Δ 越小，继而管子外表面产生的周向残余拉伸应力也越小。

5.4.3　残余应力的消除

1. 减少不均匀变形

可通过减少拉拔模壁与金属的接触表面的摩擦，采用最佳模角，对拉拔坯料采取多次的

退火，使两次退火间的总加工率不要过大，减少分散变形度等，皆可减少不均匀变形。在拉拔管材时应尽可能地采用衬拉，减少空拉量。

2. 矫直加工

对拉拔制品最常采用的是辊式矫直。在此情况下，拉拔制品的表面层产生不大的塑性变形。此塑性变形力图使制品表面层在轴向上延伸，但是受到了制品内层金属的阻碍作用，从而表面层的金属只能在径向上流动使制品的直径增大，并在制品的表面形成一封闭的压应力层，如图 5-39 所示。矫直后制品直径的增大值随着制品直径增大而增加。因此在拉拔大直径的（$\phi \geqslant 30$mm）管材时，选用的成品模直径的大小应考虑此因素，以免矫直后超差。

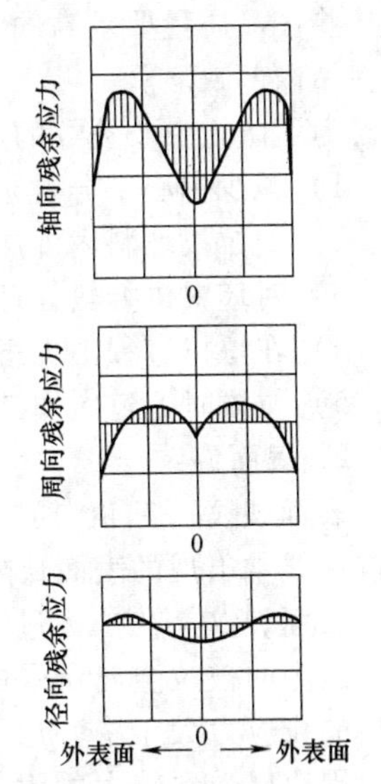

图 5-39　拉拔棒材辊式矫直后的残余应力分布示意图

对拉拔后的制品施以张力亦可减小残余应力。例如，对黄铜棒给予重 1%的塑性延伸变形可使拉拔制品表面层的轴向拉应力减少 60%。

3. 退火

通常称消除应力退火，即利用低于再结晶温度的低温退火来消除或减少残余应力。

4. 施加反拉力

带反拉力拉拔，即在被拉拔棒材进模前的入口端施加一个与金属前进方向相反的拉力 Q 的一种拉拔过程。由于反拉力的存在，金属在未进入模孔前即产生变形（一般是弹性变形），使其直径变小并且导致拉应力 σ_1增加。其结果必然引起径向应力减小，继而摩擦应力减小。因此反拉力可减小模孔的磨损和由于摩擦热而使材料产生的自退火作用、不均匀变形以及残余应力等。此外，还能减小以致消除模子入口处的三向压应力区。

5.5　拉拔制品的主要缺陷

5.5.1　实心制品的主要缺陷

从拉拔角度看，制品的主要缺陷有：表面裂纹、起皮、麻坑、起刺、内外层力学性能不均匀、中心裂纹等。在此仅对实心棒材、线材常见的中心裂纹与表面裂纹加以分析。

1. 中心裂纹

一般来说，无论是锻造坯料还是挤压、轧制的坯料，都存在内外层的力学性能不均匀的问题，即内层的强度低于表面层，由拉拔时应力分布规律可知，在塑性变形区内中心层上的轴向主拉应力大于周边层的，因此常常在中心层上的拉应力首先超过材料强度极限，造成拉裂，如图 5-40 所示。

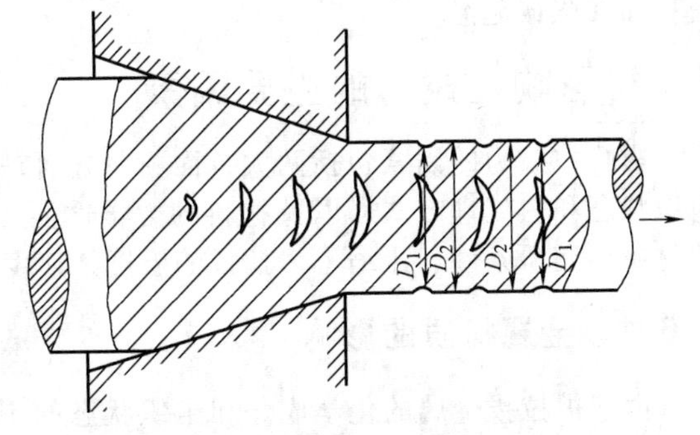

图 5-40　中心裂纹

D_1—裂纹处的直径　D_2—无裂纹处的直径

由于拉拔时，在轴线上金属流动速度高于周边层的，轴向应力由变形区的入口到出口逐渐增大，所以一旦出现裂纹，裂纹就越来越长，裂缝越来越宽，其中心部分最宽；又由于在轴向上前一个裂纹形成后，使拉应力松弛，裂口后面的金属的拉应力减小，再经过一段长度后，拉应力又重新达到极限强度，将再次发生拉裂，这样拉裂-松弛-再拉裂的过程继续下去，就出现了明显的周期性。

这种裂纹很小时是不容易被发现的，只有特别大时，才能在制品表面上发现细颈，所以对某些产品质量要求高的特殊产品，必须进行内部探伤检查。目前工厂使用超声波探伤仪检查制品内部缺陷。

为了防止中心裂纹的产生，需要采取以下措施：

1）减少中心部分的杂质、气孔。

2）使拉拔坯料内外层力学性能均匀。

3）对坯料进行热处理，使晶粒变细。

4）在拉拔过程中进行中间退火。

5）拉拔时，道次加工率不应过大。

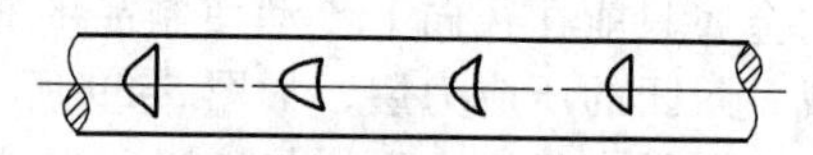

图 5-41　棒材表面裂纹示意图

2. 表面裂纹

表面裂纹（三角口）在拉拔圆棒材、线材时，特别是拉拔铝线常出现的表面缺陷，如图 5-41 所示。

表面裂纹是在拉拔过程中由于不均匀变形引起的。在定径区中的被拉金属所受的沿轴向上的基本应力分布是周边层的拉应力大于中心层的，再加上由于不均匀变形的原因，周边层受到较大的附加拉应力作用。因此，被拉金属周边层所受的实际工作应力较中心层要大得多，如图 5-42 所示，当此种拉应力超过抗拉强度时，就发生表面裂纹。当模角与摩擦系数增大时，则内、外层间的应力差值也随之增大，更容易形成表面裂纹。

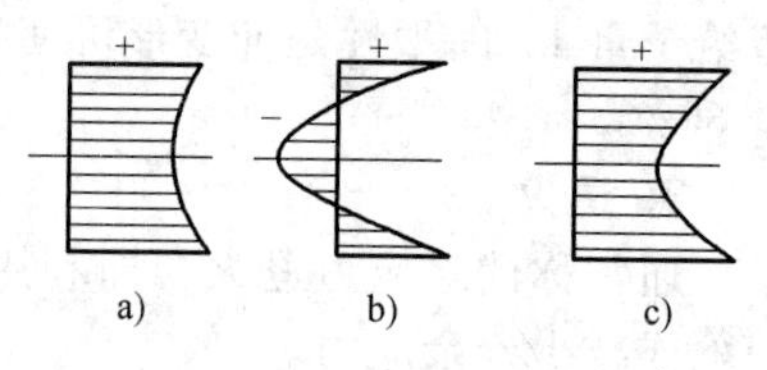

图 5-42　定径区中沿轴向工作应力分布示意图

a）基本应力　b）附加应力　c）工作应力

5.5.2　管材制品的主要缺陷

拉拔管材常见的缺陷有表面划伤、起皱、弯曲、偏心、裂纹、金属压入、断头等，以偏心、起皱最为常见。

1. 偏心

在实际生产中，拉拔管坯的壁厚是不均匀的，尤其是在卧式挤压机上进行脱皮挤压所生产的铜合金管坯偏心度非常严重。利用不均匀壁厚管坯进行拉拔时，空拉能起到自动纠正管坯偏心的作用，使管材偏心度减小，但有的管坯偏心过于严重而空拉纠正不过来，就会造成管材偏心缺陷。

2. 起皱

若 D_0/S_0 值较大，而管壁薄厚又不均匀，道次加工率又较大，加之退火不均匀时，管壁易失稳而凹陷或起皱。

5.6　影响拉拔力的主要因素

影响拉拔力的因素包括两大方面：一方面是内在因素，即钢材的本质，钢种和化学成分，组织状态和热处理方式，以及材料的力学性能和硬化率。另一方面是外部因素，即使用模具的材质、润滑条件、压缩率、拉拔的温度、速度条件等。

5.6.1　金属材质的影响

由于被拉拔金属的化学成分和组织状态的不同，则金属的塑性和变形抗力以及能承受的拉拔应力亦不同。拉拔应力是随着金属材料真实变形抗力的增加而增加，亦即与材料的屈服极限和抗拉强度成正比。一般在金属拉拔时，其拉拔应力 σ_Z 与其真实单位变形抗力 K_{fm} 成一

定的比例关系，即

$$\alpha=\frac{\frac{P}{F_1}}{K_{fm}}\times 100\%$$

式中，$K_{fm}=\frac{1}{2}(\sigma_{s_0}+\sigma_{s_1})$，$\sigma_{s_0}$为拉伸实验曲线的开始屈服应力（MPa）；$\sigma_{s_1}$为从变形区拔出时的屈服强度（MPa），可根据拉伸实验硬化曲线得到。

比值 α 称为应变强化比。拉拔时最大可能减面率是受到制约的，因为纵向应力 $\alpha_z=\frac{P}{F_k}$必须保持小于该材料的抗拉强度 R_m值。由于拉拔截面上应力分布不均匀，材料缺陷又不可避免，致使拉拔模孔会受到震颤，允许达到的应变强化比一般不能高于75%。

对碳素钢来说，碳含量越高，则其抗拉强度越高。如图5-43所示是碳含量对正火钢性能影响的变化曲线。但是，对于拉拔碳素钢来说，钢的碳含量对安全系数和变形效率的影响甚微。这是因为碳含量越高，线坯的原始强度也越高，所需的拉拔应力尽管增大，但由于加工硬化的结果，拉拔后钢材的强度也相应增大，故安全系数基本不变。又因为变形效率主要与摩擦损耗功和附加剪切变形有关，故碳含量高时，若其他工作条件适宜，则对变形效率无太大影响。

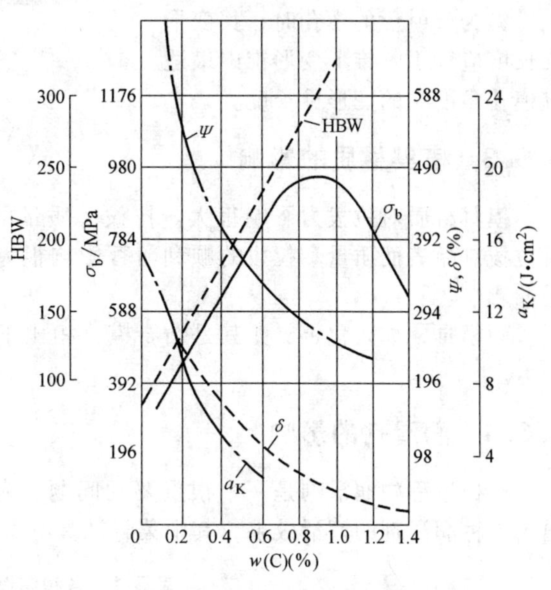

图5-43　碳含量对正火钢性能的影响

5.6.2　拉拔模角的影响

拉拔模角 α（即模孔工作锥变形区的形状），一般常采用直线形的圆锥孔。在各种不同的变形程度下，总能找到一个相应的最佳模角 α，该模角能使拉拔应力最低，变形效率最高，如图5-44所示。

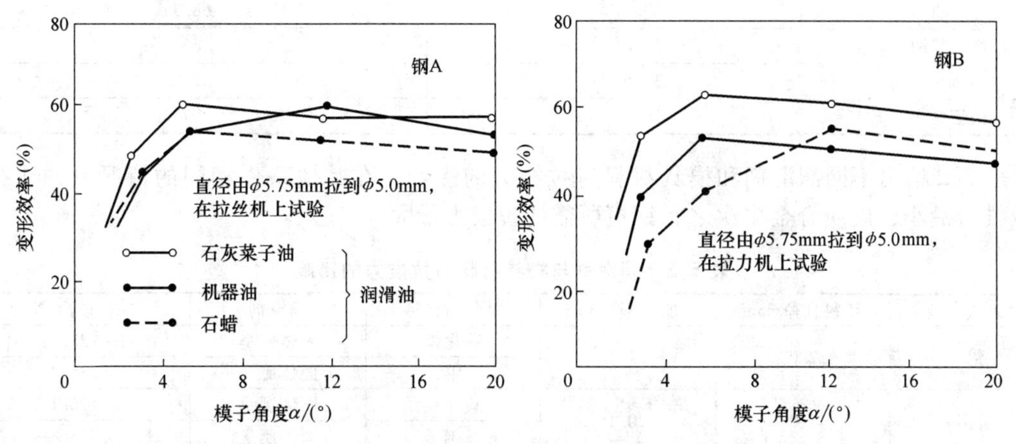

图5-44　模子角度对变形效率的影响

钢A—w（C）=0.03%　钢B—w（C）=0.06%并经铅浴处理

工作锥有时也采用接近圆弧的锥孔，称为放射形工作区（见图5-45）。放射形工作锥相比于直线形工作锥有许多优点，如沿变形区长度方向上的变形量分布更合理，因前者是随形变硬化的增加而逐渐增加，而后者却随形变硬化的增加而降低。另外放射形工作区的磨损是逐渐过渡的，先磨损到圆锥形，然后才构成凹形圆环。显然，其使用寿命比圆锥形工作锥更长。采用工作锥为放射形的模孔时，其变形锥长度应等于圆锥形变形锥中最适宜模孔角度时的变形锥长度。

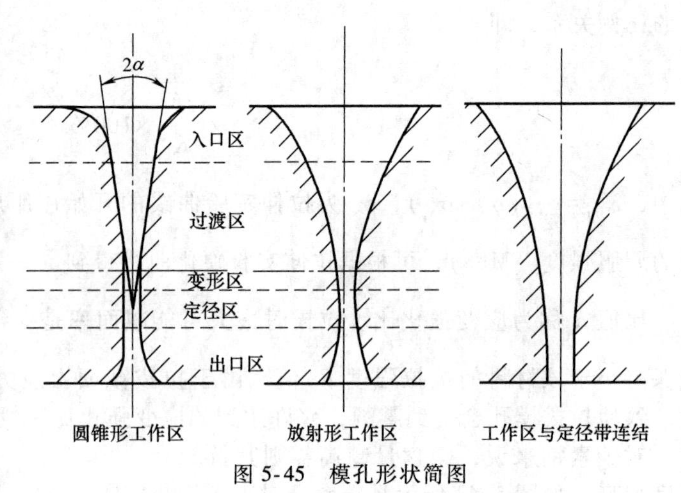

图 5-45　模孔形状简图

5.6.3　模具材质的影响

模具材质对拉拔力影响很大。拉拔模质量的好坏（指模孔的几何形状、光洁度和硬度）对拉拔制品表面质量和拉拔的顺利与否影响很大，对拉拔制品的力学性能和电力消耗也有一定的影响。

硬模具，如碳化钨，尤其是钻石模，相比于软材质模（如工具钢模）能够更明显地减少动力。

5.6.4　润滑剂的影响

拉拔过程中润滑剂是一个很重要的问题。表5-1给出了拉拔中碳钢试验的结果，试验给出了6种润滑剂的润滑效果，其中菜籽油具有最满意的变形效率。

表 5-1　各种润滑剂的变形效率

润滑剂	从 ϕ19.8mm →ϕ18.8mm 时的变形效率(%)	从 ϕ19.8mm →ϕ16.35mm 时的变形效率(%)
菜籽油	41	75
蓖麻油	32.5	72.5
重柴油	29.5	68.5
特种重柴油	29.8	65
油脂	33.5	71
软肥皂	31.5	67

表5-2给出不同润滑剂和模具材料对拉拔力的影响。在其他条件相同的情况下，钻石模的拉拔力最小，硬质合金模次之，钢模所需的拉拔力最大。

表 5-2　润滑剂与模具材料对拉拔力的影响

金属与合金	坯料直径/mm	加工率(%)	模子材料	润滑剂	拉拔力/N
铝	2.0	23.4	碳化钨	固体肥皂	127.5
			钢	固体肥皂	235.4
黄铜	2.0	20.1	碳化钨	固体肥皂	196.1
			钢	固体肥皂	313.8
锡磷青铜	0.65	18.5	碳化钨	固体肥皂	147.0
			钢	固体肥皂	255.0

（续）

金属与合金	坯料直径/mm	加工率（%）	模子材料	润滑剂	拉拔力/N
B20	1.12	20	碳化钨	固体肥皂	156.9
			碳化钨	植物油	196.1
			钻石	固体肥皂	147.0
			钻石	植物油	156.9

5.6.5 拉拔速度的影响

拉拔时只有拉拔速度在极低的范围内（拉拔速度 v<6m/min）拉拔时，提高拉拔速度才会使拉拔力增加，相反当拉拔速度 v>6m/min 时，拉拔力会随拉拔速度提高而降低。

如图 5-46 所示为拉拔绳钢丝时［w（C）= 0.44%，直径从 2.13mm 拔至 2.00mm］时，拉拔速度对拉拔力的影响。

当拉拔速度由 6m/min 升高到50m/min 时，拉拔力可减少 30%～40%；当拉拔速度由50m/min升高到 400m/min 时，拉拔力只减少 5%～10%。但在实际生产中拉拔速度远大于 6m/min，因此，在正常拉拔条件下提高拉拔速度，可使拉拔力降低。

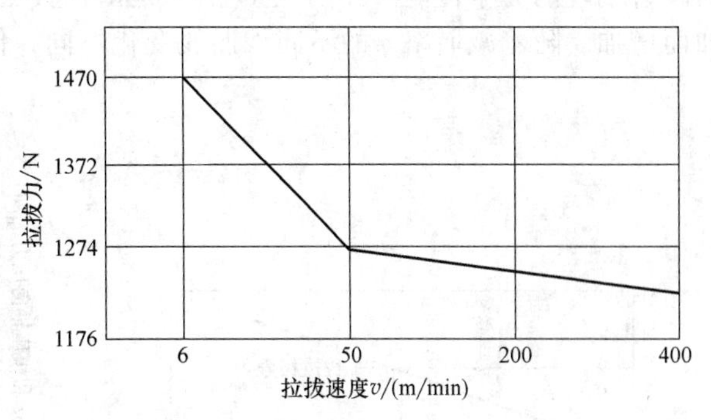

图 5-46　拉拔速度对拉拔力的影响

5.6.6 减面率的影响

减面率的影响表现在减面率增加时，拉拔力增大，如图 5-47 所示表明变形效率随减面率的增加而提高。

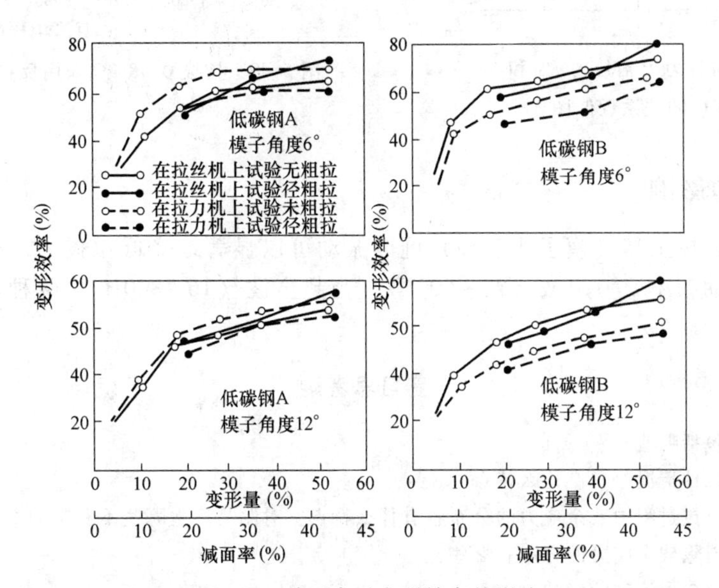

图 5-47　减面率对变形效率的影响

钢 A—w(C) = 0.03%　钢 B—w(C) = 0.06%并经铅浴处理

5.6.7 反拉力对拉拔力的影响

带反拉力拉拔由于存在反拉力 Q，此时的拉拔力 P 不仅要克服作用在模座上的轴向压力

P_d，还要克服外加的反拉力 Q。拉拔力 $P=P_d+Q$。

显然带反拉力拉拔时由于存在反拉力，故所需的拉拔力比普通拉拔力高，而且随反拉力 Q 的增加而增大。但是，拉拔力 P 所增大的值并不等于反拉力 Q 的值。这是因为模座上的压力 P_d 不是一个常数，它将随反拉力 Q 的增大而相应减小。如图 5-48 所示为拉拔力对拉丝模座上压力和反拉力三者关系的近似图解。

当反拉力 Q 达到最大值 Q_{max} 时，拉拔力 $P=B_1$ 处于拉拔极限（即拉断的边缘），为正常拉拔所不允许的。

正因为带反拉力拉拔时，P_d 随 Q 的升高而降低，这就可使模孔内的压力减小，提高模子的使用寿命。同时，由于钢丝与模孔壁间摩擦力的降低，可减少钢丝表面与拉模的发热，从而改善钢丝的力学性能。如图 5-49 所示是由拉拔工具上测得的拉拔力 P，它随反拉力 Q 的增加而增加。随着减面率 q 的不同，曲线变化不同，但所有趋势是一致的。

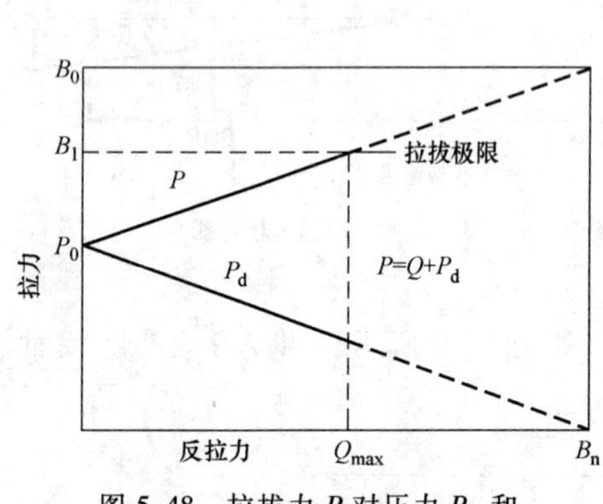

图 5-48　拉拔力 P 对压力 P_d 和反拉力 Q 的关系近似图

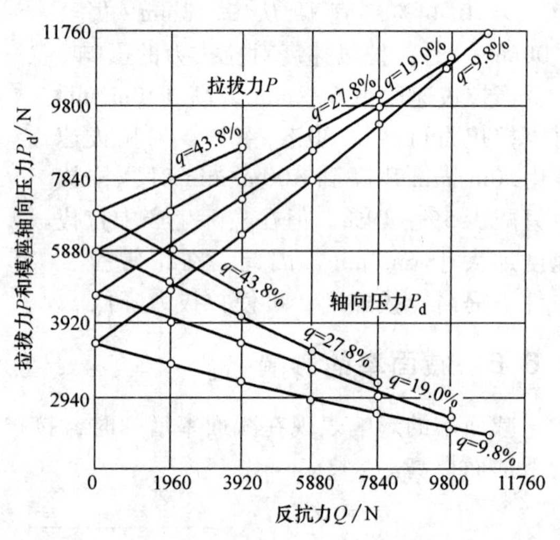

图 5-49　拉拔 0.58%C 采用反拉力时的拉拔力

5.6.8　振动的影响

在拉拔时对拉拔工具（模子或芯头）施以振动可以显著地降低拉拔力，继而提高道次加工率。所用的振动频率分为声波（25～500Hz）与超声波（16～800Hz）两种。振动方式有轴向、径向和周向。

复习思考题

1. 拉拔的方法包括哪些？
2. 管材拉拔有几种情况？各有什么特点？
3. 棒材和管材拉拔过程中残余应力的分布各有什么特点？对制品产生哪些不利影响？
4. 拉拔过程中消除残余应力的方法有哪些？
5. 拉拔模角度对金属流动的影响？
6. 拉拔过程中为什么要进行润滑？
7. 绘制出棒材拉拔时的受力分析

参考文献

[1]　温景林. 金属挤压与拉拔［M］. 沈阳：东北大学出版社，2003.

[2] 王德广. 高精度管材拉拔工艺研究与开发 [D]. 合肥：安徽工业大学，2005.
[3] 温景林. 有色金属挤压与拉拔技术 [M]. 北京：化学工业出版社，2007.
[4] 周良. 钢丝的连续生产 [M]. 北京：冶金工业出版社，1988.
[5] 胡龙飞，刘全坤，王强，等. 管材拉拔三维弹塑性有限元数值模拟 [J]. 锻压设备与制造技术，2004，3：70-72.
[6] 韩观昌，李连诗. 小型无缝钢管生产：下 [M]. 北京：冶金工业出版社，1990.
[7] 邓小民，谢玲玲，闫亮明. 金属挤压与拉拔工程学 [M]. 合肥：合肥工业大学出版社，2013.